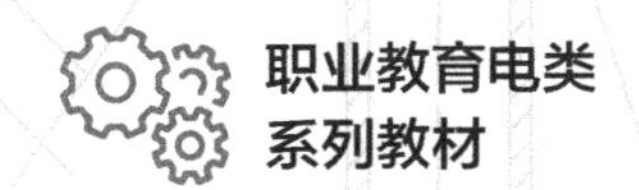
职业教育电类
系列教材

电气控制与 PLC 实训教程

第3版 | 附微课视频

阮友德 阮雄锋 / 主编
邓松 胡叶容 / 副主编
赵一生 / 主审

ELECTROMECHANICAL

人民邮电出版社
北京

图书在版编目（CIP）数据

电气控制与PLC实训教程 ： 附微课视频 / 阮友德，阮雄锋主编. -- 3版. -- 北京 ： 人民邮电出版社，2022.1
职业教育电类系列教材
ISBN 978-7-115-56269-2

Ⅰ. ①电… Ⅱ. ①阮… ②阮… Ⅲ. ①电气控制－职业教育－教材②plc技术－职业教育－教材 Ⅳ. ①TM571.2②TM571.61

中国版本图书馆CIP数据核字(2021)第056831号

内 容 提 要

“电气控制与 PLC 实训”是职业院校机电类专业的核心课程之一，是一门实践性很强的课程。本书包括 15 个项目、62 个学习任务，主要内容包括电动机的开关控制，电动机的点动、连续运行控制，电动机的正反转控制，电动机的顺序控制，电动机的制动控制，电动机的降压启动控制，电动机的调速控制，常用机床的控制，PLC 及其编程工具，基本逻辑指令及其应用，程序设计及其执行过程，步进顺控指令及其应用，功能指令及其应用，变频器及其应用，PLC、变频器、触摸屏综合应用。本书内容除了沿用传统的图文方式呈现，还使用大量二维码以视频、动画等多媒体数字资源呈现。

本书可作为职业院校的电子技术、电气自动化、机电一体化、工业机器人、数控技术等机电类专业的教学用书。

◆ 主　　编　阮友德　阮雄锋
　副 主 编　邓　松　胡叶容
　主　　审　赵一生
　责任编辑　刘晓东
　责任印制　王　郁　彭志环
◆ 人民邮电出版社出版发行　　北京市丰台区成寿寺路 11 号
　邮编　100164　　电子邮件　315@ptpress.com.cn
　网址　https://www.ptpress.com.cn
　北京捷迅佳彩印刷有限公司印刷
◆ 开本：787×1092　1/16
　印张：18.25　　2022 年 1 月第 3 版
　字数：467 千字　　2025 年 1 月北京第 2 次印刷

定价：59.80 元

读者服务热线：(010)81055256　印装质量热线：(010)81055316
反盗版热线：(010)81055315
广告经营许可证：京东市监广登字 20170147 号

前言

本书全面贯彻党的二十大报告精神，以习近平新时代中国特色社会主义思想为指导，结合企业生产实践，科学选取典型案例题材和安排学习内容，在学习者学习专业知识的同时，激发爱国热情、培养爱国情怀，树立绿色发展理念，培养和传承中国工匠精神，筑基中国梦。

本书前两版受到使用者的青睐，发行量达10万册。教师们对原版教材的“将理论与实践教学融于一体”“突出基本概念”“注重技能训练”“引入工程实践”“实行三级指导”等特点给予了充分肯定，一致认为这是一本体现高职特色、理实一体化的好教材，同时也提出了一些改进意见。为使本书的特点更明显、内容更新颖、项目更实用、使用更方便，现决定对其修订。第3版本着“理论管用、够用、适用”的原则，以“实践为主线、理论为支撑、理论为实践服务”的“理实一体化”的模式，对知识结构进行梳理，按照“模块化、项目化、任务化”思路重构教材内容。本书具有以下特色。

（1）打破传统教材的知识框架体系，构建理实一体化的现代教材体系。本书根据实际需要，将专业理论知识与实践岗位技能有机结合，形成以实践为主线、理论为支撑，理论为实践服务的理实一体化的现代教材体系。

（2）项目驱动、任务引领，突出学生能力的培养。本书以真实工作任务为载体，整合相应的知识、技能，实现理论与实践的无缝对接，使学生在一个个贴近生产实际的具体任务中学习，既符合职业教育的认识规律，又有利于培养学生分析问题和解决问题的综合能力。

（3）实行“四级指导”，保证各个层次的学生均有所获。每个项目都安排至少4个学习任务，第1个为讲解（入门指导），讲解相关的知识、原理和技能要点，有利于学生理解和完成后面的操作内容；第2个为演示（全指导），详细介绍任务的实施过程和相关原理，并可以通过扫二维码观看教师的操作演示；第3个为模仿（半指导），要求学生在理解原理的基础上模仿教师的演示内容完成类似项目的实施；第4（5）个为实训（零指导），要求学生通过工作页的形式独立完成项目的实施。入门指导、全指导、半指导可以使学生举一反三、触类旁通；零指导可以培养和提高学生的独立工作能力、创新意识和创新能力，从而使各个层次的学生均有所获。

（4）传统的图文与现代的数字呈现相结合，提供优质的立体化教学资源。本书内容除了沿用传统的图文方式呈现，还使用大量二维码以视频、动画等多媒体数字资源呈现，有利于学校建设微课、慕课，提高学生的学习兴趣和效率。教学资源可通过人邮教育社区（www.ryjiaoyu.com）下载。

（5）本书在内容阐述上力求简明扼要、层次清楚、图文并茂、通俗易懂；在结构编排上循序渐进、由浅入深；在实训项目的安排上突出技术应用，强调实用性、可操作性和可选择性。

本书由深圳职业技术学院一线教师和企业技术骨干共同编写，阮友德、阮雄锋任主编，邓松、胡叶容任副主编，全书由阮友德统稿，赵一生审定。本书在编写过程中，吸收和利用潘锋、肖清雄、严成武、张忍、杨保安、叶光显、易国民等同志的许多建议和素材，得到三菱电机自动化公司驻深圳办事处、深圳市汇川控制技术股份有限公司的大力帮助，在此一并表示感谢。

由于编者水平有限，书中不足在所难免，欢迎读者批评指正。

编　者

2023年5月

目录

项目 1　电动机的开关控制 …… 1
学习目标 …… 1
项目引入 …… 1
任务 1.1　隔离开关控制电动机 …… 2
任务导入 …… 2
1.1.1　熔断器 …… 2
1.1.2　隔离开关 …… 4
1.1.3　负荷开关 …… 5
1.1.4　电动机 …… 6
1.1.5　电路分析 …… 8
复习与思考 …… 8
任务 1.2　断路器控制电动机 …… 8
任务导入 …… 8
1.2.1　断路器 …… 8
1.2.2　漏电断路器 …… 10
1.2.3　电路分析 …… 12
1.2.4　电路装调 …… 12
复习与思考 …… 14
任务 1.3　漏电断路器控制电动机 …… 14
任务 1.4　负荷开关控制电动机实训 …… 16
项目 2　电动机的点动、连续运行控制 …… 19
学习目标 …… 19
项目引入 …… 19
任务 2.1　电动机的点动控制 …… 19
任务导入 …… 19
2.1.1　交流接触器 …… 20
2.1.2　热继电器 …… 22
2.1.3　按钮开关 …… 23
2.1.4　指示灯 …… 24
2.1.5　电路分析 …… 24
复习与思考 …… 25
任务 2.2　电动机的连续运行控制 …… 26
任务导入 …… 26
复习与思考 …… 29
任务 2.3　电动机的点动与连续运行控制 …… 30
任务导入 …… 30
复习与思考 …… 32
任务 2.4　电动机的两地控制实训 …… 32
项目 3　电动机的正反转控制 …… 33
学习目标 …… 33
项目引入 …… 33
任务 3.1　按钮互锁的正反转控制 …… 34
任务导入 …… 34
3.1.1　电动机的结构 …… 35
3.1.2　电动机的转动原理 …… 36
3.1.3　电动机的转向与转速 …… 37
3.1.4　转换开关 …… 38
3.1.5　位置开关 …… 38
3.1.6　电路分析 …… 39
复习与思考 …… 40
任务 3.2　接触器互锁的正反转控制 …… 40
任务导入 …… 40
复习与思考 …… 42
任务 3.3　双重互锁的正反转控制 …… 43
任务导入 …… 43
复习与思考 …… 45
任务 3.4　行程控制的正反转控制实训 …… 45
项目 4　电动机的顺序控制 …… 47
学习目标 …… 47
项目引入 …… 47
任务 4.1　电动机的自动顺序启动控制 …… 48
任务导入 …… 48
4.1.1　时间继电器 …… 48
4.1.2　电气绘图 …… 49
4.1.3　电路分析 …… 50
复习与思考 …… 51
任务 4.2　电动机的手动顺序启动控制 …… 51
任务导入 …… 51
复习与思考 …… 53

任务 4.3 电动机的正反转及顺序启动控制……53
任务导入……53
复习与思考……56
任务 4.4 电动机的顺序启动与逆向停止控制实训……56
项目 5 电动机的制动控制……57
学习目标……57
项目引入……57
任务 5.1 电动机的反接制动控制……57
任务导入……57
5.1.1 电磁机构……58
5.1.2 触头系统……59
5.1.3 电弧的产生与熄灭……60
5.1.4 电磁式继电器……60
5.1.5 速度继电器……62
5.1.6 新型电器……63
5.1.7 低压电器常识……65
5.1.8 电路分析……67
复习与思考……68
任务 5.2 电动机的能耗制动控制……68
任务导入……68
复习与思考……70
任务 5.3 电动机的正反转能耗制动控制……70
任务导入……70
复习与思考……72
任务 5.4 电动机的反接制动控制实训……73
项目 6 电动机的降压启动控制……74
学习目标……74
项目引入……74
任务 6.1 电动机的降压启动方法……74
任务导入……74
6.1.1 定子绕组串电阻降压启动……75
6.1.2 定子绕组串自耦变压器降压启动……75
6.1.3 转子绕组串电阻降压启动……76
6.1.4 转子绕组串频敏变阻器降压启动……77
6.1.5 Y/△降压启动……78
6.1.6 软启动器……78
复习与思考……78
任务 6.2 电动机的手动 Y/△降压启动控制……78
任务导入……78
复习与思考……81
任务 6.3 电动机的自动 Y/△降压启动控制……81
任务导入……81
复习与思考……83
任务 6.4 电动机的定子绕组串电阻降压启动控制实训……83
项目 7 电动机的调速控制……84
学习目标……84
项目引入……84
任务 7.1 双速电动机的自动控制……84
任务导入……84
7.1.1 变极调速……85
7.1.2 变转差率调速……85
7.1.3 变频调速……86
7.1.4 电路分析……86
复习与思考……86
任务 7.2 三速电动机的手动控制……87
任务导入……87
复习与思考……89
任务 7.3 三速电动机的自动控制……89
任务导入……89
复习与思考……91
任务 7.4 双速电动机自动控制实训……91
项目 8 常用机床的控制……92
学习目标……92
项目引入……92
任务 8.1 车床电气控制系统分析……92
任务导入……92
8.1.1 识图方法……93
8.1.2 系统分析……94
复习与思考……96
任务 8.2 钻床电气控制系统分析……96
任务导入……96
复习与思考……98
任务 8.3 镗床电气控制系统分析……99
任务导入……99
复习与思考……103

任务 8.4 车床、钻床、镗床的操作实训 …… 104

项目 9 PLC 及其编程工具 …… 105

学习目标 …… 105

项目引入 …… 105

任务 9.1 PLC 简介 …… 105

任务导入 …… 105

9.1.1 外部结构 …… 106

9.1.2 内部结构 …… 109

9.1.3 软件 …… 111

9.1.4 PLC 认知实训 …… 112

复习与思考 …… 113

任务 9.2 PLC 编程软件的使用 …… 113

任务导入 …… 113

9.2.1 编程软件介绍 …… 113

9.2.2 编程软件使用实训 …… 120

复习与思考 …… 122

任务 9.3 PLC 仿真软件的使用 …… 122

任务导入 …… 122

9.3.1 仿真软件介绍 …… 123

9.3.2 仿真软件使用实训 …… 128

复习与思考 …… 129

任务 9.4 PLC 软硬件操作实训 …… 129

项目 10 基本逻辑指令及其应用 …… 131

学习目标 …… 131

项目引入 …… 131

任务 10.1 触点和线圈指令及应用 …… 131

任务导入 …… 131

10.1.1 输入继电器 …… 132

10.1.2 输出继电器 …… 133

10.1.3 LD/LDI/OUT/END 指令 …… 133

10.1.4 AND/ANI/OR/ORI 指令 …… 135

10.1.5 电动机正反转控制仿真实训（1） …… 136

复习与思考 …… 137

任务 10.2 电路块和栈指令及应用 …… 137

任务导入 …… 137

10.2.1 ORB/ANB 指令 …… 137

10.2.2 MPS/MRD/MPP 指令 …… 138

10.2.3 电动机正反转控制仿真实训（2） …… 140

复习与思考 …… 140

任务 10.3 主控指令及应用 …… 141

任务导入 …… 141

10.3.1 辅助继电器 …… 141

10.3.2 状态继电器 …… 143

10.3.3 MC/MCR 指令 …… 143

10.3.4 电动机正反转控制仿真实训（3） …… 144

复习与思考 …… 144

任务 10.4 置位、复位和脉冲指令及应用 …… 145

任务导入 …… 145

10.4.1 SET/RST 指令 …… 145

10.4.2 电动机正反转控制仿真实训（4） …… 146

10.4.3 PLS/PLF 指令 …… 146

10.4.4 电动机正反转控制仿真实训（5） …… 147

10.4.5 LDP/LDF/ANDP/ANDF/ORP/ORF 指令 …… 147

10.4.6 电动机正反转控制仿真实训（6） …… 148

10.4.7 INV/NOP 指令 …… 149

10.4.8 MEP/MEF 指令 …… 149

复习与思考 …… 150

任务 10.5 电动机正反转控制实训 …… 150

项目 11 程序设计及其执行过程 …… 152

学习目标 …… 152

项目引入 …… 152

任务 11.1 定时器与计数器的应用 …… 152

任务导入 …… 152

11.1.1 定时器 …… 153

11.1.2 计数器 …… 155

11.1.3 数据寄存器 …… 157

11.1.4 振荡程序 …… 158

11.1.5 电动机循环正反转控制仿真实训（1） …… 160

复习与思考 …… 161

任务 11.2 PLC 程序执行过程 …… 161

任务导入 …… 161

11.2.1 循环扫描过程 …… 161

11.2.2 扫描周期 …… 162

11.2.3 I/O 滞后时间……163
11.2.4 程序的执行过程……163
11.2.5 双线圈输出……164
11.2.6 彩灯顺序点亮控制仿真实训……165
复习与思考……165
任务 11.3 PLC 程序设计技巧……166
任务导入……166
11.3.1 梯形图的基本规则……166
11.3.2 启保停基本程序……167
11.3.3 程序设计的方法……168
11.3.4 梯形图程序设计的技巧……169
11.3.5 程序设计实例……170
11.3.6 电动机正反转能耗制动控制仿真实训……172
复习与思考……172
任务 11.4 数码管循环点亮控制实训……173
项目 12 步进顺控指令及其应用……175
学习目标……175
项目引入……175
任务 12.1 状态转移图及其步进顺控指令……176
任务导入……176
12.1.1 状态转移图……176
12.1.2 步进顺控指令……178
12.1.3 编程注意事项……179
12.1.4 彩灯循环点亮控制仿真实训……180
复习与思考……180
任务 12.2 单流程的程序设计……180
任务导入……180
12.2.1 设计方法和步骤……180
12.2.2 程序设计实例……181
12.2.3 电动机循环正反转控制仿真实训（2）……182
12.2.4 编程软件的 SFC 程序……183
12.2.5 简易机械手控制实训……186
复习与思考……188
任务 12.3 选择性流程的程序设计……188
任务导入……188
12.3.1 选择性流程及其编程……189
12.3.2 程序设计实例……190
12.3.3 部件分拣控制仿真实训……190
复习与思考……191
任务 12.4 并行性流程的程序设计……192
任务导入……192
12.4.1 并行性流程及其编程……192
12.4.2 程序设计实例……193
12.4.3 自动交通灯控制实训……195
复习与思考……197
任务 12.5 皮带运输机控制实训……198
项目 13 功能指令及其应用……200
学习目标……200
项目引入……200
任务 13.1 FNC00～FNC19 功能指令及其应用……200
任务导入……200
13.1.1 功能指令的基本规则……201
13.1.2 程序流程指令……203
13.1.3 传送与比较指令……205
13.1.4 MOV 指令应用……207
13.1.5 流水灯控制仿真实训（1）……207
复习与思考……208
任务 13.2 FNC20～FNC49 功能指令及其应用……209
任务导入……209
13.2.1 算术与逻辑运算指令……209
13.2.2 循环与移位指令……213
13.2.3 数据处理指令……215
13.2.4 流水灯控制仿真实训（2）……217
复习与思考……218
任务 13.3 FNC50～FNC249 功能指令及其应用……218
任务导入……218
13.3.1 高速处理指令……218
13.3.2 方便指令……221
13.3.3 外部设备 I/O 指令……221
13.3.4 触点比较指令……223
复习与思考……225
任务 13.4 8 站小车呼叫控制实训……225
项目 14 变频器及其应用……228
学习目标……228
项目引入……228
任务 14.1 变频器基础知识……228
任务导入……228

14.1.1 基本结构 ······ 229
14.1.2 工作原理 ······ 230
14.1.3 脉宽调制型变频器 ······ 231
14.1.4 基本参数 ······ 232
14.1.5 主接线 ······ 234
14.1.6 操作面板 ······ 234
14.1.7 变频器的 PU 运行 ······ 240
复习与思考 ······ 241
任务 14.2 变频器的 EXT 运行 ······ 241
任务导入 ······ 241
14.2.1 外部端子 ······ 241
14.2.2 EXT 运行 ······ 245
复习与思考 ······ 246
任务 14.3 变频器的组合控制 ······ 246
任务导入 ······ 246
14.3.1 组合方式 ······ 246
14.3.2 参数设置 ······ 246
14.3.3 组合控制 ······ 247
14.3.4 多段调速控制 ······ 248
复习与思考 ······ 249
任务 14.4 电动机三速运行的综合控制实训 ······ 249
项目 15 PLC、变频器、触摸屏综合应用 ······ 252
学习目标 ······ 252
项目引入 ······ 252
任务 15.1 模拟量模块及其应用 ······ 252
任务导入 ······ 252
15.1.1 FX_{2N}-4AD-PT 温度输入模块 ······ 253
15.1.2 FX_{2N}-2DA 输出模块 ······ 255
15.1.3 FX_{2N}-2DA 应用实训 ······ 257
复习与思考 ······ 259
任务 15.2 触摸屏及其应用 ······ 259
任务导入 ······ 259
15.2.1 触摸屏基础知识 ······ 259
15.2.2 触摸屏控制电动机的正反转实训 ······ 260
复习与思考 ······ 268
任务 15.3 PLC、变频器、触摸屏综合应用 ······ 268
任务导入 ······ 268
15.3.1 中央空调节能分析 ······ 268
15.3.2 中央空调冷却水节能系统的综合控制实训 ······ 272
复习与思考 ······ 277
任务 15.4 中央空调冷冻水节能系统的综合控制实训 ······ 277
附录 A 常用图形符号和文字符号 ······ 279
附录 B FX 和汇川 PLC 的软元件 ······ 282
参考文献 ······ 284

项目1 电动机的开关控制

学习目标

1. 知识目标

① 能描述低压开关电器的结构、符号及用途。

② 能解释低压开关电器的工作原理及其在电路中的作用。

③ 能解释电动机的铭牌数据和接线方式。

2. 能力目标

① 能正确使用低压开关电器来控制电动机启停。

② 能按照电动机的铭牌要求进行Y形或△形接线。

③ 能根据实际需要选择合适的低压开关电器。

3. 素质目标

① 激发学生的学习兴趣。

② 培养学生友爱同学、尊敬老师的习惯。

③ 培养学生认真听讲、记笔记的习惯。

④ 培养学生遵守“7S”管理规定的习惯，做到文明操作。

项目引入

开关属于配电电器，常用的低压开关电器包括隔离开关、负荷开关、断路器和漏电断路器，其实物图如图1-1所示。开关常用于小容量电动机的手动不频繁接通或断开电源。下面学习如何使用隔离开关、负荷开关、断路器和漏电断路器来控制小容量电动机的启动与停止。

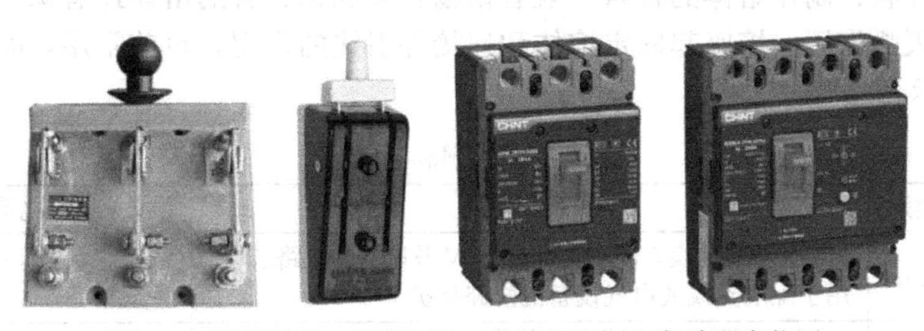

图1-1 隔离开关、负荷开关、断路器和漏电断路器实物图

任务 1.1 隔离开关控制电动机

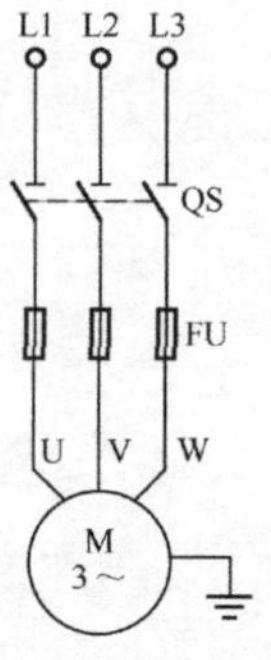

任务导入

隔离开关控制电动机的电路如图 1-2 所示，它包括电路的三要素：电源（L1、L2、L3）、负载和中间环节（即起控制作用的隔离开关 QS 和起保护作用的熔断器 FU，以及连接导线）。下面学习该电路的电器元件和工作原理。

图 1-2 隔离开关控制电动机的电路图

1.1.1 熔断器

熔断器是一种当电流超过规定值时，以自身产生的热量使熔体熔断断开电路的一种保护电器，其结构简单、使用和维护方便、体积小、价格便宜，其实物图及电路符号如图 1-3 所示。它被广泛应用于照明电路的过载和短路保护及电动机电路的短路保护。

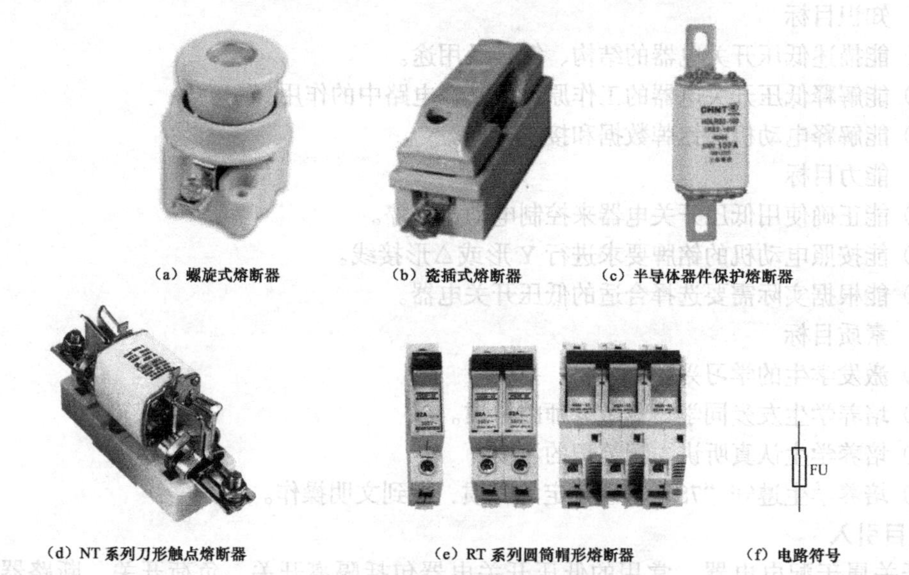

（a）螺旋式熔断器 （b）瓷插式熔断器 （c）半导体器件保护熔断器

（d）NT 系列刀形触点熔断器 （e）RT 系列圆筒帽形熔断器 （f）电路符号

图 1-3 熔断器实物图及电路符号

1. 结构及用途

熔断器由熔体和熔座 2 个部分组成，当设备或线路出现短路或过载时起保护作用。熔体常做成丝状或片状，制作熔体的材料一般有铅锡合金和铜，有的熔体还有保护外壳，并在熔体熔断时兼有灭弧作用。熔座起固定熔体和连接外引线的作用。目前常用熔断器的特点及用途如表 1-1 所示。

表 1-1 常用熔断器的特点及用途

名称	类别	特点、用途	电流参数
瓷插式熔断器	RC1A	价格便宜，更换方便，常用于 380V 及以下的线路末端，用于配电支线或电气设备的短路保护	额定电流 I_{ge}=5～200 A，分 7 种规格
螺旋式熔断器	RL	熔丝周围的石英砂可熄灭电弧，熔断管上端红点随熔丝熔断而自动脱落，体积小，多用于机床电气设备中	RL_1 系列额定电流 I_{ge} 有 4 种规格：15A、60A、100A、200A

续表

名称	类别	特点、用途	电流参数
无填料封闭式熔断器	RM	在熔体中人为引入窄截面熔片，提高断流能力。用于低压电力网络和成套配电装置中的短路和过载保护	RM-10 系列额定电流 I_{ge}=15～600A
有填料封闭式熔断器	RTO	分断能力强，使用安全，特性稳定，有明显指示器。用于低压 1000A 以下的电力网或配电装置中，用于电缆、导线短路和过载保护及电气设备的短路保护	RTO 系列额定电流 I_{ge}=50～1000A
快速熔断器	RLS	用于小容量硅整流元件的短路保护和某些过载保护	$I=4I_{Te}$，0.2 s 内熔断；$I=6I_{Te}$，0.02 s 内熔断
	RSO	用于大容量硅整流元件的保护	$I=(4\sim6)I_{Te}$，0.02 s 内熔断
	RS3	用于晶闸管元件短路保护和某些适当过载保护	

（1）瓷插式熔断器，其结构如图 1-4（a）所示。它由瓷盖和瓷座 2 个部分组成，其中瓷盖上有 2 个动触点和安装在动触点上起保护作用的熔丝（即熔体），瓷座上有 2 个静触点和与之相连的接线孔。

（2）螺旋式熔断器，其结构如图 1-4（b）所示。它由瓷帽、底座和熔芯 3 个部分组成，由其导电底座、熔芯内的熔体、上螺旋导体、下螺旋导体和接线端组成导电通路。熔芯的上端盖有一熔断指示器，一旦熔体熔断，指示器马上弹出，可透过瓷帽上的玻璃孔观察到。

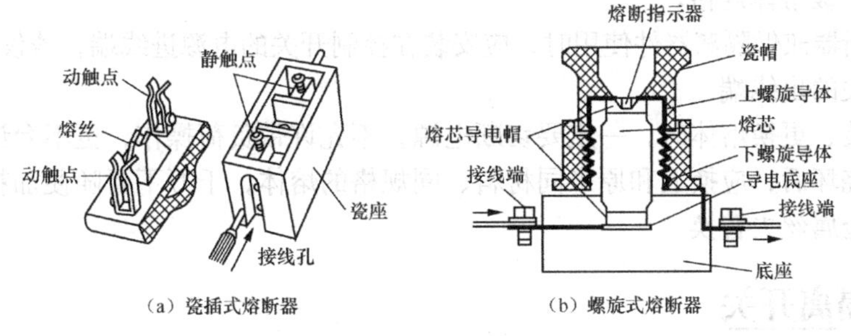

图 1-4　熔断器典型结构

（3）封闭式熔断器。封闭式熔断器分有填料封闭式熔断器和无填料封闭式熔断器两种。有填料封闭式熔断器一般用方形瓷管，内装石英砂及熔体，分断能力强。无填料封闭式熔断器将熔体装入封闭式圆筒内，分断能力稍弱。

（4）快速熔断器。快速熔断器的结构和有填料封闭式熔断器基本相同，但熔体材料和形状不同，它是以银片冲制的有 V 形深槽的变截面熔体组成。快速熔断器主要用于半导体整流元件或整流装置的短路保护。由于半导体元件的过载能力很低，只能在极短时间内承受较大的过载电流，因此要求短路保护具有快速熔断的能力。

2. 主要参数

低压熔断器的主要参数如下。

① 熔断器的额定电流 I_{ge}，表示熔断器的规格。

② 熔体的额定电流 I_{Te}，表示熔体在正常工作时不熔断的工作电流。

③ 熔体的熔断电流 I_b，表示使熔体开始熔断的电流，$I_b>(1.3\sim2.1)I_{Te}$。

④ 熔断器的断流能力 I_d，表示熔断器所能切断的最大电流。

如果线路电流大于熔断器的断流能力，熔丝熔断时电弧不能熄灭，就可能引起爆炸或其他事故。低压熔断器的几个主要参数之间的关系为 $I_d>I_b>I_{ge}\geqslant I_{Te}$。

3. 选型

熔断器的选型主要是选择熔断器的形式、额定电流、额定电压以及熔体额定电流。熔体额定电流的选择是熔断器选择的核心，其选择方法如表 1-2 所示。

表 1-2　熔体额定电流选择

负载性质		熔体额定电流（I_{Te}）
电炉和照明等电阻性负载		$I_{Te} \geqslant I_N$（负载额定电流）
单台电动机	线绕式电动机	$I_{Te} \geqslant (1 \sim 1.25) I_N$
	笼型电动机	$I_{Te} \geqslant (1.5 \sim 2.5) I_N$
	启动时间较长的某些笼型电动机	$I_{Te} \geqslant 3 I_N$
	连续工作制直流电动机	$I_{Te} = I_N$
	反复短时工作制直流电动机	$I_{Te} = 1.25 I_N$
多台电动机		$I_{Te} \geqslant (1.5 \sim 2.5) I_{Nmax} + \Sigma I_{de}$（$I_{Nmax}$ 为最大的额定电流，ΣI_{de} 为其他电动机额定电流之和）

4. 注意事项

（1）熔断器的进出线接线桩应垂直布置，螺旋式熔断器电源进线应接在瓷底座的低接线桩上，负载侧出线应接在螺纹壳的高接线桩上。

（2）熔断器要安装合格的熔体，,安装熔断器时，上下各级熔体应相互配合，做到下一级熔体规格小于上一级熔体规格。

（3）若熔断器兼做隔离器件使用时，应安装在控制开关的电源进线端；若仅做短路保护用，应装在控制开关的出线端。

（4）在安装、更换熔体时，一定要切断电源，不允许带负荷操作，更不允许带电作业，以免触电；熔体烧坏后，应换上和原来同材料、同规格的熔体，千万不要随便加粗熔体，或用不易熔断的其他金属丝去替换。

1.1.2 隔离开关

隔离开关是一种主要用于隔离电源、进行倒闸操作，以及手动接通和断开小电流电路的无灭弧功能的开关器件，如图 1-5 所示，其图形符号如图 1-6 所示。在低压电路中，经常将刀开关当隔离开关使用，HL 型隔离开关的外形与断路器的外形非常相似，但其内部结构完全不同。隔离开关在分断位置时，触头（即触点）间有符合规定的绝缘距离和明显的断开标志；在合闸位置时，能承载正常条件下的负荷电流及在规定时间内的异常电流。

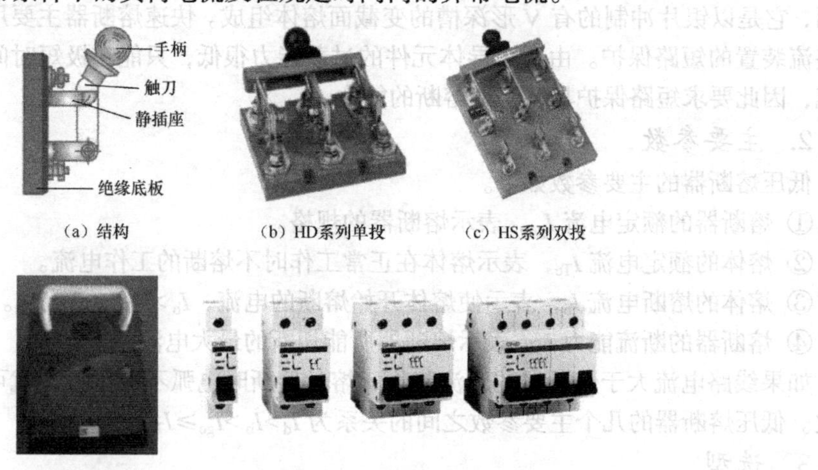

（a）结构　（b）HD系列单投　（c）HS系列双投

（d）HR熔断器式　（e）HL系列

图 1-5　隔离开关

1．特点

隔离开关的主要特点如下。

① 没有灭弧能力。隔离开关只能在没有负荷电流的情况下分、合电路。分闸后，建立可靠的绝缘间隙，将需要检修的设备或线路与电源用一个明显断开点隔开，以保证检修人员和设备的安全。

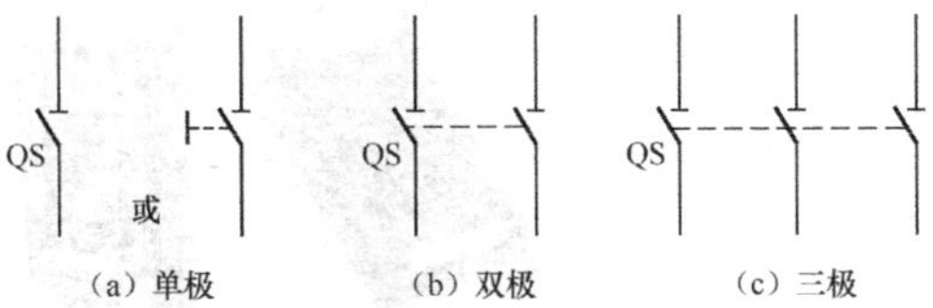

(a) 单极　(b) 双极　(c) 三极

图 1-6　隔离开关的图形符号

② 不能带负荷操作。隔离开关不能带额定负荷或大负荷操作，不能分、合负荷电流和短路电流，但是有灭弧室的可以带小负荷及空载线路操作。

③ 一般送电操作时，先合上隔离开关，后合上断路器或负荷类开关；断电操作时，先断开断路器或负荷类开关，后断开隔离开关。

④ 接线时，应将电源线接在上端，负载接在下端，这样拉闸后刀片与电源隔离，可防止意外事故的发生。

2．选型

隔离开关种类很多，有两极和三极的，额定电流 10A～100A 不等，通常按如下方式选择隔离开关。

① 用于照明电路时可选用额定电压 220V 或 250V，额定电流等于或大于电路最大工作电流的两极隔离开关。

② 用于电动机的直接启动，可选用额定电压为 380V 或 500V，额定电流等于或大于电动机额定电流的三极隔离开关。

1.1.3　负荷开关

负荷开关是介于断路器和隔离开关之间的一种开关电器，一般装有简单的灭弧装置，但其结构比较简单，只能切断额定负荷电流和一定的过载电流，不能切断短路电流。低压负荷开关又称开关熔断器组，适用于交流工频电路，可以手动不频繁地通断有载电路，也可用于线路的过载与短路保护。通断电路由触刀完成，过载与短路保护由熔断器完成。负荷开关可分为 HK 系列开启式和 HH 系列封闭式。

1．HK 系列开启式负荷开关

开启式负荷开关又称瓷底胶盖式闸刀开关，是由刀开关和熔丝组合而成的一种电器，HK2 系列开启式负荷开关如图 1-7（a）所示。它不设专门的灭弧装置，仅利用胶盖的遮护来防止电弧灼伤人手，因此不宜带负载操作，适用于接通或断开有电压而无负载电流的电路。其结构简单、操作方便、价格便宜，在一般的照明电路和功率小于 5.5 kW 的电动机控制中仍可采用。操作时，动作应迅速，使电弧较快熄灭，这样既能避免灼伤人手，又能减少电弧对闸刀和刀座的灼伤。

2．HH 系列封闭式负荷开关

封闭式负荷开关又称铁壳开关，铁壳开关由安装在铁壳内的刀开关、速断弹簧、熔断器及手柄等组成，HH 系列封闭式负荷开关结构如图 1-7（b）所示。铁壳开关的操作机构具有以下两个特点：一是采用了弹簧储能分合闸方式，其分合闸的速度与手柄的操作速度无关，从而提高了开关通断负载的能力；二是设有互锁装置，保证开关在合闸状态下开关盖不能开启，开关盖开启时又不能合闸，充分发挥了外壳的防护作用，并保证了更换熔丝等操作的安全。

低压负荷开关的电路符号如图 1-7（c）所示。

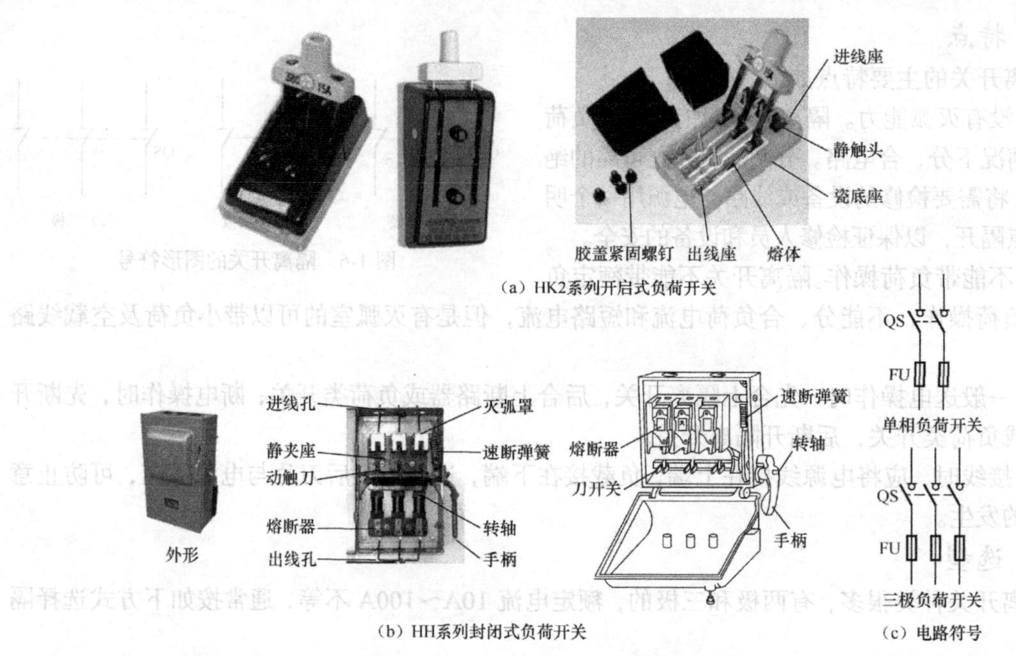

（a）HK2系列开启式负荷开关

（b）HH系列封闭式负荷开关　　（c）电路符号

图 1-7　低压负荷开关及电路符号

1.1.4　电动机

电机分为发电机和电动机，电动机又分为直流电动机和交流电动机，交流电动机又分为单相交流异步电动机和三相交流异步电动机。三相交流异步电动机（简称电动机，下同）的应用很广，目前占到用电设备的75%以上，因此读者必须掌握其相关的基本知识。下面学习电动机的图形符号、铭牌数据和接线方式。

1. 电路符号

三相交流异步电动机、单相交流异步电动机、直流电动机的电路符号如图 1-8 所示，若需要电动机的外壳接地，则在圆圈旁画一根接地线，如图 1-2 所示。

M 3～　　M ～　　M —

（a）三相交流异步电动机　（b）单相交流异步电动机　（c）直流电动机

图 1-8　电动机的电路符号

2. 铭牌数据

在使用电动机之前，必须先了解电动机的铭牌数据，且所选电动机的配置必须与实际情况相匹配。图 1-9 所示为电动机的铭牌，其数据的含义如下。

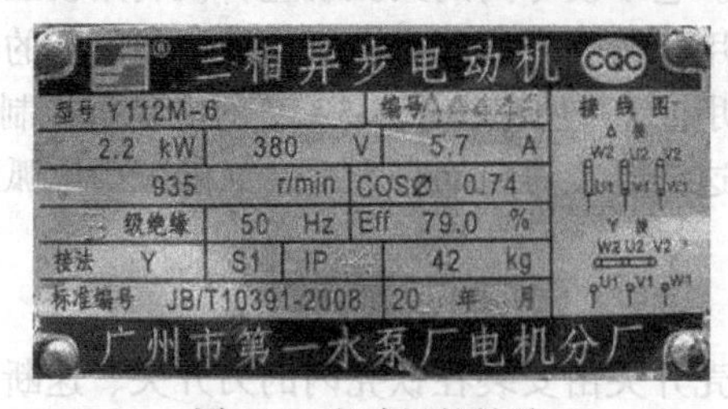

图 1-9　电动机的铭牌

三相异步电动机的铭牌

（1）型号。

为了适应不同用途和不同工作环境的需要，电动机会制成不同的系列，每种系列用不同的型号表示，一般在电动机的铭牌上均有标示。图 1-9 所示电动机的型号为 Y112M-6，其中 Y 表示三相异步电动机，112 表示机座中心的高度，M 为机座长度代号（S 表示短机座，M 表示中

机座，L 表示长机座），6 表示磁极数。

（2）电压。

铭牌上所标的电压值 380V 是指电动机在额定运行时定子绕组上应加的线电压有效值。一般规定电动机的工作电压不应高于或低于额定值的 5%。

（3）电流。

铭牌上所标的电流值 5.7A 是指电动机在额定运行时定子绕组的线电流有效值。

（4）功率与效率。

铭牌上所标的功率值 2.2kW 是指电动机在额定运行时轴上输出的机械功率。铭牌上所标的 Eff 79.0%是指电动机在额定运行时的效率，一般笼型电动机在额定运行时的效率为 72%～93%，在额定功率 75%左右运行时效率最高。

（5）功率因数。

铭牌上所标的 $\cos\Phi$ 0.74 是电动机在额定运行时的功率因数。电动机的功率因数较低，在额定负载时为 0.7～0.9，而在轻载和空载时更低，空载时只有 0.2～0.3。因此，必须正确选择电动机，防止“大马拉小车”，并力求缩短空载的时间。

（6）绝缘等级与温升。

电动机的绝缘等级是指其所用绝缘材料的耐热等级，分为 A、E、B、F、H 级，其对应的最高允许温度（℃）值分别为 105、120、130°、155、180。温升是指电动机在运行时，其温度高出环境的温度，即电动机温度与周围环境温度之差。该电动机的绝缘等级为 B 级，B 级绝缘的电动机工作时的最高允许温度是 130℃，绕组温升限值（K）不大于 80，性能参考温度不大于 100℃。

（7）工作制。

电动机的工作制用 S1～S10 表示，其中 S1 表示连续工作制，S2 表示短时工作制，S3 表示断续周期工作制。

（8）防护等级。

铭牌上标的 IP44 代表电动机的防护等级，第一个数字代表防护固体，第二个数字代表防护液体，固体防护等级从 0 到 7，液体防护等级从 0 到 8，数字越大代表防护等级越高。

3. 接线方式

电动机定子有三相绕组，U 相为 U1U2、V 相为 V1V2、W 相为 W1W2。由电动机的接线盒引出 6 个接线端子，若将电动机三相绕组的始端（头）标为 U1、V1、W1，则相应的末端（尾）为 U2、V2、W2。电动机三相绕组的连接方法有星形（Y）连接和三角形（△）连接两种，如图 1-10 所示。通常 3kW 以下的电动机连成 Y 形，4kW 及以上的连成△形。

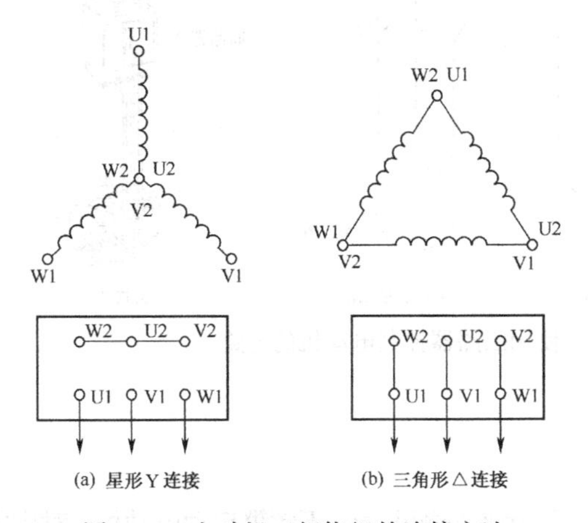

(a) 星形 Y 连接　　(b) 三角形△连接

图 1-10　电动机三相绕组的连接方法

三相异步电动机的连接

1.1.5　电路分析

在图 1-2 所示的电路中，电流由三相电源 L1、L2、L3 经电源进线到隔离开关 QS，然后经 3 个熔断器 FU 到电动机的三相绕组 U、V、W，为防止电动机外壳漏电，通常将电动机的外壳经 PE 线（即黄绿双色线）接地。其中 QS 为隔离开关，起接通和断开电源的作用；FU 为熔断器，在电动机的主电路中通常只起短路保护作用，但该电路没有热继电器，因此 FU 除了起短路保护作用外，还起过载保护作用。合上隔离开关 QS，电动机即启动运行，当需要电动机停止运行时，只要断开隔离开关 QS 即可。当线路或电动机出现短路时，熔断器 FU 立即熔断，保护线路和电动机；当电动机出现过载，线路电流超过熔断器的动作电流时，熔断器 FU 反时限熔断（即电流越大熔断器的熔断时间越短，反之，则电流越小熔断器的熔断时间越长），保护线路和电动机；当电动机外壳出现漏电时，熔断器 FU 和隔离开关 QS 均不会熔断和断开（即不会动作），只能依靠电路的上一级保护装置动作。

复习与思考

1. 熔断器由哪几部分组成？
2. 熔断器有哪几个主要参数？
3. 隔离开关主要用在什么场合？隔离开关的操作注意事项有哪些？
4. 负荷开关主要用在什么场合？
5. 电动机铭牌上有哪些主要参数？

任务 1.2　断路器控制电动机

任务导入

前文讲解了隔离开关控制电动机的电路，当线路或电动机出现短路或过载时，熔断器就会立即或延时熔断，以保护线路和电动机，这种情况下在更换熔断器时会影响设备的正常运行。而使用断路器控制的电动机则不存在这样的问题，其电路如图 1-11 所示。

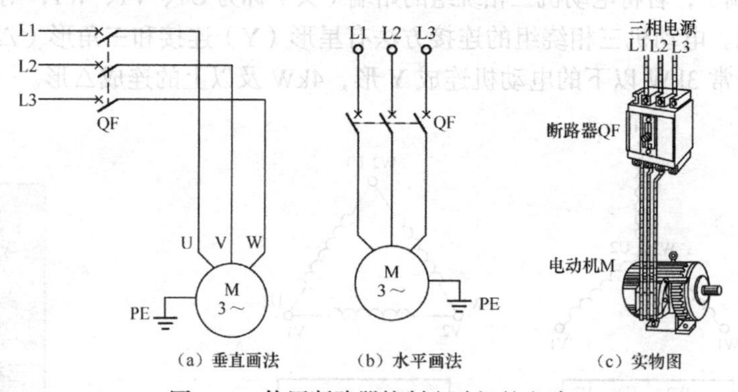

（a）垂直画法　（b）水平画法　（c）实物图

图 1-11　使用断路器控制电动机的电路

1.2.1　断路器

断路器又称为自动开关或空气开关，可用来分配电能、不频繁启动电动机、对供电线路及电动机

等进行保护，用于正常情况下的接通和分断操作，以及严重过载、短路及欠压等故障时自动切断电路。其在分断故障电流后，一般不需要更换零件，且具有较大的接通和分断能力，因而获得了广泛应用。低压断路器按用途分为配电（照明）、限流、灭磁、漏电保护等几种，具有漏电保护功能的断路器叫漏电断路器（将在1.2.2小节介绍）；按接线方式分为单极（即1P）、单相两极（即2P）、三相三极（即3P）、三相四极（即4P）4种；按动作时间分为一般型和快速型两种；按结构分为框架式（万能式DW系列）和塑料外壳式（装置式DZ系列）两种。断路器外形和漏电断路器外形如图1-12所示。

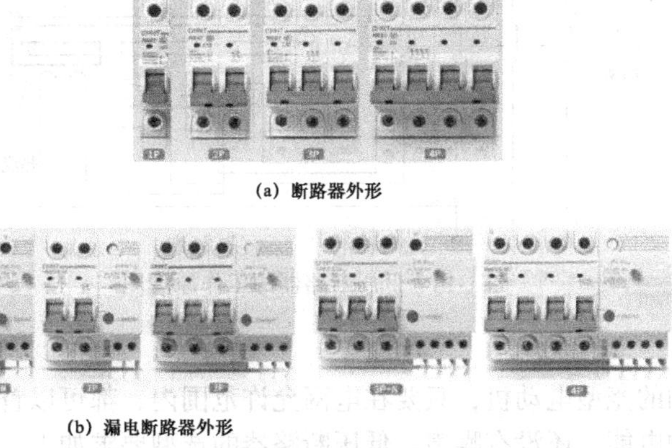

(a) 断路器外形

(b) 漏电断路器外形

图1-12　断路器外形和漏电断路器外形

1. 结构

低压断路器主要由触头系统、灭弧装置、保护装置和操作机构等组成。低压断路器的触头系统一般由动触头、静触头组成。灭弧装置通常采用灭弧栅灭弧，灭弧栅一般由长短不同的钢片交叉组成，放置在由绝缘材料组成的灭弧室内，构成低压断路器的灭弧装置。保护装置由各类脱扣器（如电磁脱扣器、热脱扣器等）构成，以实现针对短路、失压、欠压、过载等的保护功能。DZ5-20型低压断路器结构及图形符号如图1-13所示。

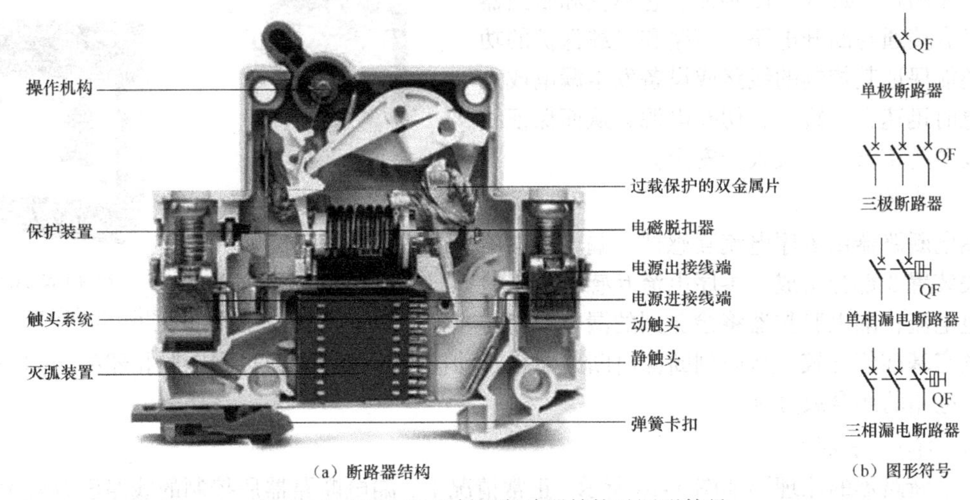

(a) 断路器结构　(b) 图形符号

图1-13　DZ5-20型低压断路器结构及图形符号

2. 工作原理

低压断路器的工作原理图如图1-14所示。低压断路器的主触头串联在被保护的三相主电路中，由搭钩钩住弹簧，使主触头保持闭合状态。当线路正常工作时，电磁脱扣器中线圈所产生的吸力不能将它的衔铁吸合。当线路发生短路时，电磁脱扣器的吸力增大，将衔铁吸合，并撞

击杠杆把搭钩顶上去，在弹簧的作用下切断主触头，从而实现了短路保护；当线路上电压下降或失去电压时，欠电压脱扣器的吸力减小或失去，撞击杠杆把搭钩顶开，切断主触头，从而实现了失压保护；当线路过载时，热脱扣器的双金属片受热弯曲，也把搭钩顶开，切断主触头，从而实现了过载保护。

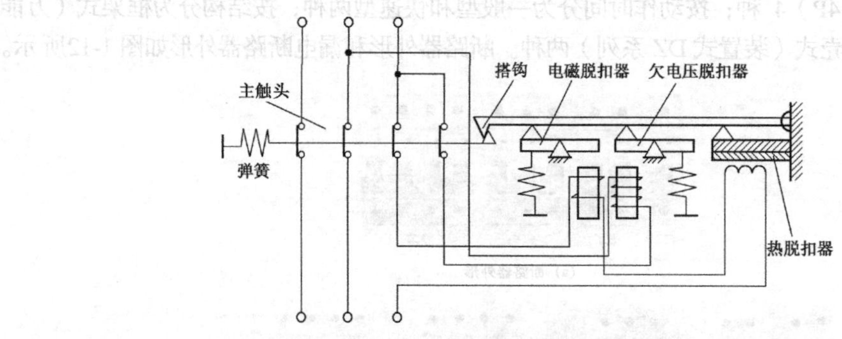

图 1-14 低压断路器的工作原理图

3. 选型

对于不频繁启动的笼型电动机，只要在电网允许范围内，都可以首先考虑采用断路器直接启动，这样可以节约电能，还没有噪声。低压断路器的选型要求如下。

① 额定电压不小于安装地点电网的额定电压。

② 额定电流不小于长期通过的最大负荷电流。

③ 极数和结构形式应符合安装条件、保护性能及操作方式的要求。

1.2.2 漏电断路器

漏电断路器又叫漏电保护开关或漏电空气开关，是一种常用的漏电保护电器，可以分为单相和三相两种，如图 1-15 所示。它不仅和断路器一样具有接通与断开电路、短路和过载保护的功能，还能保证其控制的线路或设备发生漏电或人身触电时迅速自动跳闸，切断电源，从而保证线路或设备的正常运行及人身安全。

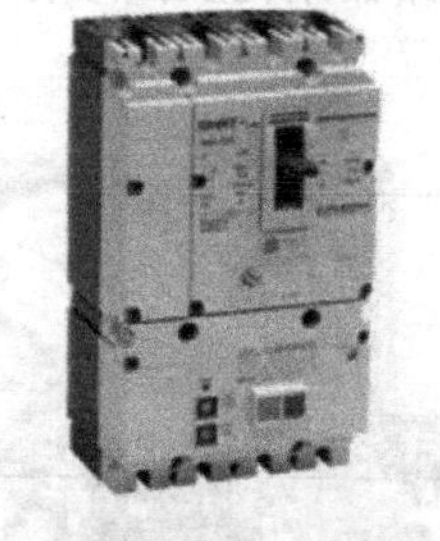

（a）三相塑料外壳漏电断路器

（b）单相漏电断路器

图 1-15 三相和单相漏电断路器

1. 结构

漏电断路器由零序电流互感器、漏电脱扣器和开关装置 3 部分组成。零序电流互感器用于检测漏电电流；漏电脱扣器将检测到的漏电电流与一个预定基准值比较，从而判断漏电断路器是否动作；开关装置通过漏电脱扣器的动作来控制被保护电路的闭合或分断。

2. 保护原理

漏电断路器的原理图如图 1-16 所示。正常情况下，漏电断路器所控制的线路没有发生漏电和人身触电等接地故障时，$I_{相}=I_{零}$（$I_{相}$为相线上的电流，$I_{零}$为零线上的电流），故零序电流互感器的二次回路没有感应电流信号输出，也就是检测到的漏电电流为零，开关保持在闭合状态，线路正常供电。当电路中有人触电或设备发生漏电时，因为$I_{相}=I_{负}+I_{人}$，而$I_{零}=I_{负}$，所以$I_{相}>I_{零}$通过零序电流互感器铁芯的磁通 $\phi_{相}-\phi_{零}\neq 0$，故零序电流互感器的次级线圈产生漏电信号。漏电信号输入电子开关输入端，促使电子开关导通，磁力线圈通电，产生吸力断开电源，从而实

现针对人身触电或漏电的保护。

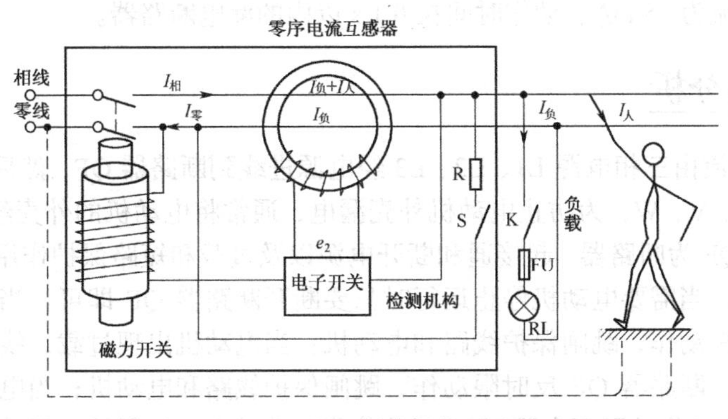

图 1-16　漏电断路器的原理图

3. 技术参数

漏电断路器的技术参数大都标注在铭牌或面板上，漏电断路器的面板如图 1-17 所示，其基本的技术参数如下。

① 额定电压（V），规定为 220 V 或 380 V。

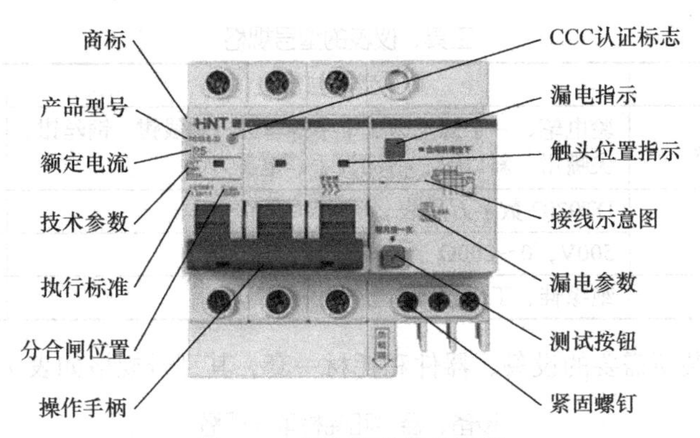

图 1-17　漏电断路器的面板

② 额定电流（A），被保护电路允许通过的最大电流，即开关主触头允许通过的最大电流。

③ 额定动作电流（mA），漏电断路器必须动作跳开时的漏电电流。

④ 额定不动作电流（mA），开关不应动作的漏电电流，一般为额定动作电流的一半。

⑤ 动作时间（s），从发生漏电到开关动作断开的时间，快速型在 0.2 s 以下，延时型一般为 0.2～2 s。

⑥ 消耗功率（W），开关内部元件正常工作的情况下所消耗的功率。

4. 选型

漏电断路器的选型主要根据其额定电压、额定电流、额定动作电流和动作时间等几个主要参数来选择。选用漏电断路器时，其额定电压应与电路工作电压相符。漏电断路器额定电流必须大于电路最大工作电流。对于带有短路保护装置的漏电断路器，其极限通断能力必须大于电路的短路电流。漏电动作电流及动作时间可按线路泄漏电流大小选择，也可按分级保护方式选择。

在正常条件下，家庭用户的线路、临时接线板、电钻、吸尘器、电锯等均可安装漏电动作电流为 30 mA、动作时间为 0.1 s 的漏电断路器。在狭窄的危险场所使用 220 V 手持电动工具，或在发生人身触电后同时可能发生二次伤害的地方（如在高空作业或在河岸边）使用电气工具，可安装额定动作电流为 15 mA、动作时间在 0.1 s 以内的漏电断路器。

1.2.3 电路分析

图 1-11 中，电流由三相电源 L1、L2、L3 经电源进线到断路器 QF，然后经断路器 QF 到电动机的三相绕组 U、V、W，为防止电动机外壳漏电，通常将电动机的外壳经 PE 线（即黄绿双色线）接地。其中 QF 为断路器，起接通和断开电源以及过载和短路保护作用。合上断路器 QF，电动机即启动运行，当需要电动机停止运行时只要断开断路器 QF 即可。当线路或电动机出现短路时，断路器 QF 动作，跳闸保护线路和电动机；当电动机出现过载，线路电流超过断路器额定电流一定值时，断路器 QF 反时限动作，跳闸保护线路和电动机；当电动机外壳出现漏电时，断路器 QF 不会动作（即不会跳闸），只能依靠电路的上一级保护装置动作。

1.2.4 电路装调

1. 安装步骤

① 准备电路安装所需要的工具和仪表一套，工具、仪表的型号规格如表 1-3 所示。

表 1-3　　工具、仪表的型号规格

序号	名称	型号与规格	数量	单位
1	常用工具	验电笔、一字螺丝刀、十字螺丝刀、剥线钳、钢丝钳、尖嘴钳、斜口钳、活动扳手、电工刀	1	套
2	万用表	DT9202 数字万用表	1	个
3	兆欧表	500V，0～200Ω	1	个
4	劳保用品	绝缘鞋、工作服等	1	套

② 准备电路安装所需要的设备、器件和耗材一套，其型号规格如表 1-4 所示。

表 1-4　　设备、器件和耗材型号规格

序号	名称	型号与规格	数量	单位
1	三相异步电动机	Y132S-4、4kW	1	台
2	断路器	DZ47-40、400V、16A	1	套
3	按钮	LAY3-11、2.5A、绿色和红色各 1 个	2	个
4	接触器	CJ20-10，线圈 380V	1	个
5	接线端子排	TB1512、600V、15A、12 位	若干	个
6	自攻螺丝	Φ3mm × 20mm，Φ3mm × 15mm	若干	个
7	导线	BVR-2.5、BVR-1.5（颜色：黄色、绿色、红色、黑色）	若干	m
8	保护接地线	BVR-2.5、黄绿双色线	若干	m
9	电路安装板	600mm × 500mm × 20mm	1	块
10	塑料线槽	25mm × 25mm	若干	m
11	三相交流电源	～3 × 380/220V、10A	1	个

③ 选择、检查所需要的电器元件（包含断路器、三相异步电动机、接线端子排等）。

④ 根据图 1-11 设计电器元件的布置图，如图 1-18 所示，确定好电源的进线和出线位置。将元件用自攻螺丝安装在电路安装板的相应位置上，并贴上醒目的文字符号。安装电器元件和走线槽时，应

做到横平竖直、安装牢固、排列整齐和便于走线，紧固元件时要注意用力均匀且适度，以防损坏元件。

⑤ 规划好线槽的走向，并在布线通道上固定好线槽。

⑥ 分别用黄色、绿色、红色 3 种颜色的导线将电源接线端子排 L1、L2、L3 的上端分别与断路器 QF 的进线端 L1、L2、L3 进行连接。连接时，先接断路器端，测量好导线长度后再接端子排端。注意断路器接线孔中间的金属片可以上下移动，当逆时针拧螺钉时，断路器中间的金属片往下移动，例如图 1-19 所示的断路器左边的 3 个孔（孔最大），此时将导线对折插入孔中，插入长度要适当，否则会压住导线绝缘层或接触面太小；当顺时针拧螺钉时，断路器中间的金属片往上移动，例如图 1-19 所示的断路器右边的孔，若此时已经插入了导线，则导线会被逐渐压紧。接线端子排及其与导线的连接方法如图 1-20 所示。

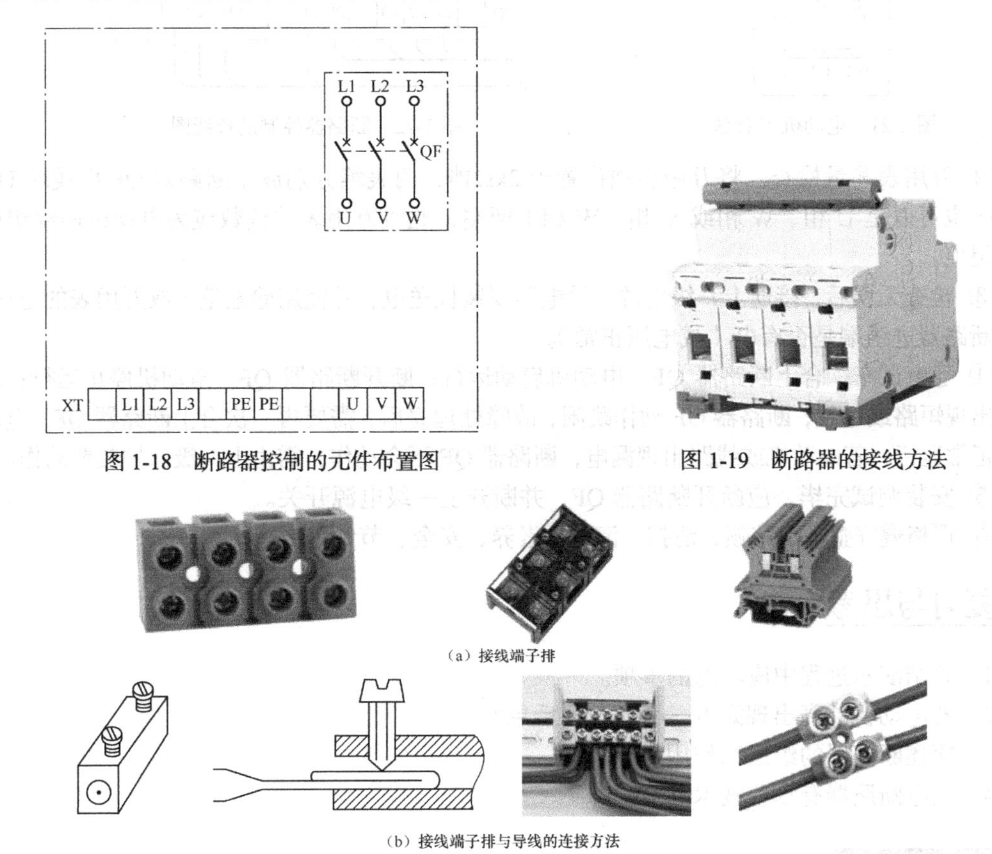

图 1-18　断路器控制的元件布置图

图 1-19　断路器的接线方法

（a）接线端子排

（b）接线端子排与导线的连接方法

图 1-20　接线端子排及其与导线的连接方法

⑦ 分别用黄色、绿色、红色 3 种颜色的导线将断路器 QF 的出线端 U、V、W 与电动机的接线端子排 U、V、W 的上端进行连接。

⑧ 将两个 PE 接线端子排的上端短接，并将全部导线放入线槽，盖好线槽。

⑨ 电动机按 Y 接法连接，如图 1-21 所示，然后用黄色、绿色、红色、黄绿双色（PE 线）4 根导线分别将电动机的 U1、V1、W1、电动机接地端 PE 接到接线端子排 U、V、W、PE 的下端，并确保断路器 QF 处于断开位置。

⑩ 将黄色、绿色、红色、黄绿双色（PE 线）4 根电源线分别接到接线端子排 L1、L2、L3、PE 的下端，至此电路连接完毕，如图 1-22 所示。

2. 电路检查与通电试车

① 目测检查。对照图 1-11 所示的电路图检查电路是否安装、接线正确。

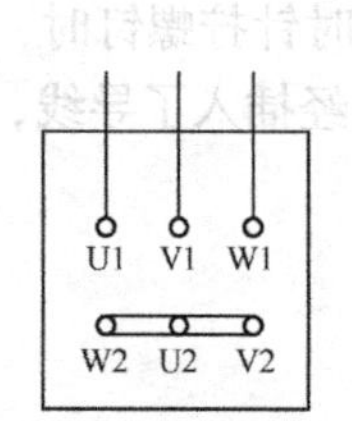

图1-21　电动机Y接法

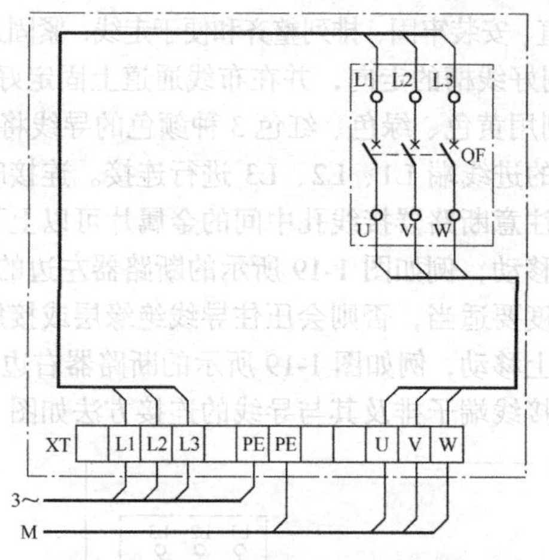

图1-22　断路器控制的接线图

② 万用表测量检查。将万用表挡位置于2kΩ挡，两表笔分别放于断路器QF出线端U相、V相（也可以是U相、W相或V相、W相）两端，此时万用表的读数应为电动机两绕组的串联电阻值。

③ 检查无误后，接通上一级电源，给电路安装板送电，并使用验电笔（或万用表的电压挡）测量断路器进线端是否有电（或电压正常）。

④ 通电试车。合上断路器QF，电动机启动运行；断开断路器QF，电动机停止运行；若电动机出现短路或过载，断路器QF动作跳闸，故障处理完后，需要再一次合上断路器QF，电动机即可正常运行；若电动机或线路出现漏电，断路器QF不会动作，需由上一级保护装置动作。

⑤ 安装调试完毕，应断开断路器QF，并断开上一级电源开关。

⑥ 严格遵守整理、整顿、清扫、清洁、素养、安全、节约等要求。

复习与思考

1. 总结演示过程中应注意的事项。
2. 若电动机外壳出现漏电，会有什么后果？
3. 简述断路器的组成和作用。
4. 漏电断路器有哪些技术参数？

任务1.3　漏电断路器控制电动机

前文讲解了断路器控制电动机的电路，当线路或电动机出现短路或过载时，断路器就会立即或延时跳闸，以保护线路和电动机；但若线路或电动机出现漏电或有人触电，断路器是不会动作的，这时就必须使用漏电断路器来进行控制和保护。漏电断路器控制电动机的电路如图1-23所示。

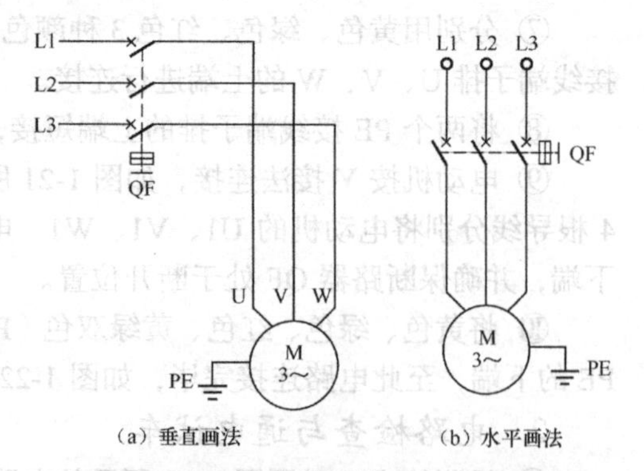

图1-23　漏电断路器控制电动机的电路图

1. 电路分析

在图1-23所示的电路中，电流由三相电源L1、L2、L3经电源进线到漏电断路器QF，然后经漏电

断路器 QF 到电动机的三相绕组 U、V、W，为防止电动机外壳漏电，通常将电动机的外壳经 PE 线（即________颜色的导线）接地。其中 QF 为漏电断路器，起________和________电源以及________、________和________保护作用。当合上漏电断路器 QF 时电动机即启动运行，当需要电动机停止运行时，只要断开漏电断路器 QF 即可；当线路或电动机出现短路时，________动作，跳闸保护线路和电动机；当电动机出现________，线路电流超过漏电断路器额定电流一定值时，________反时限动作，跳闸保护线路和电动机；当电动机外壳出现漏电时，漏电断路器 QF________。

2. 安装步骤

① 准备电路安装所需要的工具和仪表一套，请根据实训室的实际情况在表 1-5 中列出工具、仪表的型号规格。

表 1-5　　实际使用的工具、仪表的型号规格

序号	名称	型号与规格	数量	单位
1				
2				
3				
4				
……				

② 请根据实训室的实际情况，在表 1-6 中列出电路安装所需要的设备、器件和耗材。

表 1-6　　实际使用的设备、器件和耗材型号规格

序号	名称	型号与规格	数量	单位
1				
2				
3				
4				
5				
6				
7				
8				
9				
10				
……				

③ 选择、检查所需要的电器元件（包含漏电断路器、电动机、接线端子排等）。

④ 根据图 1-23 设计电器元件的布置图，请画在图 1-24 中。确定好电源的进线和出线位置，并固定好元器件。

⑤ 规划好线槽的走向，请画在图 1-24 中，并固定好线槽。

⑥ 分别用________颜色的导线将电源接线端子排 L1、L2、L3 的上端与漏电断路器 QF 的进线端 L1、L2、L3 进行连接。连接时，先接________端，测量好导线长度后再接到接线端子排端。

⑦ 分别用________颜色的导线将漏电断路器 QF 的出线端 U、V、W 与电动机的连接端子排 U、V、W 的上端进行连接。

⑧ 将两个 PE 接线端子排的上端短接，并将全部导线放入线槽，盖好线槽。

⑨ 电动机按△接法连接，请画出其接线图，然后用________4 根导线分别将电动机的 U1、

V1、W1、电动机接地端PE接到接线端子排U、V、W、PE的下端，并确保漏电断路器QF处于________（闭合/断开）位置。

图1-24 漏电断路器控制电动机的元件布置图

⑩ 将________4根电源线分别接到接线端子排L1、L2、L3、PE的下端，至此，电路安装完毕。

3. 电路检查与通电试车

① ________检查。对照图1-23所示的电路图检查电路是否安装、接线正确。

② ________测量检查。将万用表挡位置于________挡，两表笔分别放于________出线端U相、V相（也可以是U相、W相或V相、W相）两端，此时万用表的读数应为________Ω。

③ 检查无误后，接通上一级电源，给电路安装板送电，并使用万用表_____挡测量漏电断路器QF进线端电压U_{UV}=________V、U_{UW}=________V、U_{VW}=________V。

④ 通电试车。合上________，电动机________；断开________，电动机________；若电动机出现短路或过载，漏电断路器QF________，故障处理完后，需要再一次合上漏电断路器QF，电动机即可________；若电动机或线路出现漏电，漏电断路器QF________。

⑤ 安装调试完毕，应断开________，并断开上一级电源开关。

⑥ 严格遵守________、________、________、________、________、________、________"7S"要求。

任务1.4 负荷开关控制电动机实训

负荷开关控制电动机的电路如图1-25所示，请参照电路图分析电路原理，列出实训器材（包括器材名称、规格型号和作用，并检查好坏或测量数据，填入表1-7中），完成电路装接，写出电路检查步骤、检测的数据和通电试车的步骤，在老师的监督下完成电路调试，并在班上展示上述工作的完成情况，最后参照表1-8完成三方评价。

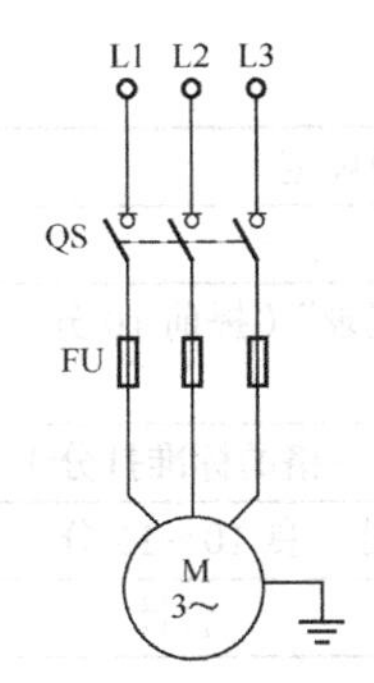

图 1-25　负荷开关控制电动机的电路图

表 1-7　　实训器材名称、规格型号、作用及检查好坏或测量数据

序号	名称	规格型号	作用	检查好坏或测量数据
1				
2				
3				
4				
5				
6				
7				
8				
……				

表 1-8　　三方评价表

一、学习自评表

班级		姓名		学号		日期	
评价指标	评价要素					权重	评分
参与态度情况	1. 是否能利用网络、教材查找有效信息					10	
	2. 是否与教师有正常的学习交流（包括回答提问）					10	
	3. 是否与同学有多向、丰富、适宜的学习交流					10	
	4. 是否积极思考问题，提出有价值的问题或发表个人见解					10	
	5. 是否遵守实训室“7S”管理规定					10	
	6. 是否按时出勤（请假、迟到、早退扣 1 分/次）					10	
任务完成情况	1. 是否按时完成“学习过程记录”，包括分析电路原理、列出实训器材、写出电路检查步骤、检测的数据和通电试车的步骤（提前 10 分、按时 8 分、未按时 1～6 分）					10	
	2. 是否按时完成任务（参照上一格的标准打分）					10	
	3. 是否正确完成任务（正确 20 分、小问题 10～18 分、大问题 0～9 分）					20	
自评分	合计						

二、同学互评表

班级		姓名		学号		日期	
评价指标	评价要素					权重	评分
自评反馈	是否能严肃、认真、客观地做出自我评价					10	
参与态度情况	1. 是否积极参与相关工作					10	
	2. 是否与师生有多向、丰富、适宜的学习交流					10	
	3. 是否有团结、协助、互帮、互敬的精神					10	

续表

参与态度情况	4. 是否遵守实训室“7S”管理规定	10	
	5. 是否达到所列的素质目标	10	
任务完成情况	1. 是否按时完成“学习过程记录”（提前10分、按时8分、未按时1~6分）	10	
	2. 是否按时完成任务（参照上一格的标准打分）	10	
	3. 成果展示情况（优16~20分、良10~15分、差0~9分）	20	
互评分	合计		
取长补短	列举其值得学习的地方		
评价反馈			

三、教师评价表

班级		姓名		学号		日期	
评价指标	评价要素					权重	评分
知识掌握情况（30分）	1. 电路原理分析					10	
	2. 实训器材					5	
	3. 电路检查步骤、方法和检测的数据					10	
	4. 通电试车的步骤					5	
技能掌握情况（40分）	1. 是否按时（提前10分、按时8分、未按时6分）完成任务					10	
	2. 是否正确完成任务（正确20分、小问题10~18分、大问题0~9分）					20	
	3. 电路装接时表现（思路清晰，操作熟练、规范）					10	
素质养成情况（30分）	1. 是否能清晰阐述自己展示的成果					15	
	2. 是否按时出勤（请假、迟到、早退扣1分/次）					5	
	3. 是否遵守实训室“7S”管理规定［每次（处）扣一分］					5	
	4. 互帮互敬、团结协作、吃苦耐劳、安全文明、创新思维					5	
成绩评定	自评分×20%		互评分×20%		教师评分×60%		总分
评分							
评价反馈							

项目 2

电动机的点动、连续运行控制

学习目标

1．知识目标

① 了解电动机的点动、连续运行的区别。

② 能描述交流接触器、热继电器、按钮开关、指示灯的结构和用途。

③ 能描述交流接触器、热继电器、按钮开关、指示灯的安装要点。

2．能力目标

① 能正确识别和使用交流接触器、热继电器、按钮开关等常用低压电器。

② 能分析电动机的点动、连续运行电路的工作原理。

③ 能根据电路图绘制电器元件的布置图和接线图。

④ 能正确安装和检查电动机的点动、连续运行电路。

3．素质目标

① 激发学生的学习兴趣。

② 培养学生友爱同学、尊敬老师的习惯。

③ 培养学生制订、实施工作计划的能力。

项目引入

项目 1 介绍了电动机的开关控制是通过开关直接控制电动机的启动和停止的，其控制方式简单、方便，但只能用于就地、小容量、不频繁的手动操作，不适合远距离、大容量、频繁操作和自动控制。因此，接下来要学习继电器控制系统。本项目重点讲解电动机的点动控制、连续运行控制以及两地控制。

任务 2.1 电动机的点动控制

任务导入

当电动葫芦需要上升、下降、左移、右移的时候，以及机床刀架、横梁、立柱等快速移动和机床对刀的时候，常常只需要按住相应的按钮，电动机就能启动运行，松开按钮，电动机就停止运行，这种运转方式叫作点动。图 2-1 所示为电动葫芦、普通机床及电动机的点动控制原理图，电动机的点动

控制电路包括断路器QF、交流接触器KM、热继电器FR、按钮SB及电源指示灯EL电器元件。

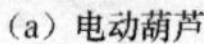

（a）电动葫芦　　（b）普通机床

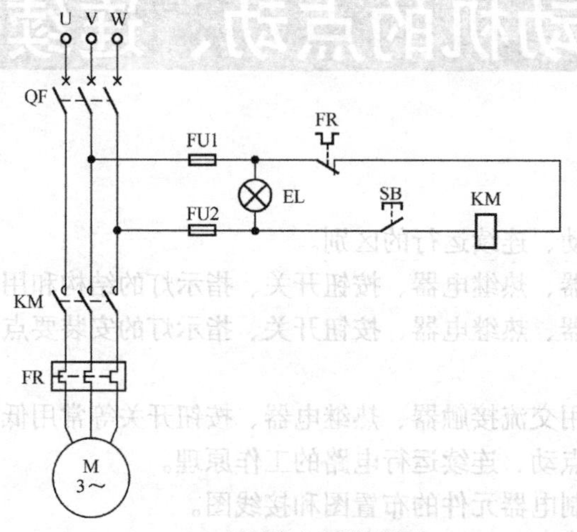

（c）电动机的点动控制原理图

图2-1　电动葫芦、普通机床及电动机的点动控制原理图

2.1.1　交流接触器

接触器属于控制类电器，是一种适用于远距离频繁接通、分断交直流主电路和控制电路的自动控制电器。其主要控制对象是电动机，也可用于其他电力负载，如电热器、电焊机等。接触器具有欠压保护、零压保护、控制容量大、工作可靠、寿命长等优点，它是自动控制系统中应用非常多的一种电器，其实物图如图2-2所示。

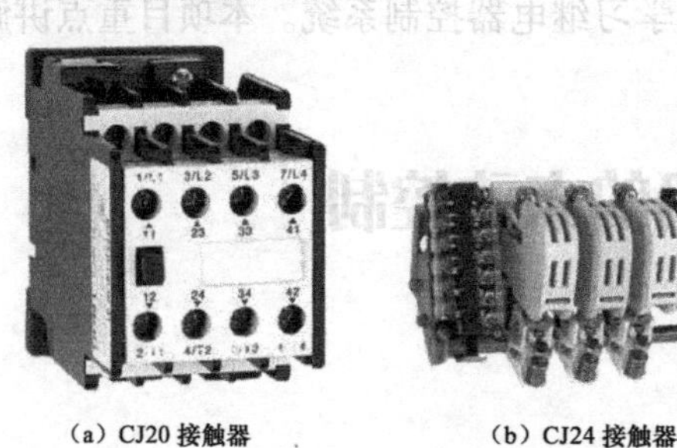

（a）CJ20接触器　　（b）CJ24接触器

图2-2　接触器实物图

1. 结构

以CJ10-20型交流接触器为例，接触器由电磁系统、触头系统、灭弧装置（未在图中体现、

后文有介绍)、释放(即还原)弹簧等几部分构成，如图 2-3 所示。电磁系统包括电磁线圈、固定(即静)铁芯和可动(即动)铁芯；触头系统包括用于接通、切断主电路的主触头和用于控制电路的辅助触头；灭弧装置用于迅速切断主触头断开时产生的电弧(一个很大的电流)，以免主触头烧毛、熔焊。交流接触器在分断较大电流时，在动、静触头之间将产生较强的电弧，它不仅会烧伤触头，严重时还会造成相间短路，通常主触头的额定电流在 10 A 以上的接触器都带有灭弧装置，用以熄灭电弧，灭弧方法将在项目 5 进行系统讲解。

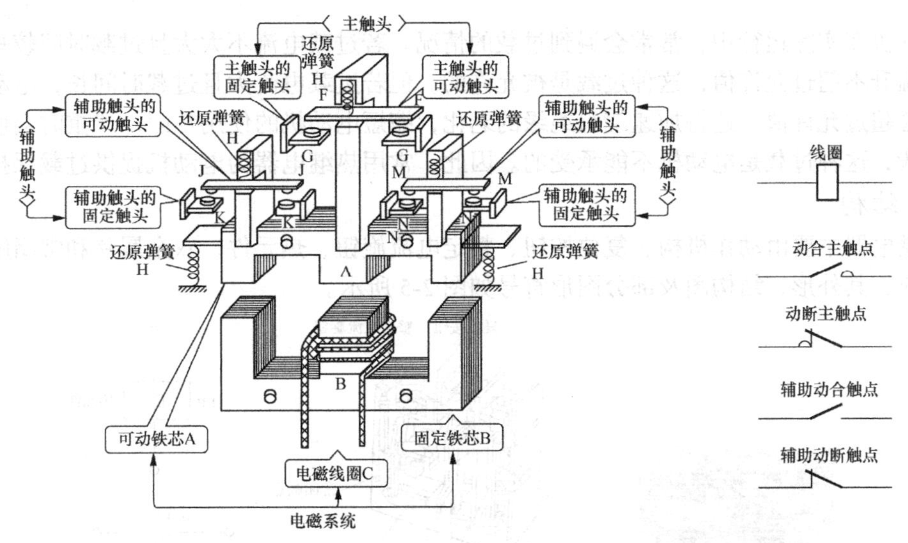

图 2-3　CJ10-20 型交流接触器的结构示意图及部分图形符号

2. 工作原理

交流接触器的工作原理是利用电磁铁吸力及弹簧反作用力配合动作，使触头接通或断开。当吸引线圈通电时，铁芯被磁化，吸引衔铁向下运动，使得常闭触头断开，常开触头闭合；当线圈断电时，磁力消失，在反力弹簧的作用下，衔铁回到原来位置，也就使触头恢复到原来状态，如图 2-4 所示。

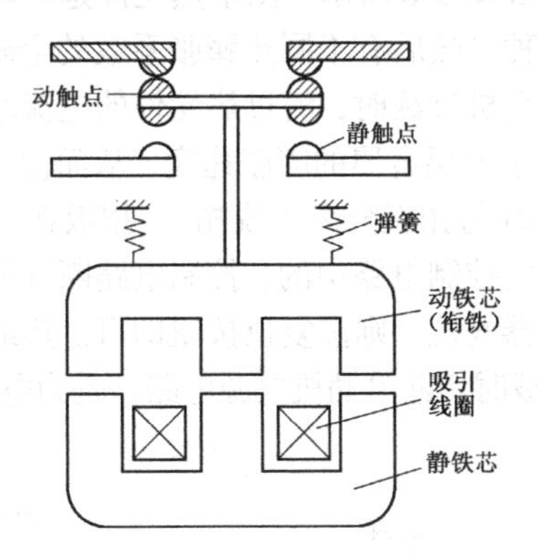

图 2-4　交流接触器工作原理图

3. 选型

选择交流接触器时应注意以下几点。

① 接触器主触头的额定电压大于等于负载额定电压。

② 接触器主触头的额定电流大于等于 1.3 倍负载额定电流。

③ 当线路简单、使用电器较少时，接触器线圈额定电压可选用 220 V 或 380 V；当线路复杂、使用电器较多或在不太安全的场所时，接触器线圈额定电压可选用 36 V、110 V 或 127 V。

④ 接触器的触头数量、种类应满足控制线路要求。

⑤ 考虑实际操作频率（每小时触头通断次数）。当通断电流较大且通断频率超过规定数值时，应选用额定电流大一级的接触器型号，否则会使触头严重发热，甚至熔焊在一起，造成电动机等负载缺相运行。

2.1.2 热继电器

电动机在实际运行中，常常会遇到过载的情况。若过载电流不太大且过载时间较短，电动机绕组温升不超过允许值，这种过载是被允许的。但若过载电流大且过载时间长，电动机绕组温升就会超过允许值，这将加速绕组绝缘的老化，缩短电动机的使用年限，严重时会使电动机绕组烧毁，这种过载是电动机不能承受的。因此，常用热继电器为电动机提供过载保护。

1. 结构

热继电器主要由动作机构、复位按钮、整定电流旋钮、热元件、双金属片和常闭触点 6 个部分组成，其外形、结构图及部分图形符号如图 2-5 所示。

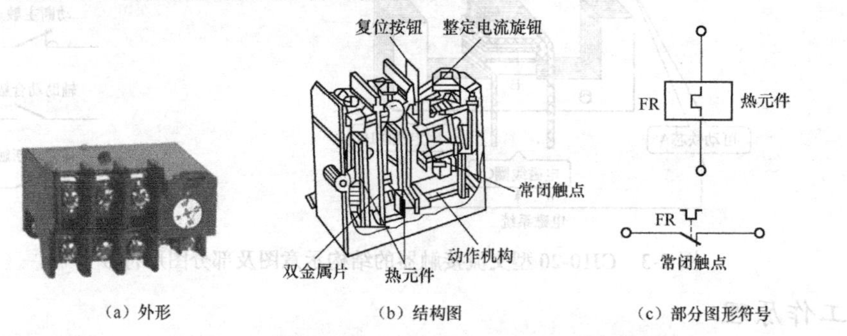

图 2-5 热继电器外形、结构图及部分图形符号

2. 工作原理

热继电器的工作原理示意图如图 2-6 所示。图中热元件是一段电阻不大的电阻丝，接在电动机的主电路中。双金属片是由两种受热后有不同热膨胀系数的金属碾压而成的，其中下层金属的热膨胀系数高，上层的低。当电动机过载时，流过热元件的电流增大，热元件产生的热量使双金属片中的下层金属的膨胀速度大于上层金属的膨胀速度，从而使双金属片向上弯曲。经过一定时间后，弯曲位移增大，使双金属片与扣扳分离（脱扣）。扣扳在弹簧的拉力作用下，将常闭触点断开。常闭触点是串接在电动机的控制电路中的，控制电路断开使接触器的线圈断电，从而断开电动机的主电路。若要使热继电器复位，则按复位按钮即可。热继电器就是利用电流的热效应原理，在电动机出现不能承受的过载时切断电动机电源电路，是为电动机提供过载保护的保护电器。

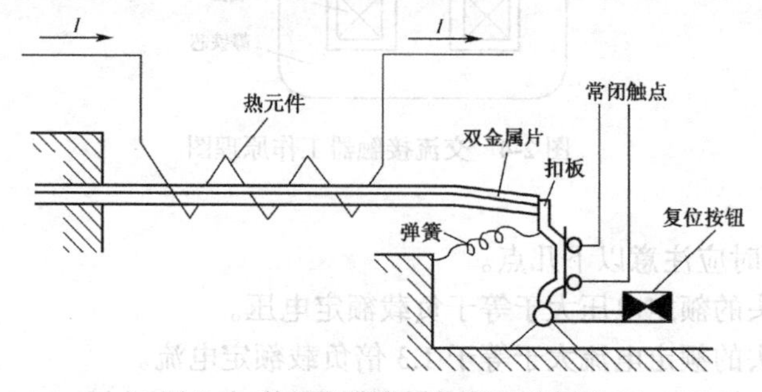

图 2-6 热继电器的工作原理示意图

由于热惯性，当电路短路时，热继电器不能立即动作使电路断开。因此，在控制系统主电

路中，热继电器只能用于电动机的过载保护，而不能起到短路保护的作用。在电动机启动或短时过载时，热继电器也不会动作，这可避免电动机不必要的停车。

3. 选型

热继电器型号的选用应根据电动机的接法和工作环境来决定。当定子绕组采用 Y 接法时，选择通用的热继电器即可；如果绕组为△接法，则应选用带断相保护装置的热继电器。在一般情况下，可选用两相结构的热继电器；在电网电压的均衡性较差、工作环境恶劣或维护较少的场所，可选用三相结构的热继电器。

4. 整定

热继电器动作电流的整定主要根据电动机的额定电流来确定。热继电器的整定电流是指热继电器长期不动作的最大电流，超过此值即开始动作。热继电器可以根据过载电流的大小自动调整动作时间，具有反时限保护特性。一般过载电流是整定电流的 1.2 倍时，热继电器动作时间小于 20 min；过载电流是整定电流的 1.5 倍时，动作时间小于 2 min；过载电流是整定电流的 6 倍时，动作时间小于 5 s。热继电器的整定电流通常与电动机的额定电流相等或是额定电流的 0.95～1.05 倍。如果电动机拖动的是冲击性负载或电动机的启动时间较长，热继电器的整定电流要比电动机的额定电流高一些。但对于过载能力较差的电动机，热继电器的整定电流应适当小些。

2.1.3　按钮开关

按钮开关俗称按钮，是一种结构简单、应用广泛的主令电器。一般情况下，按钮不直接控制主电路的通断，而在控制电路中发出手动“指令”去控制接触器、继电器等电器，再由它们去控制主电路，按钮也可用来转换各种信号线路与电气连锁线路等。按钮开关的实物图和结构示意图如图 2-7 所示，其图形符号如图 2-8 所示，其文字符号为 SB。

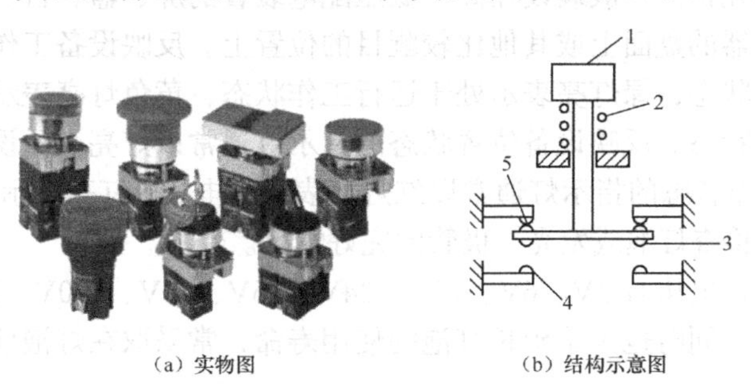

1—按钮帽；2—复位弹簧；3—动触点；4—常开触点静触点；5—常闭触点静触点

图 2-7　按钮开关的实物图和结构示意图

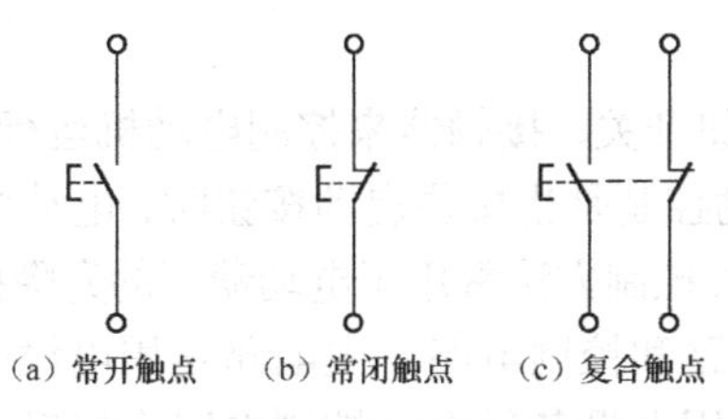

图 2-8　按钮开关的图形符号

常开（动合）按钮未被按住时，触点是断开的，按住时触点闭合接通；当手松开后，按钮在复位弹簧的作用下复位断开。

常闭（动断）按钮与常开按钮相反，未被按住时，触点是闭合的，按住时触点断开；当手松开后，按钮在复位弹簧的作用下复位闭合。

复合按钮是将常开与常闭触点组合为一体的按钮。未被按住时，常闭触点是闭合的，常开触点是断开的。被按住时常闭触点首先断开，继而常开触点闭合；当手松开后，按钮在复位弹簧的作用下，首先将常开触点断开，继而将常闭触点闭合。

使用按钮时应注意触点间的清洁，防止油污、杂质进入造成短路或接触不良等事故，在高温下使用的按钮应加紧固垫圈或在接线柱螺钉处加绝缘套管。带指示灯的按钮不宜长时间通电，应设法降低指示灯电压以延长其使用寿命。在工程实践中，绿色按钮常用作启动按钮，红色按钮常用作停止按钮，不能弄反。

2.1.4 指示灯

指示灯是用灯光监视电路、电气设备的工作或位置状态的器件，通常用于反映电路的工作状态（如有电或无电）、电气设备的工作状态（如运行、停运或试验）和位置状态（如闭合或断开）等，如图2-9所示。

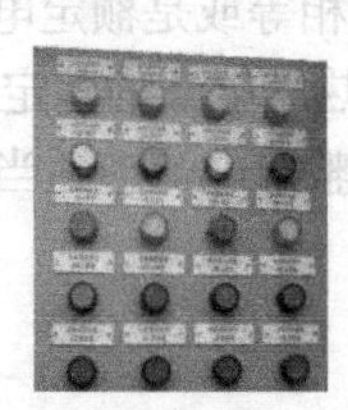

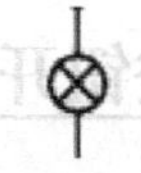

（a）指示灯面板　（b）LED指示灯　（c）带指示灯的按钮　（d）图形符号

图2-9　指示灯及图形符号

指示灯按光源种类分为白炽灯、气体发光灯、发光二极管等几种，按颜色分为红色、绿色、黄色、白色和蓝色等几种。一般装设在高、低压配电装置的屏、盘、台、柜的面板上，以及某些低压电气设备、仪器的盘面上或其他比较醒目的位置上。反映设备工作状态的指示灯通常以红灯亮表示处于停运状态，绿灯亮表示处于运行工作状态，黄色灯亮表示处于故障状态，乳白色灯亮表示处于试验状态。反映设备位置状态的指示灯通常以灯亮表示设备带电，灯灭表示设备失电。反映电路工作状态的指示灯通常以红灯亮表示带电，绿灯亮表示无电。为避免误判断，运行中要经常或定期检查灯泡或发光二极管的完好情况。

指示灯的额定工作电压有3V、6V、12V、24V、36V、48V、110V、220V等。受控制电路通过电流大小的限制，同时也为了延长灯泡的使用寿命，常采取在灯泡前加一个限流电阻的方式来降低工作电压。

2.1.5 电路分析

电动机的点动电路是用按钮开关、接触器来控制电动机运行的，是最简单的电路，其电路原理如图2-1（c）所示。所谓点动控制是指按住启动按钮时，电动机就得电运行；松开启动按钮时，电动机就失电，停止运行。这种控制方法常用于电动葫芦的升降控制和机床的手动调校控制。

电路原理图一般包括主电路和控制电路。主电路是用电设备的驱动电路，在控制电路的控制下，根据控制要求由电源向用电设备供电。控制电路由接触器和继电器线圈以及各种电器的动合、动断触点组合构成控制逻辑，实现所需要的控制功能。主电路、控制电路和其他的辅助电路、保护电路一起构成电气控制系统。下面针对电动机的点动控制进行分析。

1. 主电路元器件

在图2-1（c）中，主电路由三相断路器QF、交流接触器KM（远程控制）主触点、热继电

器 FR 的热元件以及三相电动机组成。

2. 控制电路元器件

在图 2-1（c）中，控制电路由熔断器 FU1、FU2、按钮 SB、电源指示灯 EL、交流接触器的 KM 线圈及热继电器 FR 的辅助常闭触点组成。

3. 工作原理

当电动机需要点动运行时，先合上断路器 QF，电源指示灯 EL 亮（表示有电），再按住启动按钮 SB，此时接触器 KM 的线圈得电，接触器 KM 的 3 对常开主触点闭合，电动机便得电启动运行；当电动机需要停止运行时，只要松开启动按钮 SB，此时接触器 KM 的线圈失电，接触器 KM 的 3 对常开主触点断开，电动机便失电而停止运行。

当电路或电动机出现短路时，断路器 QF 立即跳闸，起短路保护作用。当电动机出现过载时，热继电器 FR 的热元件发生弯曲变形，使控制电路中的热继电器 FR 的常闭触点断开，接触器 KM 的线圈失电，接触器 KM 的 3 对常开主触点断开，电动机便失电而停止运行，实现过载保护功能。通常情况下，电动机的点动控制一般无须热继电器提供过载保护。

当控制电路出现短路时，控制电路的 FU1、FU2 会起短路保护作用。通常情况下，控制回路一般不会出现过载的情况。

此外，电路原理图中的电路有水平布置［即水平画法如图 2-1（c）所示］，也有垂直布置（即垂直画法，如图 2-10 所示），两种画法各有优点。

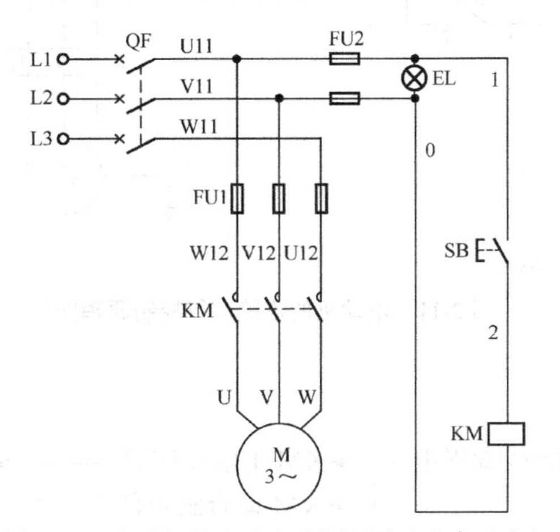

图 2-10　电动机的点动电路原理图（垂直画法）

复习与思考

1. 接触器的作用是什么？
2. 接触器主要由哪几部分组成？
3. 简述接触器的工作原理。
4. 选用接触器时的注意事项有哪些？
5. 热继电器由哪几部分组成？
6. 简述热继电器的工作原理。
7. 热继电器如何进行整定？
8. 什么是常开按钮？什么是常闭按钮？
9. 停止一般使用什么颜色的指示灯？运行一般使用什么颜色的指示灯？

任务 2.2　电动机的连续运行控制

任务导入

前文讲解了电动机的点动控制，当需要电动机长时间运行时，就必须长时间按住启动按钮不松开，否则电动机就停止运行了，那有没有方法解决这个问题呢？答案是肯定的，这就是"自锁"，也叫"自保"，即依靠接触器自身的常开辅助触点使其线圈保持通电，也就是将接触器常开辅助触点与启动按钮并联，这样，当启动按钮被按住时，接触器动作，常开辅助触点闭合，进行状态保持，此时再松开启动按钮，接触器也不会失电断开。其电路如图 2-11 所示。

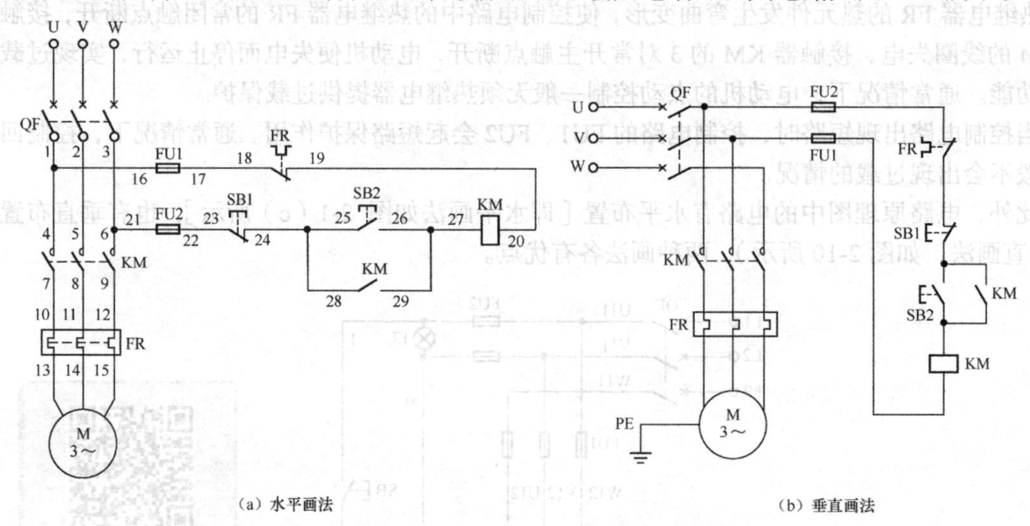

（a）水平画法　　（b）垂直画法

图 2-11　电动机的连续运行控制原理图

1. 电路工作原理

（1）启动过程。

按启动按钮 SB2→KM 线圈得电→KM 主触点闭合、KM 动合触点闭合→电动机 M 启动并连续运行

当松开 SB2 时，虽然它恢复到断开位置，但由于有 KM 的辅助动合触点（已经闭合了）与之并联，因此 KM 线圈仍保持通电。这种利用接触器本身的动合触点使接触器线圈保持通电的做法称为自锁或自保，该动合触点就叫自锁（或自保）触点。正是由于自锁触点的作用，所以在松开 SB2 时，电动机仍能保持运行，而不是点动运行。

电动机的连续运行控制工作原理分析

（2）停止过程。

按启动按钮 SB1→KM 线圈失电→KM 主触点断开、KM 自锁触点断开→电动机 M 停止运行

当松开 SB1 时，其常闭触点虽恢复为闭合状态，但因接触器 KM 的自锁触点在其线圈失电的瞬间已断开，解除了自锁（SB2 的常开触点也已断开），所以接触器 KM 的线圈不能得电，KM 的主触点断开，电动机 M 就停止运行。

2. 元件选择和检查

选择图 2-11 所需的电器元件，并检查其好坏。主要元件清单如下：三相断路器（1 个）、

交流接触器（1 个）、热继电器（1 个）、熔断器（2 个）、停止按钮（1 个）、启动按钮（1 个）、电动机（1 台）。

3. 电路装接

电路的安装包括元器件布局图的设计、元器件的固定、面板明敷布线等几方面的工作。

（1）根据图 2-11 所示的原理图，设计元器件的布局图，如图 2-12（a）所示，并考虑好导线走向。

（2）按照原理图和布局图的要求固定好各类元器件（断路器的安装已在任务 1.2 中介绍）。

（3）接触器的安装。

① 接触器的安装平面与垂直面的夹角应保持在±5° 范围内。

② 接触器上的散热孔应上下布置，接触器之间以及与其他电器之间均应留有适当的空间以利于散热。

③ 接触器的观察方孔应便于观察里面线圈的参数，A1 标号在上面。

④ 接触器应远离有冲击和振动的地方。

（4）按钮的安装。

① 按钮无须固定在配线板上，按钮接线和电源、电动机配线一样要通过端子排进出配线板。

② 进出按钮接线桩的导线应采用接线端子和端子标号，便于检修。

③ 如果按钮的外壳是金属的，则外壳应可靠接地。

（5）热继电器的安装。

① 热继电器的热元件应串接在主电路中，其常闭触点应串接在控制线路中。

② 热继电器的下方不应装其他电器，尤其是发热电器。

③ 在一般情况下，热继电器应置于手动复位状态上。

④ 热继电器因过载动作后，必须待热元件冷却后，才能使热继电器复位，再次启动电动机。

（6）端子排的安装。

端子排直接使用自攻螺丝固定，要求水平、牢固即可，安装了电器元件的电路安装板实物图如图 2-12（b）所示。

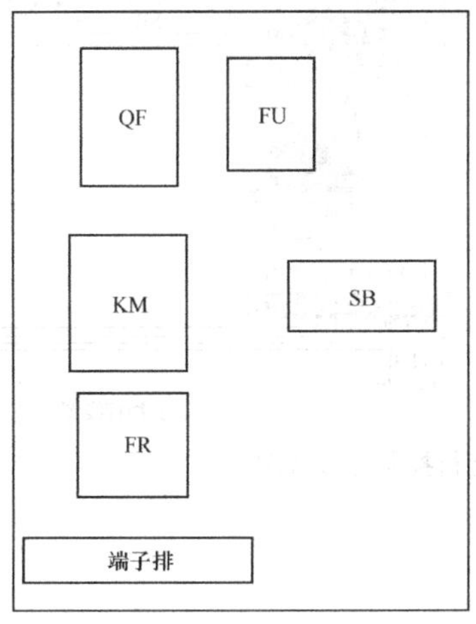

（a）元器件布局图

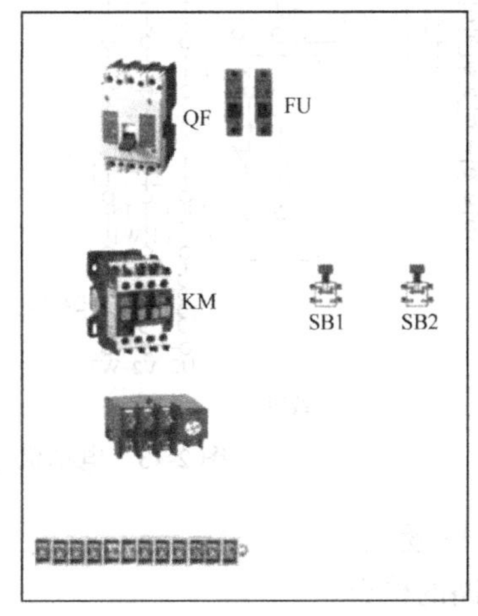

（b）实物图

图 2-12　元器件布局图及实物图

（7）电路装接的要求。

装接电路应遵循“先主后控，先串后并；从上到下，从左到右；上进下出，左进右出”的原则进行接线。其意思是接线时应先接主电路，后接控制电路，先接串联电路，后接并联电路；

并且按照从上到下，从左到右的顺序逐根连接；对于电器元件的进出线，则必须按照上面为进线，下面为出线，左边为进线，右边为出线的原则接线，以免造成元件被短接或接错。

（8）面板明敷布线的工艺要求。

① 面板明敷布线应符合"横平竖直，弯成直角；少用导线少交叉，多线并拢一起走"的原则，其意思是横线要水平，竖线要垂直，转弯要是直角，不能有斜线；接线时，尽量用最少的导线，并避免导线交叉，如果一个方向有多条导线，要并在一起，以免接成"蜘蛛网"。

② 布线通道尽可能少，同时并行导线按主电路、控制电路分类集中，单层密排，紧贴安装面布线。

③ 同一平面的导线应高低一致或前后一致，不能交叉，非交叉不可时，导线应在接线端子处引出。

④ 布线应横平竖直，分布均匀。

⑤ 布线时严禁损伤线芯和导线绝缘。

⑥ 布线顺序一般以接触器为中心，由里向外，由低至高，以不影响后续布线为原则。

⑦ 导线与接线端子或接线桩连接时，不得压绝缘层，不得反圈，不得露铜过长。

⑧ 同一元器件、同一回路的不同节点的导线，间距应保持一致。

⑨ 一个元器件的接线端子的连接导线不得多于两根，每节接线端子板上一般只允许连接一根导线。

（9）在遵循上述原则的基础上，可按照图 2-13（a）所示接线图逐根地进行接线，初学者也可以按照图 2-13（b）所示实物接线图逐根地进行接线。

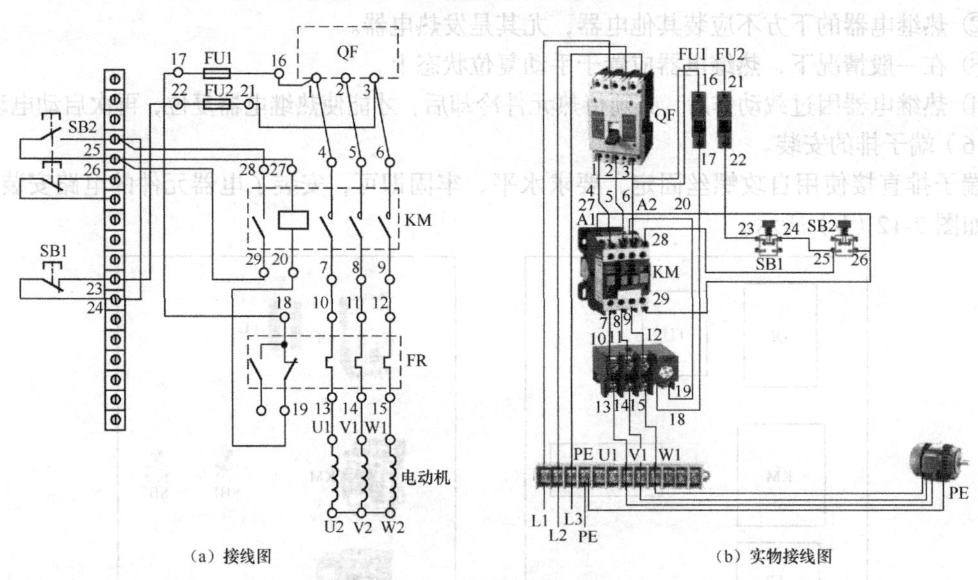

（a）接线图　　（b）实物接线图

图 2-13　电动机连续运行控制的接线图

4. 电路检查

（1）主电路的检查。

先断开断路器 QF，再断开主电路与控制电路的联系，即取下熔断器 FU1（或 FU2），并将万用表打到 R×1 挡或数字万用表的 200Ω挡，然后按图 2-14（a）所示流程进行判断（后文若无特别说明，则进行主电路检查时均使用此挡），具体过程如下。

① 将表笔放在 1、2 处，人为使 KM 吸合（有的只需按 KM），此时万用表的读数应为电动机两绕组的串联电阻值（设电动机为 Y 接法）。

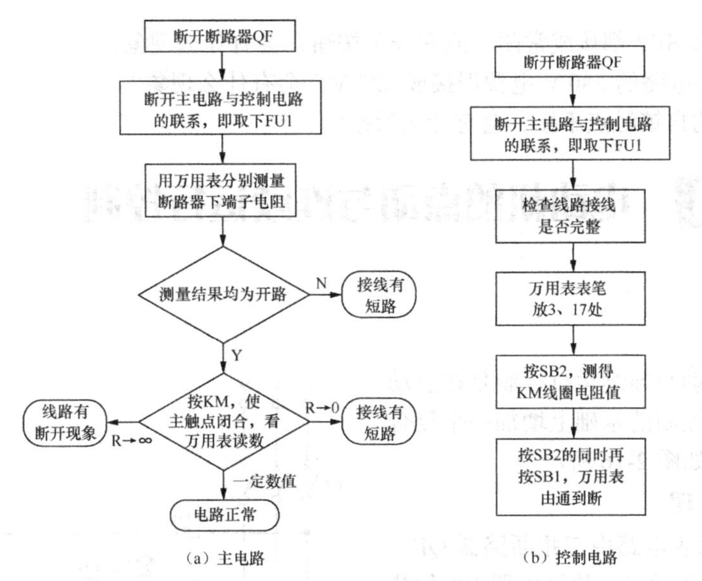

图 2-14　电路检查流程

② 将表笔放在 1、3 处，按 KM，万用表的读数应同上。

③ 将表笔放在 2、3 处，按 KM，万用表的读数应同上。

（2）控制电路的检查。

将万用表打到 R×10 或 R×100 挡或数字万用表的 2kΩ挡，表笔放在 3、17 处，然后按图 2-14（b）所示进行判断（后文若无特别说明，则进行控制电路检查时均使用此挡），具体过程如下。

① 此时万用表的读数应为无穷大，按 SB2，读数应为 KM 线圈的电阻值。

② 按 KM，万用表读数应为 KM 线圈的电阻值，若再同时按 SB1，则读数应变为无穷大。

③ 若按 SB2 或 KM 时，万用表读数均为∞，则可以按表 2-1 和图 2-15 所示的顺序进行分段检查。

表 2-1　分段检查法检查控制电路

序号	万用表表笔位置			故障点
	1—2	1—3	0—4	
1	∞	×	×	FR 常闭触点接触不良
2	0	∞	×	SB1 常闭触点接触不良
3	0	0	∞	KM 线圈断路
4	0	0	KM 线圈电阻值	SB2（或 KM 辅助常开）触点接触不良

5. 通电试车

上述设置经老师检查正确后，可通电试车。

① 合上 QF，接通电路电源。

② 按一下启动按钮 SB2，接触器 KM 得电吸合，电动机连续运行。

③ 按一下停止按钮 SB1，接触器 KM 失电断开，电动机停止运行。

④ 断开 QF，断开电路电源。

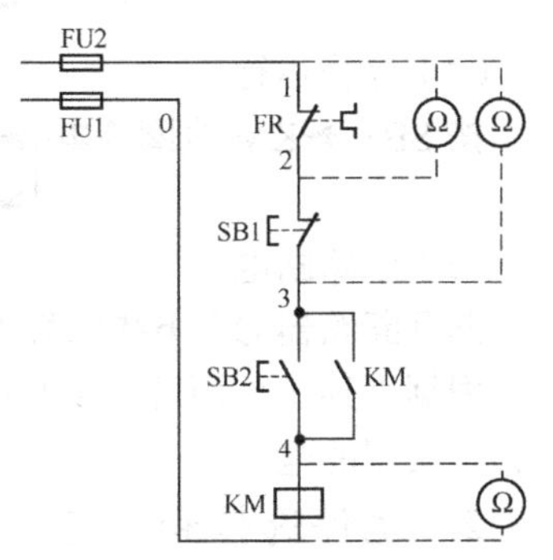

图 2-15　分段检查法检查控制电路

复习与思考

1. 总结演示过程中应注意的安全事项。

2. 若 SB1 和 SB2 都接成常闭（或常开）按钮，会有什么现象？

3. 若将控制电路的 380 V 电源误接成 220 V，会有什么现象？

4. 若 KM 的自锁触点不接，会有什么后果？

任务 2.3 电动机的点动与连续运行控制

任务导入

电动机的点动与连续运行控制是在点动控制与连续运行控制的基础上增加一个复合按钮，其电路图如图 2-16 所示。

1. 工作原理

图 2-16 所示主电路由三相断路器 QF、交流接触器 KM 主触点、热继电器 FR 的热元件以及三相电动机 M 组成，与图 2-1 所示的主电路完全一致。其控制电路由熔断器 FU1、FU2，电源指示灯 EL，常闭按钮 SB1，复合按钮 SB2，常开按钮 SB3，热继电器 FR 的常闭触点，交流接触器 KM 线圈及其辅助常开触点组成。其中 SB1 为停止按钮，SB2 为点动按钮，SB3 为连续运行按钮，其电路工作原理如下。

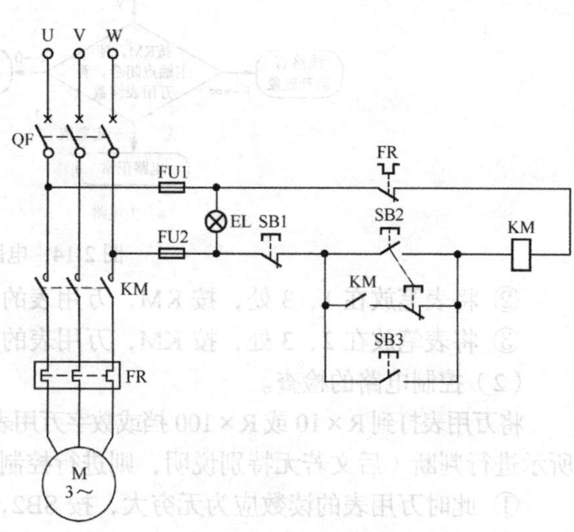

图 2-16 电动机点动与连续运行控制的电路

（1）电路通电。

合上断路器 QF→指示灯 EL 亮

（2）点动运行。

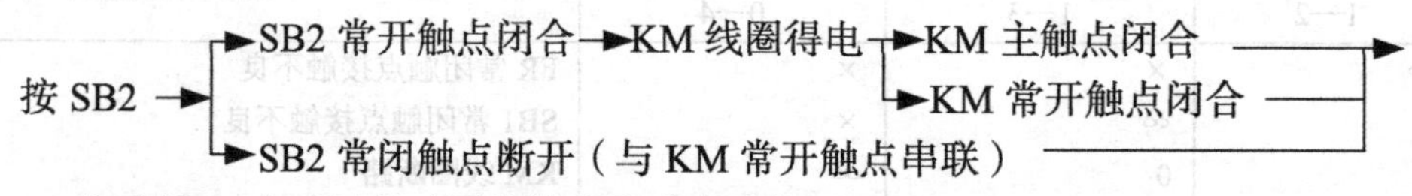

→电动机 M 点动运行（因为没有形成自锁）

（3）连续运行。

按 SB3→KM 线圈得电→KM 主触点闭合→电动机 M 连续运行
　　　　　　　　　　└→KM 动合触点闭合自锁→

（4）停止运行。

按 SB1→KM 线圈断电→KM 主触点断开→电动机 M 停止运行
　　　　　　　　　　└→KM 自锁触点断开→

（5）电路断电。

断开断路器 QF→指示灯 EL 灭

根据上述工作原理，该电路适用于需要点动调校与连续运行的场所（如机床、吊车等），是一种很实用的电路。

2. 元件选择和检查

选出图 2-16 所示电路需要的电器元件，并分别检查其好坏。元件清单如下：三相断路器

________个、交流接触器________个、热继电器________个、熔断器________个、停止按钮________个、启动按钮________个、电动机________台。请在表 2-2 中列出实际所需的设备、器件、耗材的规格型号清单。

表 2-2　　实际使用的设备、器件和耗材的型号规格

序号	名称	型号与规格	数量	单位
1				
2				
3				
4				
5				
6				
7				
8				
9				
10				
11				
12				
13				
……				

3. 电路装接

请参照图 2-13 所示的接线图画出图 2-16 所示电路对应的接线图，然后按照接线图逐根进行接线。

4. 电路检查

（1）主电路的检查。

断开熔断器 FU1，具体检查过程如下。

① 将表笔放在 1、2 处，人为使 KM 吸合（有的只需按 KM），此时万用表的读数应为（设电动机为 Y 接法）________Ω。

② 将表笔放在 1、3 处，按 KM，万用表的读数应为________Ω。

③ 将表笔放在 2、3 处，按 KM，万用表的读数应为________Ω。

（2）控制电路的检查。

将表笔放在 3、17 处，后文若无特别说明，则控制电路检查时，万用表表笔均置于该位置。

① 此时万用表的读数应为________Ω，按 SB2，万用表读数应为________Ω；按 SB3，万用表读数应为________Ω。

② 按 KM，万用表读数应为________Ω，若再同时按 SB1，则万用表读数应为________Ω。

③ 同时按 SB2、SB3 时，万用表读数应为________Ω；同时按 KM、SB2 时万用表读数应为________Ω；同时按 KM、SB3 时万用表读数应为________Ω。

④ 请参照图 2-15 和表 2-1 所示内容，采用分段检查法检查控制电路。

5. 通电试车

上述设置经老师检查正确后，可通电试车。

① 合上 QF，接通电路电源。

② 按一下点动按钮 SB2，接触器 KM________________，电动机________。

③ 按一下连续运行按钮 SB3，接触器 KM________，电动机________。

④ 按一下停止按钮 SB1，接触器 KM________，电动机________。

⑤ 断开 QF，即断开电路电源。

复习与思考

1. 总结模仿过程中应注意的安全事项。
2. 若 SB3 接成常闭按钮，会有什么现象？
3. 若 KM 的自锁触点不接，会有什么后果？
4. 请设计一个电动机连续运行的电路，要求电动机运行时绿灯亮，电动机停止时红灯亮。

任务 2.4 电动机的两地控制实训

电动机的两地控制电路如图 2-17 所示，请参照电路图分析电路原理，列出实训器材（包括器材名称、规格型号和作用，并检查好坏或测量数据，参考表 1-7 所示内容进行记录），完成电路装接，写出电路检查步骤、检测的数据和通电调试的步骤，在老师的督促下完成电路调试，并在班上展示上述工作的完成情况，最后参照表 1-8 完成三方评价。

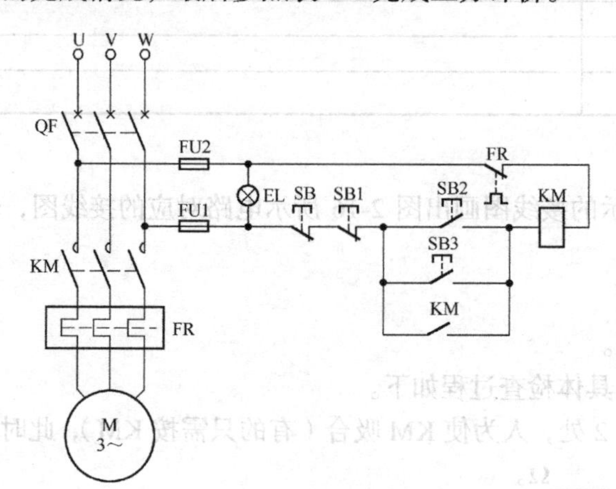

图 2-17 电动机的两地控制电路图

项目3

电动机的正反转控制

学习目标

1. 知识目标

① 能描述转换开关、位置开关的结构和用途。

② 能描述电动机的结构。

③ 能理解电动机的转向与转速。

④ 能理解自锁和互锁的区别。

2. 能力目标

① 能正确使用转换开关、位置开关等来控制电动机运行。

② 能分析电动机的正反转控制电路的工作原理。

③ 能正确完成电动机的正反转控制电路的装调。

④ 能正确区分按钮互锁、接触器互锁和双重互锁的应用场所。

3. 素质目标

① 培养学生认真思考的能力。

② 培养学生按时复习、预习的学习习惯。

③ 培养学生写作和语言表达能力。

④ 培养学生责任心与职业道德。

项目引入

前文介绍了电动葫芦和普通机床的点动控制，实际上，无论是电动葫芦的上升与下降、左移与右移，还是电梯的上升与下降，其本质都是电动机的正反转。电动葫芦吊钩或电梯轿厢的电动机正转时，吊钩或轿厢就上升；电动葫芦吊钩或电梯轿厢的电动机反转时，吊钩或轿厢就下降。电动葫芦横梁的电动机正转时，横梁就左移；电动葫芦横梁的电动机反转时，横梁就右移。图 3-1 所示为电动葫芦、电梯的正反转控制示意图，电动机正反转控制包括接触器互锁的正反转控制、按钮互锁的正反转控制、双重互锁的正反转控制以及位置控制的正反转控制。

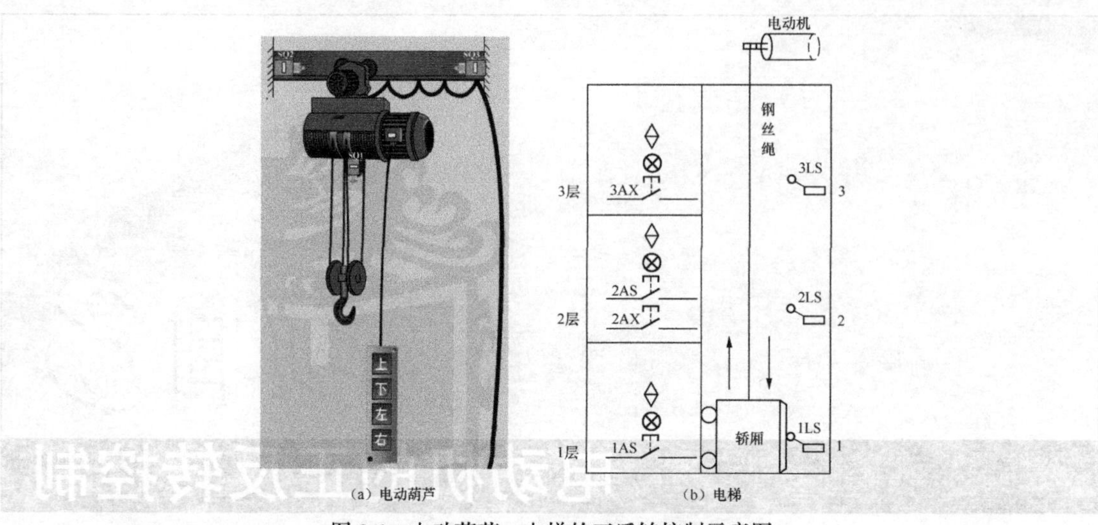

（a）电动葫芦（b）电梯

图 3-1 电动葫芦、电梯的正反转控制示意图

任务 3.1 按钮互锁的正反转控制

任务导入

互锁（或联锁）是利用某一回路的辅助触点，去控制对方的线圈回路，进行功能的限制，一般是对其他回路的控制。所谓按钮互锁就是利用复合按钮，将其常开触点串接在正转（或反转）控制电路中，将其常闭触点串接在反转（或正转）控制电路中。当按正转（或反转）启动按钮时，先断开反转（或正转）控制电路，接着接通正转（或反转）控制电路，使电动机停止反转（或正转）开始正转（或反转）。这样既保证了正反转接触器不会同时接通电源造成短路事故，又可不按停止按钮而直接按反转（或正转）按钮进行反转（或正转）启动。这种按钮互锁实现了操作优先控制，其电路如图 3-2 所示。

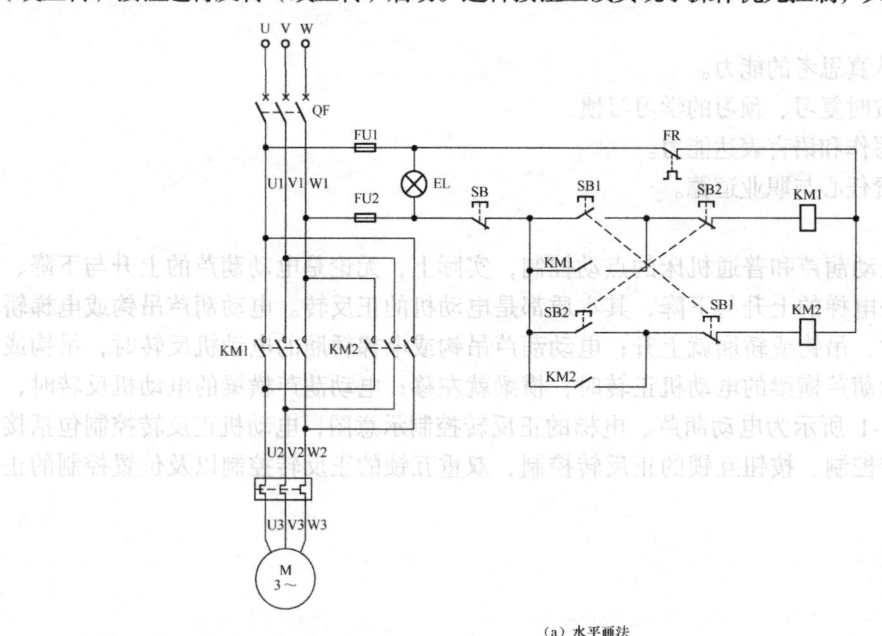

（a）水平画法

图 3-2 按钮互锁的正反转控制电路

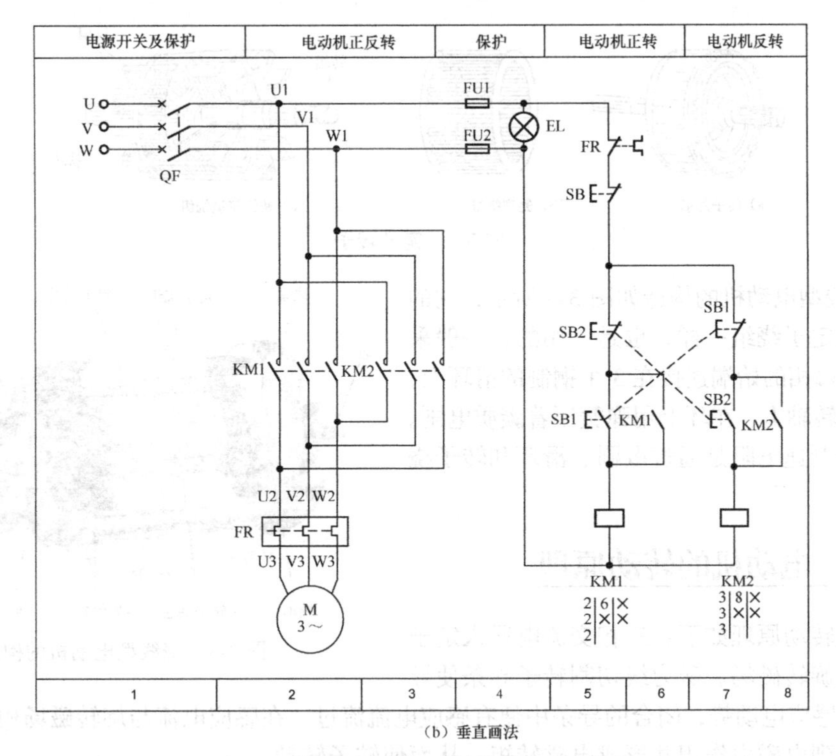

（b）垂直画法

图 3-2　按钮互锁的正反转控制电路（续）

3.1.1　电动机的结构

电动机分为两大部分：定子（固定部分）和转子（旋转部分），其基本结构如图 3-3 所示。

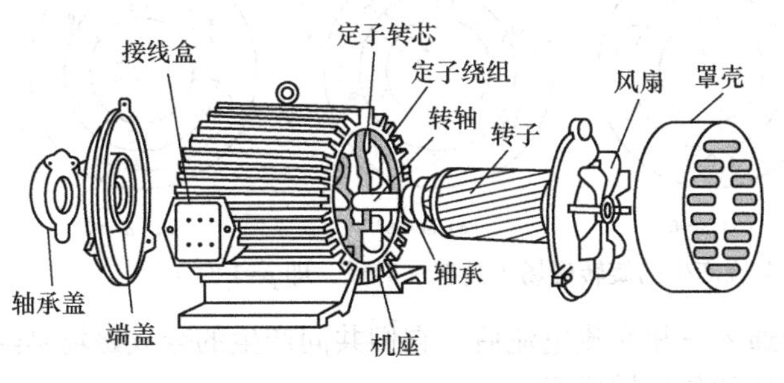

图 3-3　电动机的基本结构

（1）定子。

电动机定子由机座（用铸铁或铸钢制成）、圆筒形的定子铁芯（由互相绝缘的硅钢片叠成）以及嵌放在铁芯内的三相对称定子绕组（接成星形或三角形）组成。

（2）转子。

根据构造的不同，电动机的转子分为两种类型：笼型和绕线型。

① 笼型电动机的转子绕组做成鼠笼状，即在转子铁芯的槽中嵌入铜条，其两端用端环连接，或者在槽中浇铸铝液，其外形像一个鼠笼，如图 3-4 所示。由于笼型电动机构造简单、价格低廉、工作可靠、使用方便，被广泛应用。

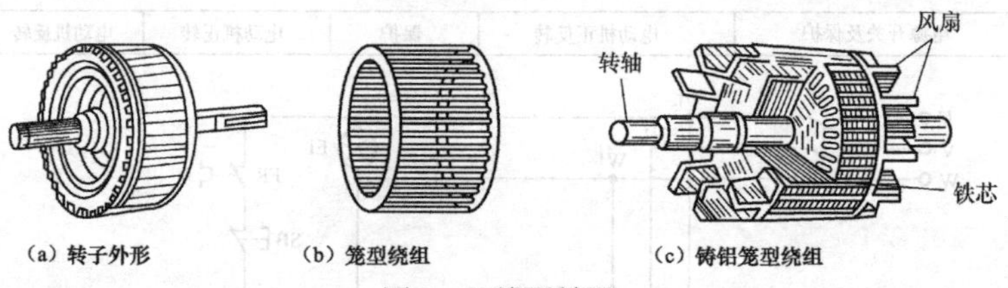

图 3-4　笼型转子

② 绕线型电动机的构造如图 3-5 所示，它的转子绕组同定子绕组一样，也是三相的，一般采用 Y 接法。每相的始端连接在 3 个铜制的滑环上，滑环固定在转轴上，在环上用弹簧压着碳质电刷。启动电阻和调速电阻是通过电刷、滑环和转子绕组连接的。

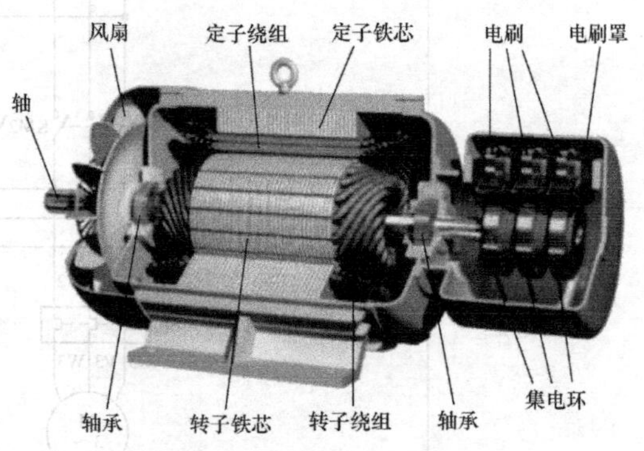

图 3-5　绕线型电动机的构造

3.1.2　电动机的转动原理

电动机转动原理如下：三相交流电通入定子绕组，产生旋转磁场。磁力线切割转子导条使导条两端出现感应电动势，闭合的导条中便有感应电流流过。在感应电流与旋转磁场相互作用下，转子导条受到电磁力作用并形成电磁转矩，从而使转子转动。

（1）旋转磁场产生。

三相对称交流电流的相序（即电流出现正幅值的顺序）为 U→V→W。不同时刻，三相电流正负不同，也就是三相电流的实际方向不同。在某一时刻，将每相电流所产生的磁场相加，便得出三相电流的合成磁场。不同时刻合成磁场的方向也不同，如图 3-6 所示。

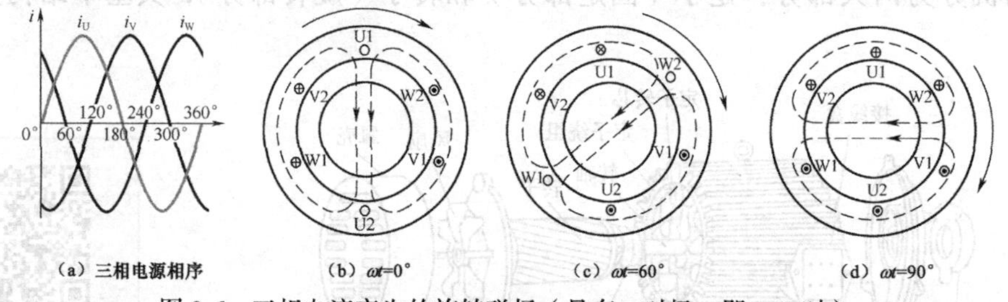

图 3-6　三相电流产生的旋转磁场（具有一对极，即 p=1 时）

由图 3-6 可知，定子绕组中通入三相交流电流后，它们共同产生的合成磁场是随电流的交变而在空间中不断地旋转着的，这就是旋转磁场。

（2）转动原理。

电动机转子转动原理示意图如图 3-7 所示。图中 N、S 表示由通入定子的三相交流电产生的两极旋转磁场。转子中只表示出分别靠近 N 极和 S 极的两根导条（铜或铝）。当旋转磁场顺时针方向旋转时，其磁力线切割转子导条，导条中就感应出电动势，闭合的导条中就有感应电流。感应电流的方向可以根据右手定则来判断，导条中的感应电流与旋转磁场相互作用，使转子导条受到电磁力 F。电磁力的方向可

三相异步电动机的工作原理

图 3-7　电动机转子转动原理示意图

以由左手定则确定，靠近 N 极和 S 极的两根导条产生的电磁力形成电磁转矩，使转子转动起来。

3.1.3　电动机的转向与转速

1. 电动机正反转

当通入电动机定子绕组的三相电流相序为 U→V→W 时，三相电流产生的旋转磁场是按顺时针方向旋转的。这时由图 3-6 所示内容可知，转子转动方向也是顺时针方向。由上面分析可知，电动机的转子转动方向和磁场旋转的方向是相同的，而磁场的旋转方向与通入定子绕组的三相电流相序有关。当通入电动机定子绕组的三相电流相序变为 U→W→V 时，三相电流产生的旋转磁场将从原来顺时针方向（正转）变为按逆时针方向旋转（反转），如图 3-8 所示。电动机的转子转动方向也跟着变为逆时针方向（反转）。

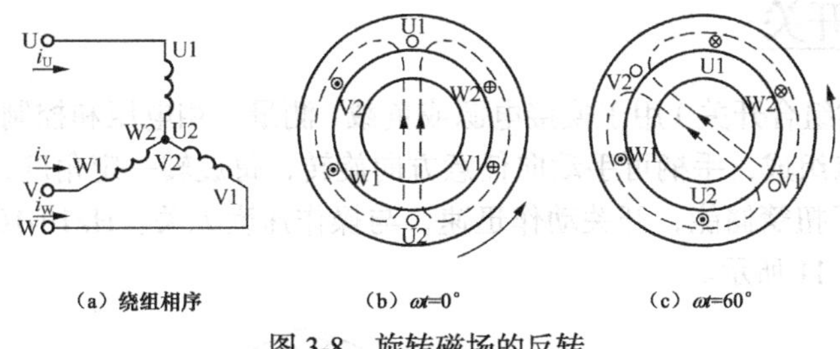

图 3-8　旋转磁场的反转

所以，只要将三相电源的任意两相对调，即改变通入定子绕组的三相电流的相序，就可使电动机改变转动方向。

2. 电动机转速

电动机的转速与旋转磁场的转速有关，而旋转磁场的转速又取决于磁场的极数，旋转磁场的极数与定子绕组的安排有关。

（1）旋转磁场转速 n_0。

当旋转磁场具有 p 对极时，旋转磁场的转速计算公式如下。

$$n_0=60f_1/p\ (\text{r/min})$$

由上式可知，旋转磁场的转速 n_0 取决于电动机电源频率 f_1 和磁场的极对数 p。对于某一异步电动机来说，f_1 和 p 通常是一定的，所以旋转磁场转速 n_0 是个常数，常称为同步转速。

旋转磁场极对数 p 由三相绕组的安排情况决定。如果每个绕组有一个线圈，那么 3 个绕组的始端之间相差 120° 空间角，产生的旋转磁场具有一对极（即 p=1），如图 3-6 所示。如果每个绕组有两个线圈串联，如图 3-9 所示，那么 3 个绕组的始端之间相差 60° 空间角，产生的旋转磁场具有两对极（即 p=2），如图 3-10 所示。

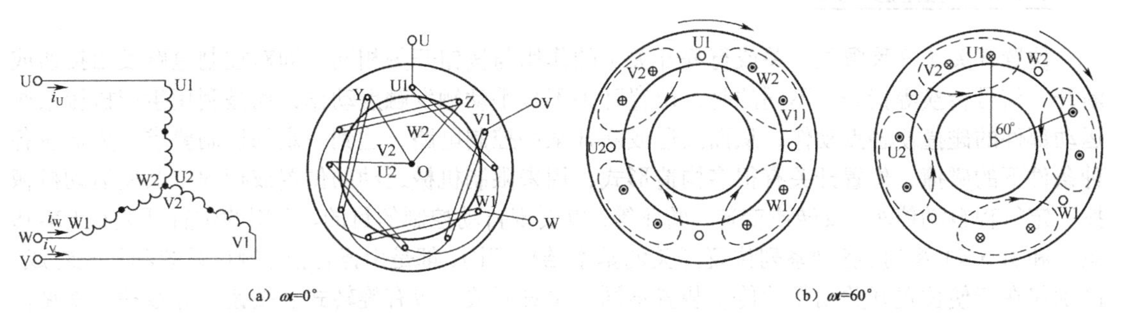

图 3-9　产生四极旋转磁场的定子绕组　　图 3-10　三相交流电流产生的旋转磁场（p=2）

（2）电动机转速。

电动机转数即转子转速 n，如图3-7所示，电动机转速 n 与旋转磁场转速 n_0 之间必须要有差别，否则转子与旋转磁场之间就没有相对运动，磁力线就不切割转子导体，转子电动势、转子电流以及转矩也就都不存在，这样转子就不可能继续以 n 的转速转动。这就是异步电动机名称的由来。

（3）转差率 s。

转子转速 n 与旋转磁场转速 n_0 相差的程度可用转差率 s 来表示，即

$$s=(n_0-n)/n_0$$

转差率是异步电动机的一个重要的物理量。转子转速越接近旋转磁场转速，转差率越低。由于电动机的额定转速与同步转速相近，所以它的转差率很低，通常异步电动机在额定负载时的转差率为1%～9%。当 $n=0$ 时（启动初始瞬间），$s=1$，这时转差率最高。

3.1.4 转换开关

转换开关（又称组合开关）用于换接电源或负载、测量三相电压和控制小型电动机正反转。转换开关由多节触点组成，手柄可手动向任意方向旋转，每旋转一定角度，动触片就接通或分断电路。由于采用了扭簧储能，开关动作迅速，与操作速度无关。Hz10-10/3 型转换开关的外形和内部结构如图3-11所示。

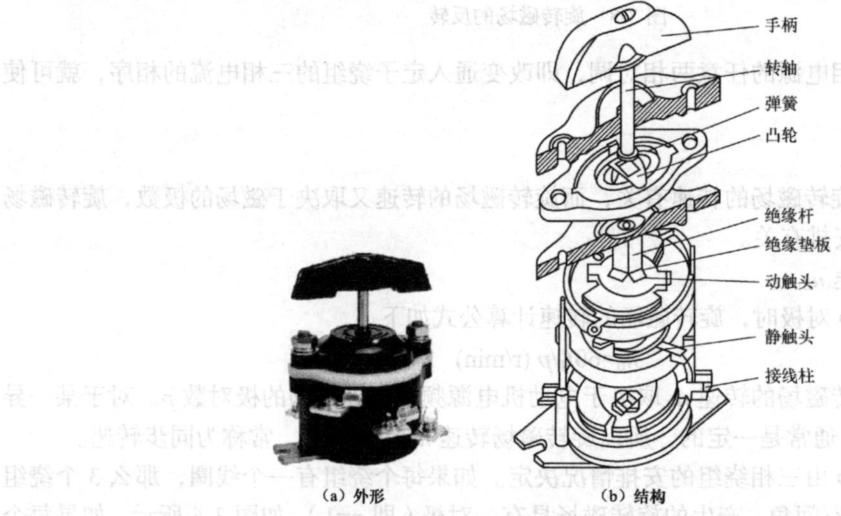

图3-11　Hz10-10/3 型转换开关的外形和内部结构

3.1.5 位置开关

位置开关（又称限位开关或行程开关）的作用与按钮开关相同，即对控制电路发出接通或断开、信号转换等指令。不同的是，位置开关不是手动触发触点动作，而是利用生产机械某些运动部件的碰撞使触点动作，从而接通或断开某些控制电路，达到一定的控制要求。为适应各种条件下的碰撞，位置开关有很多构造形式，用来限制机械运动的位置或行程以及使运动机械按一定行程自动停车、反转或变速、循环等，以实现自动控制的目的。常用的位置开关有LX-19系列和JLXK1系列。各种系列位置开关的基本结构相同，都是由操作点、触点系统和外壳组成，区别仅在于使位置开关动作的传动装置不同。位置开关一般有旋转式、按钮式等数种。常见位置开关及触点图形符号如图3-12所示，其文字符号为SQ。

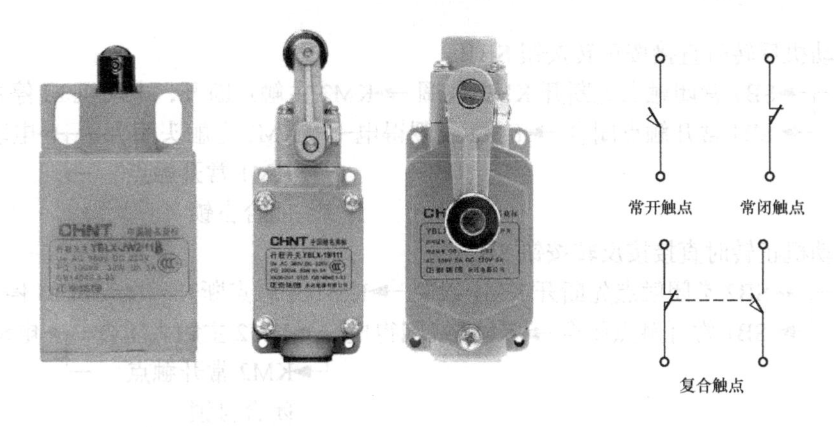

（a）位置开关　　（b）图形符号

图 3-12　常见位置开关及触点图形符号

位置开关可按下列要求进行选用。

① 根据应用场合及控制对象选择种类。

② 根据安装环境选择防护形式。

③ 根据控制电路的额定电压和电流选择系列。

④ 根据机械位置开关的传力与位移关系选择合适的操作形式。

使用位置开关时安装位置要准确牢固，若在运动部件上安装，接线应有套管保护，使用时应定期检查，防止因接触不良或接线松脱造成误动作。

3.1.6　电路分析

1．主电路元器件

在图 3-2 所示的电路中，主电路由三相断路器 QF，交流接触器 KM1、KM2 主触点，热继电器 FR 的热元件以及三相电动机组成。

2．控制电路元器件

在图 3-2 所示电路中，控制电路由熔断器 FU1、FU2，电源指示灯 EL，停止按钮 SB，正转按钮 SB1（复合按钮），反转按钮 SB2（复合按钮），交流接触器 KM1、KM2 线圈及热继电器 FR 的辅助常闭触点组成。

3．电路工作原理

（1）电动机正转。

按 SB1→KM1 线圈得电→KM1 主触头闭合→电动机 M 正转
　　　　　　　　　　→KM1 常开触点闭合自锁

（2）电动机停止正转。

按 SB→KM1 线圈失电→KM1 主触头断开→电动机 M 停止正转
　　　　　　　　　　→KM1 自锁触点断开

（3）电动机反转。

按 SB2→KM2 线圈得电→KM2 主触头闭合→电动机 M 反转
　　　　　　　　　　→KM2 常开触点闭合自锁

（4）电动机停止反转。

按 SB→KM2 线圈失电→KM2 主触头断开→电动机 M 停止反转
　　　　　　　　　　→KM2 自锁触点断开

（5）电动机反转时直接按正转按钮SB1。

按SB1→SB1常闭触点先断开KM2线圈→KM2主触点断开，电动机M停止反转
　　　→SB1常开触点闭合→KM1线圈得电→KM1主触头闭合→电动机M正转
　　　　　　　　　　　　　　　　　　→KM1常开触点闭合自锁

（6）电动机正转时直接按反转按钮SB2。

按SB2→SB2常闭触点先断开KM1线圈→KM1主触点断开，电动机M停止正转
　　　→SB1常开触点闭合→KM2线圈得电→KM2主触头闭合→电动机M反转
　　　　　　　　　　　　　　　　　　→KM2常开触点闭合自锁

对于这种电路，当要改变电动机的转向时，只要直接按相应的按钮，而不需再按停止按钮SB，电动机就可直接反向，实现按钮优先控制（即操作优先）。但是，该电路也有两个缺点：一是电动机直接由正转（或反转）变为反转（或正转）时对电动机的电源、机械部分冲击很大，对于大容量的电动机来说是不允许的；二是当按钮SB1（或SB2）的常闭触点出现粘连不能断开时，如果再按反向启动按钮SB2（或SB1），则会出现正反转接触器同时闭合，造成主电路短路的后果。

复习与思考

1. 电动机由哪几部分组成？
2. 电动机定子铁芯由哪几部分组成？
3. 电动机转子有哪两种类型？其绕组有哪两种接法？
4. 画出电动机绕组的接线图。
5. 简述电动机转动的工作原理。
6. 简述电动机的同步转速与电动机转速的差别。
7. 请列举适合转换开关使用的场所。
8. 位置开关的选用有什么要求？

任务3.2 接触器互锁的正反转控制

任务导入

前文讲解了电动机按钮互锁的正反转控制电路，当按正转（或反转）按钮时，就能直接改变电动机的转向，这样会出现较大的冲击电流，对于大容量的电动机来说是不允许的，必须让电动机停止运行后，才可以反向启动，那能不能从电路设计上实现这种互锁呢？答案是肯定的，这就是接触器互锁，也叫电气互锁，即依靠接触器自身的常闭辅助触点使对方线圈不能得电，从而保证电动机不能直接反向，其电路如图3-13所示。

1. 主电路元器件

在图3-13所示的电路中，主电路由三相断路器QF，交流接触器KM1、KM2主触点，热继电器FR的热元件以及三相电动机组成，与图3-2所示的主电路完全一样。

2. 控制电路元器件

在图3-13所示的电路中，控制电路由熔断器FU1、FU2，停止按钮SB，正转按钮SB1，反转按钮SB2，交流接触器KM1、KM2线圈及热继电器FR的辅助常闭触点组成。与图3-2所

示的电动机按钮互锁的正反转电路不同之处是 SB1、SB2 不再是复合按钮，但多了进行电气互锁的 KM1、KM2 的辅助常闭触点。

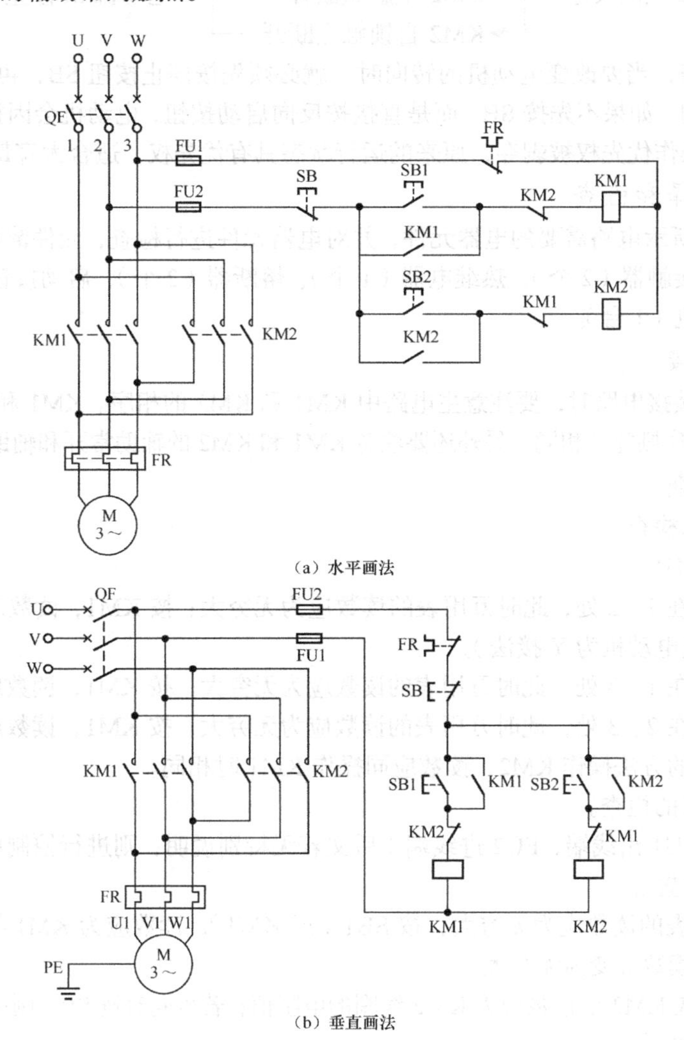

图 3-13　接触器互锁的正反转控制电路

3. 电路工作原理

（1）电动机正转。

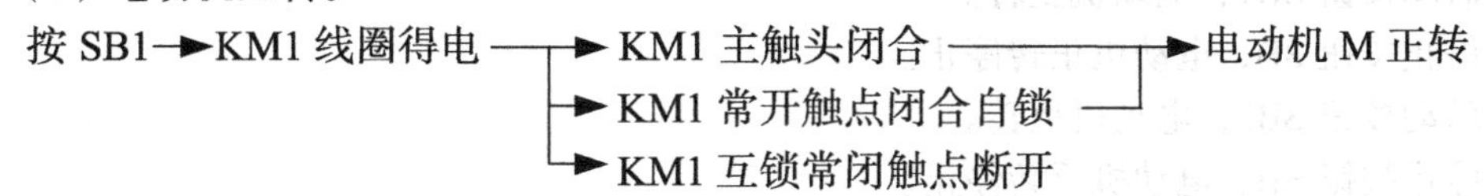

（2）电动机停止正转。

按 SB→KM1 线圈失电 → KM1 主触头断开 → 电动机 M 停止正转

→ KM1 自锁触点断开

（3）电动机反转。

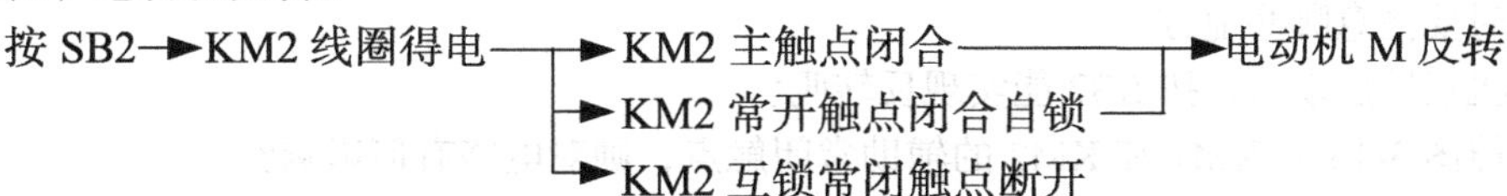

（4）电动机停止反转。

按SB→KM2线圈失电→KM2主触点断开→电动机M停止反转
　　　　　　　　　└→KM2自锁触点断开┘

对于这种电路，当要改变电动机的转向时，就必须先按停止按钮SB，再按反向启动按钮，才能使电动机反向。如果不先按SB，而是直接按反向启动按钮，电动机会因接触器的互锁功能不反向，这样，操作优先权被剥夺，原来的运行状态具有优先权，适合大容量电动机的控制。

4. 元件选择和检查

选出图3-13所示电路需要的电器元件，并对电器元件进行检查，元件清单如下：低压断路器（1个）、交流接触器（2个）、热继电器（1个）、熔断器（2个）、启动按钮（2个）、停止按钮（1个）、电动机（1台）。

5. 电路装接

在按图3-13装接电路时，要注意主电路中KM1和KM2的相序。KM1和KM2进线的相序相反，而出线的相序则完全相同，另外还要注意KM1和KM2的辅助常开和辅助常闭触点的连接。

6. 电路检查

（1）主电路的检查。

断开熔断器FU1。

① 将表笔放在1、2处，此时万用表的读数应为无穷大；按KM1，读数应为电动机两绕组的串联电阻值（设电动机为Y接法）。

② 将表笔放在1、3处，此时万用表的读数应为无穷大；按KM1，读数应同①。

③ 将表笔放在2、3处，此时万用表的读数应为无穷大；按KM1，读数应同①。

④ 使用同样的方法操作KM2，读数应同操作KM1时相同。

（2）控制电路的检查。

将表笔放在FU1出线端、FU2进线端（后文若无特别说明，则进行控制电路检查时，万用表表笔均置于该位置）。

① 此时万用表的读数应为无穷大，按SB1（或KM1），读数应为KM1线圈的电阻值；若再同时按SB，则读数应变为无穷大。

② 按SB2（或KM2），读数应为KM2线圈的电阻值；若再同时按SB，则读数应变为无穷大。

7. 通电试车

经过上述检查正确后，可在老师的督促下通电试车。

① 合上QF，接通电路电源。

② 按启动按钮SB1，电动机正转。

③ 按停止按钮SB，电动机正转停止。

④ 按启动按钮SB2，电动机反转。

⑤ 按停止按钮SB，电动机反转停止。

⑥ 断开QF，断开电路电源。

复习与思考

1. 接线时要注意哪些地方？
2. 电动机正转启动后，按SB2能实现反转吗？
3. 若去掉图3-13中KM1和KM2的辅助常闭触点，则对电路有何影响？
4. 分析按钮互锁与接触器互锁电路的异同。

任务3.3　双重互锁的正反转控制

任务导入

电动机双重互锁的正反转控制电路如图3-14所示。它是在接触器互锁的正反转电路基础

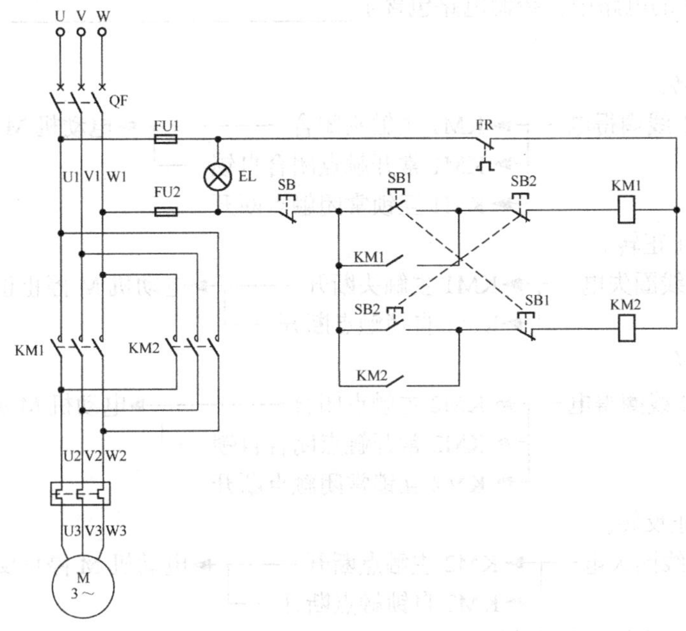

（a）水平画法

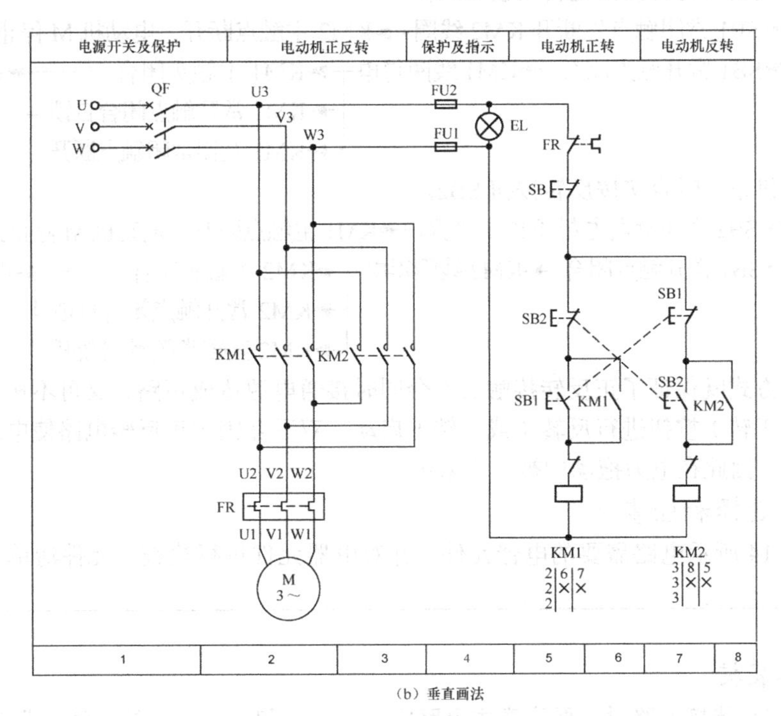

（b）垂直画法

图3-14　电动机双重互锁的正反转控制电路

上，增加按钮互锁。这样既有接触器互锁保证正反转接触器不会同时接通电源，又有按钮互锁实现操作优先控制。接触器、按钮双重互锁的正反转电路使电路操作方便，工作安全可靠，因此在电力拖动中被广泛应用。

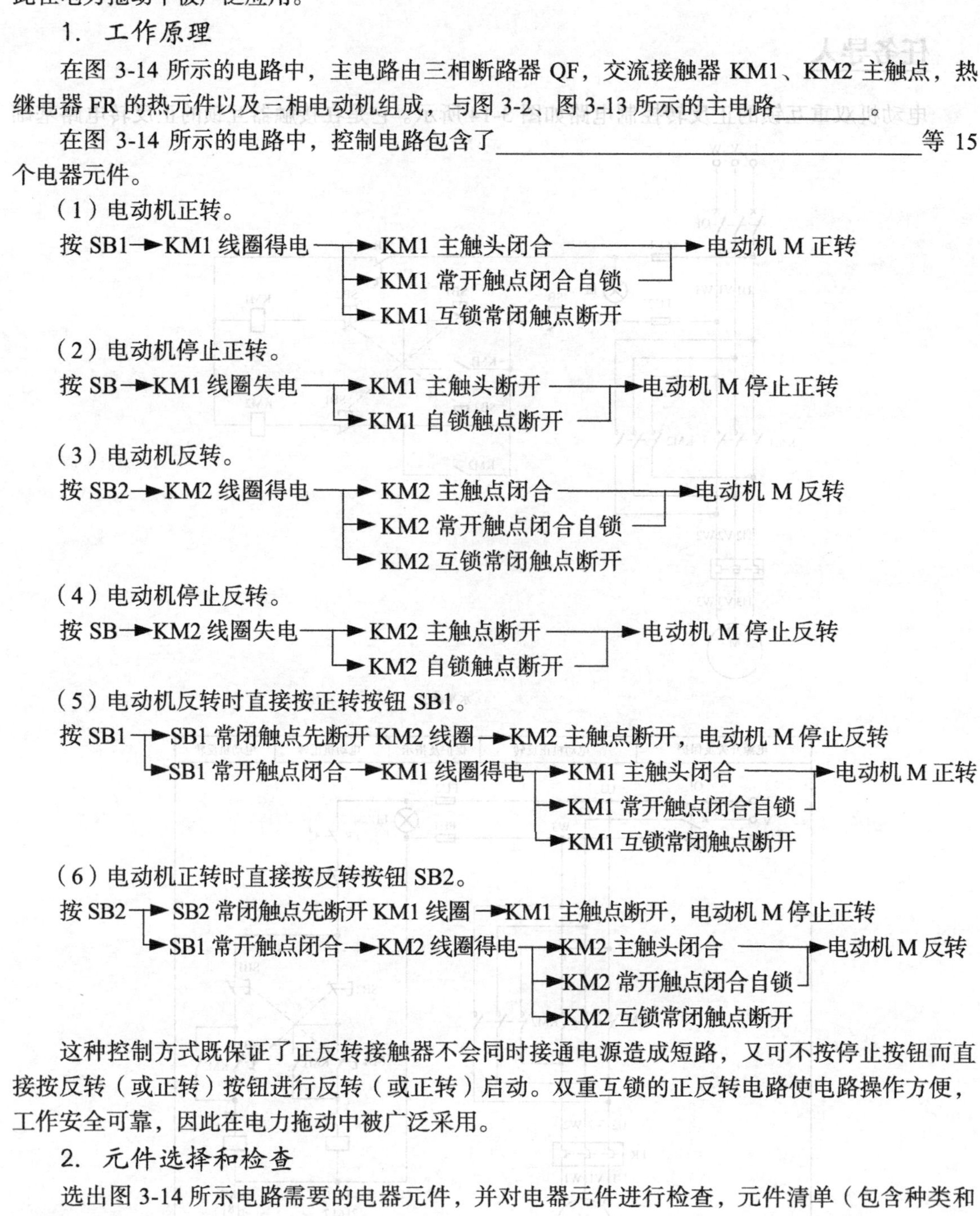

1. 工作原理

在图 3-14 所示的电路中，主电路由三相断路器 QF，交流接触器 KM1、KM2 主触点，热继电器 FR 的热元件以及三相电动机组成，与图 3-2、图 3-13 所示的主电路________。

在图 3-14 所示的电路中，控制电路包含了________________________________等 15 个电器元件。

（1）电动机正转。

按 SB1→KM1 线圈得电→KM1 主触头闭合→电动机 M 正转
　　　　　　　　　　→KM1 常开触点闭合自锁→电动机 M 正转
　　　　　　　　　　→KM1 互锁常闭触点断开

（2）电动机停止正转。

按 SB→KM1 线圈失电→KM1 主触头断开→电动机 M 停止正转
　　　　　　　　　→KM1 自锁触点断开→电动机 M 停止正转

（3）电动机反转。

按 SB2→KM2 线圈得电→KM2 主触点闭合→电动机 M 反转
　　　　　　　　　　→KM2 常开触点闭合自锁→电动机 M 反转
　　　　　　　　　　→KM2 互锁常闭触点断开

（4）电动机停止反转。

按 SB→KM2 线圈失电→KM2 主触点断开→电动机 M 停止反转
　　　　　　　　　→KM2 自锁触点断开→电动机 M 停止反转

（5）电动机反转时直接按正转按钮 SB1。

按 SB1→SB1 常闭触点先断开 KM2 线圈→KM2 主触点断开，电动机 M 停止反转
　　　→SB1 常开触点闭合→KM1 线圈得电→KM1 主触头闭合→电动机 M 正转
　　　　　　　　　　　　　　　　　　　→KM1 常开触点闭合自锁→电动机 M 正转
　　　　　　　　　　　　　　　　　　　→KM1 互锁常闭触点断开

（6）电动机正转时直接按反转按钮 SB2。

按 SB2→SB2 常闭触点先断开 KM1 线圈→KM1 主触点断开，电动机 M 停止正转
　　　→SB1 常开触点闭合→KM2 线圈得电→KM2 主触头闭合→电动机 M 反转
　　　　　　　　　　　　　　　　　　　→KM2 常开触点闭合自锁→电动机 M 反转
　　　　　　　　　　　　　　　　　　　→KM2 互锁常闭触点断开

这种控制方式既保证了正反转接触器不会同时接通电源造成短路，又可不按停止按钮而直接按反转（或正转）按钮进行反转（或正转）启动。双重互锁的正反转电路使电路操作方便，工作安全可靠，因此在电力拖动中被广泛采用。

2. 元件选择和检查

选出图 3-14 所示电路需要的电器元件，并对电器元件进行检查，元件清单（包含种类和数量）如下：________、________、________、________、________、________、________、________。

3. 电路装接

在按图 3-14 装接电路时，要注意主电路中________和________的相序，即 KM1 和 KM2

进线的相序要________，而出线的相序则________。另外还要注意 KM1 和 KM2 的辅助常开和辅助常闭触点的连接。

4. 电路检查

（1）主电路的检查。

断开熔断器________，并将数字万用表功能开关打到________挡。

① 将表笔放在 QF 出线端的 U、V 相处，此时万用表的读数应为________；按 KM1，读数应为________（设电动机为 Y 接法）。

② 将表笔放在 QF 出线端的 U、W 相处，此时万用表的读数应为________；按 KM1，读数应为________。

③ 将表笔放在 QF 出线端的 V、W 相处，此时万用表的读数应为________；按 KM1，读数应为________。

④ 使用同样的方法操作 KM2。

（2）控制电路的检查。

将数字万用表功能开关打到________挡，表笔放在 FU1 出线端、FU2 进线端。

① 此时万用表的读数应为________，按 SB1（或 KM1），读数应为________；若再同时按 SB，则读数应变为________。

② 按 SB2（或 KM2），读数应为________；若再同时按 SB，则读数应变为________。

5. 通电试车

上述设置经老师检查正确后，可通电试车。

① 合上 QF，接通电路电源。

② 按启动按钮 SB1，电动机________。

③ 按停止按钮 SB，电动机________。

④ 按启动按钮 SB2，电动机________。

⑤ 按停止按钮 SB，电动机________。

⑥ 断开 QF，断开电路电源。

复习与思考

1. 若电源缺一相，电动机能运行吗?
2. 若电动机能正转运行，但是没有反转，请分析是什么原因造成的。
3. 请分析电动机按钮互锁、接触器互锁和双重互锁电路的优缺点。
4. 请设计一个带点动功能的电动机正反转电路。

任务 3.4　行程控制的正反转控制实训

行程控制的电动机正反转控制电路如图 3-15 所示，请参照电路图分析电路原理，列出实训器材（包括器材名称、规格型号和作用，并检查好坏或测量数据，参考表 1-7 所示内容进行记录），完成电路装接，写出电路检查步骤、检测的数据和通电调试的步骤，在老师的监护下完成电路调试，并在班上展示上述工作的完成情况，最后参照表 1-8 完成三方评价。

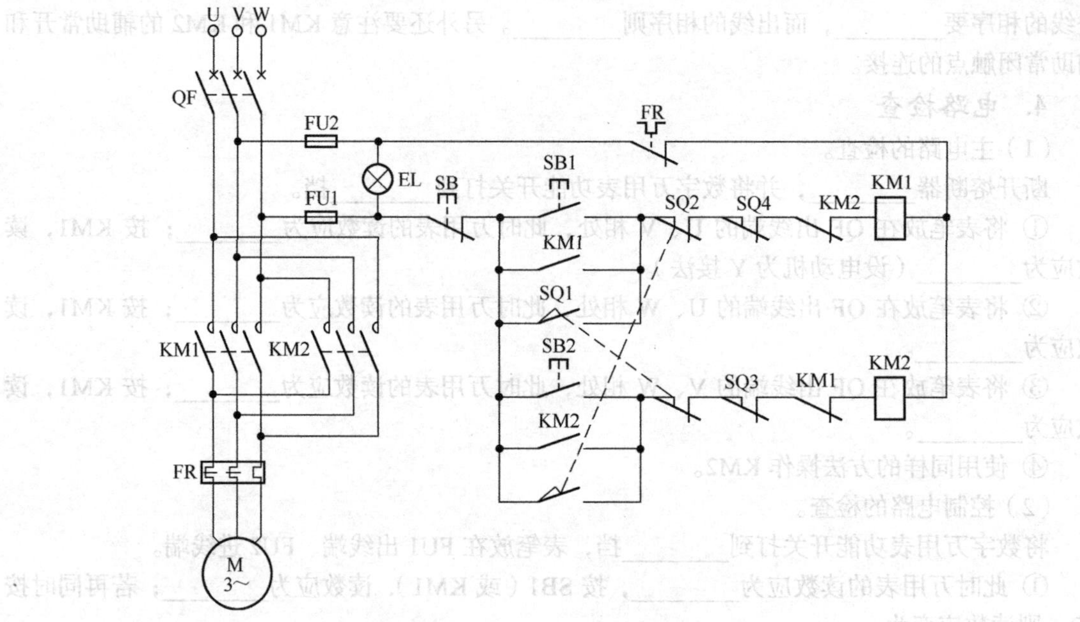

图 3-15　行程控制的电动机正反转控制电路图

项目4

电动机的顺序控制

学习目标

1. 知识目标

① 能画出时间继电器的图形符号。

② 掌握电气绘图的标准和要求。

③ 理解电动机顺序控制的特点。

2. 能力目标

① 能正确运用时间继电器等来控制电动机运行。

② 能分析电动机的顺序控制电路的工作原理。

③ 能正确完成电动机顺序启动电路的安装调试。

3. 素质目标

① 培养学生善于思考的能力。

② 培养学生阅读和记笔记的习惯。

③ 培养学生沟通协调能力。

④ 培养学生自我评价能力。

项目引入

普通机床有主轴电动机和冷却电动机，只有当主轴电动机启动后才能启动冷却电动机，主轴电动机停机后必须经过一段时间才能停止冷却电动机。例如图 4-1 所示的自动运输设备，设备启动时，不是所有运送带全部同时启动，而是从第一条到最后一条依次启动，否则后面的电动机将会空转，造成电能的浪费；设备停止时，也不是所有运送带全部同时停止，而是按照从第一条到最后一条依次停止，否则要么造成前面电动机空转，要么造成物料滞留在运送带上。以上问题其本质都是电动机的顺序控制。电动机的顺序控制有手动的，也有自动的。

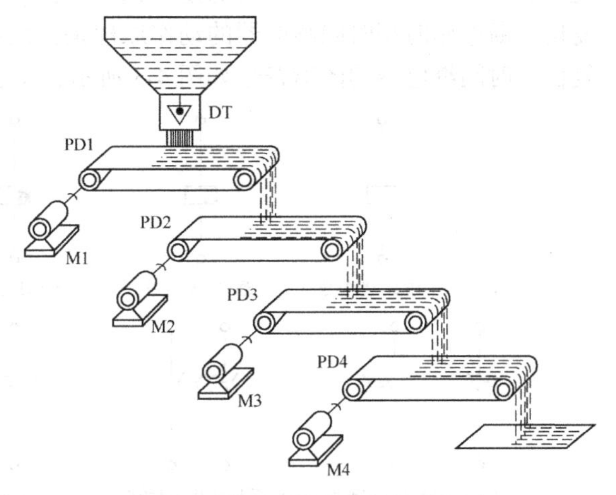

图 4-1　自动运输设备动作示意图

任务 4.1　电动机的自动顺序启动控制

任务导入

自动运输设备中运送带的启动就是典型的自动顺序启动控制，即前面的 M1 电动机启动一段时间后，M2 电动机自动启动，其自动顺序启动控制电路如图 4-2 所示。

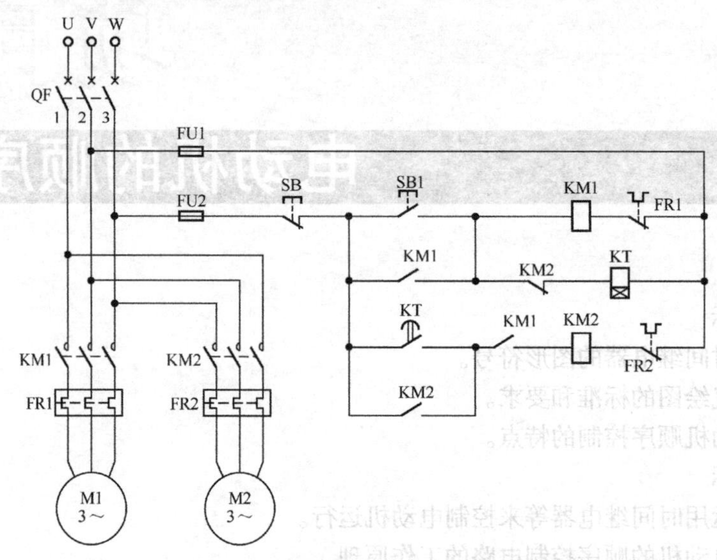

图 4-2　电动机的自动顺序启动控制电路

4.1.1　时间继电器

时间继电器是电路中控制动作时间的继电器，它是一种利用电磁原理或机械动作原理来实现触点延时接通或断开的控制电器。时间继电器按其动作原理与构造的不同可分为电磁式、电动式、空气阻尼式和晶体管式等类型。时间继电器按延时方式不同有通电延时和断电延时两种类型。通电延时型时间继电器的动作原理是：线圈通电时触点延时动作，线圈断电时触点瞬时复位。断电延时型时间继电器的动作原理是：线圈通电时触点瞬时动作，线圈断电时触点延时复位。时间继电器的图形符号如图 4-3 所示，文字符号用 KT 表示。

时间继电器简介

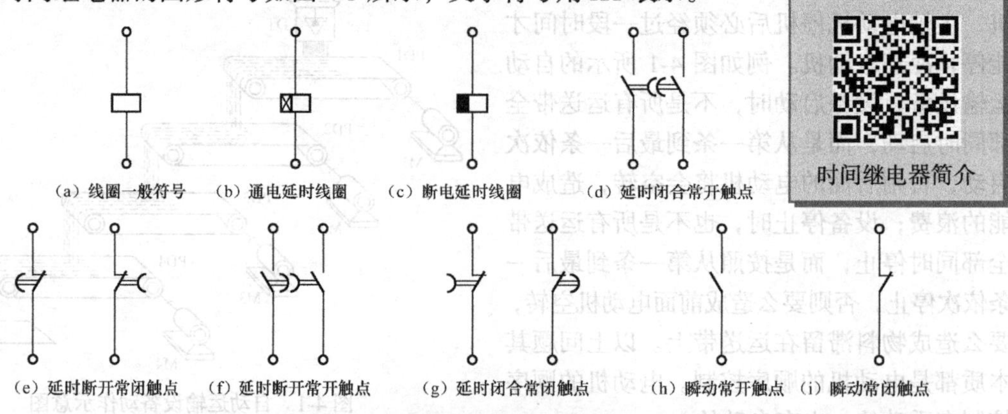
（a）线圈一般符号　（b）通电延时线圈　（c）断电延时线圈　（d）延时闭合常开触点

（e）延时断开常闭触点　（f）延时断开常开触点　（g）延时闭合常闭触点　（h）瞬动常开触点　（i）瞬动常闭触点

图 4-3　时间继电器的图形符号

1. 空气阻尼式时间继电器

空气阻尼式时间继电器是利用空气的阻尼作用实现延时的。此类继电器结构简单，价格低廉，但是准确度低，延时误差大（±20%），因此在现代控制系统中已经很少使用。

2. 电子式时间继电器

电子式时间继电器的种类很多，最基本的有延时吸合和延时释放两种，它们大多是利用电容的充放电原理来达到延时的目的。JS20 系列电子式时间继电器具有延时长、线路简单、延时调节方便、性能稳定、延时误差小、触点容量较大等优点。电子式时间继电器实物图如图 4-4 所示。

（a）JS23 时间继电器

（b）NTE8 时间继电器

图 4-4　电子式时间继电器实物图

时间继电器工作原理

4.1.2 电气绘图

为了清晰地表达生产机械电气控制系统的工作原理，便于系统的安装、调试、使用和维修，通常将电气控制系统中的各电气元器件用一定的图形符号和文字符号来表示，再将其连接情况用一定的图形表达出来，这种图形就是电气图。

电气图是根据国家电气制图标准，用规定的图形符号、文字符号以及规定的画法绘制的。常用的电气图有 3 种：电路图（原理图、线路图）、接线图和元件布置图。

1. 图形符号

图形符号由符号要素、限定符号、一般符号以及常用的非电操作控制的动作符号（如机械控制符号等）根据器件的具体情况组合构成。

2. 文字符号

电气图中的文字符号分为基本文字符号和辅助文字符号。基本文字符号有单字母符号和双字母符号，单字母符号表示电气设备、装置和元器件的大类，如 K 为继电器类元件；双字母符号由一个表示大类的单字母与另一个表示器件某些特性的字母组成，例如 KA 表示继电器类元件中的中间继电器（或电流继电器），KM 表示继电器类元件中的接触器。辅助文字符号用来进一步表示电气设备、装置和元器件功能、状态和特征。

3. 电路图的分类

电路图中的电路有水平布置的，也有垂直布置的。水平布置时，电源线垂直画，其他电路水平画，控制电路中的耗能元件安排在电路的最右端，如图 3-13（a）所示；垂直布置时，电源线水平画，其他电路垂直画，控制电路中的耗能元件安排在电路的最下端，如图 3-13（b）所示。

4. 元器件

电路图中的所有电器元件一般不是实际的外形图，而采用国家标准规定的图形符号和文字符号表示，同一电器的各个部件可根据需要出现在不同的地方，并使用数字表示其他部件所在的图区位置，但必须用相同的文字符号标注。电路图中所有电器元件的可动部分通常表示电器非激励或不工作的状态和位置，常见的器件状态有如下几种。

① 继电器和接触器的线圈处在非激励状态。

② 断路器和隔离开关在断开位置。

③ 零位操作的手动控制开关在零位状态，不带零位的手动控制开关在图中规定位置。

④ 机械操作开关和按钮开关在非工作状态或不受力状态。

⑤ 保护类元器件处在设备正常工作状态，特别情况在图上进行说明。

5. 图幅分区和触点位置索引

工程图样通常采用图幅分区的方式建立坐标，并使用触点位置索引，这样便于阅读查找。图幅分区就是在图的边框处（竖边方向用大写拉丁字母、横边方向用阿拉伯数字，编号顺序从左边开始）划分若干图区，同时在图的上方沿横坐标方向分别标明该区电路的功能。触点位置索引是在线圈的下方标明触点所在的图区，例图 4-5 中的接触器 KM1 线圈下方的触点表格，是用来说明线圈和触点的从属关系的，其含义如下。

KM1		
2	7	×
2	8	×
2		

KM1		
主触点所在图区	辅助动合触点所在图区	辅助动断点触点所在图区

对未使用的触点用“×”表示。

6. 电路图中技术数据的标注

电路图中元器件的数据和型号（如热继电器动作电流和整定值的标注、导线截面积等）可用小号字体标注在电器文字符号的下面。

综上所述，图 3-13（a）和图 3-13（b）只是画法不一样，电路功能完全一样。

4.1.3 电路分析

1. 主电路元器件

在图 4-2 所示电路中，主电路由两个交流接触器 KM1 和 KM2 分别控制两台电动机 M1 和 M2，热继电器 FR1 和 FR2 分别为两台电动机提供过载保护。

2. 控制电路元器件

在图 4-2 所示电路中，控制电路由熔断器 FU1、FU2，停止按钮 SB，启动按钮 SB1，时间继电器 KT 线圈及其延时闭合触点，热继电器 FR1 和 FR2 的辅助常闭触点，交流接触器 KM1 和 KM2 线圈及其常开和常闭触点组成。

3. 电路工作原理

（1）电动机 M1 启动延时后 M2 自动启动。

按 SB1 → KM1 线圈得电 → KM1 主触点闭合 → 电动机 M1 启动并连续运行
　　　　　　　　　　　→ KM1 常开触点闭合自锁
　　　→ KT 线圈得电 → KT 常开触点延时闭合 → KM2 主触点闭合 → 电动机 M2 启动并连续运行
　　　　　　　　　　　　　　　　　　　　　→ KT2 常开触点闭合

（2）电动机 M1、M2 同时停止运行。

按 SB → KM1 线圈失电 → 电动机 M1 停止运行
　　　→ KT 线圈失电 → KT 延时闭合常开触点断开 → KM2 线圈失电 → 电动机 M2 停止运行

自动顺序启动电路具有如下特点。

① 电动机 M2 的控制电路与 KM1 常开触点串联，保证了 M1 启动后，M2 才能自动启动的顺序控制要求，M1 没有启动时 M2 不能启动运行。

② 停止按钮 SB 为总停止按钮，可控制电动机 M1、M2 同时停止运行。

复习与思考

1. 时间继电器有哪两种类型？
2. 请画出时间继电器的图形符号？
3. 请上网查找电子式时间继电器的设定时间如何调整？
4. 电路图有哪两种画法？
5. 电路图中的图区和触点位置索引是如何规定的？

任务 4.2　电动机的手动顺序启动控制

任务导入

普通机床是主轴电动机启动后才能启动冷却电动机，如图 4-5 虚线框所示，这实际上就是一个典型的电动机的手动顺序控制电路，即主轴电动机 M1 启动后（在接触器 KM1 得电吸合的情况下）才能合上开关 SA1 使接触器 KM2 线圈得电吸合，冷却泵电动机 M2 才能启动。为了便于在实训室进行实训，可以将上述电路进行适当重构，如图 4-6 所示。

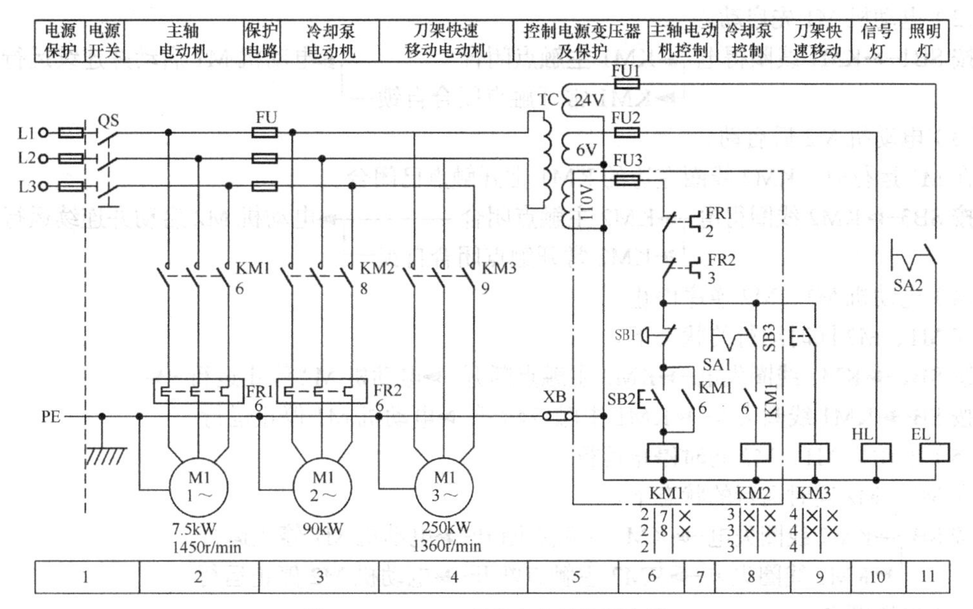

图 4-5　CA6140 型车床电气控制电路

1. 主电路元器件

在图 4-6 所示的主电路中，断路器 QF 用于接通和分断三相交流电源，两个交流接触器 KM1 和 KM2 分别控制两台电动机 M1 和 M2，热继电器 FR1 和 FR2 分别对 2 台电动机提供过载保护，与图 4-2 所示电路完全相同。

2. 控制电路元器件

图 4-6 所示电路中，控制电路由熔断器 FU1、FU2，停止按钮 SB，启动按钮 SB1 和 SB2，电源指示灯 EL，热继电器 FR1 和 FR2 的辅助常闭触点，交流接触器 KM1 和 KM2 线圈及其常开触点组成。

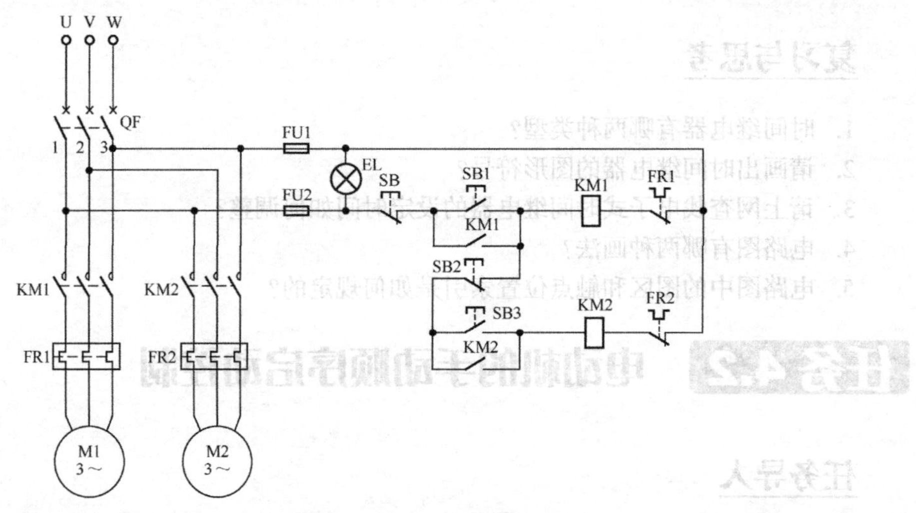

图 4-6 电动机的手动顺序启动控制电路

3. 电路工作原理

（1）电路通电。

合上断路器 QF→指示灯 EL 亮

（2）电动机 M1 先启动。

按 SB1→KM1 线圈得电→KM1 主触点闭合→电动机 M1 启动并连续运行

　　　　　　　　　　→KM1 常开触点闭合自锁

（3）电动机 M2 后启动。

在 M1 运行时，KM2 线圈左边的 KM1 常开触点已闭合。

按 SB3→KM2 线圈得电→KM2 主触点闭合→电动机 M2 启动并连续运行

　　　　　　　　　　→KM2 常开触点闭合自锁

（4）电动机 M1、M2 逆序停止。

在 M1、M2 同时运行的状态下。

按 SB2→KM2 线圈失电→KM2 主触点断开→电动机 M2 停止运行→

按 SB→KM1 线圈失电→KM1 主触点断开→电动机 M1 停止运行

（5）电动机 M1、M2 同时停止运行。

在 M1、M2 同时运行的状态下。

按 SB→KM1 线圈失电→KM1 主触点断开→电动机 M1 停止运行

　　→KM2 线圈失电→KM2 主触点断开→电动机 M2 停止运行

（6）电路断电。

断开断路器 QF→指示灯 EL 熄灭，电路断电

手动顺序启动电路具有如下特点。

① 电动机 M2 的控制电路与 KM1 常开触点串联，实现了 M1 启动后 M2 才能启动的顺序启动要求。

② 停止按钮 SB2 只控制电动机 M2 停止运行，而总停止按钮 SB 可控制电动机 M1、M2 同时停止运行，具有同时停止和逆向停止功能。

4. 元件选择和检查

选出图 4-6 所示电路需要的电器元件，并对电器元件进行检查，元件清单如下：低压断路器（1个）、交流接触器（2个）、热继电器（2个）、熔断器（2个）、启动按钮（2个）、停止按

钮（2 个）、电动机（2 台）、指示灯（1 个）。

5. 电路装接

在按图 4-6 装接电路时，注意主电路要接两台电动机，如果条件有限，则第 2 台电动机可以不接，即只需要接到 FR2 即可。另外，控制电路中要注意 KT 的引脚分配。

6. 电路检查

（1）主电路的检查。

① 将表笔放在 U、V 相处，按 KM1，此时万用表的读数应为电动机两绕组的串联电阻值（设电动机为 Y 接法）。

② 将表笔放在 U、W 相处，按 KM1，万用表的读数应同上。

③ 将表笔放在 V、W 相处，按 KM1，万用表的读数应同上。

④ 电动机 M2 电路的检查方法同上。

（2）控制电路的检查。

① 未按任何按钮时，万用表指针应指到无穷大。

② 按按钮 SB1 时，万用表应指示 KM1 线圈的电阻值；再同时按 SB，指针应指向无穷大。

③ 按接触器 KM1 时，万用表应指示 KM1 线圈的电阻值。

④ 按 SB3（或 KM2）时，指针应指向无穷大；再同时按 SB1（或 KM1），万用表应指示 KM1、KM2 线圈电阻的并联值。

7. 通电试车

上述设置经老师检查正确后，可通电试车。

① 闭合断路器 QF，接通电路电源。

② 按启动按钮 SB1，电动机 M1 运行；按 SB3，电动机 M2 运行；按 SB2，电动机 M2 停止运行。

③ 任何时候按停止按钮 SB，电动机 M1、M2 都停止运行。

④ 断开断路器 QF，断开电路电源。

复习与思考

1. 根据图 4-6 所示电路连接后，若按 SB1 后，电动机 M1、M2 同时启动，则有可能是哪些地方接错了？

2. 根据图 4-6 所示电路连接后，若按 SB2 后，电动机 M2 不停机，则有可能是哪些地方接错了？

3. 请按下列要求设计一个两台电动机的自动顺序启动电路：①电动机 M1 具有正反转运行功能；②电动机 M2 在电动机 M1 运行 2s 后自动启动运行；③按停止按钮后两台电动机同时停止运行。

4. 扫描二维码观看视频，请分析视频电路与本实训电路的区别。

任务 4.3　电动机的正反转及顺序启动控制

任务导入

电动机的正反转及顺序启动控制电路如图 4-7 所示。它是在电动机双重互锁正反转控制电

路的基础上，增加顺序启动功能，即在 KM3 线圈电路串联 KM1、KM2 的常开触点，实现顺序启动控制。这样既保证两台电动机启动时先启动 M1（不管是正转还是反转），延时后再自动启动 M2，又让电路具有双重互锁正反转控制电路的功能。

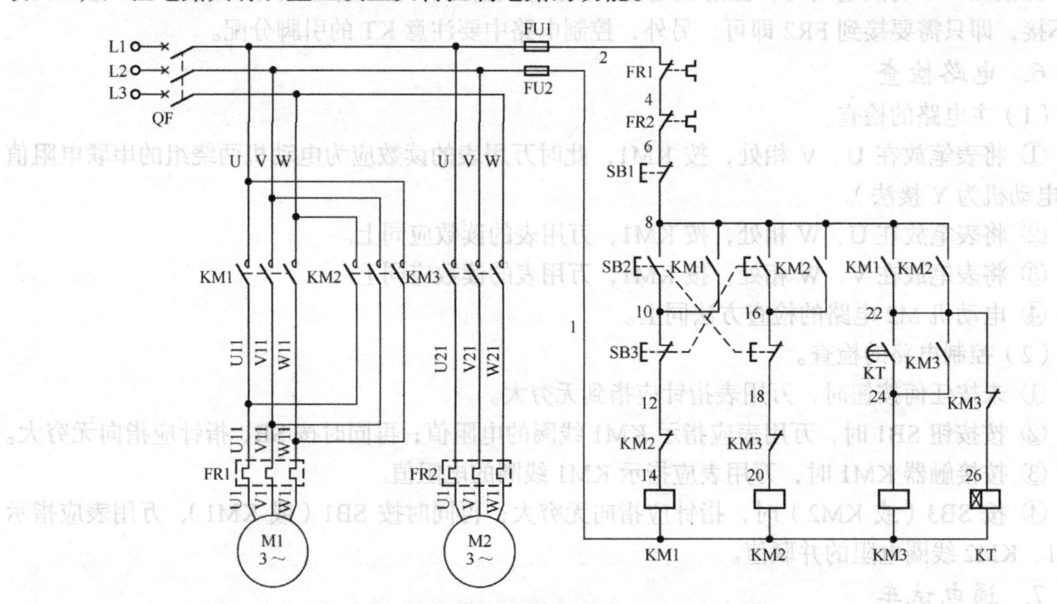

图 4-7 电动机的正反转及顺序启动控制电路图

1. 工作原理

（1）电路通电。

合上 QF，给电路送电。

（2）电动机 M1 正转启动，M2 延时后启动。

按 SB2→KM1 线圈得电→KM1 主触头闭合→电动机 M1 正转

→KM1 常开触点闭合自锁

→KM1 互锁常闭触头断开

→KM1 另一个常开触点闭合→KT 线圈得电，其延时闭合触点延时闭合→KM3 线圈得电自锁→KM3 主触点闭合→电动机 M2 启动运行

（3）电动机停止运行。

任何时候按停止按钮 SB1，KM1、KM2、KM3、KT 线圈均失电，电动机都会停止运行。

（4）电动机 M1 反转启动，M2 延时后启动。

按 SB3→KM2 线圈得电→KM2 主触头闭合→电动机 M1 反转

→KM2 常开触点闭合自锁

→KM2 互锁常闭触头断开

→KM2 另一个常开触点闭合→KT 线圈得电，其延时闭合触点延时闭合→KM3 线圈得电自锁→KM3 主触点闭合→电动机 M2 启动运行

（5）电动机反转时直接按正转按钮 SB2（要求慢慢按，直到按到底为止）。

按 SB2→SB2 常闭触点先断开 KM2 线圈→KM2 主触点断开，电动机 M1 反转停止

→SB2 常开触点闭合→KM1 线圈得电→KM1 主触头闭合→电动机 M1 正转

→KM1 常开触点闭合自锁

→KM1 互锁常闭触头断开

→KM1 另一个常开触点闭合→KT 线圈得电，

其延时闭合触点延时闭合→KM3 线圈得电自锁→KM3 主触点闭合→电动机 M2 启动运行

（6）电动机正转时直接按反转按钮 SB3（要求慢慢按，直到按到底为止）。

按 SB3→SB3 常闭触点先断开 KM1 线圈→KM1 主触点断开，电动机 M1 正转停止
　　　→SB3 常开触点闭合→KM2 线圈得电→KM2 主触头闭合→电动机 M1 反转
　　　　　　　　　　　　　　　　　　→KM2 常开触点闭合自锁
　　　　　　　　　　　　　　　　　　→KM2 互锁常闭触头断开
　　　　　　　　　　　　　　　　　　→KM2 另一个常开触点闭合→KT 线圈得电，

其延时闭合触点延时闭合→KM3 线圈得电自锁→KM3 主触点闭合→电动机 M2 启动运行

自动顺序启动电路具有如下特点。

① 电动机 M2 的控制电路与 KM1、KM2 常开触点串联，实现了 M1 启动后 M2 才能启动的顺序启动要求。

② 停止按钮 SB1 是总停止按钮，若被按，则 M1、M2 全部停止。

2. 元件选择和检查

选出图 4-7 所示电路需要的电器元件，并对电器元件进行检查，元件清单如下：低压断路器（1 个）、________、________、________、________、________、电动机（2 台）。

3. 电路装接

在按图 4-7 所示的电路图装接电路时，注意主电路要接两台电动机，如果条件有限，则第 2 台电动机可以不接，只需要接到 FR2 即可。

4. 电路检查

（1）主电路的检查。

① 将表笔放在 U、V 相处，按 KM1（或 KM2），此时万用表的读数应为________（设电动机为 Y 接法）；将表笔放在 U、W 相处，按 KM1（或 KM2），万用表的读数应为________；将表笔放在 V、W 相处，按 KM1（或 KM2），万用表的读数应为________。

② 将表笔放在 U、V 相处，按 KM3，此时万用表的读数应为________（设电动机为 Y 接法）；将表笔放在 U、W 相处，按 KM3，万用表的读数应为________；将表笔放在 V、W 相处，按 KM3，万用表的读数应为________。

（2）控制电路的检查

① 未按任何按钮时，万用表的读数应为________。

② 按按钮 SB2（或 SB3）时，万用表的读数应为________；再同时按下 SB1，万用表的读数应为________。

③ 按接触器 KM1（或 KM2）时，万用表的读数应为________，且与上一步的值________（相同/不同），其原因是____。

④ 同时按下 KM1（或 KM2）和 KM3 时，万用表的读数应为________。

5. 通电试车

上述设置经老师检查正确后，可通电试车。

① 闭合断路器 QF，接通电路电源。

② 按启动按钮 SB2，电动机________________________________；按 SB1，电动机________________。

③ 按启动按钮 SB3，电动机________________________________；按 SB1，电动机________________。

④ 按启动按钮 SB2，电动机________________________________；按 SB3，电动

机＿＿＿＿＿＿＿＿＿＿＿＿＿＿＿；按SB，电动机＿＿＿＿＿＿＿＿＿＿。

⑤ 断开断路器QF，断开电路电源。

复习与思考

1. 在电动机M1正转时，直接用力快速按SB3进行反转，电动机M2的运行有何变化？请分析原因。

2. 根据图4-7所示电路图连接电路后，若按SB2，电动机M1能正转运行，但电动机M2不运行；若按SB3，电动机M1能反转运行，但电动机M2也不运行，请分析电路故障在哪里。

3. 请设计一个3台电动机手动顺序启动控制的电路。

任务4.4 电动机的顺序启动与逆向停止控制实训

电动机的顺序启动与逆向停止控制电路如图4-8所示，请参照电路图分析电路原理，列出实训器材（包括器材名称、规格型号和作用，并检查好坏或测量数据，参考表1-7所示内容进行记录），完成电路装接，写出电路检查步骤、检测的数据和通电调试的步骤，在老师的监护下完成电路调试，并在班上展示上述工作的完成情况，最后参照表1-8完成三方评价。

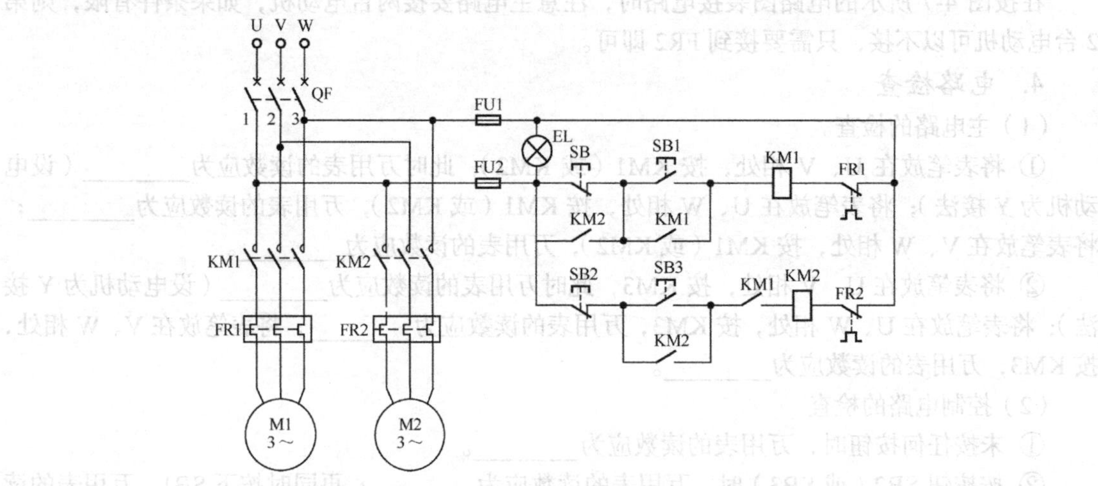

图4-8 电动机的顺序启动与逆向停止控制电路图

项目5 电动机的制动控制

学习目标

1. 知识目标

① 理解电磁式电器的工作原理。

② 能描述电弧的产生和熄灭过程。

③ 理解电动机制动的原理。

2. 能力目标

① 能正确运用速度继电器等控制电动机运行。

② 能分析电动机的制动控制电路的工作原理。

③ 能正确完成电动机的制动控制电路的装调。

3. 素质目标

① 培养学生读书、自学的学习习惯。

② 培养学生团队协作能力。

③ 培养学生安全用电与自我保护能力。

④ 培养学生自我评价的认知能力和对他人评价的承受能力。

项目引入

电动机在电源断开后，由于惯性总要转动一段时间才能停下来（即自由停车），而生产中的起重机吊钩或卷扬机吊篮要求准确定位，万能铣床的主轴要求能迅速停下来，这些都需要对电动机进行制动。制动方法可分为机械制动和电气制动。机械制动是采用机械装置使电动机断开电源后迅速停转的制动方法，如使用电磁抱闸、电磁离合器等电磁铁制动器。电气制动是在断开电源的同时给电动机一个与其实际转向相反的电磁力矩（即制动力矩）使电动机迅速停转的方法。常用的电气制动方法有能耗制动、反接制动和发电回馈制动。控制方式分为时间控制原则与速度控制原则两种。

任务5.1 电动机的反接制动控制

任务导入

行车吊、龙门吊、大吨位提升卷扬机以及惯性较大的大中型机械起吊时的准确定位就是应

用电动机的反接制动来实现的。电动机的反接制动控制电路如图 5-1 所示。反接制动一般适用于制动要求迅速、系统惯性较大，不经常启动与制动的场合。

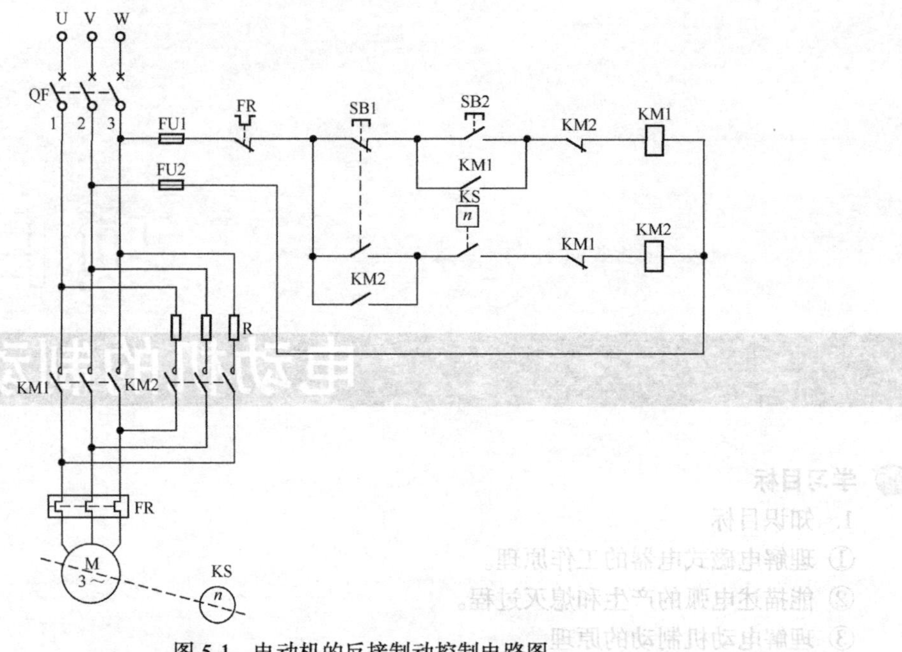

图 5-1　电动机的反接制动控制电路图

该电路中使用了大容量的交流接触器和速度继电器，因此，本任务将讲解电磁式电器。电磁式电器一般都有两个基本部分，即感受部分和执行部分。感受部分感受外界信号，并做出反应。自控电器的感受部分大多由电磁机构组成，手动电器的感受部分通常为电器的操作手柄。执行部分根据控制指令，执行接通或断开电路的任务。下面介绍电磁式低压电器的电磁机构、触点系统及电弧的产生与熄灭。

5.1.1　电磁机构

电磁机构一般由线圈、铁芯及衔铁等几部分组成。电磁机构按通过线圈的电流种类分为交流电磁机构和直流电磁机构；按电磁机构的形状分为 E 形和 U 形两种；按衔铁的运动形式分为拍合式和直动式两大类，如图 5-2 所示。图 5-2（a）所示为衔铁沿棱角转动的拍合式电磁机构，铁芯材料为电工软铁，主要用于直流电器中；图 5-2（b）所示为衔铁沿轴转动的拍合式电磁机构，主要用于触点容量大的交流电器中；图 5-2（c）所示为衔铁沿直线运动的双 E 形直动式电磁机构，多用于中、小容量的交流电器中。

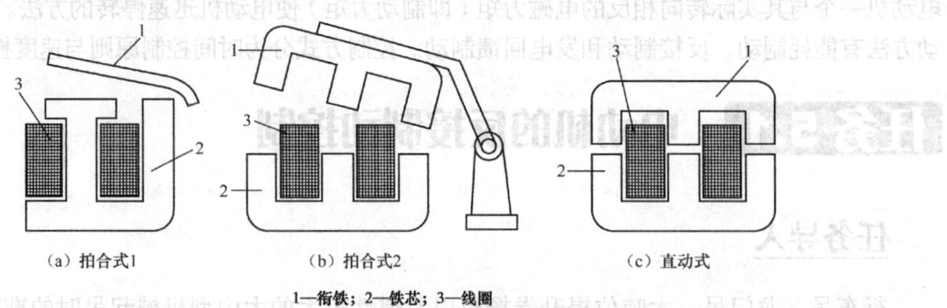

1—衔铁；2—铁芯；3—线圈

图 5-2　常用的电磁机构

1. 铁芯

交流电磁机构和直流电磁机构的铁芯（衔铁）有所不同，直流电磁机构的铁芯为整体结构，以增加磁导率和增强散热；交流电磁机构的铁芯采用硅钢片叠制而成，目的是减少铁芯中产生的涡流（涡流使铁芯发热）。此外，交流电磁机构的铁芯有短路环，以防止电流过零时电磁吸力不足使衔铁振动。

2. 线圈

线圈是电磁机构的心脏，按接入线圈电源种类的不同，可分为直流线圈和交流线圈。根据励磁的需要，线圈可分串联和并联两种，前者称为电流线圈，后者称为电压线圈。从结构上看，线圈可分为有骨架和无骨架两种。交流电磁机构多为有骨架结构，主要用来散发铁芯中的磁滞和涡流损耗产生的热量，直流电磁机构的线圈多为无骨架结构。

① 电流线圈：通常串接在主电路中，如图 5-3 所示。电流线圈常采用扁铜条带或粗铜线绕制，匝数少、电阻小。衔铁动作与否取决于线圈中电流的大小，衔铁动作不改变线圈中的电流大小。

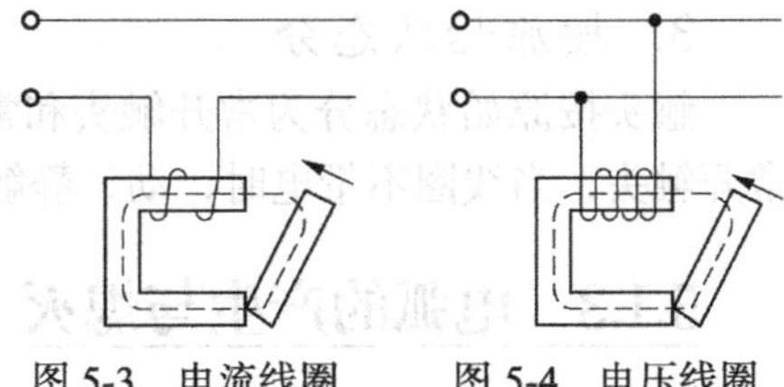

图 5-3　电流线圈　　图 5-4　电压线圈

② 电压线圈：通常并联在电路中，如图 5-4 所示。电压线圈常采用细铜线绕制，匝数多、阻抗大、电流小，常用绝缘较好的电线绕制。

③ 交流电磁铁的线圈：因铁芯中有磁滞损耗和涡流损耗，为便于散热，线圈形状通常做成矮胖形。

④ 直流电磁机构的线圈：线圈形状通常做成瘦长形。

3. 工作原理

当线圈中有工作电流通过时，通电线圈产生磁场，于是电磁吸力克服弹簧的反作用力使衔铁与铁芯闭合，由连接机构带动相应的触点动作。

4. 短路环的作用

交流电磁机构一般都有短路环，如图 5-5 所示，其作用是减小衔铁的振动和噪声。当线圈通电时，由于线圈流过的是交变电流，因此在线圈周围产生交变磁场，当交流电流过零时，磁场消失，这会引起衔铁振动。短路环是嵌装在铁芯某一端的铜环，加入短路环后，由于在短路环中产生的感应电流，阻碍了穿过它的磁通变化，使磁极的两部分磁通之间出现相位差，两部分磁通所产生的吸力不会同时过零，即一部分磁通产生的瞬时吸力为零时，另一部分磁通产生的瞬时吸力不会是零，其合力始终不会有零值出现，这样就能减小衔铁的振动和噪声。简而言之，交变电流过零时，短路环让动、静铁芯之间具有一定的吸力，以清除动、静铁芯之间的振动，这就是增加短路环的目的。

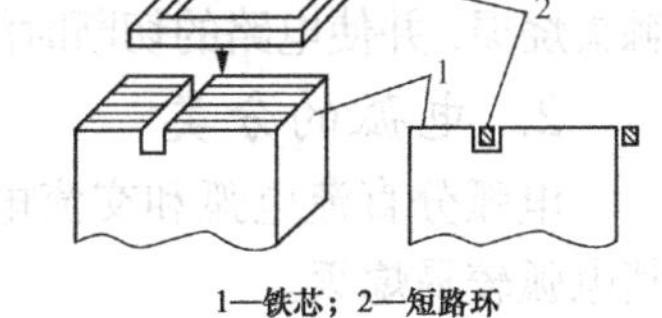

1—铁芯；2—短路环

图 5-5　接触器短路环示意图

5.1.2　触头系统

触头是用来接通或断开电路的，其结构形式有很多种。下面介绍常见的几种分类方式。

1. 按接触形式分

触头按接触形式分为点接触、面接触和线接触 3 种，如图 5-6 所示。图 5-6（a）所示为点接触的桥式触头，图 5-6（b）所示为面接触的桥式触头，图 5-6（c）所示为线接触的指形触头。点接触允许通过的电流较小，常用于继电器电路或辅助触头；面接触和线接触允许通过的电流较大，常用于大电流的场合，如刀开关、接触器的主触头等。

2. 按控制的电路分

触头按控制的电路分为主触头和辅助触头。主触头用于接通或断开主电路，允许通过较大的电流；辅助触头用于接通或断开控制电路，只允许通过较小的电流。

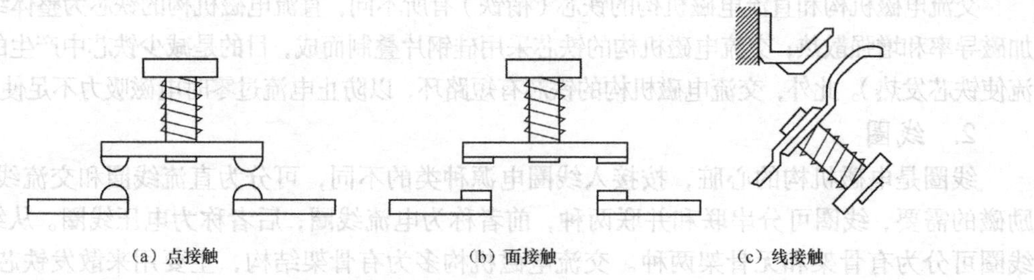

图 5-6 常见的触头结构

3. 按原始状态分

触头按原始状态分为常开触头和常闭触头。当线圈不带电时，动、静触头是分开的，称为常开触头；当线圈不带电时，动、静触头是闭合的，称为常闭触头。

5.1.3 电弧的产生与熄灭

1. 电弧的产生

当动、静触头分开的瞬间，两触头间距极小，电场强度极大，在高热及强电场的作用下，金属内部的自由电子从阴极表面逸出，奔向阳极。这些自由电子在电场中运动时撞击中性气体分子，使之激励和游离，产生正离子和电子，这些电子在强电场作用下继续向阳极移动，同时撞击其他中性分子。因此在触头间隙中产生了大量的带电粒子，使气体导电，形成了炽热的电子流即电弧。电弧产生高温并有强光，可将触头烧损，并使电路的切断时间延长，严重时会引起事故或火灾。

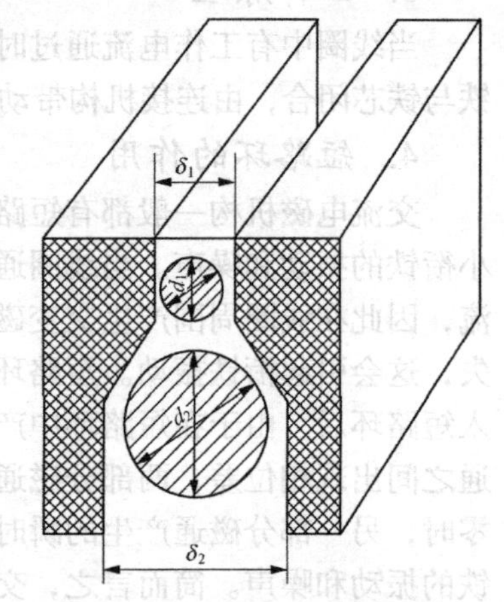

图 5-7 窄缝灭弧的断面

2. 电弧的分类

电弧分直流电弧和交流电弧，交流电弧有自然过零点，故其电弧较易熄灭。

3. 灭弧的方法

① 机械灭弧：通过机械将电弧迅速拉长，用于开关电路。

② 磁吹灭弧：在一个与触头串联的磁吹线圈产生的磁力作用下，电弧被拉长且被吹入由固体介质构成的灭弧罩内，电弧被冷却熄灭。

③ 窄缝灭弧：在电弧形成的磁场、电场力的作用下，将电弧拉长进入灭弧罩的窄缝中，使其分成数段并迅速熄灭，如图 5-7 所示，该方式主要用在交流接触器中。

④ 栅片灭弧：当触头分开时，产生的电弧在电场力的作用下被推入一组金属栅片，从而被分成数段，彼此绝缘的金属片相当于电极，因而就有许多阴、阳极压降。对交流电弧来说，在电弧过零时使电弧无法维持而熄灭，如图 5-8 所示，交流电器常用栅片灭弧。

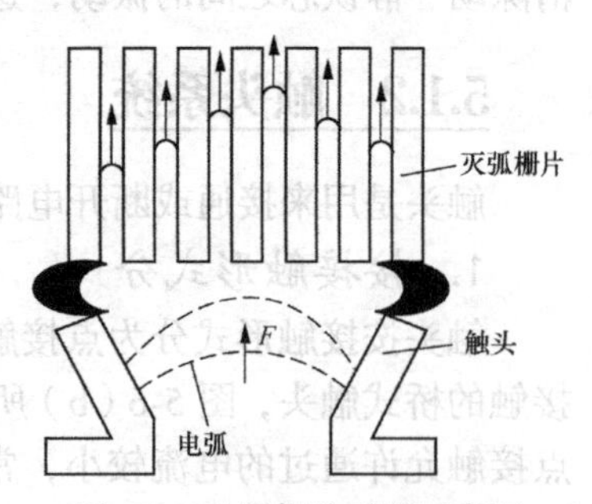

图 5-8 金属栅片灭弧示意图

5.1.4 电磁式继电器

电磁式继电器是应用非常广的一种继电器，如电磁式时间继电器、接触器式继电器、电磁

式电压继电器、电磁式电流继电器都属于这一类，如图 5-9 所示。

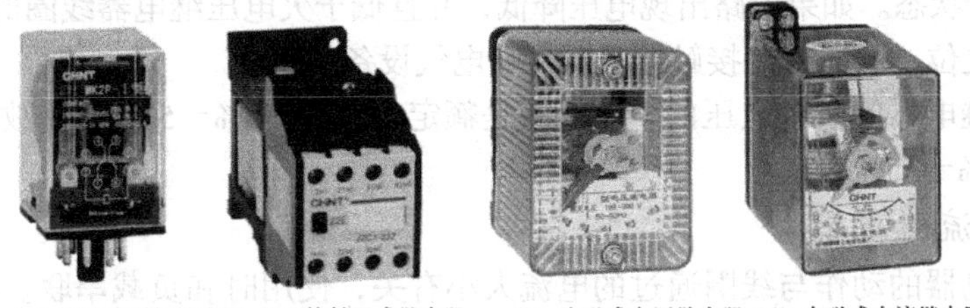

（a）电磁式时间继电器（b）接触器式继电器　（c）电磁式电压继电器（d）电磁式电流继电器

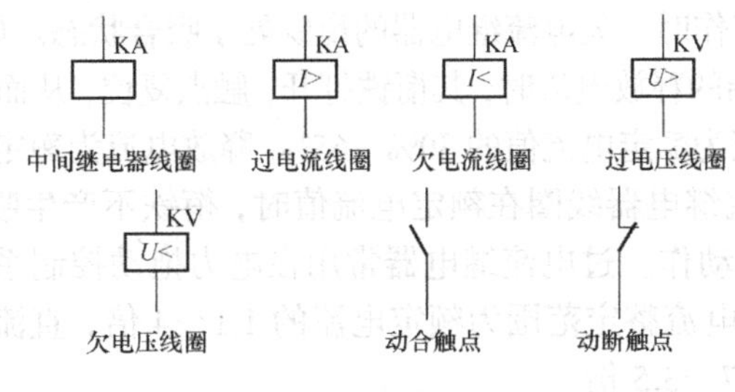

（e）图形符号

图 5-9　电磁式继电器及相关图形符号

电磁式继电器由电磁机构和触点系统组成，电磁机构包括衔铁、极靴、铁轭、线圈、铁芯，以及反作用力弹簧，触点系统包括静触点、动触点以及簧片，如图 5-10 所示。铁芯和铁轭的作用是加强工作气隙内的磁场；衔铁的作用主要是实现电磁能与机械能的转化；极靴的作用是增大工作气隙的磁导；反作用力弹簧和簧片是用来提供反作用力的。当线圈通电后，线圈的励磁电流就产生磁场，从而产生电磁吸力吸引衔铁。一旦磁力大于弹簧反作用力，衔铁就开始运动，并带动与之相连的触点向下移动，使动触点与其上面的静触点分开，而与其下面的静触点吸合。最后，衔铁被吸合在与极靴相接触的最终位置上。若在衔铁处于最终位置时切断线圈电源，磁场便逐渐消失，衔铁会在弹簧反作用力的作用下脱离极靴，并再次带动触点脱离静触点，返回到初始位置。

1—静触点；2—动触点；3—簧片；4—衔铁；5—极靴；6—空气气隙；7—反作用力弹簧；8—铁轭；9—线圈；10—铁芯

图 5-10　电磁式继电器机构图

1. 中间继电器

中间继电器属于控制电器，在电路中起着信号传递、分配等作用，因其主要是作为转换控制信号的中间元件，故称为中间继电器。交流中间继电器的结构和动作原理与交流接触器相似，不同点是中间继电器只有辅助触点，没有主触点。通常中间继电器有 4 对常开辅助触点和 4 对常闭辅助触点。中间继电器线圈的额定电压应与设备控制电路的电压等级相同。

2. 电磁式电压继电器

电磁式电压继电器的动作与线圈所加电压大小有关，使用时和负载并联。电磁式电压继电器的线圈匝数多、导线细、阻抗大。电磁式电压继电器又可以分为过电压继电器、欠电压继电器和零电压继电器（零电压继电器不作介绍）。

（1）过电压继电器。在电路中用于过电压保护，当其线圈为额定电压值时，衔铁不产生吸合动作，只有当电压高于额定电压 5%～15%时才产生吸合动作，当电压降低到释放电压时，触点复位。

（2）欠电压继电器。在电路中用于欠电压保护，当其线圈在额定电压下工作时，欠电压继电器的衔铁处于吸合状态。如果电路出现电压降低，并且低于欠电压继电器线圈的释放电压时，其衔铁打开，触点复位，从而控制接触器及时切断电气设备的电源。

通常，欠电压继电器的吸合电压的整定范围是额定电压的 30%～50%，释放电压的整定范围是额定电压的 10%～35%。

3. 电磁式电流继电器

电磁式电流继电器的动作与线圈通过的电流大小有关，使用时和负载串联。电磁式电流继电器的线圈匝数少、导线粗、阻抗小，又可以分为欠电流继电器和过电流继电器。

① 欠电流继电器。正常工作时，欠电流继电器的衔铁处于吸合状态。如果电路中负载电流过低，并且低于欠电流继电器线圈的释放电流时，其衔铁打开，触点复位，从而切断电气设备的电源。通常，欠电流继电器的吸合电流为额定电流值的 30%～65%，释放电流为额定电流值的 10%～20%。

② 过电流继电器。过电流继电器线圈在额定电流值时，衔铁不产生吸合动作，只有当负载电流超过一定值时才产生吸合动作。过电流继电器常用在电力拖动控制系统中起保护作用。通常，交流过电流继电器的吸合电流整定范围为额定电流的 1.1～4 倍，直流过电流继电器的吸合电流整定范围为额定电流的 0.7～3.5 倍。

电磁式继电器的种类很多，按其用途可分为控制继电器、保护继电器、中间继电器；按其动作时间可分为瞬时继电器、延时继电器；按输入信号的性质可分为电压继电器、电流继电器、时间继电器、温度继电器、速度继电器、压力继电器等；按其工作原理可分为电磁式继电器、感应式继电器、电动式继电器、热继电器和电子式继电器等；按输出形式可分为有触点继电器、无触点继电器。

5.1.5 速度继电器

速度继电器又叫转速继电器，是利用电磁感应原理制作的感应式继电器，其主要由转子、定子及触点 3 部分组成，其外观、结构、接线图及图形符号如图 5-11 所示。当转速达到规定值后继电器动作，低于规定值时又恢复原状，即依靠电动机转速的快慢作为输入信号，通过触点的动作将信号传递给接触器，再通过接触器实现对电动机的控制。速度继电器广泛用于生产机械运动部件的速度控制和反接制动快速停车，如车床主轴、铣床主轴等。

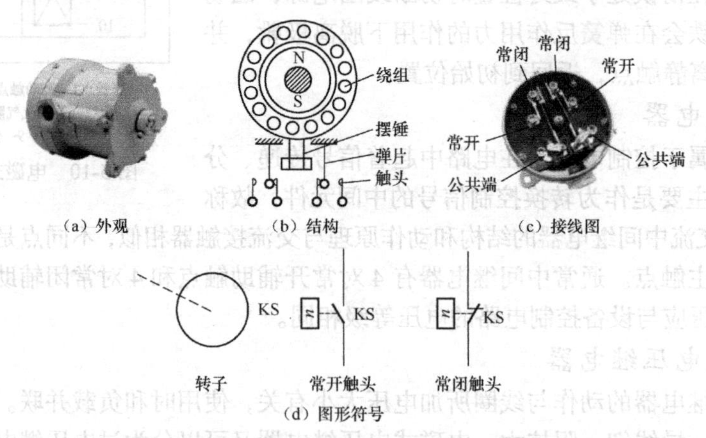

图 5-11 速度继电器外观、结构、接线图及图形符号

常用的速度继电器有 JY1 和 JFZ0 系列。JY1 系列能在 3000r/min 的转速下可靠工作；JFZ0 型触点动作速度不受定子柄偏转快慢的影响，触点使用微动开关。一般情况下，速度继电器的触点在转速达到 120r/min 以上时能动作闭合，当转速低于 100r/min 左右时触头复位断开。

5.1.6　新型电器

前文介绍的低压电器为有触点的电器，利用其触点闭合与断开来接通或断开电路，以达到控制的目的。随着开关速度的加快，依靠机械动作的电器触点有的难以满足控制要求；同时，有触点电器还存在着一些固有的缺点，如机械磨损、触点的电蚀损耗、触点分合时往往会颤动产生电弧等，因此，较容易被损坏，开关动作不可靠。随着微电子技术、电力电子技术的不断发展，人们应用电子元件组成了各种新型低压控制电器，可以克服有触点电器的一系列缺点。下面简单介绍几种较为常用的新型电子式无触点低压电器。

1. 接近开关

接近开关又称无触点位置开关，其实物如图5-12所示。接近开关除具有行程控制和限位保护的功能外，还可检测金属体的存在、高速计数、测速、定位、变换运动方向、检测零件尺寸、液面控制及用作无触点按钮等。它具有工作可靠、寿命长、无噪声、动作灵敏、体积小、耐振、操作频率高和定位精度高等优点。

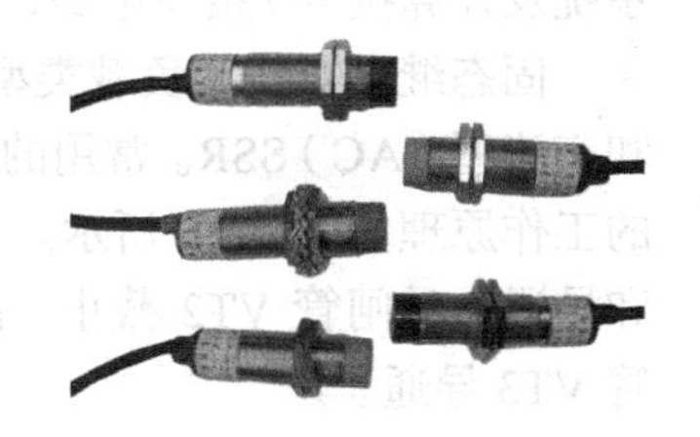

图5-12　接近开关

接近开关以高频振荡型最为常用，它占全部接近开关产量的80%以上。其电路形式多样，但电路结构不外乎由振荡、检测及晶体管输出等部分组成。它的工作基础是高频振荡电路状态的变化。

当金属物体进入以一定频率稳定振荡的线圈磁场时，由于该物体内部产生涡流损耗，使振荡回路电阻增大，能量损耗增加，以致振荡减弱直至终止。因此，在振荡电路后面接上放大电路与输出电路，就能检测出金属物体是否存在，并能给出相应的控制信号去控制继电器，以达到控制的目的。

使用接近开关时，应注意选配合适的有触点继电器作为输出器，同时应注意温度对其定位精度的影响。

2. 温度继电器

在温度自动控制或报警装置中，常采用带电触点的汞温度计或热敏电阻、热电偶等制成的各种形式的温度继电器，其实物图如图5-13所示。

图5-14所示为用热敏电阻作为感温元器件的温度继电器的原理图。晶体管VT1、VT2组成射极耦合双稳态电路。晶体管VT3之前串联接入稳压管VZ1，可提高反相器开始工作的输入电压值，使整个电路的开关特性更加良好。适当调整电位器RP2的电阻，可减小双稳态电路的回差。RT采用负温度系数的热敏电阻器，当温度超过极限值时，A点电位上升到2～4V，触发双稳态电路翻转。

图5-13　欧姆龙E5C温度继电器

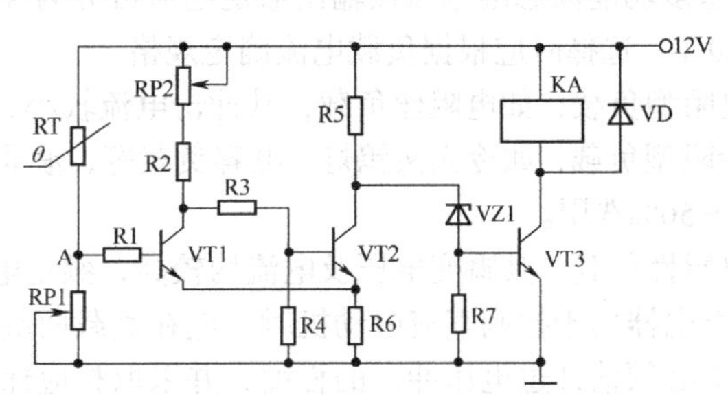

图5-14　温度继电器的原理图

电路的工作原理如下：当温度在极限值以下时，RT呈现很大电阻值，使A点电位在2V以下，则VT1截止，VT2导通，VT2的集电极电位约为2V，远低于稳压管VZ1 5～6.5V的稳定电压值，VT3截止，继电器KA不吸合。当温度上升到超过极限值时，RT阻值减小，A点电位上升到 2～4 V，VT1 立即导通，迫使 VT2 截止，VT2 集电极电位上升，VZ1 导通，VT3 导通，KA 吸合。该温度继电器可利用 KA 的常开或常闭（动合或动断）触点对加热设备进行温度控制，实现电动机的过热保护。此外，还可通过调整电位器 RP1 的阻值来实现对不同温度的控制。

3. 固态继电器

固态继电器（Solid State Relay，SSR）是近年发展起来的一种新型电子继电器，具有开关速度快、工作频率高、质量小、使用寿命长、噪声低和动作可靠等一系列优点，不仅在许多自动化装置中代替了常规电磁式继电器，而且广泛应用于数字程控装置、调温装置、数据处理系统及计算机 I/O 接口电路，其实物图如图 5-15 所示。

(a) 三相固态继电器　(b) 单相固态继电器

图 5-15　三相和单相固态继电器

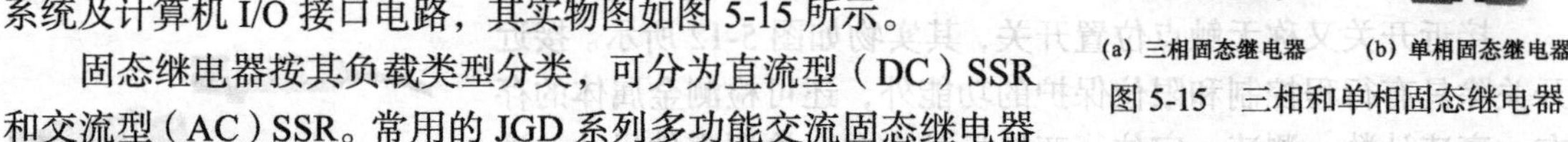

固态继电器按其负载类型分类，可分为直流型（DC）SSR 和交流型（AC）SSR。常用的 JGD 系列多功能交流固态继电器的工作原理如图 5-16 所示。当无信号输入时，光耦合器中的光敏晶体管截止，晶体管 VT1 饱和导通，晶闸管 VT2 截止，晶体管 VT1 经桥式整流电路引入的电流很小，不足以使双向晶闸管 VT3 导通。

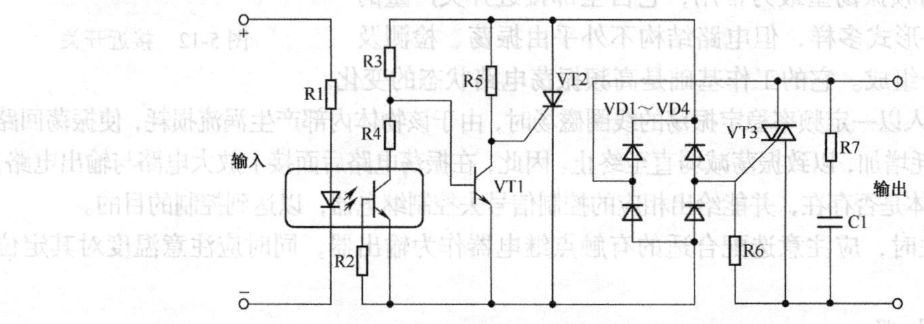

图 5-16　多功能交流固态继电器的工作原理图

有信号输入时，光耦合器中的光敏晶体管导通，当交流负载电源电压接近零点时，电压值较低，经过 VD1～VD4 整流，R3 和 R4 分压，不足以使晶体管 VT1 导通。而整流电压却经过 R5 为晶闸管 VT2 提供了触发电流，故 VT2 导通。这种状态相当于短路，电流很大，只要达到双向晶闸管 VT3 的导通值，VT3 便导通。VT3 一旦导通，不管输入信号存在与否，只有当电流过零才能恢复关断。电阻 R7 和电容 C1 组成浪涌抑制器。

JDG 型多功能固态继电器按输出额定电流可分为 4 种规格，即 1 A、5 A、10 A、20 A，电压均为 220 V，选择时应根据负载电流确定规格。

① 电阻型负载，如电阻丝负载，其冲击电流较小，按额定电流的 80%选用。

② 冷阻型负载，如冷光卤钨灯，电容负载等，浪涌电流比工作电流高几倍，一般按额定电流的 30%～50%选用。

③ 电感性负载，其瞬变电压及电流均较高，额定电流要按冷阻性选用。

固态继电器用于控制直流电动机时，应在负载两端接入二极管，以阻断反电势。控制交流负载时，则必须估计过电压冲击的程度，并采取相应保护措施（如加装 RC 吸收电路或压敏电阻等）。当控制电感性负载时，固态继电器的两端还需加装压敏电阻。

4. 光电继电器

光电继电器如图 5-17 所示，是利用光电元件把光信号转换成电信号的光电器材，广泛应用于计数、测量和控制等方面。光电继电器分亮通和暗通两种电路：亮通是指光电元件受到光照射时，继电器触点吸合；暗通是指光电元件无光照射时，继电器触点吸合。

图 5-18 所示为 JG-D 型光电继电器的原理图。此电路属亮通电路，适用于自动控制系统，可指示工件是否存在或所在位置。继电器 KA 的动作电流大于 1.9 mA，释放电流小于 1.5 mA，发光头 EL 与接收头 VT1 的最远距离可达 50 m。

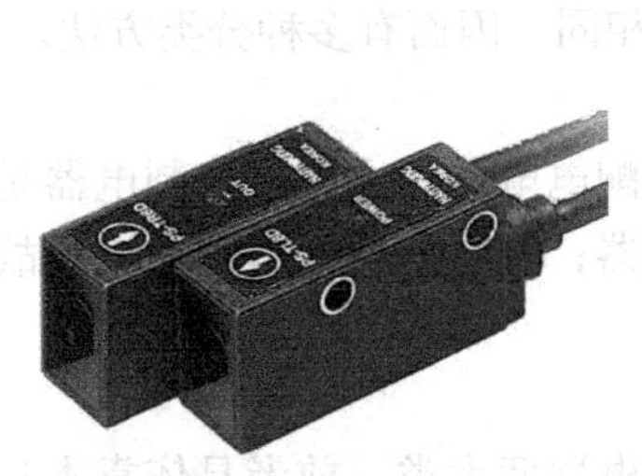
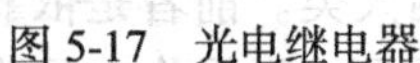

图 5-17　光电继电器

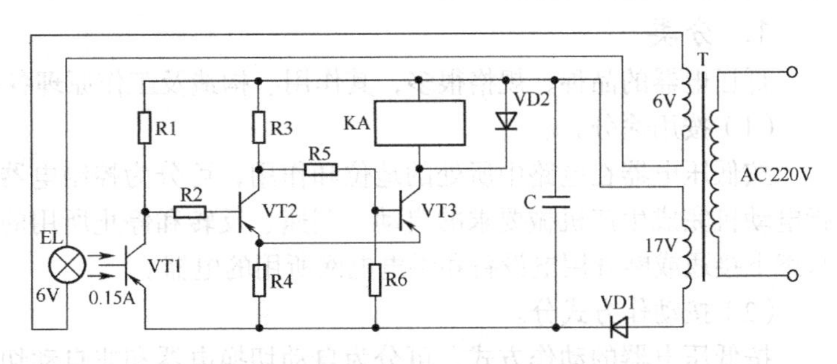

图 5-18　JG-D 型光电继电器的原理图

其工作原理如下：220 V 交流电经变压器 T 降压、二极管 VD1 整流、电容器 C 滤波后作为继电器的直流电源；T 的次级另一组 6 V 交流电源直接向发光头 EL 供电；晶体管 VT2、VT3 组成射极耦合双稳态触发器；光线没有照射到接收头光敏晶体管 VT1 时，VT2 基极处于低电位而导通，VT3 截止，继电器 KA 不吸合；当光照射到 VT1 上时，VT2 基极变为高电位而截止，VT3 就导通，KA 吸合，因此能准确地反映被测物是否到位。

光电继电器安装和使用时，应避免振动及阳光、灯光等其他光线的干扰，以免产生误动作，影响其精度。

5. 电动机保护器

电动机保护器是以金属电阻电压效应原理来实现电动机的各种保护的，区别于热继电器的金属电阻热效应原理，也区别于穿芯式电流互感器磁效应原理，其实物图如图 5-19 所示。

电动机保护器优点如下：①体积小，方便实现与热继电器互换；②不存在热继电器容易出现热疲劳及技术参数难以恢复到初始状态等问题，保护参数稳定，可重复性高，使用寿命长；③具有多种保护功能，如断相、过载、堵转、轴承磨损、过压、欠压等；④使用范围广，被广泛应用在石油、钢铁、冶金、纺织、化工、水泥、矿山等各行各业。

(a) 电动机综合保护器

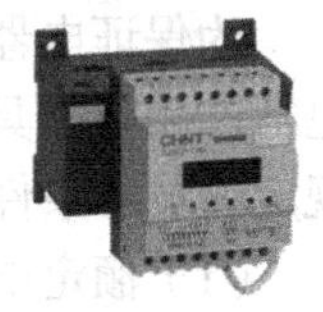

(b) 数字式电动机保护器

图 5-19　电动机保护器

6. 信号继电器

信号继电器是一种保护电器。一般作监控保护用，在高压配电柜二次保护回路上应用较多。例如，当变压器温度过高时，温度继电器常开触点闭合，由于这个触点串在信号继电器的线圈回路上，导致信号继电器线圈吸合，信号继电器动作，高压开关断开，卸掉该台变压器的负载，从而保护变压器。信号继电器也分很多种，有的直接以蜂鸣或者闪光作为报警信号输出。

随着技术的进步，新型电器的种类正不断增加，功能正不断完善，可靠性也不断提高，以满足自动控制的各种要求。

5.1.7　低压电器常识

电器对电能的生产、输送、分配和使用过程起到控制、调节、检测、转换及保护作用，是所有电工器械的简称。根据我国现行标准，将工作在交流 50 Hz、额定电压 1200 V 及以下以及直流额定电压 1500 V 及以下电路中的电器称为低压电器。低压电器种类繁多，它作为基本元器

件已被广泛用于发电厂、变电所、工矿企业、交通运输和国防工业等电力输配电系统和电力拖动控制系统中。随着科学技术的不断发展，低压电器将会朝着体积小、质量小、安全可靠、使用方便、性价比高的方向发展。

1. 分类

低压电器的品种、规格很多，其作用、构造及工作原理各不相同，因而有多种分类方法。

（1）按用途分。

按低压电器在电路中所处的地位和作用，可分为控制电器和配电电器两大类。控制电器是指电动机完成生产机械要求的启动、调速、反转和停止所用的电器；配电电器是指正常或事故状态下接通或断开用电设备和供电电网所用的电器。

（2）按动作方式分。

按低压电器的动作方式，可分为自动切换电器和非自动切换电器两大类。前者是依靠本身参数的变化或外来信号的作用，自动完成接通或分断等动作；后者主要是依靠操作人员直接操作来进行切换。

（3）按有无触点分。

按低压电器有无触点，可分为有触点电器和无触点电器两大类。有触点电器有动触点和静触点之分，利用触点的合与分来实现电路的通与断；无触点电器没有触点，主要利用晶体管的导通与截止来实现电路的通与断。

（4）按工作原理分。

按低压电器的工作原理，可分为电磁式电器和非电量控制电器两大类。电磁式电器由感受部分（即电磁机构）和执行部分（即触点系统）组成，由电磁机构控制电器动作，即由感受部分接受外界输入信号，使执行部分动作，实现控制目的；非电量控制电器由非电磁力控制电器触点的动作。

2. 主要技术数据

为保证电器设备安全可靠工作，国家对低压电器的设计、制造制定了严格的标准，合格的电器产品必须具有国家标准规定的技术要求。我们在使用电器元件时，必须遵循产品说明书中规定的技术条件。低压电器的技术指标主要有以下几项。

（1）额定电流。

① 额定工作电流：在规定条件下，保证开关电器正常工作的电流值。

② 额定发热电流：在规定条件下，电器处于非封闭状态，开关电器在八小时工作制下，各部件温升不超过极限值时所能承载的最大电流值。

③ 额定封闭发热电流：在规定条件下，电器处于封闭状态，在所规定的最小外壳内，开关电器在八小时工作制下，各部件的温升不超过极限值时所能承载的最大电流值。

④ 额定持续电流：在规定的条件下，开关电器在长期工作制下，各部件的温升不超过规定极限值时所能承载的最大电流值。

（2）额定电压。

① 额定工作电压：在规定条件下，保证电器正常工作的电压值。

② 额定绝缘电压：在规定条件下，用来度量电器及其部件的绝缘强度、电气间隙和漏电距离的标称电压值。除非另有规定，一般为电器最高额定工作电压。

③ 额定脉冲耐受电压：反映电器在其所在系统发生最大过电压时所能耐受的能力。额定绝缘电压和额定脉冲耐受电压共同决定绝缘水平。

（3）绝缘强度。

指电器元件的触点处于分断状态时，动静触点之间耐受的电压值（无击穿或闪络现象）。

（4）耐潮湿性能。

指保证电器可靠工作的允许环境潮湿条件。

（5）极限允许温升。

电器的导电部件通过电流时将引起发热和温升。极限允许温升指为防止过度氧化和烧熔而规定的最高温升值（温升值 = 测得实际温度 – 环境温度）。

（6）操作频率及通电持续率。

开关电器每小时内可能实现的最多操作循环次数称为操作频率。通电持续率是电器工作于断续周期工作制时负载时间与工作周期之比，通常以百分数表示。

（7）机械寿命和电气寿命。

对于有触点的电器，其触点在工作中除机械磨损外，尚有比机械磨损更为严重的电磨损。机械开关电器在需要修理或更换机械零件前所能承受的无载操作次数，称为机械寿命。在正常工作条件下，机械开关电器无需修理或更换零件前所能承受的负载操作次数，称为电气寿命。电器的电气寿命和机械寿命的区别主要在于无载操作为机械寿命，带负载操作为电气寿命，电气寿命一般小于机械寿命。设计电器时，要求其电气寿命为机械寿命的 20%～50%。

3. 选择注意事项

低压电器品种规格较多，在选择时首先考虑安全原则，安全可靠是对任何电器的基本要求，保证电路和用电设备的可靠运行是正常生活与生产的前提。其次是经济性，即电器本身的经济价值和使用该电器产生的价值。另外，在选择低压电器时还应注意以下几点。

① 明确控制对象及其工作环境。

② 明确控制对象的额定电压、额定功率、操作特性、启动电流及工作方式等相关的技术数据。

③ 了解备选电器的正常工作条件，如环境温度、湿度、海拔高度、振动和防御有害气体等方面的能力。

④ 了解备选电器的主要技术性能，如额定电流、额定电压、通断能力和使用寿命等。

5.1.8 电路分析

电动机反接制动是通过改变电动机定子绕组中三相电源的相序来实现的。例如图 5-1 所示的电动机的反接制动控制电路，当电动机需要制动时，将三相电源相序切换，然后在电动机转速接近零时将电源及时切掉。控制电路是采用速度继电器来判断电动机的零速点（即速度原则）并及时切断三相电源的。速度继电器 KS 的转子与电动机的轴相连，当电动机正常运行时，速度继电器的动合触点闭合；当电动机制动停车，转速接近零时，动合触点打开，切断接触器 KM2 的线圈电路。

1. 主电路元器件

图 5-1 所示电路中，主电路交流接触器 KM1 控制电动机正常运行，KM2 控制电动机反接制动；3 个电阻 R 是用来分压限流，限制反接制动时的电流；热继电器 FR 对电动机进行过载保护；此外还有与电动机主轴联结的速度继电器 KS，用于检测电动机的转速是否接近零。

2. 控制电路元器件

图 5-1 所示电路中，控制电路由熔断器 FU1、FU2，停止制动按钮 SB1，启动按钮 SB2，热继电器 FR 的辅助常闭触点，速度继电器 KS 常开触点，交流接触器 KM1 和 KM2 线圈及其常开和常闭触点组成。

3. 电路工作原理

（1）启动。

合上断路器 QF，给电路送电。

按 SB2→KM1 线圈得电→KM1 主触点闭合→电动机 M1 运行→KS 常开触点闭合
　　　　　　　　　　　└→KM1 常开辅助触点闭合自锁

（2）制动。

按 SB1→KM1 线圈失电→KM1 主触点断开→电动机脱离电源
　　　　　　　　　　　└→KM1 常闭触点闭合→KM2 线圈得电→KM2 主触点闭合开始反制动
　　　　　　　　　　　　　　　　　　　　　　　　　　　　└→KM2 常开辅助触点闭合自锁

→当电动机的转速接近零时，KS 的动合触点断开→KM2 线圈失电→制动结束

反接制动的优点是制动力强，制动迅速；缺点是制动准确性差，制动过程中冲击强烈，易损坏传动零件，制动能量消耗大，不宜经常使用。因此，反接制动一般适用于制动要求迅速、系统惯性较大、不需要经常启动与制动的场合。

复习与思考

1. 简述电磁式电器的工作原理。
2. 低压电器的触点断开时其电弧是如何产生的？
3. 电弧的熄灭有哪几种方法？
4. 电磁式继电器如何分类？
5. 简述速度继电器的工作过程。
6. 简述电动机反接制动的工作原理。
7. 简述电动机反接制动的优缺点。
8. 电动机反接制动适合什么场所？
9. 低压电器常见的分类方法有哪几种？
10. 低压电器的主要技术数据有哪些？
11. 请列出断路器、漏电断路器、交流接触器、热继电器等低压电器常见的两种品牌和型号。
12. 选择低压电器时，通常要考虑哪些因素？

任务 5.2 电动机的能耗制动控制

任务导入

电动机反接制动是通过改变三相异步电动机定子绕组中三相电源的相序来实现的。能耗制动是在切断电动机三相交流电源后，立即在定子绕组中加入一直流电源，在电动机转子上产生一制动转矩，使电动机快速停下来，由于能耗制动采用直流电源，故也称为直流制动，电动机的能耗制动控制电路如图 5-20 所示。能耗制动的优点是停车准确可靠、制动平稳、能耗小、对电网无冲击；缺点是需要直流电源。目前在一些金属切削机床中通常采用这种制动方法。

1. 主电路元器件

图 5-20 所示的主电路包括断路器 QF（用于接通和分断三相交流电源）、交流接触器 KM1（控制电动机 M 的运行）、交流接触器 KM2（用于能耗制动控制）、二极管 VD（用于半波整流，将交流电变为直流电）、热继电器 FR（用于过载保护）。

2. 控制电路元器件

图 5-20 所示的控制电路由熔断器 FU1、FU2，停止制动按钮 SB，启动按钮 SB1，热继电器 FR 的辅助常闭触点，时间继电器 KT 线圈及其延时断开触点，交流接触器 KM1 线圈及其常

开触点和 KM2 线圈及其常开、常闭触点组成。

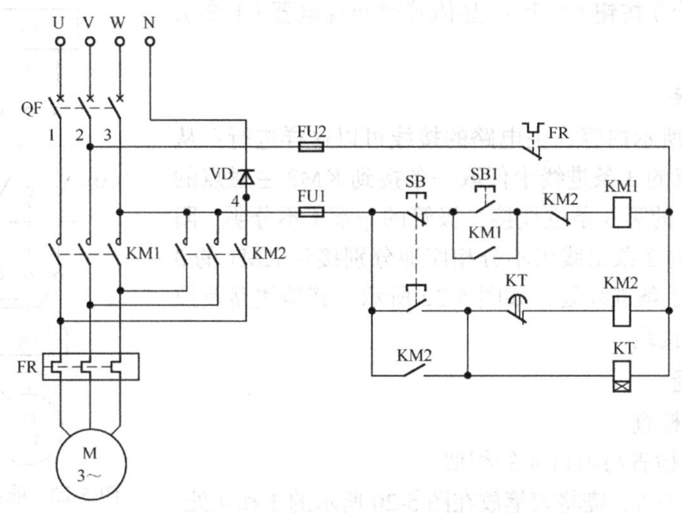

图 5-20　电动机的能耗制动控制电路图

3. 电路工作原理

在图 5-20 所示电路中，主电路有两个交流接触器，其中，KM1 用来控制电动机的启动和停止，KM2 用来接通直流电使电动机制动。能耗制动的原理如下：当按启动按钮 SB1 时，KM1 线圈得电，交流接触器 KM1 主触点闭合，电动机定子绕组接通三相交流电，电动机开始运行；在电动机运行过程中，当按制动按钮 SB 时，KM1 线圈失电，交流接触器 KM1 主触点断开，切断三相交流电源，与此同时，交流接触器 KM2 主触点闭合，将经过二极管 VD 整流后的直流电通入两相定子绕组，使电动机制动；制动过程由时间继电器 KT 控制 KM2 线圈电路断开，制动完成。此制动过程是通过时间原则来控制的，也可以通过速度原则来控制。此时电动机绕组 V1、V2 和绕组 W1、W2 并联后与绕组 U1、U2 串联，其定子绕组的连接如图 5-21 所示。电动机能耗制动电路的工作过程如下。

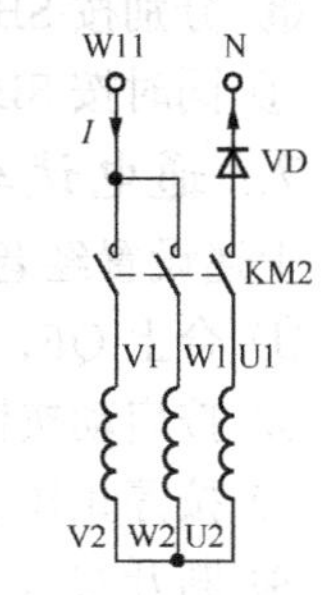

图 5-21　制动时电动机定子绕组的连接图

（1）电动机 M 运行过程。

按 SB1→KM1 线圈得电→KM1 主触点闭合→电动机 M 运行
　　　　　　　　　　　→KM1 自锁触点闭合→

（2）电动机 M 制动过程。

根据上述动作原理，该电路适用于对制动要求不高的场所中的 10 kW 以下的小容量异步电动机进行制动。对于 10 kW 以上且容量较大的异步电动机的制动，多采用带变压器的全波整流能耗制动。

4. 元件选择和检查

选出图 5-20 所示电路需要的电器元件，并对电器元件进行检查，元件清单如下：低压断路

器（1 个）、交流接触器（2 个）、热继电器（1 个）、二极管（1 个）、熔断器（2 个）、启动按钮（1 个）、停止（复合）按钮（1 个）、晶体管时间继电器（1 个）、电动机（1 台）。

5. 电路装接

根据图 5-21 所示内容，主电路的接线可以这样进行：从 KM1 的 3 个主触点的 3 条进线中任取一条接到 KM2 主触点的两条进线处，KM2 的第 3 条进线接二极管的一端（不分阴、阳极），KM2 主触点的 3 条出线可不分相序地分别接到 KM1 的 3 条出线处或 FR 的 3 条进线处，如图 5-22 所示。其他线路及控制电路则按电路图接线。

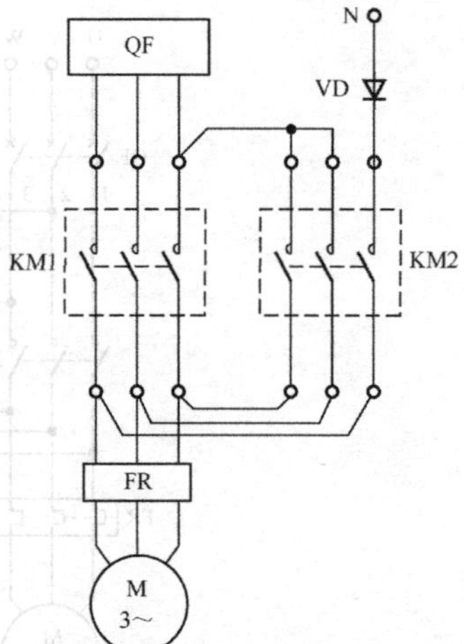

图 5-22 能耗制动主电路接线图

6. 电路检查

（1）主电路的检查。

① 对 KM1 的检查与项目 4 的相似。

② 对 KM2 的检查，需将表笔放在图 5-20 所示的 3 和 4 处，按 KM2，读数应为电动机两个绕组并联后再与另一绕组串联的电阻值（可用图 5-21 来分析）。

（2）控制电路的检查。

① 未按任何按钮时，读数应为无穷大。

② 分别按 SB1 和 KM1，读数应为 KM1 线圈的电阻值。

③ 分别按 SB 和 KM2，读数应为 KM2 和 KT 线圈的并联电阻值。

④ 同时按 SB1（或 KM1）和 SB（或 KM2），读数应为 KM2 和 KT 线圈并联的电阻值。

7. 通电试车

上述设置经老师检查正确后，可通电试车。

① 合上 QF，接通电路电源。

② 按启动按钮 SB1，电动机运行。

③ 按停止按钮 SB，电动机立即停止，同时 KM2 吸合，延时时间到 KM2 断电释放。

④ 断开 QF，断开电路电源。

复习与思考

1. 用数字万用表检查二极管与用指针式万用表检查二极管有何区别？

2. 若去掉图 5-20 所示的 KM2 的常闭触点，电路会有什么缺陷？说出 KM2 的常闭触点在电路中的作用。

3. 二极管开路或短路时，会出现什么现象？

4. 轻按 SB 电动机能制动吗？

5. 请设计一个电动机电磁抱闸通电制动电路。

任务 5.3 电动机的正反转能耗制动控制

任务导入

电动机的正反转能耗制动控制电路如图 5-23 所示。它在正反转电路的基础上增加能耗制动功能，可以实现正转时能进行能耗制动，反转时也能进行能耗制动。该电路适合在制动要求不高的场

所中对 10kW 以下小容量异步电动机进行正反转制动，如升降机、机床等需要正反转制动的设备。

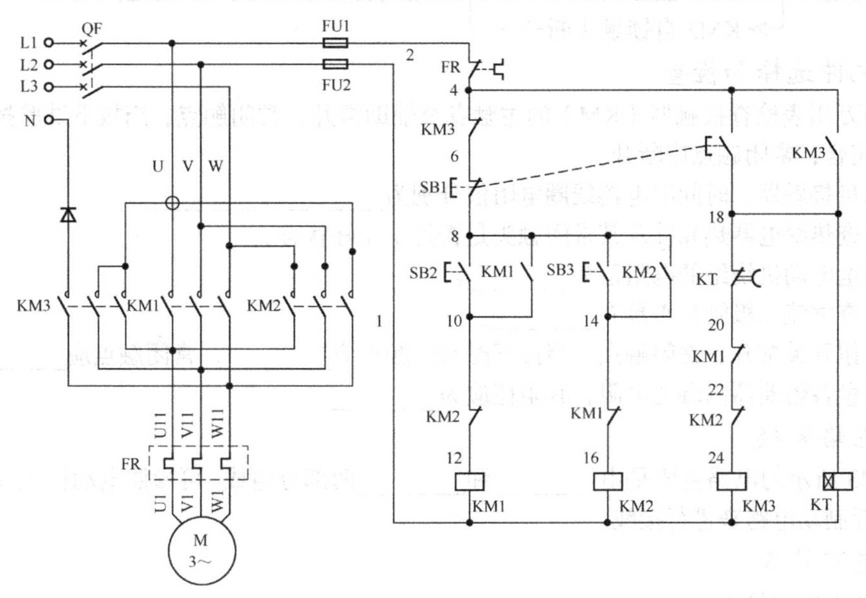

图 5-23　电动机的正反转能耗制动控制电路图

1. 工作原理

图 5-23 所示电路中，KM1、KM2 分别是正反转接触器，其主触头的接线相序不同，即 KM1 主触头从左至右按 U、V、W 相序接线，而 KM2 主触头从左至右按 W、V、U 相序接线。当 KM1 闭合时，电动机正转；当 KM2 闭合时，电动机由于相序不同而反转。KM3 是制动接触器，当 KM3 闭合时，电动机定子绕组通入直流电而制动。其动作原理如下。

（1）正转制动。

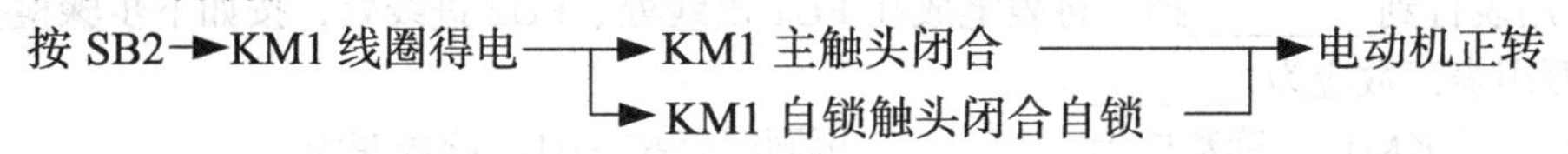

当需要制动时。

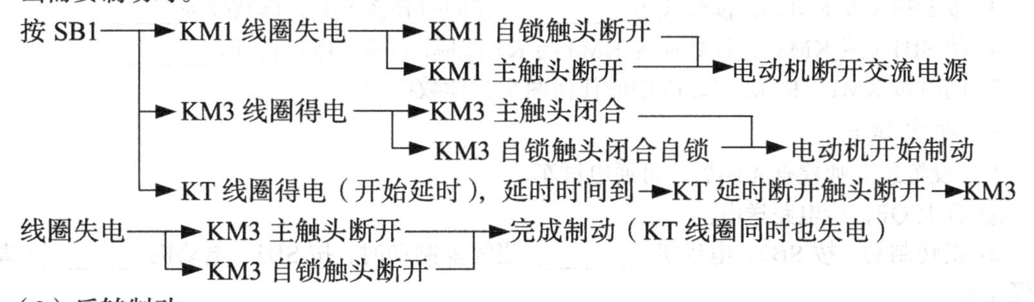

（2）反转制动。

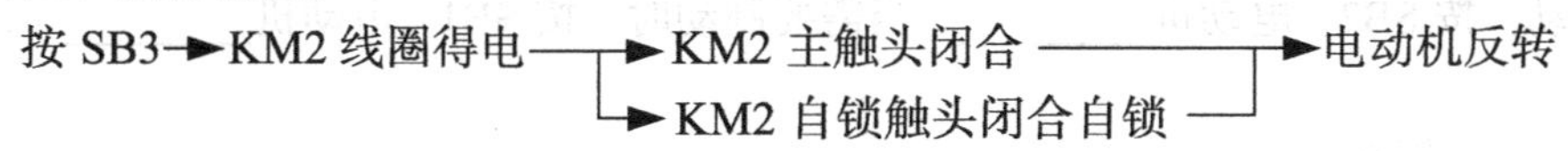

当需要制动时。

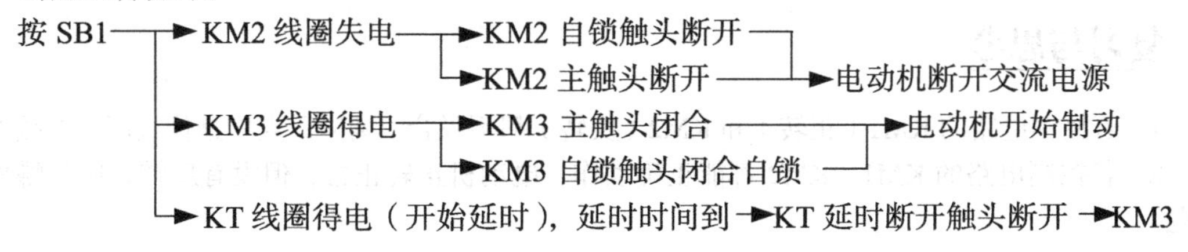

线圈失电→KM3主触头断开→完成制动（KT线圈同时也失电）
→KM3自锁触头断开

2. 元件选择和检查

① 用万用表检查接触器（KM）的主触点及辅助常开、常闭触点，当按下试验按钮时，常开触点应闭合，常闭触点应断开。

② 测量接触器、时间继电器线圈电阻值分别为________、________。

③ 检查热继电器热元件及其常闭触头是否处于完好状态。

④ 测量电动机绕组的电阻值为________。

⑤ 检查整流二极管是否具有________。

⑥ 按钮开关常开、常闭触点，当按下时常开触点应________，常闭触点应________。

⑦ 测量各熔断器两端的电阻，其阻值应为________。

3. 电路装接

图5-23所示的电路主要是由________和________两部分组成。可参照电动机正反转电路和电动机能耗制动电路来进行接线。

4. 电路检查

（1）主电路的检查。

取下________，将数字万用表打到________挡。

① 将表笔放在QF出线端U、V相处，分别按KM1、KM2，读数约为________（电动机为Y接法）。

② 将表笔放在QF出线端U、W（或V、W）相处，分别按KM1、KM2，读数约为________。

③ 将表笔放在U相、零线N处，按KM3，读数为________。

（2）控制电路的检查。

将数字万用表打到________挡，将表笔放在FU1出线处、FU2进线处，按如下步骤检查。

① 此时万用表读数应为________。

② 按SB2（或KM1），读数应为________，再同时轻按SB1，读数变为________。

③ 按SB3（或KM2），读数应为________，在同时轻按SB1，读数变为________。

④ 按SB1（或KM3），读数应为KM3与KT线圈的并联电阻值，即________。

⑤ 同时按KM1、KM2、KM3中的任何两个，读数应为________。

5. 通电试车

上述设置经老师检查无误后，可通电试车。

① 合上QF，给电路送电。

② 正转制动。按SB2，电动机________，当需要制动时，按SB1，电动机________（即立即停止）。

③ 反转制动。按SB3，电动机________，当需要制动时，按SB1，电动机________（即立即停止）。

④ 断开QF电路停电。

复习与思考

1. 若控制电路的KM1（正转）和KM2（反转）都不吸合，则应重点检查什么部位的接线？

2. 若控制电路的KM1、KM2都能正确动作，电动机正转正常，但没有反转，应是哪里的问题？

3. 电动机能正、反转，但无能耗制动（即自由停车），请分析其原因。
4. 二极管的阴阳极能否反过来连接，为什么？

任务 5.4　电动机的反接制动控制实训

电动机的反接制动控制电路如图 5-24 所示，请参照电路图分析电路原理，列出实训器材（包括器材名称、规格型号和作用，并检查好坏或测量数据，参考表 1-7 所示内容进行记录），完成电路装接，写出电路检查步骤、检测的数据和通电调试的步骤，在老师的监督下完成电路调试，并在班上展示上述工作的完成情况，最后参照表 1-8 完成三方评价。

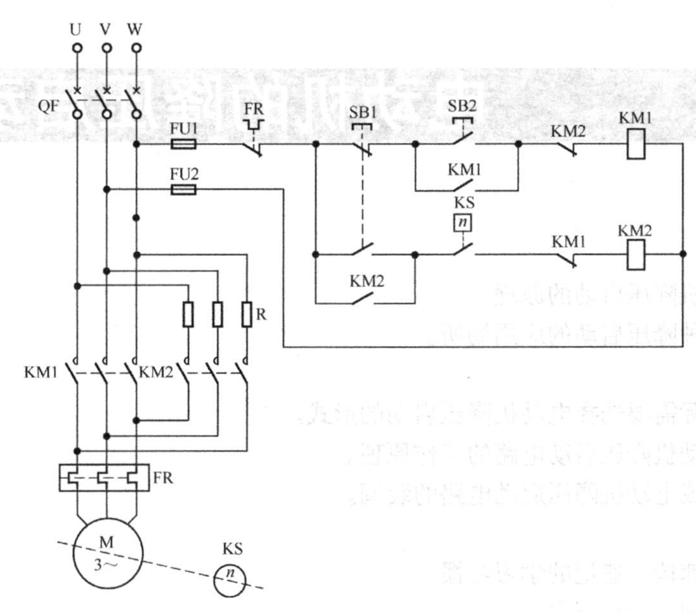

图 5-24　电动机的反接制动控制电路图

项目6 电动机的降压启动控制

学习目标

1. 知识目标

① 理解电动机降压启动的原理。

② 能描述各种降压启动的应用场所。

2. 能力目标

① 能根据实际需要选择电动机降压启动的形式。

② 能分析电动机降压启动电路的工作原理。

③ 能正确完成电动机降压启动电路的装调。

3. 素质目标

① 培养学生速读、速记的学习习惯。

② 培养学生团队管理能力。

③ 培养学生职业安全与自我保护的能力。

④ 培养学生严谨细致、一丝不苟的学习精神。

项目引入

前文介绍的电动机启动均为全压启动（即直接启动），其启动电流为其额定电流的4～7倍。对于大容量的电动机，由于启动瞬间的电流较大，会产生较大的电压降，从而对供电电网造成影响。那么如何降低启动电流呢？因为电动机的启动电流与定子电压近似成正比的关系，所以常采用降低定子电压的办法来限制启动电流，即降压启动，又称减压启动。降压启动在启动时降低加在电动机定子绕组上的电压，启动后再恢复，让其在额定电压下运行。对于因直接启动冲击电流过大而无法承受的场合，通常采用降压启动。由于启动电流减小，启动转矩也会下降，所以降压启动只适合必须减小启动电流，又对启动转矩要求不高的场合。

任务6.1 电动机的降压启动方法

任务导入

笼型电动机常用的降压启动方法有定子绕组串电阻（或电抗）、自耦变压器，Y/△（星形—

三角形）和使用软启动器等。绕线型电动机常用的降压启动方法有转子绕组串电阻和转子绕组串频敏变阻器。

6.1.1　定子绕组串电阻降压启动

图 6-1 所示为定子绕组串电阻降压启动电路，在该电路中，电动机启动前在三相定子绕组中串接电阻，使定子绕组上的电压降低，启动后再将电阻短接，使电动机在额定电压下运行。这种启动方式不受电动机接线方式的限制，设备简单，因此在中小型生产机械中应用广泛，其电路工作过程如下。

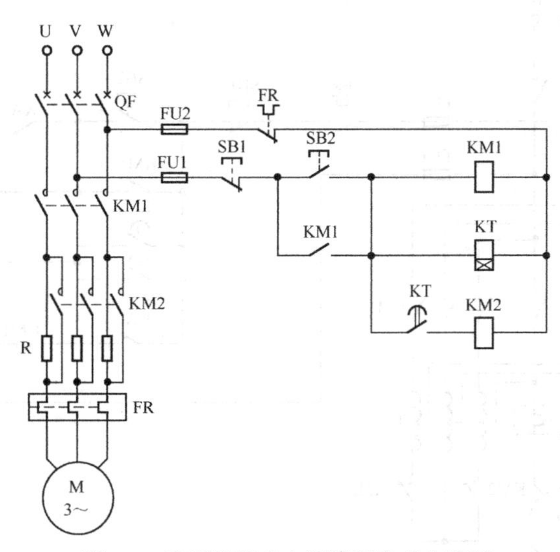

图 6-1　定子绕组串电阻降压启动电路图

合上断路器 QF。

按 SB2→KM1 线圈得电 ┬→ KM1 主触点闭合→电动机定子绕组串接电阻降压启动
├→ KM1 辅助常开触点闭合自锁
└→ KT 线圈得电

→KT 常开触点延时闭合→KM2 线圈得电→KM2 主触点闭合
→电阻被短接，切除定子绕组串接电阻，电动机全压运行

当需要制动时。

按 SB1→KM1 线圈失电 ┬→KM1 主触点断开→电动机断电停止运行
└→KM1 自锁触点断开

上述控制方法需要启动电阻，会使控制柜的体积增大，电能损耗增大。对于大容量的电动机往往采用串接电抗器实现降压启动。

6.1.2　定子绕组串自耦变压器降压启动

图 6-2 所示为定子绕组串自耦变压器降压启动电路，在该电路中，电动机启动电流的限制是靠自耦变压器的降压来实现的。启动前，电动机的定子绕组接在自耦变压器的低压侧，启动后，自耦变压器被切除，电动机的定子绕组直接接在电源上全压运行，其电路工作过程如下。

按 SB2→KM1 线圈得电→KM1 主触点闭合→电动机定子绕组串自耦变压器降压启动
　　　　　　　　　　　→KM1 辅助常开触点闭合自锁
　　　→KT 线圈得电

→KT 常开触点延时闭合→KA 线圈得电→KA 常开触点闭合
　　　　　　　　　　　　　　　　→KA 常闭触点断开→KM1 线圈失电

→KM1 常闭触点闭合→KM2 线圈得电→KM2 主触点闭合→电动机全压运行

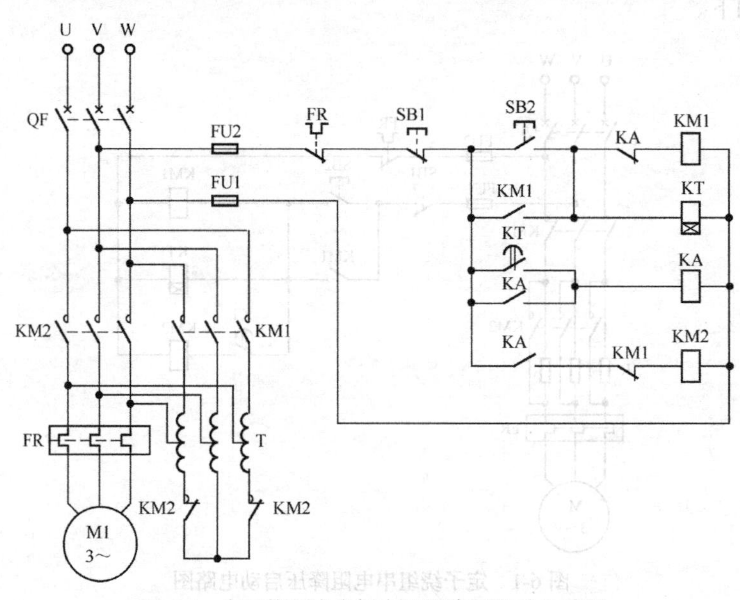

图 6-2　定子绕组串自耦变压器降压启动电路图

有些生产机械虽不要求调速，但要求较大的启动转矩和较弱的启动电流，笼型电动机通常不能满足这种启动性能的要求。在这种情况下，可采用绕线型异步电动机进行拖动。绕线型异步电动机的减压启动方法有转子绕组串电阻或频敏变阻器，启动过程的控制原则有电流控制原则和时间控制原则两种。

6.1.3　转子绕组串电阻降压启动

绕线型异步电动机的转子绕组回路可经过滑环外接电阻，不仅可减弱启动电流，同时可加大启动转矩，在启动要求较高的场合应用非常广泛。图 6-3 所示为绕线型异步电动机转子绕组串电阻降压启动电路，在该电路中，转子回路串接启动电阻，一般采用 Y 接法，且分成若干段，启动时电阻全部接入，启动过程中逐段切除启动电阻。切除电阻的方法有三相平衡切除法和三相不平衡切除法。三相平衡切除法每次每相切除的启动电阻相同，其工作过程如下。

按 SB2→KM4 线圈得电→KM4 主触点闭合→电动机转子绕组串全部电阻启动
　　　　　　　　　　　→KM4 常开辅助触点闭合→KT1 线圈得电→

→KT1 常开触点延时闭合→KM1 线圈得电→KM1 常开主触点闭合→平衡切除 R1
　　　　　　　　　　　　　　　　　　→KM1 常开辅助触点闭合→KT2 线圈得电→

→KT2 常开触点延时闭合→KM2 线圈得电→KM2 常开主触点闭合→平衡切除 R2
　　　　　　　　　　　　　　　　　　→KM2 常开辅助触点闭合→KT3 线圈得电→

→KT3 常开触点延时闭合→KM3 线圈得电→KM3 常开主触点闭合 →平衡切除 R3
→KM3 常开辅助触点闭合自锁

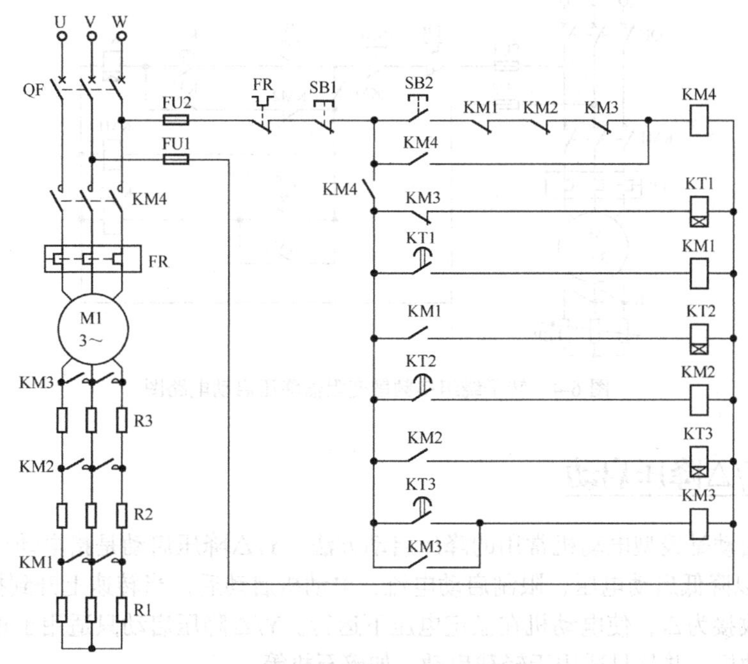

图 6-3 转子绕组串电阻降压启动电路图

6.1.4 转子绕组串频敏变阻器降压启动

绕线型异步电动机除有转子绕组串电阻降压启动的控制方式外，还有转子绕组串频敏变阻器降压启动的控制方式。转子绕组串频敏变阻器降压启动电路如图 6-4 所示。频敏变阻器实质上是一个铁芯损耗很大的三相电抗器，将其串接在转子电路中，它的等效阻抗与转子的电流频率有关。启动瞬间，转子的电流频率最高，频敏变阻器的等效阻抗也最大，转子电流受到抑制，定子电流也不致很大；随着转速的上升，转子的频率逐渐降低，其等效阻抗也逐渐减小；当电动机达到正常转速时，转子的频率很低，其等效阻抗也变得很小。因此，绕线型异步电动机转子绕组串频敏变阻器降压启动时，随着启动过程中转子电流频率的降低，其阻抗自动减小，从而实现了平滑的无级启动，其电路的工作过程如下。

合上断路器 QF→按 SB2→

KT 线圈得电→KT 常开瞬时触点闭合→KM1 线圈得电→KM1 主触点闭合 →
电动机串频敏变阻器降压启动
→KM1 常开辅助触点闭合自锁
→ KT 常开触点延时闭合→KM2 线圈得电→KM2 主触点闭合→切除频敏变阻器，电动机全压启动
→KM2 常开辅助触点闭合自锁

在图 6-4 电路中，若 KT 延时闭合触点或 KM2 常开触点粘连，则 KM2 线圈在电动机启动时就得电吸合，从而造成电动机直接启动；若 KT 延时闭合触点或 KM2 常开触点不能闭合，则 KM2 线圈不能得电吸合，从而造成转子长期串接频敏变阻器运行，这是不允许的。因此，该电路只有在 KM2 常闭触点和 KT 瞬时闭合的常开触点工作正常时，才允许 KM1 线圈得电吸合，

开始启动。

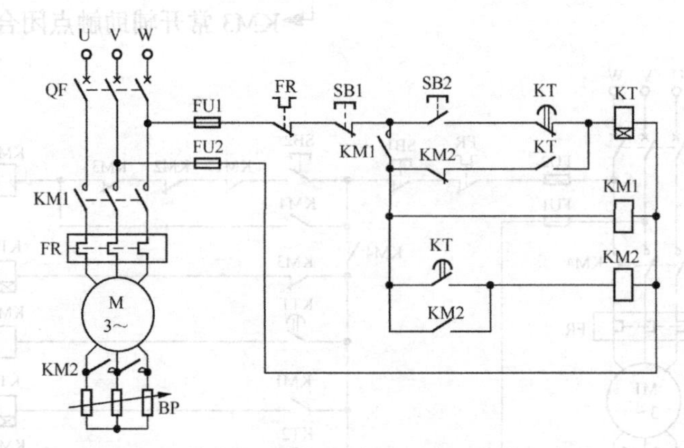

图 6-4　转子绕组串频敏变阻器降压启动电路图

6.1.5　Y/△降压启动

Y/△降压启动是笼型电动机常用的降压启动方法。Y/△降压启动是指电动机启动时，使定子绕组接成 Y 以降低启动电压，限制启动电流；电动机启动后，当转速上升到接近额定值时，再把定子绕组改接为△，使电动机在额定电压下运行。Y/△降压启动只适用于正常运行时接法为△的笼型电动机，并且只适用于轻载启动，如碎石机等。

6.1.6　软启动器

软启动器是一种集电动机软启动、软停车、轻载节能和多种保护功能于一体的控制装置，国外称为 Soft Starter。它主要由串接于电源与被控电动机之间的三相反并联晶闸管及其电子控制电路构成，实现在整个启动过程中无冲击、平滑地启动电动机。它还可以根据电动机负载的特性来调节启动过程中的各种参数，如限流值、启动时间等。随着电力电子技术的发展，软启动器将逐渐被变频器取代。

复习与思考

1. 电动机常用的降压启动方法有哪些?
2. 简述电动机的定子绕组串电阻（或电抗）降压启动的原理。
3. 简述电动机的定子绕组串自耦变压器降压启动的原理。
4. 简述绕线型电动机转子绕组串电阻降压启动的原理。
5. 简述绕线型电动机转子绕组串频敏变阻器降压启动的原理。
6. 简述电动机 Y/△（星形—三角形）降压启动的原理。

任务 6.2　电动机的手动 Y/△降压启动控制

任务导入

图 6-5 所示为电动机的手动 Y/△降压启动电路，Y/△降压启动电路是在电动机启动时，使

定子绕组接成 Y 以降低启动电压，限制启动电流；电动机启动后，当转速上升到接近额定值时，手动操作按钮把定子绕组改接为△，使电动机在额定电压下运行。

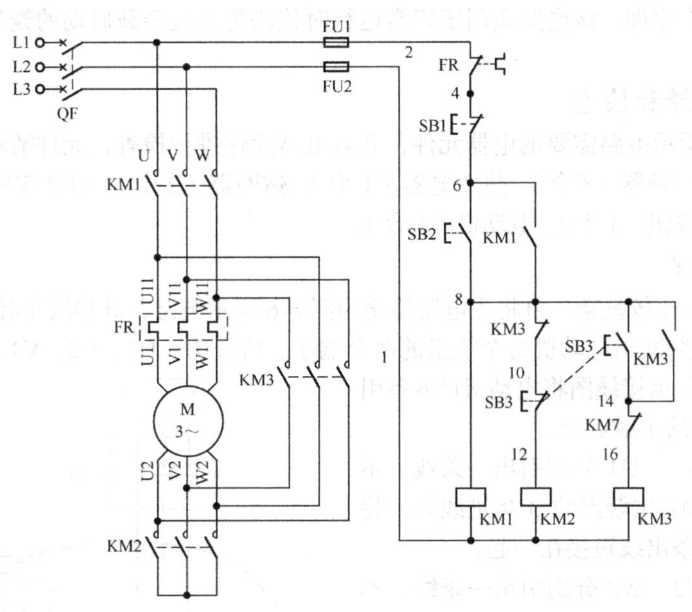

图 6-5　电动机的手动 Y/△降压启动电路图

1. 电路工作原理

图 6-5 所示电路中的主电路由断路器 QF，KM1、KM2、KM3 这 3 个交流接触器，电动机和热继电器 FR 组成，当接触器 KM1 和 KM2 主触点闭合时，电动机 M 的 3 个定子绕组末端 U2、V2、W2 接在一起，即 Y 启动，以降低启动电压，限制启动电流。电动机启动后，当转速上升到接近额定值时，接触器 KM2 断开，KM3 主触点闭合，此时 U1 与 W2 相连，V1 与 U2 相连，W1 与 V2 相连，即把定子绕组改接为△，电动机在全电压下运行。热继电器 FR 对电动机提供过载保护，其控制过程如下。

（1）电动机降压启动。

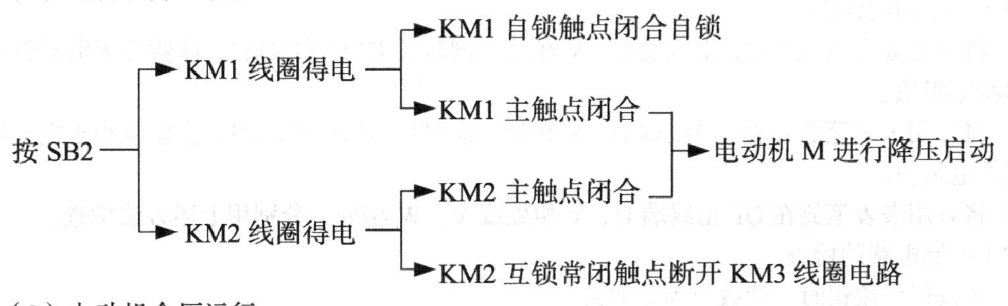

（2）电动机全压运行。

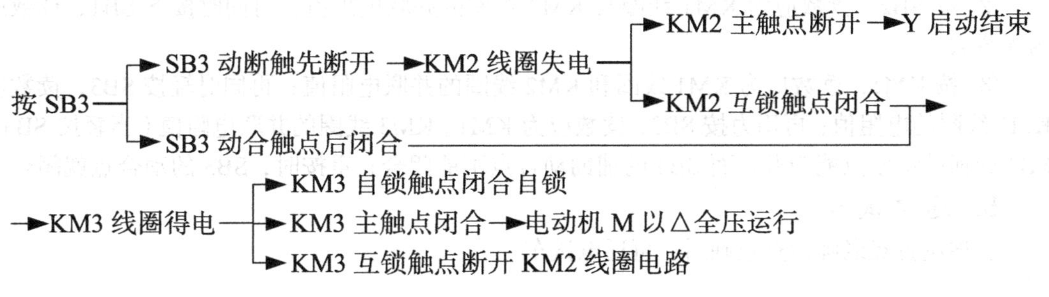

（3）电动机停止运行。

按SB1→控制电路失电→KM1、KM3线圈失电→主触头断开→电动机M停止运行

根据上述动作原理，该电路适用于正常运行时接法为△且轻载启动的笼型电动机，如碎石机等。

2. 元件选择和检查

选出图6-5所示电路需要的电器元件，并对电器元件进行检查，元件清单如下：低压断路器（1个）、交流接触器（3个）、热继电器（1个）、熔断器（2个）、启动按钮（1个）、切换按钮（1个）、停止按钮（1个）、电动机（1台）。

3. 电路装接

主电路的接线比较复杂，可将主电路简化为图6-6所示电路，其接线步骤如下。

① 用万用表判断出电动机每个绕组的两个端子，可设为：U1、U2，V1、V2和W1、W2。

② 按图6-6所示接线图将电动机的6条引线分别接到KM3的主触点上。

③ 从W1、V1、U1分别引出一条线，不分相序地接到KM2主触点的3条进线处，将KM2主触点的3条出线短接在一起。

④ 从V2、U2、W2分别引出一条线，不分相序地接到FR的3条出线处，将主电路的其他线按图6-6所示进行连接。

⑤ 主电路接好后，可用万用表的R×100挡分别测KM3的3个主触点对应的进出线处的电阻。若电阻为无穷大，则接线正确；若其电阻不为无穷大（而为电动机绕组的电阻值），则△的接线有错误。

⑥ 按图6-5所示电路图接好控制电路。

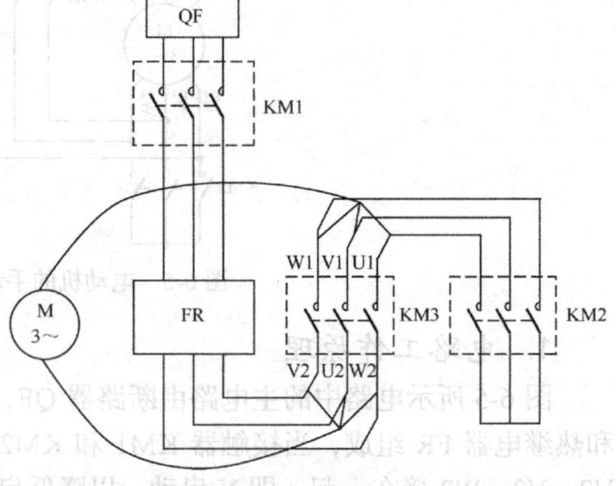

图6-6 电动机Y/△降压启动控制主电路的接线图

4. 电路检查

（1）主电路的检查。

① 将万用表表笔放在QF出线端U、V相处，同时按KM1和KM2，读数应为电动机两绕组的串联电阻值。

② 将万用表表笔放在QF出线端U、V相处，同时按KM1和KM3，读数应小于电动机一个绕组的电阻值。

③ 将万用表表笔放在QF出线端U、V相处或V、W相处，分别用上述方法检查。

（2）控制电路的检查。

① 未按任何按钮时，读数应为无穷大。

② 按SB2，读数应为KM1线圈与KM2线圈的并联电阻值；再同时按下SB1，读数应变为无穷大。

③ 按KM1，读数应为KM1线圈和KM2线圈的并联电阻值；再同时轻按SB3，读数应为KM1线圈的电阻值；再用力按SB3，读数应为KM1、KM3线圈的并联电阻值（当轻按SB3时，SB3的辅助动断点能断开，而SB3的辅助动合点不能闭合；重按时，SB3的动合点就闭合了）。

5. 通电试车

上述设置经老师检查正确后，可通电试车。

① 合上 QF，接通电路电源。

② 按 SB2，KM1 和 KM2 吸合，电动机 Y 启动。

③ 待电动机稳定运行后，快速按 SB3 按钮，KM2 线圈失电，KM3 吸合，电动机△启动运行。

④ 按 SB1，KM1 和 KM3 断电释放，电动机停止运行。

⑤ 断开 QF，断开电路电源。

复习与思考

1. Y/△降压启动适合什么样的电动机？分析电动机绕组在启动过程中的连接方式。

2. 电源缺相时，为什么 Y 启动时电动机不运行，到了△连接时，电动机却能运行（只是声音较大）？

3. 电动机 Y 启动时，快速按 SB3 按钮，KM2 线圈失电，但电动机没有△启动运行，而是自由停车了，请分析其故障原因。

任务 6.3　电动机的自动 Y/△降压启动控制

任务导入

电动机自动 Y/△降压启动是在手动降压启动控制电路的基础上增加一个时间继电器来实现的，即在时间继电器设定的时间到后，自动断开 Y 接触器线圈，接通△接触器线圈，从而实现降压启动。其电路如图 6-7 所示。

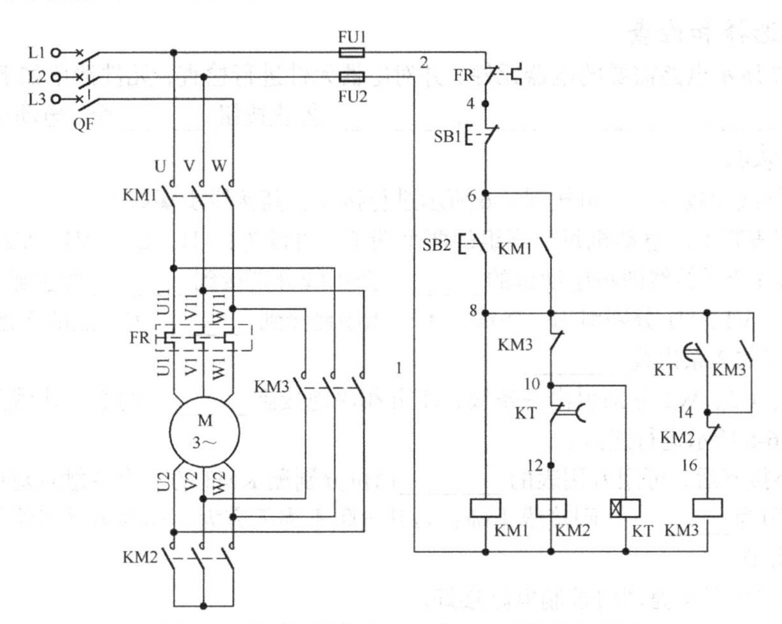

图 6-7　电动机的自动 Y/△降压启动控制电路图

1. 工作原理

图 6-7 所示电路中的主电路由断路器 QF，KM1、KM2、KM3 这 3 个交流接触器，电动机和热继电器 FR 组成，当接触器 KM1 和 KM2 主触点闭合时，电动机 M 的 3 个定子绕组末端 U2、V2、W2 接在一起，即 Y 启动，以降低启动电压，限制启动电流。电动机启动后，当转速上升到

接近额定值并且 KT 设定的时间到时，KT 辅助常闭触点断开接触器 KM2，KT 辅助常开触点闭合接通 KM3 主触点，此时 U1 与 W2 相连，V1 与 U2 相连，W1 与 V2 相连，即把定子绕组改接为△，电动机在全电压下运行。热继电器 FR 对电动机提供过载保护，其控制过程如下。

（1）电动机降压启动。

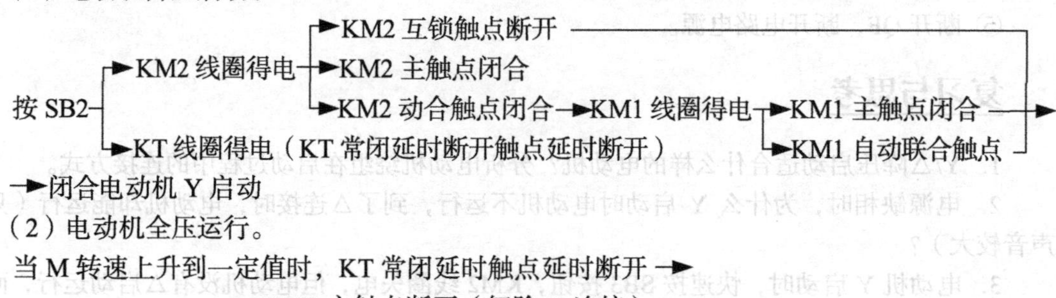

（2）电动机全压运行。

当 M 转速上升到一定值时，KT 常闭延时触点延时断开 →

→KM2 线圈失电 →KM2 主触点断开（解除 Y 连接）
→KM2 互锁触点闭合 →KM3 线圈得电 →KM3 主触点闭合 →电动机△运行
→KM2 常开触点断开（KM1 自锁触点自锁）→KT 线圈失电

（3）电动机停止运行。

按 SB1 →KM1 线圈失电 →KM1 自锁触点断开
→KM1 主触点断开 →电动机停止运行
→KM3 线圈失电 →KM3 主触点断开

根据上述动作原理，该电路适用于正常运行时接法为△且轻载启动的笼型电动机，如碎石机等。

2. 元件选择和检查

选出图 6-7 所示电路需要的电器元件，并对电器元件进行检查，元件清单如下：________、________、________、________、________、________、停止按钮________个、电动机________台。

3. 电路装接

主电路的接线比较复杂，可按图 6-6 所示进行接线，其接线步骤如下。

① 用万用表判别出电动机每个绕组的两个端子，可设为：U1、U2，V1、V2 和 W1、W2。

② 按图 6-6 所示接线图将电动机的________条引线分别接到________的主触点上。

③ 从 W1、V1、U1 分别引出一条线，不分相序地接到________主触点的 3 条进线处，将________主触点的 3 条出线________。

④ 从 V2、U2、W2 分别引出一条线，不分相序地接到________的 3 条出线处，将主电路的其他线按图 6-6 所示进行连接。

⑤ 主电路接好后，可用万用表的________挡位分别测 KM3 的 3 个主触点对应的进出线处的电阻。若电阻为________，则接线正确；若其电阻不为无穷大（而为电动机绕组的电阻值），则△的接线有错误。

⑥ 按图 6-7 所示电路图将控制电路接好。

4. 电路检查

（1）主电路的检查。

① 将表笔放在 QF 出线端 U、V 相处，同时按 KM1 和 KM2，读数应为________。

② 将表笔放在 QF 出线端 U、V 相处，同时按 KM1 和 KM3，读数应为________。

③ 将表笔放在 QF 出线端 U、V 相处和 V、W 相处，分别用上述方法检查。

（2）控制电路的检查。

① 未按任何按钮时，万用表读数应为________。

② 按 SB2，读数应为________；再同时按 SB1，读数应变为________。

③ 按 KM1，读数应为________；再同时轻按 KM2，读数应为________；再用力按 KM2，则读数应为________（当轻按 KM2 时，KM2 的辅助动断点能断开，而 KM2 的辅助动合点不能闭合；重按时，KM2 的动合点就闭合了）。

5. 通电试车

上述设置经老师检查正确后，可通电试车。

① 合上 QF，接通电路电源。

② 按 SB2，KM1 和 KM2 吸合，电动机________启动，并且 KT 线圈得电开始延时。

③ 延时到时，________线圈断电，主触头释放；________线圈失电，________（KM1、KM2、KM3）线圈吸合，电动机Δ运行。

④ 按 SB1，KM1 和 KM3 线圈断电释放，电动机________。

⑤ 断开 QF，断开电路电源。

复习与思考

1. Y/△降压启动时的启动电流为直接启动时的多少倍？若是重载启动，则启动时间一般为多少？

2. 当按 SB2 后，若电动机能 Y 启动，而一松开 SB2，电动机即停止运行，则故障可能出在哪些地方？

3. 若按 SB2 后，电动机能 Y 启动，但不能△运行，则故障可能出在哪些地方？

任务 6.4　电动机的定子绕组串电阻降压启动控制实训

电动机的定子绕组串电阻降压启动电路如图 6-8 所示，请参照电路图分析电路原理，列出实训器材（包括器材名称、规格型号和作用，并检查好坏或测量数据，参考表 1-7 所示内容进行记录），完成电路装接，写出电路检查步骤、检测的数据和通电调试的步骤，在老师的监督下完成电路调试，并在班上展示上述工作的完成情况，最后参照表 1-8 完成三方评价。

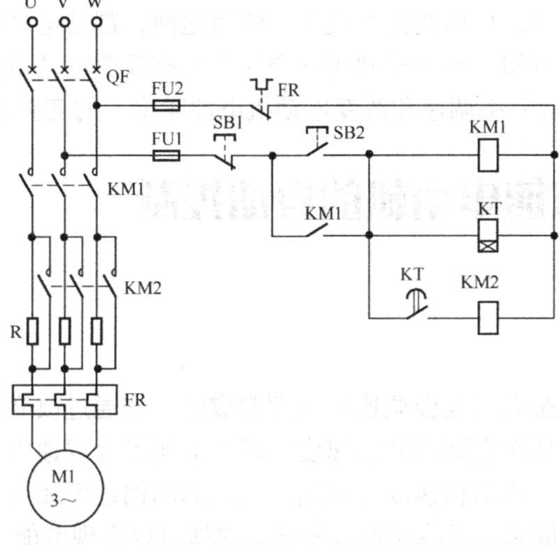

图 6-8　电动机的定子绕组串电阻降压启动电路图

项目7 电动机的调速控制

学习目标

1. 知识目标

① 能描述电动机调速的方法。

② 能理解电动机调速的原理。

2. 能力目标

① 能根据实际需要选择电动机调速的形式。

② 能分析电动机的调速控制电路的工作原理。

③ 能正确完成电动机调速控制电路的装调。

3. 素质目标

① 培养学生速读、速记的学习习惯。

② 培养学生团队组织、管理能力。

③ 培养学生严谨细致、一丝不苟的学习精神。

④ 培养学生自我评价的认知能力和对他人评价的承受能力。

项目引入

电梯能高速平稳地运行，机床能慢速攻丝、快速返回，都是电动机调速的结果。根据电动机的转速 $n = (1-s)\ 60f_1/p$ 可知，电动机常用的调速方法有改变电动机极对数 p 的变极调速、改变电动机的转差率 s 的变转差率调速和改变电动机电源频率 f_1 的变频调速 3 种。

任务 7.1 双速电动机的自动控制

任务导入

双速、三速电动机就是应用变极调速的原理制成的，它通过改变电动机定子绕组的接线方式而得到不同的极对数，从而得到不同的速度，图 7-1 所示为双速电动机自动控制的电路。双速电机适合需要两档调速，且两档速度与双速电动机的两档速度相当的场合，如冷却塔冷却风机，天热时高速、天凉时低速、天冷时可以停开，这样可以实现节能。

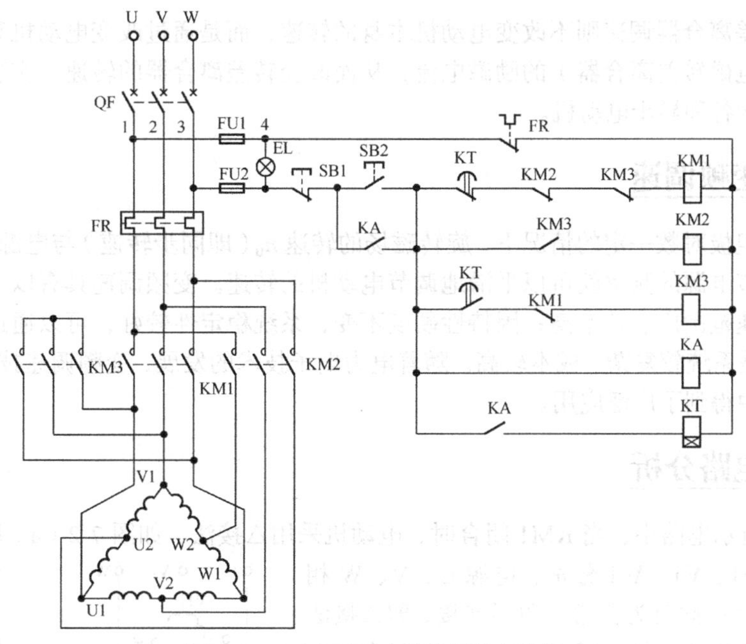

图 7-1　双速电动机自动控制的电路图

7.1.1　变极调速

电动机的变极调速是在电源频率不变的条件下，改变电动机的极对数，电动机的同步转速会发生变化，从而改变电动机的转速。变极一般采用反向变极法，即改变定子绕组的接法，使半绕组中的电流反向流通，极数发生改变。这种因极数改变而使其同步转速发生相应变化的电动机称为多速电动机，其转子均为笼型。

7.1.2　变转差率调速

改变转差率调速的方法一般包括定子电压调速、转子电阻调速、串级调速和电磁转差离合器调速 4 种。

① 定子电压调速。定子电压调速是通过改变定子电源电压 *U*1 来进行的调速。当改变电动机定子外加电压 *U*1 时，由于电动机最大转矩 T_m 与定子外加电压 $U1^2$ 成正比，所以最大转矩随外加电压 *U*1 而改变；当负载转矩 *T*2 不变，而定子电压 *U*1 下降时，转速 *n* 将随之下降，转差率 s 则上升，所以通过改变定子电压 *U*1 可实现调速。这种方法调速范围很宽，但低压时电动机机械特性太软，转速变化大。

② 转子电阻调速。转子电阻调速是通过改变转子回路的电阻来进行的调速。改变绕线型异步电动机转子电路电阻（在转子电路中接入一变阻器），在一定的负载转矩 *T*2 下，电阻越大，转速越低。这种调速的优点是方法简单，但损耗较大，调整范围有限，主要用于中、小容量的绕线型异步电动机，如桥式起动机等设备。

③ 串级调速。串级调速是在绕线型电动机的转子回路串入一个三相对称的附加电势，其频率与转子电势相同，改变其大小和相位，电动机的转差率就会发生改变，从而调节电动机的转速。串级调速只适用于绕线型异步电动机。这种调速方式又可分为低同步串级调速（转速低于同步转速）和超同步串级调速（转速高于同步转速）。

④ 电磁转差离合器调速。前面讲述的调速方法都是调节电动机本身的转速，显然调速比较

麻烦。电磁转差离合器调速则不改变电动机本身的转速，而是通过改变电动机和生产机械之间的联轴器（即电磁转差离合器）的励磁电流，从而改变转差离合器的转速，实现对生产机械的调速，它适用于各种异步电动机。

7.1.3 变频调速

在定子绕组极对数一定的情况下，旋转磁场的转速 n_0（即同步转速）与电源频率 f_1 成正比，所以连续地调节电源的频率就可以平滑地调节电动机的转速。变频调速具有以下特点：能平滑无级调速、调速范围广、效率高；因特性硬度不变，系统稳定性较好；可以通过调频改善启动性能。其缺点是系统较复杂、成本较高。随着电力电子技术的发展，变频调速技术越来越成熟，在工农业生产中得到了广泛应用。

7.1.4 电路分析

在图 7-1 所示电路中，当 KM1 闭合时，电动机采用△接法，如图 7-2（a）所示，U2、V2、W2 空着，而 U1、V1、W1 分别和电源 U、V、W 相连接（为顺时针），此时为普通三角形连接，即△接法（四极），电动机低速运行；当 KM2、KM3 闭合时，电动机做双 Y 连接，如图 7-2（b）所示，U1、V1、W1 经 KM3 短接在一起，而 U2、V2、W2 分别和电源 U、V、W 相连接（为逆时针），此时两个半相绕组并联，其中一个半相绕组电流反相，电动机极对数减少一半，为双 Y 接法（两极），于是电动机高速运行。

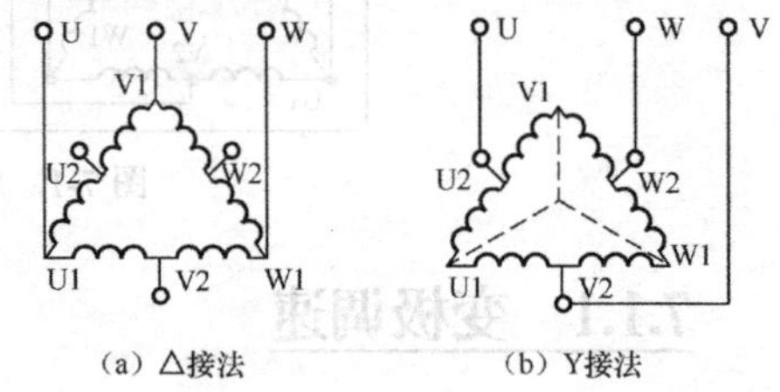

（a）△接法　　（b）Y接法

图 7-2　双速电动机的定子绕组的接线图

由上可知，电动机由低速变成高速以后，电源相序由顺时针变成了逆时针，但是，电动机不会反转。因为电动机的空间机械角度不变，电角度随着极对数的变化而变化，极对数的变化要求电源的相序改变，所以，电动机不会反转。实训时，如果条件有限，可以采用 6 个灯泡来代替 6 个半绕组。双速电动机控制的工作过程如下。

按 SB2 → KM1 线圈得电 → KM1 主触点闭合 → 电动机为△接法，低速运行
　　→ KA 线圈得电 → KA 自锁触点闭合自锁
　　　　→ KA 常开触点闭合 → KT 线圈得电

→ KT 的延时断开触点断开 → KM1 线圈失电 → KM1 主触点断开，电动机低速停止
→ KT 的延时闭合触点延时闭合 → KM3 线圈得电

→ KM3 常开触点闭合 → KM2 线圈得电 → KM2 主触点闭合 → 电动机为双 Y 连接，电动机高速运行
→ KM3 主触点闭合

该双速电动机适用于各种机床，如车床、镗床、钻床、铣床等，通常在粗加工时用低速，在精加工时用高速。

复习与思考

1. 简述电动机有哪几种调速方法？其依据是什么？
2. 简述变极调速的原理。

3. 变转差率调速有哪几种方法？
4. 简述双速电动机是如何改变其极对数的？
5. 简述变频调速的优缺点。
6. 简述双速电动机的使用场合。

任务 7.2　三速电动机的手动控制

任务导入

双速电动机调速是通过改变电动机绕组的连接方式来改变其极对数的，那么三速电动机又是如何调速的呢？其控制电路又是如何实现的？三速电动机和双速电动机一样，也通过改变其绕组的连接方式来实现调速，但是三速电动机定子有两套独立的绕组，其连接方式有 3 种：低速时绕组是△连接（即 6 极），中速时绕组是 Y 连接（即 4 极），高速时绕组是双 Y 连接（即两极）。这 3 种接法都能使电动机的磁极对数发生变化，从而改变电动机的转速，其电路如图 7-3 所示。

1. 电路分析

三速电动机有两套在连接上独立的定子绕组，有 3 种不同的转速。在图 7-3 所示电路中，当接触器 KM1、KM2 闭合时，电动机的绕组端头 U1、U1、V1、W1（逆时针）接到电源的 U、V、W 相上，做△连接，电动机低速运行；当接触器 KM3 闭合时，电动机的绕组端头 U、V、W 接到电源的 U、V、W 相上，做单 Y 连接，电动机中速运行；当接触器 KM4、KM5 闭合时，电动机的绕组端头 U1、V1、W1 经 KM5 短接，而端头 U2、V2、W2（顺时针）接到电源的 U、V、W 相上，做双 Y 连接，电动机高速运行。电动机由△连接变成双 Y 连接的变极原理与双速电动机相同，只是三速电动机是开口三角形，如果接成闭口三角形，那么，电动机中速运行时，会在闭口三角形中产生环流，而开口三角形就不会。实训时，如果条件有限，可以采用 9 个灯泡来代替 9 个半绕组。

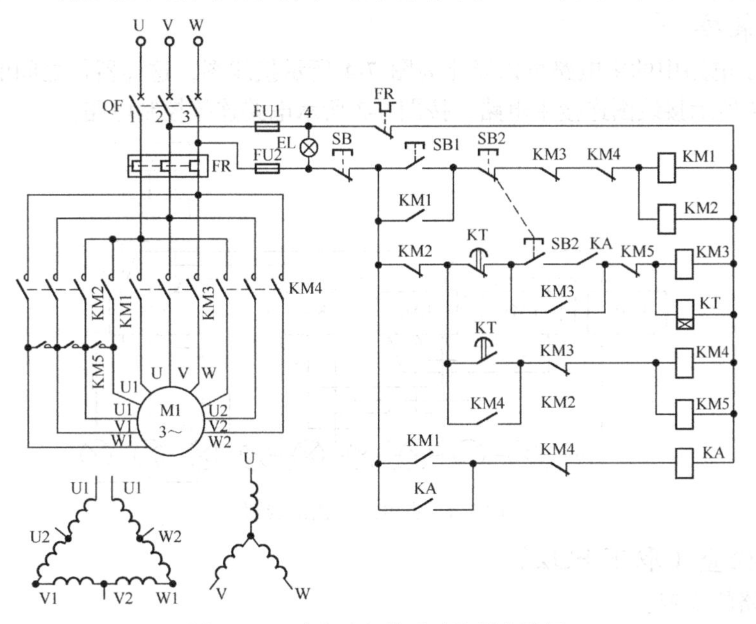

图 7-3　三速电动机的手动控制电路图

2. 电路工作原理

合上断路器 QF，给电路送电。

（1）低速运行。

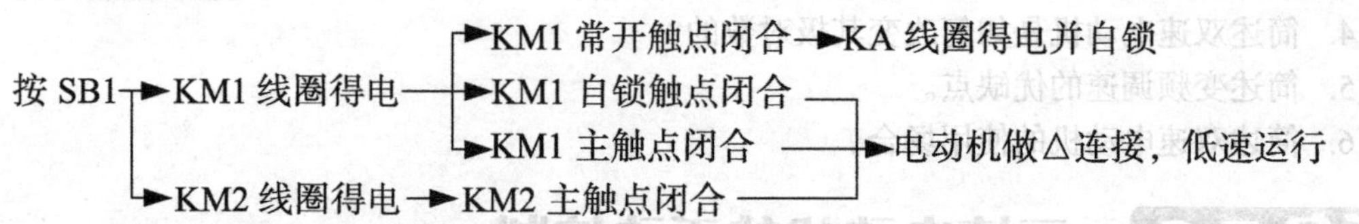

（2）中、高速运行。

按 SB2→ KM1 线圈失电→电动机低速停止运行

→ KM2 线圈失电

→ KM3 线圈得电→KM3 自锁触点闭合

→KM3 主触点闭合→电动机做单 Y 连接，中速运行

→ KT 线圈得电，并开始延时，当延时时间到→

→KT 延时断开触点延时断开→KM3 线圈失电→电动机中速停止运行

→KT 延时闭合触点延时闭合→KM4、KM5 线圈得电并自锁→电动机做双 Y 连接，高速运行

→KA 线圈失电

（3）停止运行。

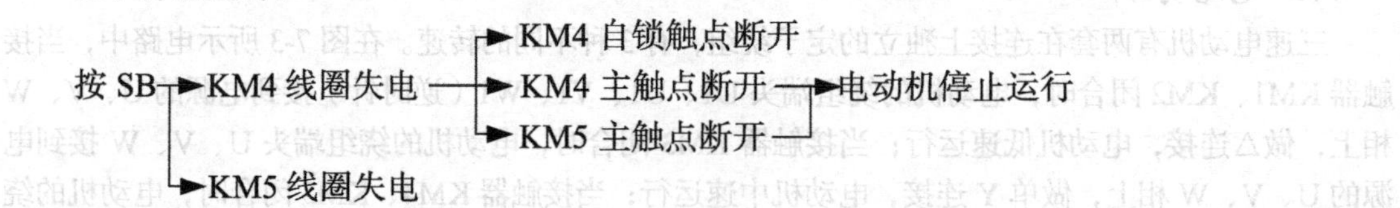

断开断路器 QF，给电路停电。

3. 元件检查

测量三速电动机 9 个半绕组的电阻值，实训室若使用 9 个灯泡替代，则要求其中的 6 个灯泡的电阻值要相等，另外 3 个灯泡的电阻值要相等。按图 7-3 所示选择其余的器件，并逐个检测其好坏。

4. 线路装接

图 7-3 所示电路中的主电路可以简化为图 7-4 所示接线图，这样器件之间的逻辑关系简单明了。按图 7-4 所示接线图连接主电路，按图 7-3 所示电路连接控制电路。

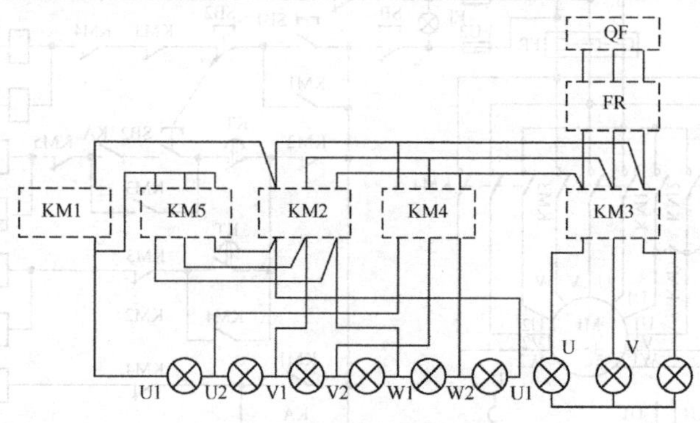

图 7-4　主电路简化接线图

5. 线路检查（取下 FU2）

（1）主电路的检查。

将万用表打到 R × 10 或 R × 100 挡或数字万用表的 2k 挡。

① 将万用表表笔放在 1、2 处，按 KM1 和 KM2，读数为 4/3$R_{灯}$。

② 将万用表表笔放在 1、2 处，按 KM3，读数为 2$R_{灯}$。

③ 将万用表表笔放在 1、2 处，按 KM4 和 KM5，读数为 $R_{灯}$。
④ 将万用表表笔放在 1、3 或 2、3 处，重复上述步骤。
（2）控制电路的检查。
万用表挡位同（1）。
① 按 SB1，读数为 KM1 和 KM2 线圈的并联值。
② 按 KM1，读数为 KM1 和 KM2 及 KA 线圈的并联值。
③ 同时按 SB2 和 KA，读数为 KM3、KT、KA 线圈的并联值。
④ 按 KM4，读数为 KM4 和 KM5 线圈的并联值。

6. 通电试车

上述设置经老师检查无误后，可通电试车。
① 电路送电：合上 QF，电源指示灯亮。
② 低速运行：按 SB1，电动机低速运行（6 只灯较暗）。
③ 中速运行：按 SB2，电动机中速运行（另 3 只灯正常发光）。
④ 高速运行：经过延时后，电动机高速运行（3 只灯灭，原 6 只灯正常发光）。
⑤ 停车：按 SB，电动机停车（6 只灯灭）。
⑥ 电路断电：断开 QF，电源指示灯灭。

复习与思考

1. 图 7-3 所示电路的控制电路中 KA 的作用是什么？
2. KM1、KM2 在主电路中的 4 条线能否平均分配？
3. 理顺图 7-3 所示电路的主电路中 KM5 的接线思路，并画出其接线图。

任务 7.3　三速电动机的自动控制

任务导入

三速电动机的自动控制电路如图 7-5 所示，自动控制在手动控制的基础上增加了两个时间

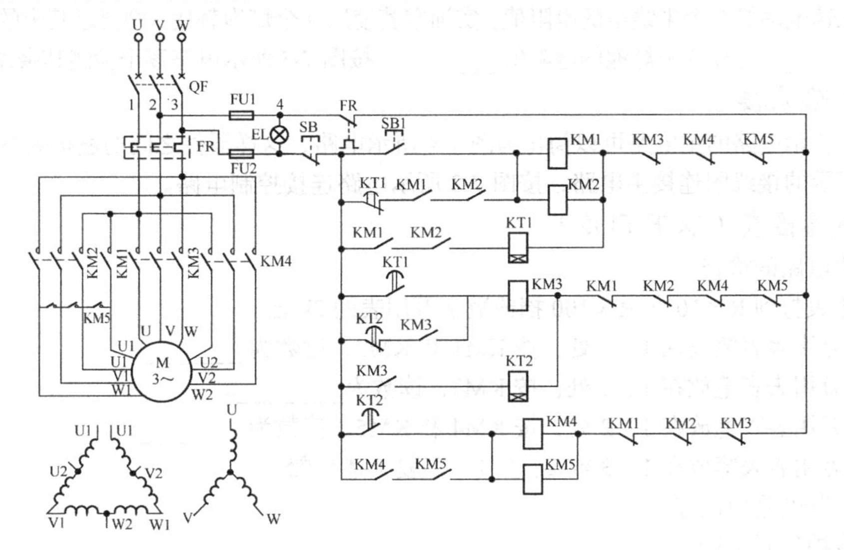

图 7-5　三速电动机的自动控制电路图

继电器。当按启动按钮SB1时，三速电动机低速启动，接触器KM1、KM2闭合；当KT1延时时间到，接触器KM1、KM2断开，KM3闭合，三速电动机中速运行；当KT2延时时间到，接触器KM3断开，KM4、KM5闭合，三速电动机高速运行，其电路的工作原理如下。

1. 工作原理

合上断路器QF，给电路送电。

（1）启动后自动运行。

按SB1→KM1和KM2线圈得电→KM1和KM2主触点闭合 → 电动机低速运行
→KM1和KM2自锁触点闭合自锁
→KM1和KM2常开触点闭合→KT1线圈得电，当延时时间到→

→KT1延时断开触点延时断开→KM1和KM2线圈失电→KM1和KM2主触点断开→电动机低速停止运行
→KT1延时闭合触点延时闭合→KM3线圈得电并自锁→KM3主触点闭合→电动机中速运行
→KM3常开触点闭合→KT2线圈得电

当延时时间到→KT2延时断开触点延时断开→KM3线圈失电→KM3主触点断开→中速停止运行
→KT3延时闭合触点延时闭合→KM4、KM5线圈得电并自锁→电动机高速运行

（2）停止运行。

按SB→KM4线圈失电→KM4自锁触点断开
→KM4主触点断开→电动机停止运行
→KM5主触点断开
→KM5线圈失电

断开断路器QF，给电路停电。

2. 元件检查

测量三速电动机9个半绕组的电阻值，实训室若使用9个灯泡替代，则要求其中的6个灯泡的电阻值________，另外3个灯泡的电阻值________。按图7-5所示电路逐个检测其余器件的好坏。

3. 线路装接

图7-5所示电路的主电路可以简化为图7-4所示电路，这样器件之间的逻辑关系简单明了。按图7-4所示的接线图连接主电路，按图7-3所示电路连接控制电路。

4. 线路检查（取下FU2）

（1）主电路的检查。

将万用表打到R×10或R×100挡或数字万用表的2k挡

① 将万用表表笔放在1、2处，按KM1和KM2，读数为________。

② 将万用表表笔放在1、2处，按KM3，读数为________。

③ 将万用表表笔放在1、2处，按KM4和KM5，读数为________。

④ 将万用表表笔放在1、3或2、3处，重复上述步骤。

（2）控制电路的检查。

万用表挡位同（1）。

① 按 SB1，读数为________。

② 按 KM1、KM2，读数为________。

③ 按 KM3，读数为________。

④ 按 KM4、KM5，读数为________。

5. 通电试车

上述设置经老师检查无误后，可通电试车。

① 电路送电：合上 QF，电源指示灯亮。

② 自动加速运行：按 SB1，电动机________，延时后，电动机________，延时后，电动机________。

③ 停车：任何时候按 SB，电动机________。

④ 电路断电：断开 QF，电源指示灯灭。

复习与思考

1. 电动机绕组为什么要接成开口三角形？
2. 画出各灯泡的连接关系图。
3. 说明 3 种速度的相序关系，以避免相序不对而造成变速后变成反转。
4. 接成△的 6 只灯泡的功率为什么要一样？不一样大时会有什么后果？

任务 7.4　双速电动机自动控制实训

双速电动机自动控制电路如图 7-1 所示，请参照电路图分析电路原理，列出实训器材（包括器材名称、规格型号和作用，并检查好坏或测量数据，参考表 1-7 所示内容进行记录），完成电路装接，写出电路检查步骤、检测的数据和通电调试的步骤，在老师的监督下完成电路调试，并在班上展示上述工作的完成情况，最后参照表 1-8 完成三方评价。

项目8

常用机床的控制

学习目标

1. 知识目标

① 了解常用机床的结构、性能以及相关技术参数。

② 能说出常用机床中所有元器件的名称、型号、规格以及作用。

③ 了解常用机床的动作流程和操作流程。

④ 掌握电气控制系统的识图方法。

2. 能力目标

① 能运用电气控制系统的识图方法分析常用机床的电气控制系统图。

② 能根据故障现象判断常用机床的故障。

③ 能根据常用机床的电气控制系统图查找故障。

④ 能自觉执行安全操作规程，杜绝一切不安全事故的发生。

3. 素质目标

① 培养学生阅读电气机械设备技术资料的能力。

② 培养学生查找和查阅相关资料、养成独立思考和团队协作的精神和能力。

③ 培养学生严格遵守“7S”管理规定的习惯，做到文明操作。

④ 培养学生良好的职业道德，树立安全意识和质量意识。

项目引入

制造业的发展离不开各种各样用于机械加工的机床，其中尤以车床、铣床、刨床、镗床和钻床的应用最为普及。而电气控制系统又是机床设备的重要组成部分，其正常工作是保证机床设备得以准确协调运行、生产工艺得以满足、工作得以安全可靠完成以及操作得以实现自动化的主要前提。因此掌握机床设备电气控制系统的分析方法就显得非常重要。

任务8.1 车床电气控制系统分析

任务导入

车床在机械加工中被广泛使用，根据其结构和用途不同，可分成普通车床、立式车床、六

角车床和仿形车床等。车床主要用于加工各种回转表面（内外圆柱面、圆锥面、成形回转面等）和回转体的端面。

8.1.1　识图方法

在掌握机械设备及电气控制系统的构成、运行方式、相互关系以及各电动机和执行电器的用途、控制等基本条件之后，才可对电气控制线路进行具体分析。分析的一般原则是“化整为零、顺藤摸瓜、先主后辅、集零为整、安全保护、全面检查”。分析电气控制系统时，通常要结合有关技术资料，将控制线路“化整为零”，即以某一电动机或电器元件（如接触器或继电器线圈）为对象，从电源开始，自上而下，自左而右，逐一分析其接通及断开的关系（逻辑条件），并区分出主令信号、互锁条件和保护要求等。根据图区坐标标注的检索可以方便地分析出各控制条件与输出的因果关系。分析电气线路图常用的方法有查线读图法和逻辑代数法。

1. 查线读图法

查线读图法（又称直接读图法或跟踪追击法）是对照电气控制线路图，根据生产过程的工作步骤依次读图，一般按照以下步骤进行。

① 了解生产工艺与执行电器的关系。在分析电气线路之前，应该熟悉生产机械的工艺情况，充分了解生产机械要完成哪些动作，这些动作之间又有什么联系；然后进一步明确生产机械的动作与执行电器的关系，必要时可以画出简单的工艺流程图，为分析电气线路提供方便。

② 分析主电路。主电路的分析一般要容易些，从主电路图中可以看出有几台电动机，各有什么特点，是哪一类的电动机，采用什么方法启动，是否要求正反转，有无调速和制动要求等。

③ 分析控制电路。一般情况下，控制电路较主电路要复杂一些。如果控制电路比较简单，根据主电路中各电动机或电磁阀等执行电器的控制要求，逐一找出控制电路中的控制环节，即可分析其工作原理，从而掌握其动作情况；如果控制电路比较复杂，一般可以按控制线路将其分成几部分来分析，采取“化整为零”的方法，将其分成一些基本的、熟悉的单元电路，然后将各单元电路进行综合分析，最后得出其动作情况。

④ 分析辅助电路。辅助电路中的电源显示、工作状态显示、照明和故障报警显示等，大多由控制电路中的元器件来控制，所以对辅助电路进行分析也是很有必要的。

⑤ 分析互锁和保护环节。机床对于安全性和可靠性有很高的要求，为了满足这些要求，除了合理地选择拖动和控制方案外，在控制线路中还设置了一系列电气保护和必要的电气互锁，这些互锁和保护环节必须弄清楚。

⑥ 总体检查。经过“化整为零”的局部分析，并逐步分析每一个局部电路的工作原理以及各部分之间的控制关系之后，还必须用“集零为整”的方法，检查整个控制线路，看是否有遗漏，特别要从整体角度去进一步分析和理解各控制环节之间的联系，以理解电路中每个电器元件的名称及作用。

查线读图法的优点是直观性强、容易掌握，因而得到广泛采用。其缺点是分析复杂线路时容易出错，叙述也较长。

2. 逻辑代数法

逻辑代数法（又称为间接读图法）是通过对电路的逻辑表达式的运算来分析电路，其关键是要正确写出电路的逻辑表达式。

（1）电器元件的逻辑表示。

当电气控制系统由开关量实现控制时，电路状态与逻辑函数式之间存在对应关系。为将电路状态用逻辑函数式的方式表达出来，通常对电器做出如下规定。

① 用 KM、KA、SQ 等分别表示接触器、继电器、行程开关等电器的动合（常开）触点，用 $\overline{\text{KM}}$ 、$\overline{\text{KA}}$ 、$\overline{\text{SQ}}$ 等表示其动断（常闭）触点。

② 触点闭合时，逻辑状态为“1”；触点断开时，逻辑状态为“0”；线圈通电时逻辑状态为“1”；线圈断电时逻辑状态为“0”。常用的表达方式如下。

- 线圈状态。

KM=1：接触器线圈处于通电状态。

KM=0：接触器线圈处于断电状态。

- 触点处于非激励或非工作的状态。

KM=0：接触器常开触点状态。

$\overline{\text{KM}}$=1：接触器常闭触点状态。

SB=0：常开按钮触点状态。

$\overline{\text{SB}}$=1：常闭按钮触点状态。

- 触点处于激励或工作的状态。

KM=1：接触器常开触点状态。

$\overline{\text{KM}}$=0：接触器常闭触点状态。

SB=1：常开按钮触点状态。

$\overline{\text{SB}}$=0：常闭按钮触点状态。

（2）电路状态的逻辑表示。

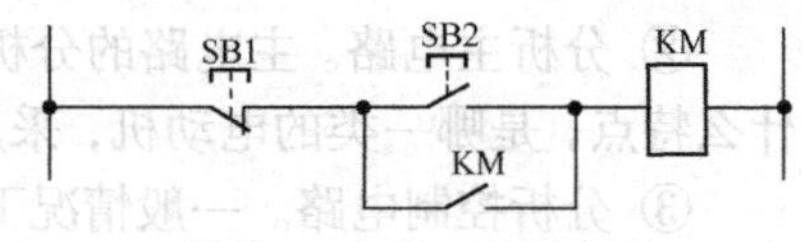

图 8-1　启保停控制电路

电路中触点的串联关系可用逻辑“与”（即逻辑乘，符号为·）的关系表示；触点的并联关系可用逻辑“或”（即逻辑加，符号为+）的关系表示。图 8-1 所示为启保停控制电路，其接触器 KM 线圈的逻辑函数式可写成 $f(\text{KM})=\overline{\text{SB1}}\cdot(\text{SB2}+\text{KM})$。线圈 KM 的通断电控制由停止按钮 SB1、启动按钮 SB2 和自锁触点 KM 控制。SB1 为线圈 KM 的停止条件，SB2 为启动条件，触点 KM 则具有自保功能。

逻辑代数法读图的优点是各电气元器件之间的联系和制约关系在逻辑表达式中一目了然，通过对逻辑函数的运算，一般不会遗漏或看错电路的控制功能，而且为电气线路的计算机辅助分析提供了方便。逻辑代数法读图的主要缺点是对于复杂的线路，其逻辑表达式很烦琐。

8.1.2　系统分析

下面以 CA6140 普通车床为例进行车床电气控制系统的分析。

1. 主要结构及控制要求

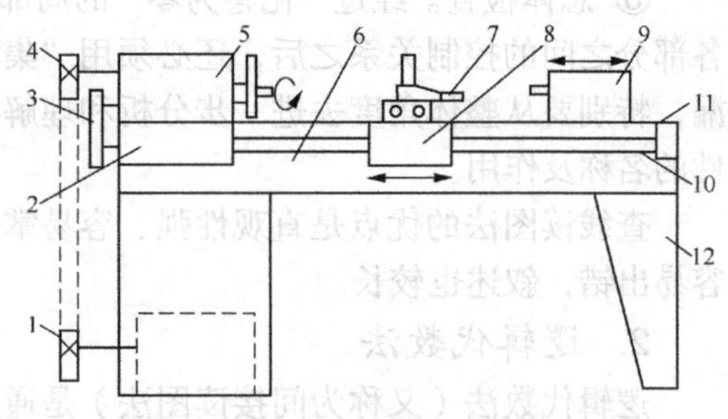

1—带轮；2—进给箱；3—挂轮架；4—带轮；5—主轴箱；6—床身；7—刀架；8—溜板箱；9—尾座；10—丝杠；11—光杠；12—床腿

图 8-2　CA6140 普通车床结构示意图

普通车床主要由床身、主轴箱、进给箱、溜板箱、刀架、光杠、丝杠和尾座等部件组成，如图 8-2 所示。主轴箱安装在床身的左端，其内装有主轴和变速传动机构。床身的右侧装有尾座，其上可装后顶尖以支承长工件的一端，也可安装钻头等孔加工刀具以进行钻、扩、铰孔等加工。工件通过卡盘等夹具装夹在主轴的前端，由电动机经变速机构传动旋转，实现主运动并获得所需转速。刀架的纵横向进给运动由主轴箱经挂轮架、进给箱、光杠、丝杠、溜板箱传动。

其控制要求如下。

① 主轴电动机 M1 完成主轴主运动和刀架的纵横向进给运动的驱动。电动机为不调速的笼型异步电动机，采用直接启动方式，主轴采用机械变速，正反转采用机械换向机构。

② 冷却泵电动机 M2 在加工时提供冷却液，防止刀具和工件的温升过高，采用直接启动方式和连续工作状态。

③ 电动机 M3 为刀架快速移动电动机，可根据使用需要随时手动控制启停。

CA6140 型车床的电气控制线路

2. 电气控制线路分析

CA6140 型普通车床的电气控制线路如图 8-3 所示，其工作原理分析如下。

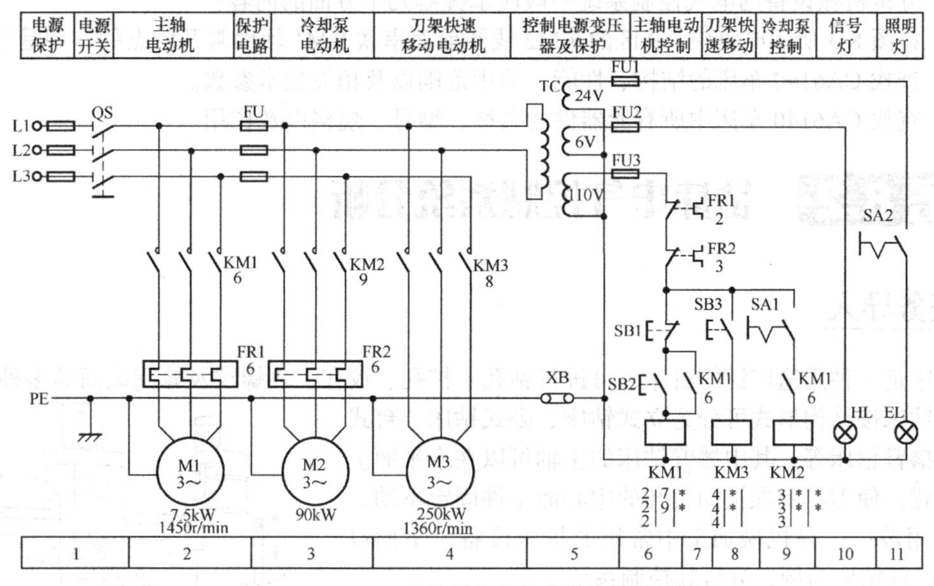

图 8-3　CA6140 型普通车床的电气控制线路图

（1）主电路分析。

主电路共有 3 台电动机：M1 为主轴电动机，带动主轴旋转和刀架做进给运动；M2 为冷却泵电动机；M3 为刀架快速移动电动机。三相交流电源通过隔离开关 QS 引入，接触器 KM1 的主触点控制 M1 的启动和停止；接触器 KM2 的主触点控制 M2 的启动和停止；接触器 KM3 的主触点控制 M3 的启动和停止。

（2）控制电路分析。

控制电路的电源是由控制变压器 TC 次级输出的 110 V 电压。

① 主轴电动机 M1 的控制。按启动按钮 SB2，接触器 KM1 的线圈得电，位于 7 区的 KM1 自锁触点闭合，位于 2 区的 KM1 主触点闭合，主轴电动机 M1 启动；按停止按钮 SB1，接触器 KM1 的线圈失电，电动机 M1 停止运行。

② 冷却泵电动机 M2 的控制。主轴电动机 M1 启动后，即在接触器 KM1 得电吸合的情况下，合上开关 SA1，使接触器 KM2 线圈得电吸合，冷却泵电动机 M2 启动。

③ 刀架快速移动电动机 M3 的控制。按按钮 SB3，KM3 线圈得电，位于 4 区的 KM3 主触点闭合，对 M3 电动机实行点动控制。M3 电动机经传动系统，驱动溜板箱带动刀架快速移动。

3．保护环节分析

热继电器 FR1 和 FR2 分别对电动机 M1、M2 进行过载保护，由于 M3 为短时工作，故未设过载保护；熔断器 FU1～FU3 分别对主电路、控制电路和辅助电路进行短路保护。

4．辅助电路分析

控制变压器 TC 的次级分别输出 24 V 和 6 V 电压，作为机床照明灯和信号灯的电源；EL 为机床的低压照明灯，由开关 SA2 控制；HL 为电源的信号灯。

复习与思考

1．简述电气控制系统的一般分析原则。
2．查线读图法一般按照哪几个步骤进行读图？
3．分析机械设备的电气控制系统一般应掌握哪几个方面的内容？
4．在图 8-3 所示电路中，9 区的 KM2 线圈前面串联 KM1 辅助常开触点的作用是什么？
5．查找 CA6140 车床的结构、性能、适用范围以及相关技术参数。
6．查找 CA6140 车床中所有元器件的名称、型号、规格以及作用。

任务 8.2 钻床电气控制系统分析

任务导入

钻床是一种用途广泛的机床，可进行钻孔、扩孔、铰孔、攻螺纹及修刮端面等多种形式的加工。钻床按结构形式可分为立式钻床、卧式钻床、台式钻床和摇臂钻床等。其中摇臂钻床的主轴可以在水平面上调整位置，使刀具对准被加工孔的中心而工件固定不动，因而应用较广，是机械加工中常用的机床设备。下面以 Z3050 摇臂钻床为例，分析其控制系统。

1．主要结构与运动形式

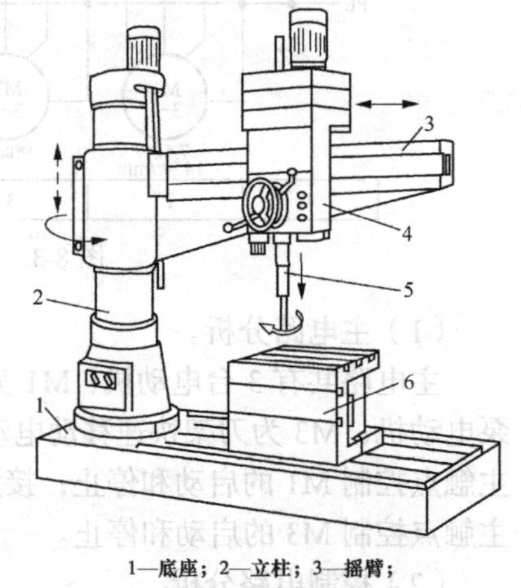

1—底座；2—立柱；3—摇臂；4—主轴箱；5—主轴；6—工件

图 8-4　Z3050 摇臂钻床示意图

摇臂钻床一般由底座、立柱、摇臂、主轴箱和主轴等部件组成，如图 8-4 所示。内立柱固定在底座的一端，外立柱套在内立柱上，并可绕内立柱回转 360°。摇臂的一端为套筒，套在外立柱上，借助升降丝杆的正反向旋转，可沿外立柱上下移动。由于升降螺母固定在摇臂上，所以摇臂只能与外立柱一起绕内立柱回转。主轴箱是一个复合的部件，它由主电动机、主轴和主轴传动机构、进给和变速机构以及机床的操作机构等部分组成。主轴箱安装在可绕垂直轴线回转的摇臂的水平导轨上，通过主轴箱在摇臂上的水平移动及摇臂的回转，可以很方便地将主轴调整至机床尺寸范围内的任意位置。为了适应加工不同高度工件的需要，摇臂可沿外立柱上、下移动以调整上下高度。

Z3050 型摇臂钻床的组成

摇臂钻床具有下列运动：主轴的旋转运动（为主运动）和主轴纵向运动（为进给运动），即钻头一边旋转一边做纵向进给；摇臂、立柱、主轴箱的夹紧与放松运动（由液压装置实现）；主轴箱沿摇臂导轨的水平移

动；摇臂沿外立柱的升降运动和绕内立柱的回转运动。在 Z3050 摇臂钻床中，主轴箱沿摇臂的水平移动和摇臂的回转运动需要手动调节。

2. 钻床的控制要求

Z3050 摇臂钻床是机、电、液的综合控制。Z3050 摇臂钻床有两套液压系统：一套是由单向旋转的主轴电动机拖动齿轮泵送出压力油，通过操作手柄来操纵机构实现主轴正反转和停车制动、空挡、预选与变速；另一套是由液压泵电动机拖动液压泵送出压力油来实现摇臂、立柱、主轴箱的夹紧与放松。

整台 Z3050 摇臂钻床由 4 台异步电动机（分别是主轴电动机、摇臂升降电动机、液压泵电动机及冷却泵电动机）驱动，主轴的旋转运动及轴向进给运动由主轴电动机驱动，分别经主轴传动机构和进给传动机构来实现，旋转速度和旋转方向则由机械传动部分实现，电动机不需变速。Z3050 摇臂钻床的控制要求如下。

① 4 台异步电动机的容量均较小，故采用直接启动方式。

② 主轴的正反转要求采用机械方法实现，主轴电动机只做单向旋转。

③ 摇臂升降电动机和液压泵电动机均要求实现正反转。

④ 摇臂的移动严格按照"摇臂松开→摇臂移动→移动到位摇臂夹紧"的程序动作。

⑤ 钻削加工时需提供冷却液进行钻头冷却。

⑥ 电路中应具有必要的保护环节，并提供必要的照明和信号指示。

3. 电气控制线路分析

Z3050 摇臂钻床的电气控制线路如图 8-5 所示，其工作原理分析如下。

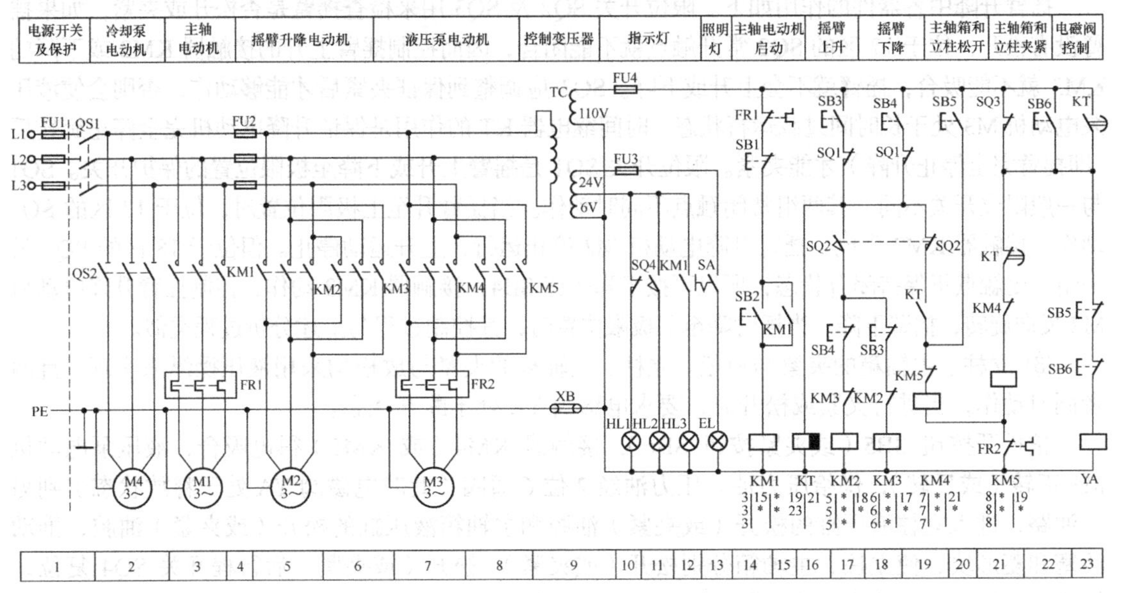

图 8-5　Z3050 摇臂钻床的电气控制线路图

（1）主电路分析。

主电路中有 4 台电动机：M1 是主轴电动机，带动主轴旋转和使主轴做轴向进给运动，做单方向旋转；M2 是摇臂升降电动机，做正反向运行；M3 是液压泵电动机，其作用是供给夹紧、放松装置压力油，实现摇臂和立柱的夹紧和松开，做正反向运行；M4 是冷却泵电动机，供给钻削时所需的冷却液，做单方向旋转，由组合开关 QS2 控制。机床的总电源由组合开关 QS1 控制。

（2）控制电路分析。

① 主轴电动机 M1 的控制。M1 的启动：按启动按钮 SB2，接触器 KM1 的线圈得电，位于 15 区的 KM1 自锁触点闭合，位于 3 区的 KM1 主触点接通，电动机 M1 启动。M1 的停止：按 SB1，接触器 KM1 的线圈失电，位于 3 区的 KM1 主触点断开，电动机 M1 停转。在 M1 的运行过程中如发生过载，则串在 M1 主电路中的过载元件 FR1 动作，使其位于 14 区的常闭触点断开，使 KM1 的线圈失电，电动机 M1 停止运行。

② 摇臂升降电动机 M2 的控制。摇臂升降电动机的启动原理如下。按上升（下降）按钮 SB3（SB4），时间继电器 KT 线圈得电，位于 19 区的 KT 瞬时动合触点和位于 23 区的延时断开动合触点闭合，接触器 KM4 和电磁铁 YA 同时得电，液压泵电动机 M3 启动，供给压力油。压力油经 2 位 6 通阀进入摇臂松开油腔，推动活塞和菱形块，使摇臂松开。松开到位，限位开关 SQ2 动作，位于 19 区的 SQ2 的动断触点断开，接触器 KM4 断电释放，电动机 M3 停止运行。同时位于 17 区的 SQ2 动合触点闭合，接触器 KM2（或 KM3）得电吸合，摇臂升降电动机 M2 启动运行，带动摇臂上升（或下降）。

摇臂升降的停止原理如下。当摇臂上升（或下降）到所需位置时，松开按钮 SB3（或 SB4），接触器 KM2（或 KM3）和时间继电器 KT 失电，M2 停止运行，摇臂停止升降。位于 21 区的 KT 动断触点经 1～3 s 延时后闭合，使接触器 KM5 得电吸合，电动机 M3 反转，供给压力油。压力油经 2 位 6 通阀进入摇臂夹紧油腔，反方向推动活塞和菱形块，将摇臂夹紧。摇臂夹紧后，位于 21 区的限位开关 SQ3 常闭触点断开，使接触器 KM5 和电磁铁 YA 失电，YA 复位，液压泵电动机 M3 停止运行，摇臂升降结束。

摇臂升降中各器件的作用如下。限位开关 SQ2 及 SQ3 用来检查摇臂是否松开或夹紧，如果摇臂没有松开，位于 17 区的 SQ2 常开触点就不能闭合，因而控制摇臂上升的接触器 KM2 或下降的 KM3 就不能吸合，摇臂就不会上升或下降。SQ3 应调整到保证夹紧后才能够动作，否则会使液压泵电动机 M3 处于长时间过载运行状态。时间继电器 KT 的作用是保证升降电动机完全停止旋转后（即摇臂完全停止升降）才能夹紧。限位开关 SQ1 是摇臂上升或下降至极限位置的保护开关。SQ1 与一般限位开关不同，其两组常闭触点不同时动作。当摇臂升至上极限位置时，位于 17 区的 SQ1 动作，接触器 KM2 失电，摇臂升降电动机 M2 停止运行，上升运动停止。但位于 18 区的 SQ1 另一组常闭触点仍保持闭合状态，所以可按下降按钮 SB4，接触器 KM3 动作，控制摇臂升降电动机 M2 反向旋转，摇臂下降。当摇臂降至下极限位置时，其控制过程与上述分析过程类似。

③ 立柱、主轴箱的夹紧与放松。立柱、主轴箱的夹紧与放松均采用液压操纵来实现，且两者同时动作，当进行夹紧或松开时，要求电磁阀 YA 处于断开状态。

按松开按钮 SB5（或夹紧按钮 SB6），接触器 KM4（或 KM5）得电吸合，液压泵电动机 M3 正转（或反转），供给压力油。压力油经 2 位 6 通阀（此时电磁阀 YA 处于释放状态）到另一油路，进入立柱液压缸的松开（或夹紧）油腔和主轴箱液压缸的松开（或夹紧）油腔，推动活塞和菱形块，使立柱、主轴箱分别松开（或夹紧）。松开（或夹紧）后行程开关 SQ4 复位，松开指示灯 HL1（或夹紧指示灯 HL2）亮。当立柱、主轴箱松开后，可以手动操作摇臂沿内立柱回转，也可以手动操作主轴箱在摇臂的水平导轨上移动。

复习与思考

1. Z3050 摇臂钻床在摇臂升降过程中，液压泵电动机 M3 与摇臂升降电动机 M2 应如何配合工作？请以摇臂下降为例分析电路的工作情况。

2. 在 Z3050 摇臂钻床的控制电路中，行程开关 SQ1～SQ4 各有何作用？

3. 对照图 8-5 所示电路分析 Z3050 摇臂钻床的摇臂不能上升的原因。
4. Z3050 摇臂钻床有哪几种运动形式？
5. 查找 Z3050 摇臂钻床的结构、性能、适用范围以及相关技术参数。
6. 查找 Z3050 摇臂钻床中所有元器件的名称、型号、规格以及作用。

任务 8.3 镗床电气控制系统分析

任务导入

镗床主要用于加工精确的孔和对各孔间相互位置要求较高的零件，它是冷加工中使用较普遍的机械加工设备。按用途不同，镗床可分为卧式镗床、立式镗床、坐标镗床和金刚镗床等。它可以进行钻孔、镗孔、扩孔、铰孔、加工端面等操作，使用一些附件后，还可以车削圆柱表面、螺纹，装上铣刀可以进行铣削。下面以 T68 卧式镗床为例，分析其控制系统。

1. 主要结构

T68 卧式镗床主要由床身、前立柱、镗头架（即主轴箱）、镗轴（即主轴）、工作台、后立柱、尾架等部分组成，如图 8-6 所示。镗床在加工时，工件固定在工作台上，而工作台安置在床身中部的导轨上，由下溜板、上溜板和回转工作台 3 层组成。下溜板可沿床身的水平导轨作纵向移动；上溜板可沿下溜板顶部的导轨作横向移动；回转工作台可以在上溜板的环形导轨上绕垂直轴线旋转，使工件能在水平面内被调整到一定角度。工作台的两边分别是前立柱和后立柱，在前立柱的导轨上装有主轴箱。主轴箱上装有镗轴、花盘、主运动和进给运动的变速传动机构及操纵机构。主轴箱可沿前立柱的导轨上下移动。切削刀具固定在镗轴前端的锥形孔里，或装在花盘的刀具溜板上。在镗削加工时，镗轴一面旋转，一面沿轴向做进给运动。花盘只做旋转运动，装在其上的刀具溜板做径向进给运动。镗轴和花盘轴经各自的传动链传动，因此可以独自以各自的速度旋转。后立柱可沿床身水平导轨在主轴的轴线方向调整位置，而尾架则装在后立柱的导轨上用来支撑镗轴的末端，它与主轴箱同时升降，保证两者的轴线始终在一条直线上。

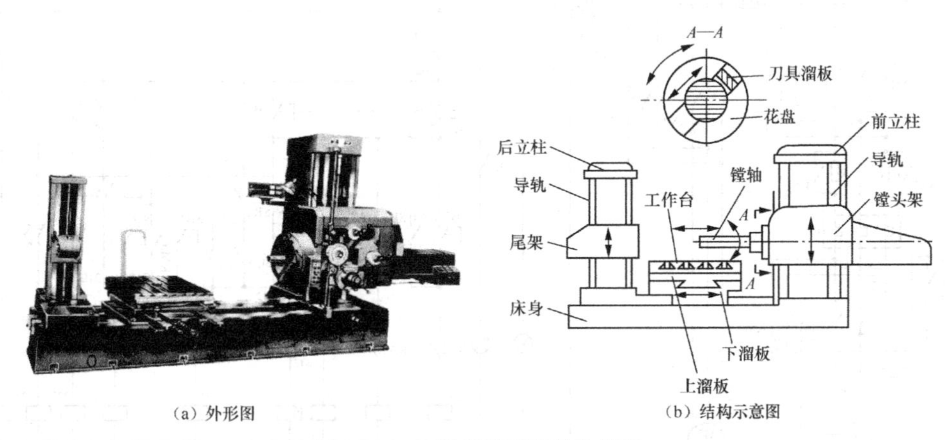

（a）外形图　（b）结构示意图

图 8-6 T68 卧式镗床的结构简图

2. 运动形式

T68 卧式镗床的主运动与进给运动由同一台双速电动机 M1 拖动，运动方向由相应手柄选择各自的传动链来实现；而主轴箱的上下、工作台的前后左右及镗轴的进出运动，除工作进给

外，还有快速移动，由快速移动电动机 M2 拖动。其运动形式有以下 3 种。

① 主运动：镗轴和花盘的旋转运动。

② 进给运动：镗轴的轴向运动、花盘刀具溜板的径向进给运动、主轴箱的垂直进给、工作台的横向进给和纵向进给。

③ 辅助运动：工作台的旋转、后立柱的轴向水平移动、尾架的垂直移动及各部分的快速移动。

3. 控制要求

T68 卧式镗床的控制要求如下。

① 为了满足各种工件的加工要求，其主轴运动和进给运动都有较大的调速范围。在机械调速的基础上采用双速电动机，既扩大了调速范围，又使机床传动机构简化。

② 进给运动（包括主轴轴向、花盘径向、主轴垂直方向、工作台横向、工作台纵向）、主轴及花盘的旋转采用同一台主电动机拖动，要求主电动机能正反转。

③ 为满足调整的需要，要求主拖动电动机能正反向点动。

④ 为满足准确、迅速停车的需要，主拖动电动机应采用反向制动。

⑤ 主轴变速和进给变速可在主电动机停车或运行时进行，为保证变速时的齿轮啮合，应有变速时的低速冲动过程。

⑥ 主拖动为双速电动机，有高、低两种速度选择，高速运行应先经低速启动。

⑦ 为缩短辅助时间，保证各进给方向均能快速移动，应配一台快速拖动电动机。

⑧ 由于运动部件多，各种运动之间应有互锁与保护环节。

4. 电气控制线路分析

（1）主电路分析。

T68 卧式镗床的主电路处于图 8-7 所示线路的 1～7 区，其中，M1 为主轴电动机，M2 为快速移动电动机。主电路由以下几部分组成。

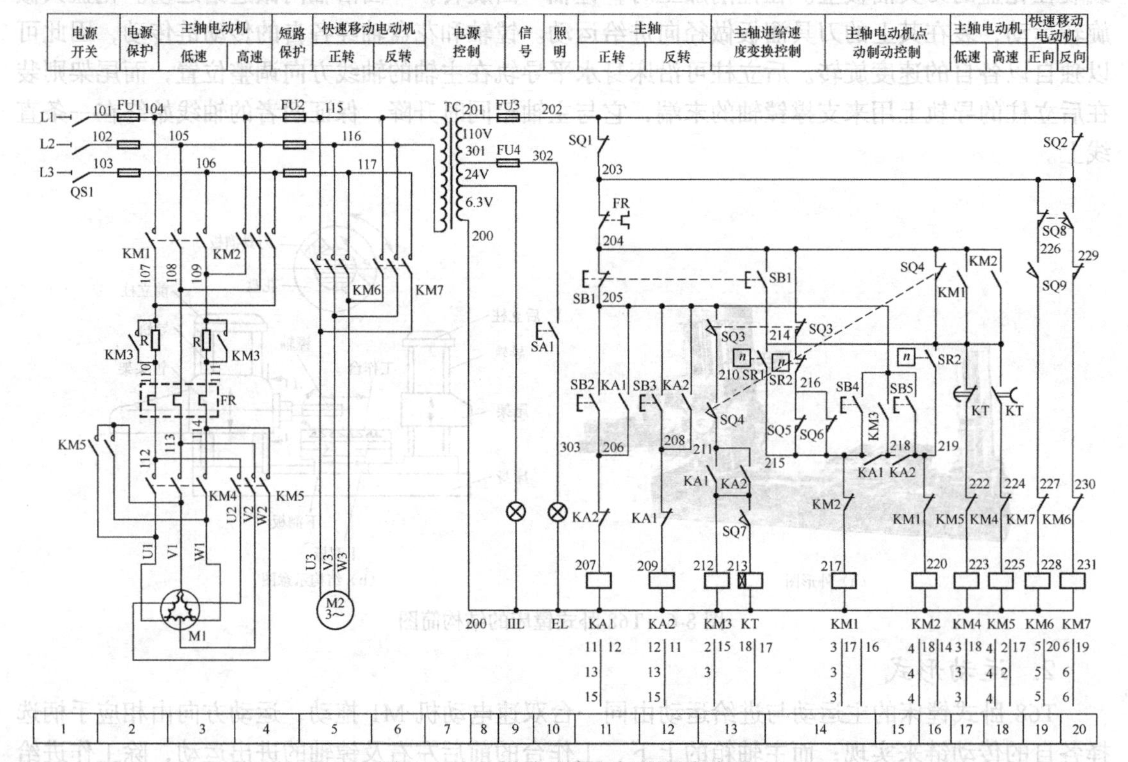

图 8-7 T68 卧式镗床电气控制线路图

① 主轴电动机 M1 的主电路。主轴电动机 M1 的主电路处于 1～4 区，由接触器 KM1～KM5 控制。KM1 为主轴电动机 M1 的正转接触器，KM2 为 M1 的反转接触器，KM4 为 M1 的低速接触器，KM5 为 M1 的高速接触器，KM3 为限流电阻 R 的短接接触器，电阻 R 为 M1 的反接制动控制和点动控制时的限流电阻，FR 为 M1 提供过载保护。当 KM1、KM3、KM4 同时闭合时，M1 做低速正向运行；当 KM1、KM3、KM5 同时闭合时，M1 做高速正向运行；当 KM2、KM3、KM4 同时闭合时，M1 做低速反向运行；当 KM2、KM3、KM5 同时闭合时，M1 做高速反向运行；当 KM1、KM4 闭合时，M1 串电阻做正向低速运行；当 KM2、KM4 闭合时，M1 串电阻做反向低速运行。

② 快速移动电动机 M2 的主电路。快速移动电动机 M2 的主电路位于 5～6 区，由接触器 KM6、KM7 控制，其中 KM6 为 M2 的正转接触器，KM7 为 M2 的反转接触器。M2 是短时工作，所以不设置热继电器。

③ 其他主电路。1 区的 QS1 为机床的总电源开关。2 区的熔断器 FU1 为机床提供总短路保护，4 区的熔断器 FU2 为快速移动电动机 M2 和控制电路提供短路保护。7 区的 TC 为变压器，经降压后输出交流 110 V/24 V/6.3 V 电压作为控制电路的电源，其中，110 V 为控制电路的电源，24 V 为机床工作照明电源（EL），6.3 V 为功能信号指示电源（HL）。

（2）控制电路分析。

控制电路包括 M1 的点动控制、M1 的低速正反转控制、M1 的高速正反转控制、M1 的反接制动控制、M1 的速度变换控制及 M2 的正反转控制。

① 器件的分布及功能。从图 8-7 所示线路可以看出，主轴电动机 M1 的控制电路位于 11～18 区。其控制器件的分布及功能如下：11 区的 SB2 为 M1 的正转启动按钮；12 区的 SB3 为 M1 的反转启动按钮；11 区、14 区的 SB1 为 M1 的制动停止按钮；14 区的 SB4 为 M1 的正转点动按钮；15 区的 SB5 为 M1 的反转点动按钮；13 区、14 区的 SQ3 为主轴变速行程开关；13 区、16 区的 SQ4 为进给变速行程开关，SQ3、SQ4 在正常情况下是被主轴变速操作手柄和进给变速操作手柄压合的；13 区的 SQ7 为高低速转换行程开关，由主轴电动机 M1 的高、低速变速手柄来控制它的闭合或断开；14 区的 SQ5 为进给变速行程开关；14 区的 SQ6 为主轴变速行程开关；19 区、20 区的 SQ8 为反向快速移动行程开关；SQ9 为正向快速移动行程开关；11 区的 SQ1 和 20 区的 SQ2 互为互锁保护行程开关，它们的作用是防止在工作台或主轴箱机动进给时又误将主轴或花盘刀具溜板也扳到机动进给的操作；14 区的速度继电器 SR1 的常开触点为 M1 反转制动触点；14 区的速度继电器 SR2 的常闭触点为主轴变速和进给变速时的速度限制触点；16 区的速度继电器 SR2 的常开触点为 M1 的正转制动触点。

② 主轴电动机 M1 的点动控制。主轴电动机 M1 的点动控制包括正转点动控制和反转点动控制，其电路由正反转接触器 KM1、KM2 及正反转点动按钮 SB4、SB5 组成。当需要 M1 正转点动时，按 14 区的 M1 正转点动按钮 SB4，KM1 线圈通电，KM1 在 17 区的常开触点闭合，接通 KM4 线圈的电源，KM1 与 KM4 的主触点闭合将 M1 的绕组接成△，且串联电阻 R 做正向低速运行；松开按钮 SB4，则 KM1、KM4 线圈失电，M1 停止正转，完成正转点动。同理，当需要 M1 反转点动时，按 15 区的 M1 反转点动按钮 SB5，KM2 线圈通电，KM2 在 18 区的常开触点闭合，接通 KM4 线圈的电源，KM2 与 KM4 的主触点闭合将 M1 的绕组接成△，且串联电阻 R 做反向低速运行；松开按钮 SB5，则 KM2、KM4 线圈失电，M1 停止反转，完成反转点动。

③ 主轴电动机 M1 的低速正转控制。将机床高、低变速手柄扳至“低速”挡，此时，13 区的 SQ7 断开，而主轴变速与进给变速手柄处于推合状态，因此，SQ3、SQ4 是压合的。按 11 区的正转启动按钮 SB2，KA1 线圈得电并自锁，13 区及 15 区的 KA1 常开触点闭合。由于此时 13 区的 SQ3、SQ4 的常开触点是压合的，所以 KM3 线圈得电（KT 线圈因 SQ7 断开而不能得

电）。KM3 在 2 区、3 区的主触点闭合，短接限流电阻 R；KM3 在 15 区的常开触点闭合，KM1 线圈得电，其在 3 区的主触点接通 M1 的正转电源；KM1 在 17 区的常开触点闭合，KM4 线圈得电。KM4 的主触点闭合，将 M1 绕组接成△，即电动机低速正转运行。

④ 主轴电动机 M1 的低速反转控制。该控制过程与上述的低速正转控制相似。

⑤ 主轴电动机 M1 的高速正转控制。将机床高、低速变速手柄扳至“高速”挡，此时，13 区的 SQ7 压合，而主轴变速与进给变速手柄处于推合状态，因此，SQ3、SQ4 是压合的。按 11 区的 M1 正转启动按钮 SB2，中间继电器 KA1 线圈得电并自锁，KA1 在 13 区及 15 区的常开触点闭合。由于此时 13 区的 SQ3、SQ4 的常开触点是压合的，所以接触器 KM3 和时间继电器 KT 线圈得电。KM3 在 2 区、3 区的主触点闭合，短接限流电阻 R；KM3 在 15 区的常开触点闭合，接触器 KM1 线圈得电。KM1 在 3 区的主触点接通主轴电动机 M1 的正转电源，KM1 在 17 区的常开触点闭合，KM4 线圈得电。KM4 的主触点闭合将 M1 的绕组接成△，即电动机低速正转启动。经过一段时间后，通电延时继电器 KT 在 17 区的常闭触点通电延时断开，切断 KM4 线圈电源，KM4 在 3 区的主触点断开；而 KT 在 18 区的常开触点通电延时闭合，接通 KM5 线圈的电源。KM5 在 2～4 区的触点闭合将 M1 接成双 Y，即电动机高速正转运行，M1 由低速启动变为高速运行。由此可知，M1 的高速挡为两级启动控制，以减少电动机高速挡启动时的冲击。

⑥ 主轴电动机 M1 的高速反转控制。该控制过程与上述高速正转控制相似。

⑦ 主轴电动机 M1 的正转停车制动控制。主轴电动机 M1 处于正向低速（或高速）运行时，KA1、KM1、KM3、KM4（或 KM5、KT）及 16 区的速度继电器 SR2 的常开触点是闭合的。当需要 M1 正向运行制动停止时，按 M1 的制动停止按钮 SB1，SB1 在 11 区的常闭触点首先断开，切断 KA1 线圈的电源。KA1 在 13 区的常开触点断开，切断 KM3 和 KT 线圈的电源（KT 在 18 区的触点断开使 KM5 线圈失电）；KA1 在 15 区的常开触点断开，切断 KM1 线圈电源，KM1 主触点断开 M1 的正转电源。同时，KT 在 17 区的通电延时断开触点闭合，KM1 在 16 区的常闭触点闭合，为 M1 正转反接制动做好准备。继而 SB1 在 14 区的常开触点被压下闭合，接通 KM2、KM4 线圈的电源。此时 KM2、KM4 的主触点闭合将 M1 接成△，并串电阻 R 反向启动，因此，M1 的正转速度迅速下降。当 M1 的正转速度下降至 100 r/min 时，速度继电器 SR2 在 16 区的常开触点断开，KM2、KM4 线圈失电释放，完成 M1 的正转反接制动。

⑧ 主轴电动机 M1 的反转停车制动控制。当主轴电动机 M1 处于反向低速（或高速）运行时，KA2、KM2、KM3、KM4（或 KM5、KT）及 11 区的速度继电器 SR1 的常开触点是闭合的。当需要 M1 反向运行制动停止时，按 M1 的制动停止按钮 SB1，SB1 在 11 区的常闭触点首先断开，切断 KA2 线圈的电源。KA2 在 13 区的常开触点断开，切断 KM3 和 KT 线圈的电源（KT 在 18 区的触点断开使 KM5 线圈失电）；KA2 在 15 区的常开触点断开，切断 KM2 线圈电源，KM2 主触点断开 M1 的反转电源。同时，KT 在 17 区的通电延时断开触点闭合，KM2 在 14 区的常闭触点闭合，为 M1 反转反接制动做好准备。继而 SB1 在 14 区的常开触点被压下闭合，接通 KM1、KM4 线圈的电源。此时 KM1、KM4 的主触点闭合将 M1 接成△，并串电阻 R 正向启动，因此，M1 的反转速度迅速下降。当 M1 的反转速度下降至 100 r/min 时，速度继电器 SR1 在 14 区的常开触点断开，KM1、KM4 线圈失电释放，完成 M1 的反转反接制动。

⑨ 主轴变速控制。主轴变速可以在停车时进行，也可以在运行中进行。变速时拉出主轴变速操作盘的操作手柄，转动变速盘，选择速度后，再将变速操作手柄推回。拉出变速手柄时，相应的变速行程开关（即 SQ3）不受压；推回变速操作手柄时，相应的变速行程开关压合。具体操作过程如下。

- 主轴停车变速。将主轴变速操作盘的操作手柄拉出（此时进给变速操作手柄未拉出，因此 SQ4、SQ5 受压），此时行程开关 SQ3 复位，14 区的 SQ3 常闭触点闭合，13 区的 SQ3 常

开触点断开，14 区的 SQ6 未受压而闭合，14 区的速度继电器 SR2 的常闭触点因 M1 未运行而闭合，因此，接触器 KM1、KM4 得电吸合，M1 串电阻 R 低速正转。当正转速度达到 120 r/min 时，速度继电器 SR2 在 14 区的常闭触点断开，接触器 KM1 失电释放，而 16 区的 SR2 常开触点闭合，接触器 KM2 得电吸合，M1 进行正转反接制动。M1 正转速度迅速下降，待速度降至 100 r/min 时，速度继电器 SR2 在 16 区的常开触点断开，接触器 KM2 失电释放，而 14 区的 SR2 常用触点闭合，接触器 KM1 又得电吸合，M1 又开始正转，如此反复（这种先低速正转启动，而后又反接制动的缓慢转动有利于齿轮啮合），直到新的变速齿轮啮合好为止（期间 KM4 一直吸合）。此时将主轴变速手柄推回原位，14 区的 SQ6 断开，主轴冲动电路被切断，SQ3 被重新压合。若按 SB2，则 KA1、KM3、KM1、KM4 线圈得电，M1 低速正转启动并以新的主轴速度运行。若按 SB3，则 KA2、KM3、KM2、KM4 线圈得电，M1 低速反转启动并以新的主轴速度运行。若选择了高速正反转运行，则有 KA1（KA2）、KM3、KM1（KM2）、KM5 线圈得电，其动作过程与上述过程相似。

- 主轴低速正转运行中变速。主轴低速正转运行时，KA1、KM1、KM3、KM4 线圈得电，其余不得电。当主轴电动机 M1 在加工过程中需要进行变速时，将主轴变速操作盘的操作手柄拉出（此时进给变速操作手柄未拉出，因此 SQ4、SQ5 受压），此时行程开关 SQ3 复位，14 区的 SQ3 常闭触点闭合，13 区的 SQ3 常开触点断开，14 区的 SQ6 未受压而闭合，速度继电器 SR2 在 16 区的常开触点已闭合（因 M1 的转速超过 120 r/min）。因此 KM3、KM1 线圈断电，而 KM2 线圈得电（接触器 KM4 一直吸合），M1 串电阻 R 正转反接制动，M1 正转速度迅速下降。待速度降至 100 r/min 时，速度继电器 SR2 在 16 区的常开触点断开，而 14 区的 SR2 常闭触点闭合，使得 KM2 线圈断电，而 KM1 线圈又得电，M1 又开始正转，如此反复，直到新的变速齿轮啮合好为止（期间接触器 KM4 一直吸合）。此时将主轴变速手柄推回原位，SQ6 断开，主轴冲动电路被切断，SQ3 被重新压合，KM3、KM1 线圈得电（期间 KA1 一直吸合），M1 正转启动，以新的主轴速度运行。主轴低速反转运行中变速及高速正反转运行中变速与上述过程相似。

⑩ 进给变速控制。进给变速时，操作的是进给变速操作手柄，其控制的是 SQ4、SQ5，其余的与主轴变速过程相似。

⑪ 快速移动电动机 M2 的控制电路。快速移动电动机 M2 的控制电路位于 19 区和 20 区。从 19 区和 20 区的电路中很容易看出，当快速移动操作手柄扳至“正向”位置时，操作手柄压合行程开关 SQ9，KM6 线圈通电，M2 正向启动运行；当快速移动操作手柄扳至“反向”位置时，操作手柄压合行程开关 SQ8，KM7 线圈通电，M2 反向启动运行；将快速移动操作手柄扳至中间位置时，M2 停止运行。

复习与思考

1. T68 卧式镗床有哪几种运动形式？
2. 在图 8-7 所示电路中，在 KM1 正常运行时，点动控制有效吗，为什么？
3. 在图 8-7 所示电路中，行程开关 SQ1～SQ9 的作用是什么？
4. 在图 8-7 所示电路中，使用了哪些互锁和保护环节？
5. 对照图 8-7 所示电路，分析 T68 卧式镗床不能进给变速的原因。
6. 描述 T68 卧式镗床的动作流程。
7. 查找 T68 卧式镗床的结构、性能、适用范围以及相关技术参数。
8. 查找 T68 卧式镗床中所有元器件的名称、型号、规格以及作用。

任务 8.4 车床、钻床、镗床的操作实训

在实训基地或工厂现场观摩，掌握车床、钻床、镗床等机床的使用操作，并参照电路图分析电路原理，列出实训器材（即机床的电器元件，包括元件名称、规格型号和作用，并检查好坏或测量数据，参考表 1-7 所示内容进行记录），完成电路装接（即对照电气原理图完成电路的连接），写出电路检查步骤、检测的数据和通电调试（即通电操作）的步骤，在老师的监督下完成电路调试（即通电操作），并在班上展示上述工作的完成情况，最后参照表 1-8 完成三方评价。

项目9

PLC及其编程工具

学习目标

1. 知识目标

① 能描述PLC的内、外部结构。

② 能说出PLC外部端子、接口、指示灯等的功能和作用。

③ 了解编程工具的功能和操作方法。

2. 能力目标

① 能正确连接PLC的外部电路。

② 能正确使用编程软件进行PLC程序的输入和调试。

③ 能正确使用PLC仿真软件进行程序的输入和仿真调试。

3. 素质目标

① 激发学生对新技术的学习兴趣。

② 培养学生认真听讲、记笔记的习惯。

③ 培养学生遵守“7S”管理规定的习惯，做到文明操作。

项目引入

PLC是什么？用于何处？对我们专业课的学习和职业生涯有何影响？这些是PLC初学者很关心的问题。PLC是在计算机技术、控制技术和通信技术基础上发展起来的新一代工业自动化控制装置。如今，PLC技术的应用几乎覆盖了所有控制领域，它已成为工业自动化的三大支柱（PLC技术、机器人、计算机辅助设计与制造）之一。PLC技术是一门实践性很强的专业基础课，对我们专业课的学习和职业生涯将产生重大影响，机电类专业的学生必须掌握这一技术。

任务9.1 PLC简介

任务导入

1969年，美国的数字设备公司（DEC）研制出了第一台PLC。1971年，日本、德国、英国、法国等相继研发了PLC。1974年，我国也开始研制并生产PLC。早期的PLC是为取代继电控制系统而设计的，用于开关量控制，并进行逻辑运算，故称为可编程逻辑控制器（Programmable Logical Controller，PLC）。20世纪70年代后期，可编程逻辑控制器的应用领域从开关量控制发展到计算

机数字控制，更多地具有了计算机的功能。那么，PLC 与继电控制系统有何区别？它由什么组成？下面就来学习一下 PLC。

9.1.1 外部结构

本书所涉及的 PLC 为日本三菱公司的 FX 系列，包括 FX_{1S}、FX_{1N}、FX_{2N} 和 FX_{3U} 这 4 种基本类型。这 4 种类型在外观、结构、性能上大同小异，所以，本书选择目前应用非常广的 FX_{2N} 和 FX_{3U} 系列 PLC 作为实训用机进行学习。

FX 系列 PLC 的外部特征基本相似，如图 9-1 所示，通常都有外部端子部分、指示部分及接口部分，其各部分的组成及功能如下。

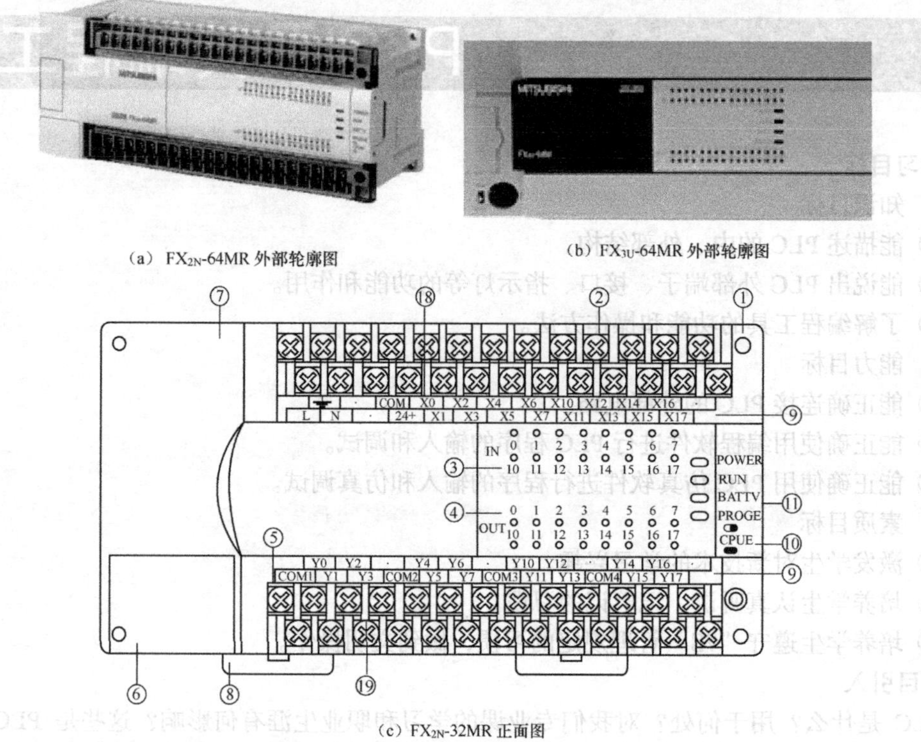

（a）FX_{2N}-64MR 外部轮廓图　　（b）FX_{3U}-64MR 外部轮廓图

（c）FX_{2N}-32MR 正面图

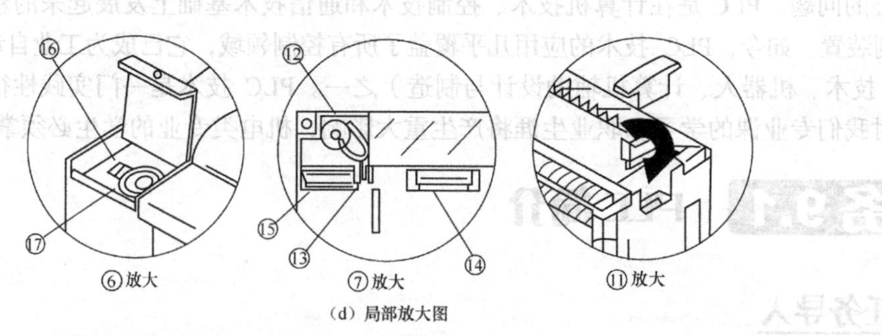

（d）局部放大图

①安装孔 4 个；②电源、辅助电源、输入信号用的可装卸式端子；③输入状态指示灯；④输出状态指示灯；⑤输出信号用的可装卸式端子；⑥外围设备接线插座、盖板；⑦面板盖；⑧DIN 导轨装卸用卡子；⑨I/O 端子标记；⑩各种状态指示灯，包括 POWER（电源指示灯）、RUN（运行指示灯）、BATT.V（电池电压下降指示灯）、PROG.E（指示灯闪烁时表示程序语法出错）、CPU.E（指示灯亮时表示 CPU 出错）；⑪扩展单元、扩展模块、特殊单元、特殊模块的接线插座盖板；⑫锂电池；⑬锂电池连接插座；⑭另选存储器滤波器安装插座；⑮功能扩展板安装插座；⑯内置 RUN/STOP 开关；⑰编程设备、数据存储单元接线插座；⑱输入继电器，习惯写成 X0～X7，…，X260～X267，但通过 PLC 的编程软件或编程器输入时，会自动生成 3 位八进制的编号，如 X000～X007，…，X260～X267；⑲输出继电器 Y000～Y007，…，Y260～Y267，也习惯写成 Y0～Y7，…，Y260～Y267。

图 9-1 FX 系列 PLC 外形图

1. 外部端子部分

FX_{2N}系列PLC的外部端子包括PLC电源端子（L、N）、供外部传感器用的DC24V电源端子（24+、COM）、输入端子（X）和输出端子（Y）等，如图9-2（a）所示；FX_{3U}系列PLC的外部端子包括PLC电源端子（L、N）、供外部传感器用的DC24V电源端子（24V、0V）、输入端子（X）、输出端子（Y）等，与FX_{2N}系列PLC相比，多了一个漏型、源型选择端子S/S，如图9-2（b）所示。外部端子主要完成输入/输出（I/O）信号的连接，是PLC与外部设备（输入设备、输出设备）连接的桥梁。

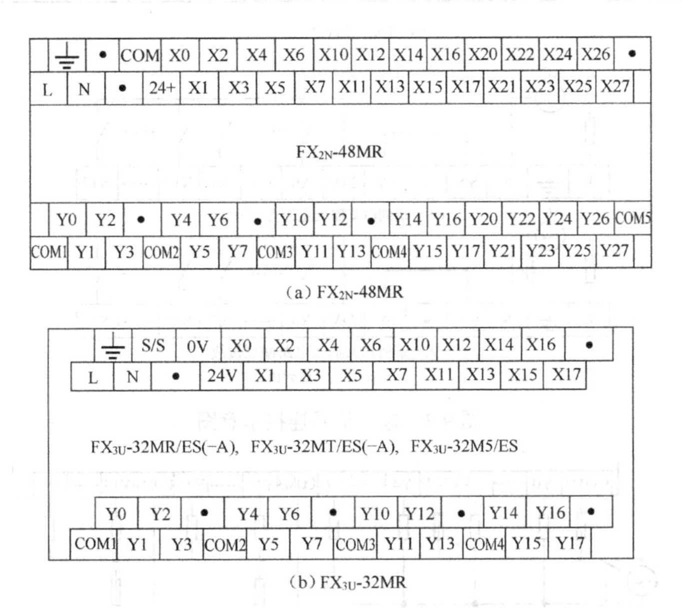

（a）FX_{2N}-48MR

（b）FX_{3U}-32MR

FX_{2N}-48MR型PLC的输出端子共分为5组，FX_{3U}-32MR型PLC的输出端子共分为4组，各组间均用黑实线分开。

图9-2　FX系列PLC的端子分布图

输入端子与输入信号相连，PLC的输入电路通过输入端子可随时检测PLC的输入信息，即通过输入元件（如按钮、转换开关、行程开关、继电器的触点、传感器等）连接到对应的输入端子上，通过输入电路将信息送到PLC内部进行处理，一旦某个输入元件的状态发生变化，则对应输入点（软元件）的状态也随之变化。FX_{2N}系列PLC输入端都采用漏型接法，即COM为输入公共端，其连接示意图如图9-3（a）所示。FX_{3U}系列PLC输入端分为漏型和源型接法。若接成漏型，则S/S端子与24V短接，0V为输入公共端；若接成源型，则S/S端子与0V短接，24V为输入公共端，其连接示意图如图9-3（b）所示。对于输入信号为非传感器的开关电器，PLC的输入端接为漏型或源型都不影响PLC对输入信号的采集，因此，本书后面有关PLC的输入/输出接线图均以FX_{2N}系列PLC来统一绘制。FX_{3U}系列PLC请参照图9-3（b）所示进行接线。

输出电路就是PLC的负载驱动回路，通过输出点，将负载和负载电源连接成一个回路，这样一来，负载就由PLC的输出点进行控制。对于继电器输出型PLC（如FX_{2N}-32MR、FX_{3U}-32MR/ES），负载电源可以是直流，也可以是交流，完全由负载的性质决定，其连接示意图如图9-4（a）所示；对于晶体管漏型输出PLC（如FX_{3U}-32MT/ES），负载电源只能是直流，且公共端只能接低电位，其连接示意图如图9-4（b）所示；对于晶体管源型输出PLC（如FX_{3U}-32MT/ESS），负载电源只能是直流，且公共端只能接高电位，其连接示意图如图9-4（c）所示。负载电源的规格应根据负载的需要和输出点的技术规格来选择。

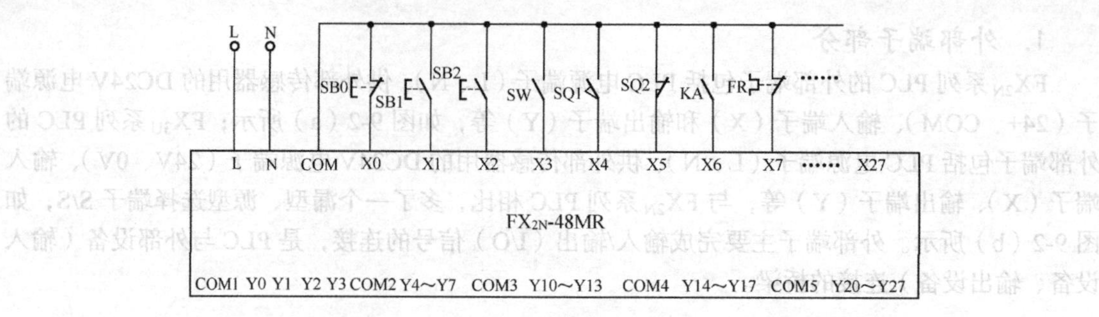

（a）FX2N-48MR

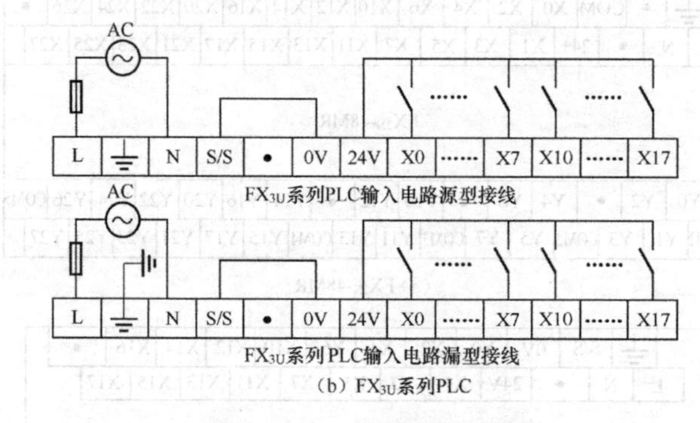

（b）FX3U系列PLC

图 9-3　输入信号连接示意图

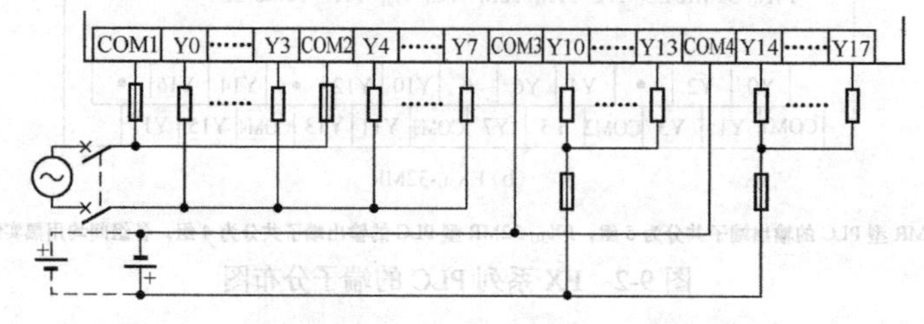

（a）继电器输出型PLC（直流电源的极性可以忽略）

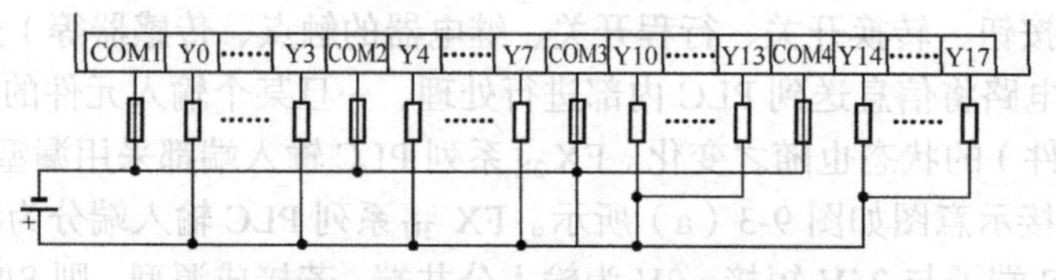

（b）晶体管漏型输出PLC（直流电源的极性不能接反）

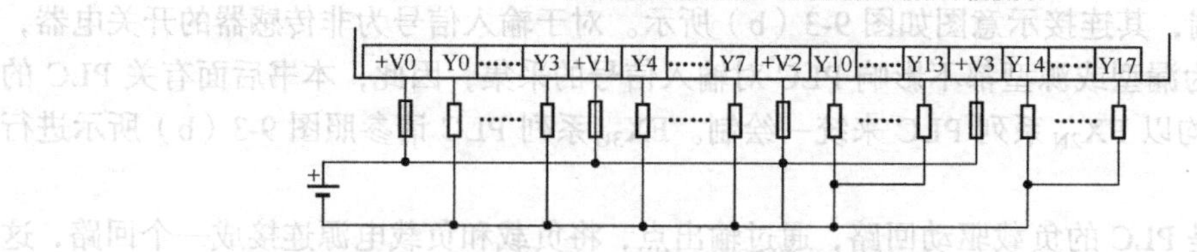

（c）晶体管源型输出PLC（直流电源的极性不能接反）

图 9-4　输出信号连接示意图

2. 指示部分

指示部分包括各 I/O 点的状态指示、PLC 电源（POWER）指示、PLC 运行（RUN）指示、用户程序存储器后备电池（BATT.V）状态指示及程序出错（PROG.E）指示、CPU 出错（CPU.E）指示等，用于反映 I/O 点及 PLC 机器的状态。

3. 接口部分

接口部分主要包括编程器、扩展单元、扩展模块、特殊模块及存储卡盒等外部设备的接口，其作用是完成基本单元同上述外部设备的连接。在编程器接口旁边，还设置了一个PLC运行模式转换开关，它有RUN和STOP两个运行模式。RUN模式表示PLC处于运行状态（RUN指示灯亮）；STOP模式表示PLC处于停止即编程状态（RUN指示灯灭），此时PLC可进行用户程序的写入、编辑和修改。

9.1.2 内部结构

从PLC基本单元的内部硬件构成来看，主要有3块线路板，即电源板、输入/输出接口板及CPU板。电源板主要为PLC各部件提供高质量的开关电源，如图9-5（a）所示；输入/输出接口板主要完成输入、输出信号的处理，如图9-5（b）所示；CPU板主要实现PLC的运算和存储功能，如图9-5（c）所示。

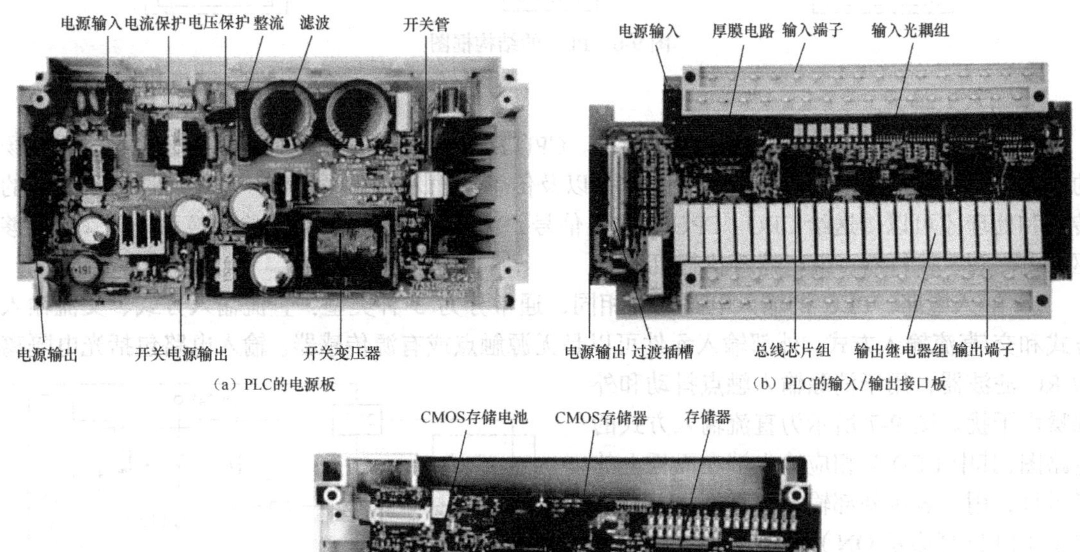

（a）PLC的电源板

（b）PLC的输入/输出接口板

（c）PLC的CPU板

图9-5　内部硬件

从PLC基本单元的内部构成来看，其主要由中央处理单元（CPU）、存储器、I/O单元（输入/输出单元）、电源单元、扩展接口、存储器接口、编程器接口和编程设备（编程器）组成，其结构框图如图9-6所示。

1. 中央处理单元（CPU）

中央处理单元是整个PLC的运算和控制中心，在系统程序的控制下，通过运行用户程序完成各种控制、处理、通信以及其他功能，控制整个系统并协调系统内部各部分的工作。

2. 存储器

存储器用于存放程序和数据。PLC配有系统存储器和用户存储器，前者用于存放系统的各

种管理、监控程序，后者用于存放用户编制的程序。

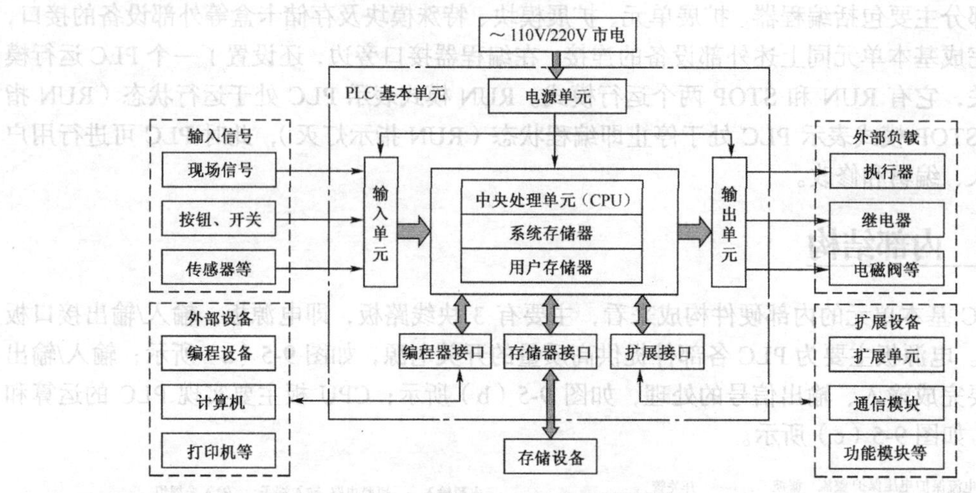

图 9-6　PLC 的结构框图

3. I/O 单元

I/O 单元是 PLC 与外部设备连接的接口。CPU 所能处理的信号只能是标准电平，因此现场的输入信号，如按钮、行程开关、限位开关以及传感器输入的开关信号，需要通过输入单元的转换和处理才可以传送给 CPU。CPU 的输出信号，也只有通过输出单元的转换和处理，才能够驱动电磁阀、执行器、继电器等执行机构。

① 输入电路。PLC 的输入电路基本相同，通常分为 3 种类型：直流输入方式、交流输入方式和交/直流输入方式。外部输入元件可以是无源触点或有源传感器。输入电路包括光电隔离和 RC 滤波器，用于消除输入触点抖动和外部噪声干扰。图 9-7 所示为直流输入方式的电路图，其中 LED 为相应输入端在面板上的指示灯，用于表示外部输入信号的 ON/OFF 状态（LED 亮表示 ON）。

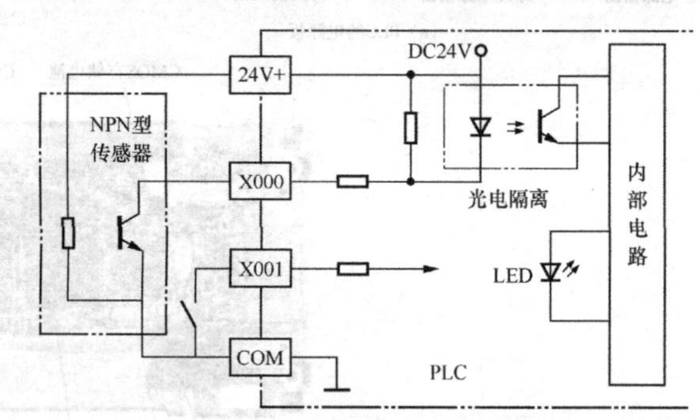

图 9-7　直流输入方式的电路图

从图 9-7 可知，输入信号接于输入端子（如 X0、X1）和输入公共端 COM 之间。当有输入信号（即传感器接通或开关闭合）时，输入信号通过光电耦合电路耦合到 PLC 内部电路，并使发光二极管（LED）亮，指示有输入信号。因此，输入电路由输入公共端 COM、输入信号、输入端子与等效输入线圈等组成。当有输入信号时，等效输入线圈得电，对应的输入触点动作，但此等效输入线圈在梯形图中不能出现。

② 输出电路。PLC 的输出电路有 3 种形式：继电器输出、晶体管输出和晶闸管输出，如图 9-8 所示。图 9-8（a）所示为继电器输出型，由 CPU 控制继电器线圈的通电和失电，其触点相应闭合和断开，再利用触点去控制外部负载电路的通断。显然，继电器输出型 PLC 是利用继电器线圈和触点之间的电气隔离将内部电路与外部电路进行隔离的。图 9-8（b）所示为晶体管输出型，通过使晶体管截止和饱和导通来控制外部负载电路。晶体管输出型是在 PLC 的内部电路与输出晶体管之间用光电耦合器进行隔离的。图 9-8（c）所示为晶闸管输出型，通过使晶闸管导通和截止来控制外部负载电路。晶闸管输出型是在 PLC 的内部电路与输出元件（三端双向

晶闸管开关元件）之间用光电晶闸管进行隔离的。

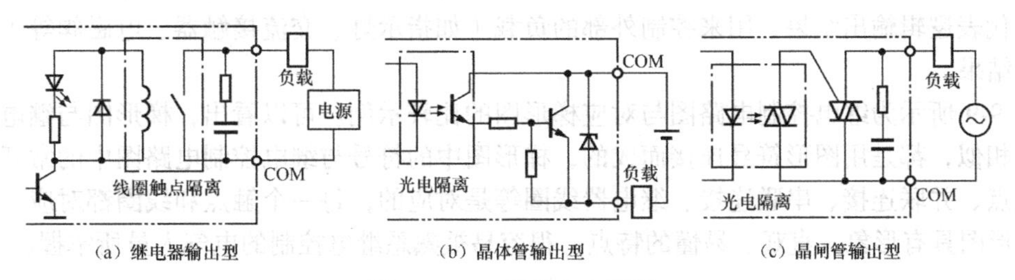

图 9-8　PLC 的输出电路图

4. 电源单元

PLC 的供电电源一般是市电，有的也用 DC 24V 电源供电。PLC 对电源稳定性要求不高，一般允许电源电压在−15%～+10%波动。PLC 内部有一个稳压电源，用于对 CPU 和 I/O 单元供电。有些 PLC 还有 DC 24V 输出，用于对外部传感器供电，但输出电流往往只有毫安级。

5. 扩展接口

扩展接口实际上为总线形式，可以连接输入/输出扩展单元或模块（使 PLC 的点数规模配置更为灵活），也可连接模拟量处理模块、位置控制模块以及通信模块等。

6. 存储器接口

为了存储用户程序以及扩展用户程序存储区和数据参数存储区，PLC 还设有存储器扩展口，可以根据使用的需要扩展存储器，其内部也是接到总线上的。

7. 编程器接口

PLC 基本单元通常不带编程器，为了能对 PLC 进行现场编程及监控，PLC 基本单元专门设置有编程器接口，通过这个接口可以连接各种类型的编程装置，还可以利用此接口做一些监控工作。

8. 编程器

目前，FX 系列 PLC 常用的编程器有 3 种：一种是便携式（即手持式）编程器，一种是图形编程器，另一种是安装了编程软件的计算机。它们的作用都是通过编程语言，把用户程序送到 PLC 的用户存储器中，即写入程序。除此之外，还能对程序进行读出、插入、删除、修改、检查，也能对 PLC 的运行状况进行监控。

9.1.3　软件

PLC 是一种工业计算机，不光要有硬件，软件也必不可少。PLC 的软件包括监控程序和用户程序两大部分。监控程序是由 PLC 厂家编制的，用于控制 PLC 本身的运行。监控程序包含系统管理程序、用户指令解释程序、标准程序模块和系统调用 3 部分，其功能的强弱直接决定一台 PLC 的性能。用户程序是 PLC 的使用者通过 PLC 的编程语言来编制的，用于实现对具体生产过程的控制。因此，掌握编程语言是学习 PLC 程序设计的前提。

目前，FX 系列的 PLC 普遍采用的编程语言包括梯形图（Ladder Diagram，LD）、指令表（Instruction List，IL）和 IEC 规定的用于顺序控制的标准化语言——顺序功能图（Sequeential Function Chart，SFC）。

1. 梯形图

梯形图（LAD）是一种以图形符号及其在图中的相互关系来表示控制关系的编程语言，是从继电控制电路图演变过来的，是使用得非常多的 PLC 图形编程语言。梯形图由触点、线圈和

功能指令等组成。触点代表逻辑输入条件，如外部的开关、按钮和内部条件等；线圈和功能指令通常代表逻辑输出结果，用来控制外部的负载（如指示灯、交流接触器、电磁阀等）或内部的中间结果。

图 9-9 所示为继电控制电路图与对应梯形图的比较示例。可以看出，梯形图与继电控制电路图很相似，都是用图形符号连接而成的，梯形图中的符号与继电控制电路图中的常开触点、常闭触点、并联连接、串联连接、继电器线圈等是对应的，每一个触点和线圈都对应一个软元件。梯形图具有形象、直观、易懂的特点，很容易被熟悉继电控制的电气人员所掌握。

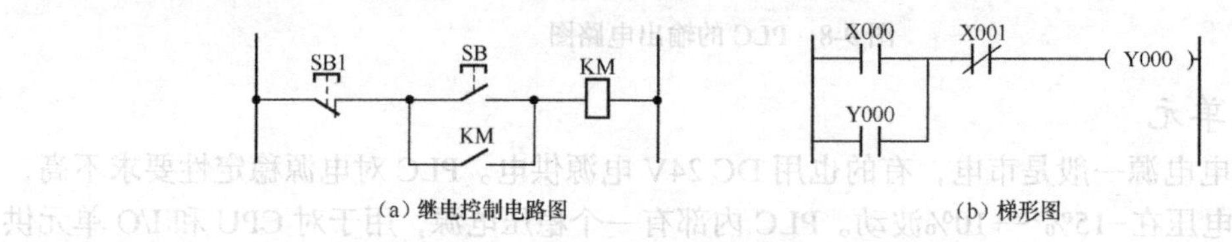

图 9-9 继电控制电路图与梯形图的比较示例

2. 指令表

指令表（IL）是由许多指令构成的。PLC 的指令是一种与微型计算机的汇编语言中的指令相似的助记符表达式，它由操作码和操作数两部分组成。操作码用助记符表示，它表明 CPU 要执行的某种操作，是不可缺少的部分；操作数包括执行某种操作所需的信息，一般由常数和软元件组成，大多数指令只有一个操作数，有的指令没有操作数，有的指令有两个或更多操作数。如 LD M8002 这条指令，其中 LD 为助记符（即操作码），M8002 为软元件（即操作数），其中的 M 为元件符号，8002 为元件 M 的编号；又如 MOV K0 D0 这条指令，其中 MOV 为助记符，K0 为常数（第 1 操作数），D0 为软元件（第 2 操作数），D0 中的 D 为元件符号，0 为元件 D 的编号。

指令表较难阅读，其中的逻辑关系也很难一眼看出，所以在设计时一般使用梯形图。但如果使用手持式编程器输入程序，就必须将梯形图转换成指令表后再写入 PLC。在用户存储器中，指令按步序号顺序排列。

3. 顺序功能图

顺序功能图（SFC）用来描述开关量控制系统的功能，是一种位于其他编程语言之上的图形语言，用于编制顺序控制程序。顺序功能图提供了一种组织程序的图形方法，根据它可以很容易地画出顺控梯形图，本书将在项目 12 中做详细介绍。

9.1.4 PLC 认知实训

1. 实训器材

① PLC 应用技术综合实训装置 1 台（含 FX 系列 PLC1 台、各种电源、熔断器、电工工具 1 套、导线若干、已安装 GX Developer 编程软件和配有 SC-09 通信电缆的计算机 1 台，下同）。

② 接触器模块（线圈额定电压为 AC220V，下同）1 个。

③ 热继电器模块 1 个。

④ 开关、按钮板模块 1 个。

⑤ 行程开关模块 1 个。

2. 实训步骤

① 了解 PLC 应用技术综合实训装置的相关功能、使用方法及注意事项。

② 按图 9-3 所示连接好各种输入设备。

③ 接通 PLC 的电源，观察 PLC 的各种指示是否正常。

④ 分别接通各个输入信号，观察 PLC 的输入指示灯是否发亮。

⑤ 仔细观察 PLC 的输出端子的分组情况，明白同一组中的输出端子不能接入不同规格的电源。

⑥ 仔细观察 PLC 的各个接口，明白各接口所接的设备。

⑦ 将 PLC 的运行模式转换开关置于 RUN 状态，观察 PLC 的输出指示灯是否发亮（老师需事先输入 PLC 的控制程序）。

复习与思考

1. 写出 PLC 的英文全称。
2. 画出实训室所用 PLC 的外部端子的分布图。
3. 实训室所用 PLC 面板上有哪几个指示灯，分别表示什么？
4. 简述 PLC 内部结构由哪几部分组成。
5. FX 系列 PLC 有哪几种输出形式，各自的特点是什么？
6. FX 系列 PLC 有哪几种编程语言？

任务 9.2　PLC 编程软件的使用

任务导入

下面学习 GX Developer 编程软件，有关手持式编程器的使用请参考本书学习资源。

9.2.1　编程软件介绍

GX Developer Version8.34L（SW8D5C-GPP-C）编程软件（简称 GX Developer）适用于目前三菱 Q 系列、QnA 系列、A 系列、FX 系列的所有 PLC。GX Developer 编程软件可以编写梯形图程序和状态转移图程序，它支持在线和离线编程功能，不仅具有软元件注释、声明、注解及程序监视、测试、检查等功能，还可以直接设定 CC-link 及其他三菱网络参数，能方便地实现监控、故障诊断、程序的传送及程序的复制、删除和打印等。此外，它还具有运行写入功能，这样可以避免频繁操作 STOP/RUN 开关，方便程序的调试。

1. 编程软件的安装

GX Developer 编程软件的安装可按如下步骤进行。

① 启动计算机，进入 Windows 操作系统，双击“我的电脑”图标，找到编程软件的存放位置并双击对应文件夹，出现图 9-10 所示界面。

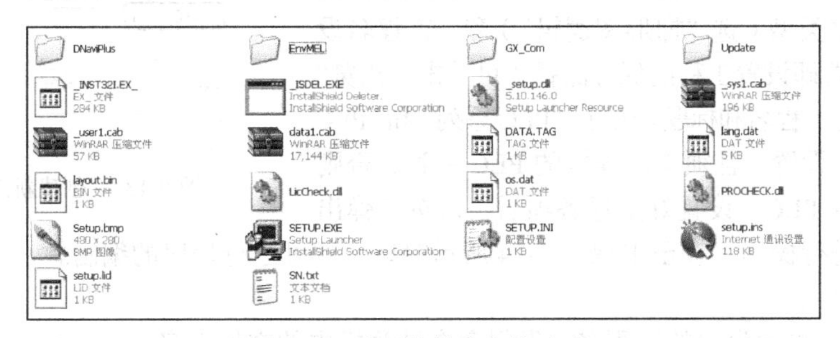

图 9-10　编程软件的安装（1）

② 双击图9-10所示的“EnvMEL”文件夹，出现图9-11所示界面。

图9-11　编程软件的安装（2）

③ 双击图9-11所示的“SETUP.EXE”文件，按照弹出对话框的提示进行操作，直至单击“结束”按钮。

④ 双击图9-10所示的“SN.txt”文件，记下产品的ID：952-501205687。

⑤ 双击图9-10所示的“SETUP.EXE”文件，按照弹出对话框的提示进行操作即可。

2. 程序的编制

（1）进入和退出编程环境。

在计算机上安装好GX Developer编程软件后，执行“开始”→“所有程序”→“MELSOFT应用程序”→“GX Developer”命令，即进入编程环境，其界面如图9-12所示。若要退出编程环境，则执行“工程”→“退出工程”命令，或直接单击关闭按钮。

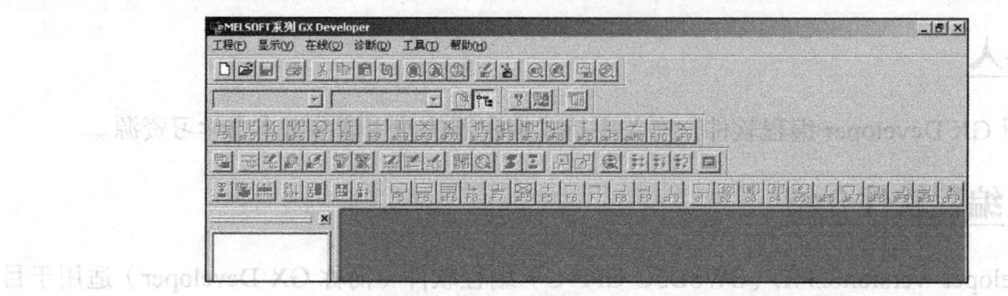

图9-12　运行GX Developer后的界面

（2）创建新工程。

进入编程环境后，可以看到窗口编辑区域是不可用的，工具栏中除了新建和打开按钮可用以外，其余按钮均不可用。单击图9-12所示的新建按钮创建新工程，或执行“工程”→“创建新工程”命令，也可创建一个新工程，出现图9-13所示对话框。

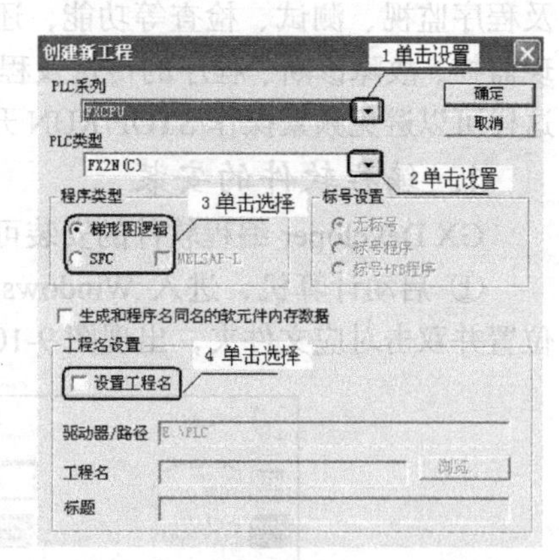

图9-13　“创建新工程”对话框

分别单击图9-13所示的两个下拉箭头，选择PLC系列“FXCPU”和PLC类型“FX2N（C）”。此外，设置项还包括程序类型（选“梯形图逻辑”）和“工程名设置”。工程名设置即设置工程的保存路径（可单击“浏览”按钮进行选择）、工程名和标题。注意，“PLC系列”和“PLC类型”两项必须设置，且须与所连接的PLC一致，否则程序将无法写入PLC。设置好上述各项后，再按照弹出对话框的提示进行操作，直至出现图9-14所示窗口，即可进行程序的编制。

（3）软件界面。

① 标题栏。显示设置的工程名，即保存在计算机中的文件夹名。

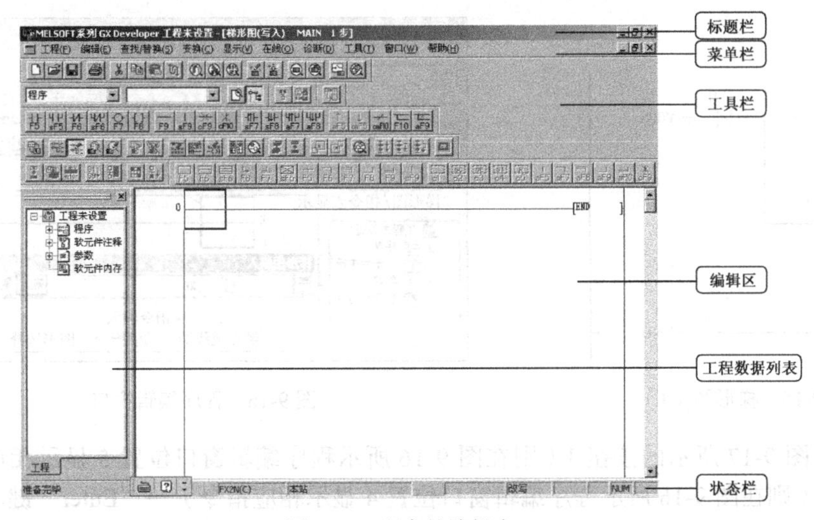

图 9-14　程序的编辑窗口

② 菜单栏。GX Developer 编程软件有 10 个菜单。“工程”菜单可执行工程的创建、打开、保存、关闭、删除、打印等；“编辑”菜单提供图形（或指令）程序编辑的工具，如复制、粘贴、插入行（列）、删除行（列）、画连线、删除连线等；“查找/替换”菜单主要用于查找/替换软元件、指令等；“变换”菜单只在梯形图编程方式可用，程序编好后，需要将图形程序转化为系统可以识别的程序，因此需要进行变换才可存盘、传送等；“显示”菜单用于梯形图与指令表之间切换、注释、申明和注解的显示或关闭等；“在线”菜单主要用于实现计算机与 PLC 之间的程序传送、监视、调试及检测等；“诊断”菜单主要用于 PLC 诊断、网络诊断及 CC-link 诊断；“工具”菜单主要用于程序检查、参数检查、数据合并、注释或参数清除等；“窗口”主要用于重叠、左右并列、上下并列显示等功能；“帮助”菜单主要用于查阅各种出错代码等。

③ 工具栏。工具栏分为主工具栏、图形工具栏、视图工具栏等，它们在工具栏的位置是可以拖曳改变的。主工具栏提供文件新建、打开、保存、复制、粘贴等功能；图形工具栏只在图形编程时才可用，提供各类触点、线圈、连接线等图形；视图工具栏可实现屏幕显示切换，如可在主程序、注释、参数等内容之间实现切换，也可实现屏幕放大/缩小和打印预览等功能。此外，工具栏还提供程序的读/写、监视、查找和程序检查等快捷执行按钮。

④ 编辑区。编辑区是对程序、注解、注释、参数等进行编辑的区域。

⑤ 工程数据列表。工程数据列表以树状结构显示工程的各项内容，如程序、软元件注释、参数等。

⑥ 状态栏。状态栏显示当前的状态，如鼠标所指按钮功能提示、读写状态、PLC 的型号等。

（4）梯形图方式编制程序。

下面通过一个具体实例，介绍用 GX Developer 编程软件在计算机上编制图 9-15 所示梯形图程序的操作步骤。

在用计算机编制梯形图程序之前，首先单击图 9-16 所示程序编辑窗口中的按钮或按“F2”键，切换为写模式（查看状态栏），然后单击图 9-16 所示程序编辑窗口中的按钮，选择梯形图显示，即程序在编辑区中以梯形图的形式显示。下一步是选择当前编辑的区域，如图 9-16 的位置 3 所示。

梯形图的绘制有两种方法。一种方法是用鼠标和键盘操作，即用鼠标选择工具栏中的图形符号，再用键盘输入其软元件、软元件号，最后按“Enter”键即可。编制图 9-15 所示梯形图（1）的操作如下。

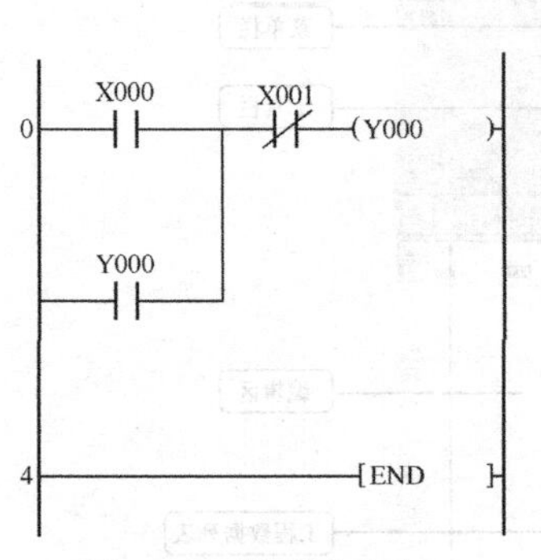

图 9-15　梯形图（1）

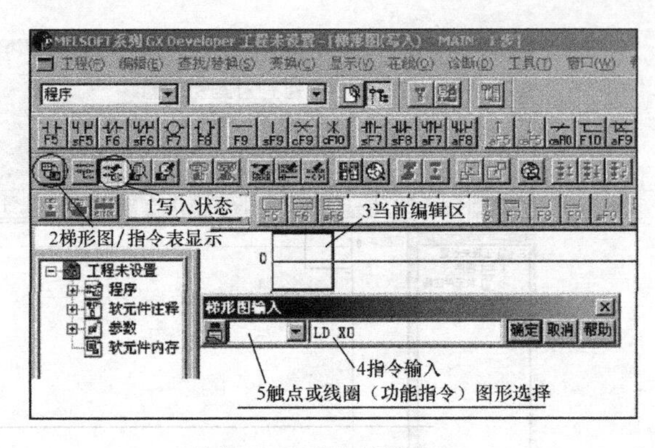

图 9-16　程序编辑窗口

① 单击图 9-17 所示的按钮 1（则在图 9-16 所示程序编辑窗口位置 5 显示相应图形），按“X”→“0”（则在图 9-16 所示程序编辑窗口位置 4 显示相应指令）→“Enter”键。

② 单击图 9-17 所示的按钮 3，按“X”→“1”→“Enter”键。

③ 单击图 9-17 所示的按钮 4，按“Y”→“0”→“Enter”键。

④ 单击图 9-17 所示的按钮 2，按“Y”→“0”→“Enter”键，即生成图 9-17 所示梯形图。

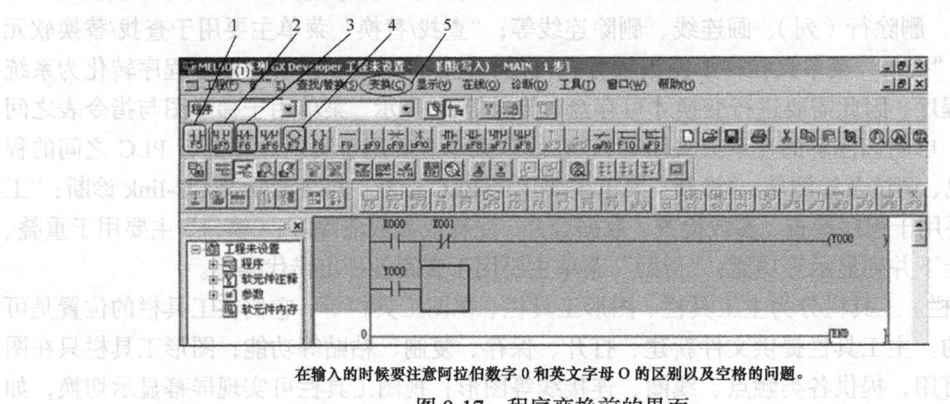

在输入的时候要注意阿拉伯数字 0 和英文字母 O 的区别以及空格的问题。

图 9-17　程序变换前的界面

梯形图程序编制完后，在写入 PLC（或保存）之前，必须进行变换。单击图 9-17 所示的位置 5，执行“变换”→“变换”命令，或直接按“F4”键完成变换，此时编辑区不再是灰色状态，即可以存盘或传送。

另一种绘制梯形图的方法是用键盘操作，通过键盘输入完整的指令。即在当前编辑区中按“L”→“D”→“Space”→“X”→“0”→“Enter”键（或单击“确定”按钮），X0 的动合触点就会在编辑区域中显示出来。然后按“A”→“N”→“I”→“Space”→“X”→“1”→“Enter”键，再按“O”→“U”→“T”→“Space”→“Y”→“0”→“Enter”键，再按“O”→“R”→“Space”→“Y”→“0”→“Enter”键，即绘制出图 9-17 所示图形。梯形图程序编制完后，也必须执行“变换”→“变换”命令，才可以存盘或传送。

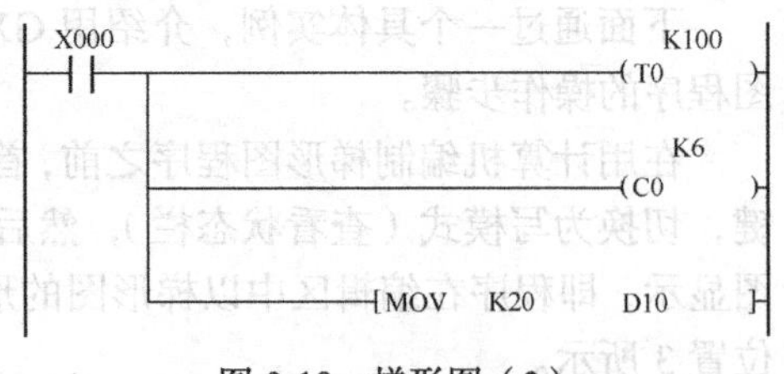

图 9-18　梯形图（2）

图 9-18 所示的梯形图（2）中有定时器、计数器线圈及功能指令，如用键盘操作，则在当前编辑区按“L”→“D”→“Space”→“X”→“0”→“Enter”键，再按“O”→“U”→“T”→“Space”→“T”→“0”→“Space”→“K”→“1”→“0”→“0”→“Enter”键，再按“O”→“U”→

“T”→“Space”→“C”→“0”→“Space”→“K”→“6”→“Enter”键，然后按“M”→“O”→“V”→“Space”→“K”→“2”→“0”→“Space”→“D”→“1”→“0”→“Enter”键。如用鼠标和键盘操作，则选择其对应的图形符号，再输入软元件、软元件号以及定时器和计数器的设定值，按“Enter”键，依次完成所有指令的输入。

（5）指令表方式编制程序。

指令表方式编制程序即直接输入指令并以指令的形式显示的编程方式。对于图 9-15 所示的梯形图，其指令表程序在屏幕上的显示如图 9-19 所示。其操作为单击图 9-16 所示的按钮 2 或按“Alt+F1”组合键，即切换为指令表显示，其余的步骤与上述介绍的用键盘输入指令的方法完全相同，且指令表程序无须变换。

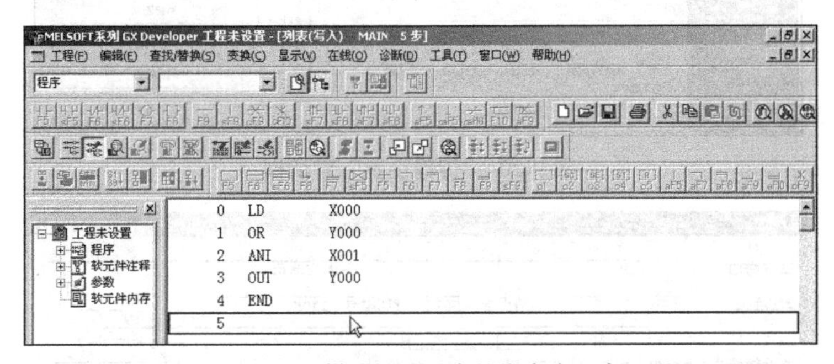

图 9-19　梯形图 1 对应的指令表程序

（6）保存、打开工程。

当梯形图程序编制完后，必须先进行变换（即执行“变换”→“变换”命令），然后单击按钮或执行“工程”→“保存”/“另存为”命令，系统会提示设置保存的路径和工程的名称（如果新建时未设置），设置好路径并输入工程名称后单击“保存”按钮即可保存该工程。当需要打开保存在计算机中的程序时，单击按钮，在弹出的对话框中选择保存的“驱动器/路径”和“工程名”，然后单击“打开”按钮即可。

3. 程序的写入、读出

将计算机中用 GX Developer 编程软件编好的用户程序写入 PLC 的 CPU，或将 PLC 的 CPU 中的用户程序读出到计算机，一般需要以下几步。

（1）连接 PLC 与计算机。

正确连接计算机（已安装好了 GX Developer 编程软件）和 PLC 的编程电缆（专用电缆），注意 PLC 接口与编程电缆头的方位不要弄错，否则容易造成器件损坏。

（2）进行通信设置。

程序编制完后，执行“在线”→“传输设置”命令，出现图 9-20 所示的“传输设置”对话框，设置好 PC I/F 和 PLC I/F 的各选项，其他各项保持默认设置，单击“确定”按钮。

（3）程序写入与读出。

若要将计算机中编制好的程序写入 PLC，则执行“在线”→“写入 PLC”命令，出现图 9-21 所示的“写入 PLC”对话框。根据出现的对话框进行操作，即勾选“MAIN”（主程序）复选框后单击“开始执行”按钮即可。将 PLC 中的程序读出到计算机的操作与写入程序的操作类似。

4. 程序的编辑

（1）程序的删除与插入。

删除、插入操作的执行对象可以是 1 个图形符号，也可以是 1 行，还可以是 1 列（END 指令不能被删除），其操作方法有如下几种。

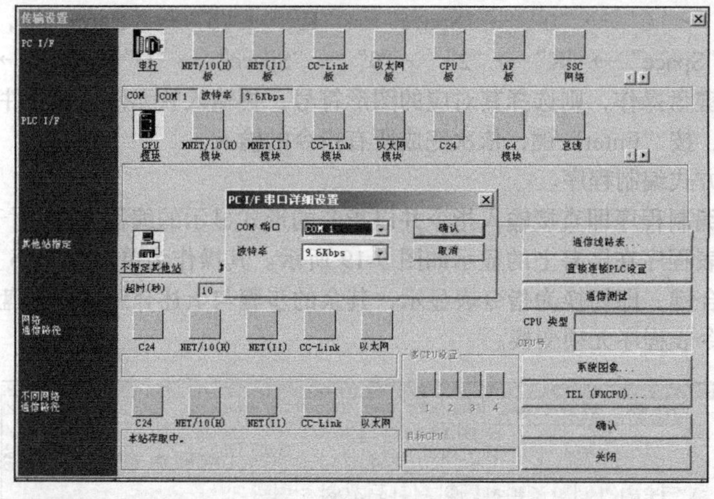

图9-20 “传输设置”对话框

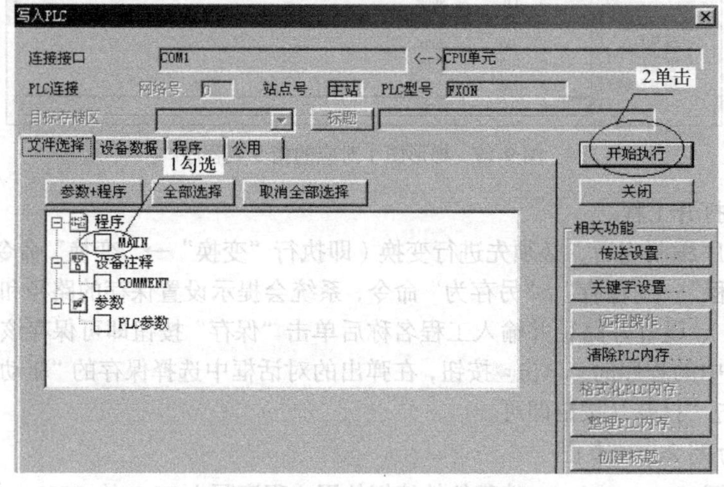

图9-21 “写入PLC”对话框

① 将当前编辑区定位到要删除、插入的图形处，单击鼠标右键，在快捷菜单中执行需要的操作命令。

② 将当前编辑区定位到要删除、插入的图形处，在“编辑”菜单中执行相应的命令。

③ 将当前编辑区定位到要删除的图形处，然后按“Delete”键。

④ 若要删除某一段程序，可拖曳鼠标选中该段程序，然后按“Delete”键，或执行“编辑”→“删除行”/“删除列”命令。

⑤ 按“Insert”键，待屏幕右下角显示“插入”后，将鼠标指针移到要插入的图形处，输入要插入的指令即可。

（2）程序的修改。

若发现梯形图有错误，可进行修改操作。如将图9-15所示的X1由动断触点改为动合的操作如下：首先按“Insert”键，待屏幕右下角显示“改写”后，将当前编辑区定位到要修改的图形处，输入正确的指令即可。若要将X1动合触点再改为X2动断触点，则可输入指令“LDI X2”或“ANI X2”，将原来的程序覆盖。

（3）删除与绘制连线。

若要将图9-15所示的X0右边的竖线去掉，并在X1右边加一竖线，则其操作如下。

① 将当前编辑区置于要删除的竖线右上侧，然后单击按钮，再按“Enter”键即可删除竖线。

② 将当前编辑区定位到图9-15所示X1触点右侧，然后单击按钮，再按“Enter”键即在X1触点右侧添加了一条竖线。

③ 将当前编辑区定位到图9-15所示Y0触点的右侧，然后单击按钮，再按“Enter”键即可添加一条横线。

（4）复制与粘贴。

首先拖曳鼠标选中需要复制的区域，单击鼠标右键，在快捷菜单中执行“复制”命令（或执行“编辑”→“复制”命令），再将当前编辑区定位到要粘贴的区域，单击鼠标右键，在快捷菜单中执行“粘贴”命令即可。

5. 工程打印

如果要将编制好的程序打印出来，可按以下几步进行。

① 执行“工程”→“打印设置”命令，根据对话框内容设置打印机。

② 执行“工程”→“打印”命令。

③ 在选项卡中选择梯形图或指令列表。

④ 设置要打印的内容，如主程序、注释、申明等。

⑤ 设置好后可以进行打印预览，若符合打印要求，则执行“工程”→“打印”命令。

6. 工程校验

工程校验就是对两个工程的主程序或参数进行比较，若两个工程完全相同，则校验的结果为“没有不一致的地方”；若两个工程有不同的地方，则校验后分别显示校验源和校验目标的全部指令，其具体操作步骤如下。

① 执行“工程”→“校验”命令，弹出图9-22所示的对话框。

② 单击“浏览”按钮，选择校验的目标工程的“驱动器/路径”和“工程名”，再选择校验的内容（如勾选图9-22所示的“MAIN”和“PLC参数”复选框），然后单击“执行”按钮。若单击“关闭”按钮，则退出校验。

③ 单击“执行”按钮后，弹出校验结果。若两个工程完全相同，则校验结果显示为“没有不一致的地方”；若两个工程有不同的地方，则校验后会将二者不同的地方分别显示出来。

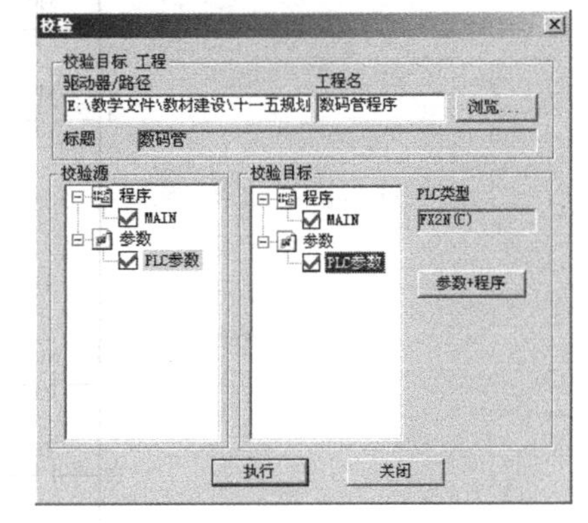

图9-22　“校验”对话框

7. 创建软元件注释

创建软元件注释的操作步骤如下。

① 单击工程数据列表中的“软元件注释”选项前的“+”按钮，再双击树下的“COMMENT”选项（即通用注释），即弹出图9-23所示的注释窗口。

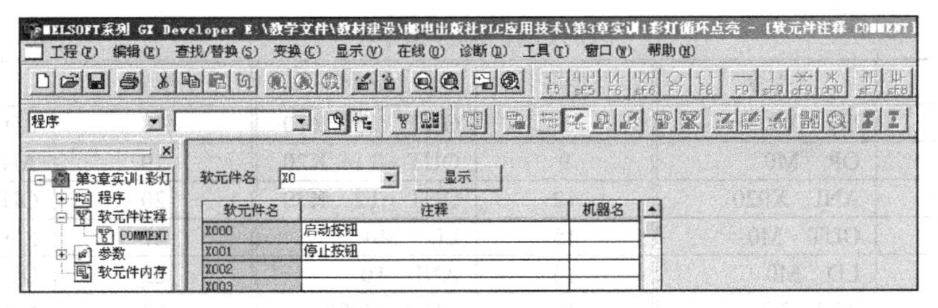

图9-23　创建软元件注释窗口

② 在弹出的注释窗口中的“软元件名”文本框中输入需要创建注释的软元件名，如“X0”，再按“Enter”键或单击“显示”按钮，则显示出所有包括“X0”的软元件名。

③ 在“注释”栏中选中“X000”，输入“启动按钮”，再输入其他注释内容，注意每条注释内容不能超过32个字符。

④ 双击工程数据列表中的“MAIN”选项，显示梯形图编辑窗口，在菜单栏中执行“显示”→“注释显示”命令或按“Ctrl + F5”组合键，即可在梯形图中显示注释内容。

另外，也可以先单击工具栏中的“注释编辑”按钮，然后在梯形图的相应位置进行注释编辑。

除此之外，GX Developer编程软件还有许多其他功能，如单步执行功能，即执行“在线”→“调试”→“单步执行”命令，可以使PLC一步一步依程序向前执行，从而判断程序是否正确。又如在线修改功能，即执行“工具”→“选项”→“运行时写入”命令，然后根据对话框提示进行操作，即可在线修改程序的任何部分。还有如改变PLC的型号、程序检查、程序监控、梯形图逻辑测试等功能。

9.2.2 编程软件使用实训

将图9-24所示彩灯循环点亮梯形图或表9-1所示的指令写入PLC中，运行程序，并观察PLC的输出情况。在此基础上对程序进行编辑、调试等操作，练习PLC编程软件的各项功能。

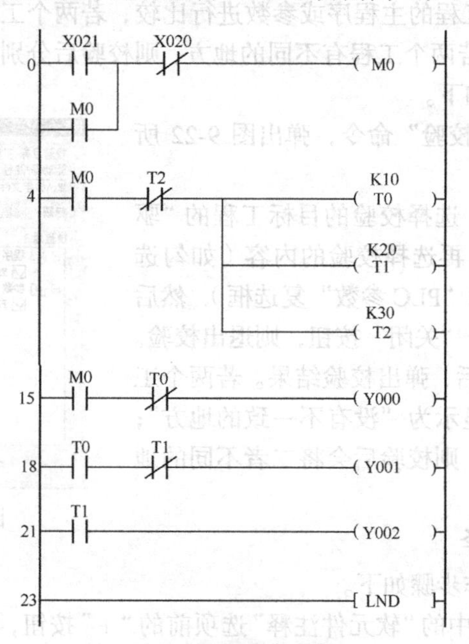

图9-24 彩灯循环点亮梯形图

表9-1 彩灯循环点亮指令表

步序	指令	步序	指令	步序	指令
0	LD X021	6	OUT T0 K10	18	LD T0
1	OR M0	9	OUT T1 K20	19	ANI T1
2	ANI X020	12	OUT T2 K30	20	OUT Y001
3	OUT M0	15	LD M0	21	LD T1
4	LD M0	16	ANI T0	22	OUT Y002
5	ANI T2	17	OUT Y000	23	END

1. 实训器材

① PLC应用技术综合实训装置1台（含装有相关编程软件的计算机1台）。

② 开关、按钮板模块1个。

③ 指示灯模块1个（或红色、黄色、绿色发光二极管各1个）。

2. 连接PLC与计算机

① 在PLC电源和计算机电源均断开的情况下，将SC-09通信电缆连接到计算机的RS-232C串行接口（如COM1）和PLC的编程接口。

② 接通PLC与计算机的电源，并将PLC的运行开关置于STOP一侧。

3. 梯形图方式编制程序

① 进入编程环境。

② 新建一个工程，并将保存路径和工程名称设为“E:\阮友德\9.2.1”。

③ 将图9-24所示梯形图输入计算机（用梯形图显示方式）。

④ 保存工程，然后退出编程环境，再根据保存路径打开工程。

⑤ 将程序写入PLC中的CPU，注意PLC的串行口设置必须与所连接的一致。

4. 连接电路

按图9-25所示接线图连接好外部电路，经老师检查系统接线正确后，接通DC 24V电源，注意DC 24V电源的极性。

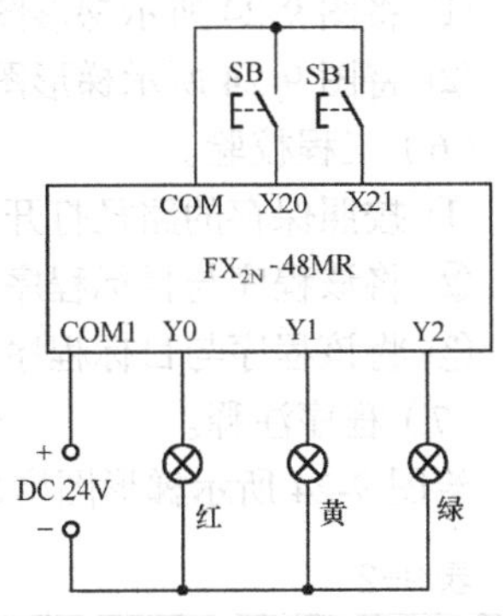

图9-25 彩灯循环点亮的系统接线图

5. 通电观察

① 将PLC的运行开关置于RUN一侧，若RUN指示灯亮，则表示程序没有语法错误；若PROG.E指示灯闪烁，则表示程序有语法错误，需要检查修改程序，并重新将程序写入PLC中。

② 断开启动按钮SB1和停止按钮SB，将运行开关置于RUN（运行）状态，彩灯不亮。

③ 闭合启动按钮SB1，彩灯依次按红、黄、绿的顺序点亮1s，并循环。

④ 闭合停止按钮SB，彩灯立即熄灭。

6. 指令表方式编制程序

将表9-1所示指令表程序输入计算机，并将程序写入PLC的CPU中，然后重复上述操作，观察运行情况是否一致。

7. 软件功能练习

（1）程序删除与插入。

① 根据前面的保存路径打开所保存的程序。

② 将图9-24所示第0步序行的M0动合触点删除，并将程序另存为“E:\阮友德\9.2.2”。

③ 将删除后的程序写入PLC中，并按实训要求运行程序，观察PLC的运行情况。

④ 删除图9-24所示的其他触点，然后插入，反复练习，掌握操作要领。

⑤ 将程序恢复到原来的形式，并另存为“E:\阮友德\9.2.3”。

（2）程序修改。

① 将图9-24所示第4步序行的K10、K20和K30分别改为K20、K40和K60，并存盘。

② 将修改后的程序写入PLC中，并按实训要求运行程序，观察PLC的运行情况。

③ 将图9-24所示第15步序行的Y000改为Y010，并存盘。

④ 将修改后的程序写入PLC中，并按实训要求运行程序，观察PLC的运行情况。
⑤ 修改图9-24所示的其他软元件，反复练习，掌握操作要领。
⑥ 将程序恢复到原来的形式，并存盘。
（3）连线删除与绘制。
① 将图9-24所示第0步序行的M0动合触点右边的竖线移到动断触点X20的右边，并存盘。
② 将修改后的程序写入PLC中，并按实训要求运行程序，观察PLC的运行情况。
③ 将程序恢复到原来的形式。
④ 删除与绘制图9-24所示其他软元件右边的连线，反复练习，掌握操作要领。
⑤ 将程序恢复到原来的形式，并存盘。
（4）程序复制与粘贴。
① 将图9-24所示第0步序行复制，然后粘贴到第23步序行的前面，再将第0步序行删除。
② 将修改后的程序写入PLC中，并按实训要求运行程序，观察PLC的运行情况。
③ 复制与粘贴图9-24所示其他序行，反复练习，掌握操作要领。
④ 将程序恢复到原来的形式，并存盘。
（5）工程打印。
① 将图9-24所示梯形图打印出来。
② 将图9-24所示梯形图转换成指令表的形式，并打印出来。
（6）工程校验。
① 按照保存的路径打开9.2.1的程序。
② 将该程序与目标程序（E:\阮友德\9.2.2）进行校验，观察校验的结果。
③ 将该程序与目标程序（E:\阮友德\9.2.3）进行校验，观察校验的结果。
（7）程序注释。
给图9-24所示梯形图增加软元件注释，注释内容如表9-2所示。

表9-2 软元件注释内容

软元件	注释内容	软元件	注释内容	软元件	注释内容
X20	停止按钮	T0	红灯延时	M0	辅助继电器
X21	启动按钮	T1	黄灯延时	—	—
Y0～Y2	红灯、黄灯、绿灯	T2	绿灯延时	—	—

复习与思考

1. GX Developer编程软件的主菜单有哪些？
2. GX Developer编程软件无法与PLC通信，可能是什么原因？
3. GX Developer软件能否在指令显示模式下执行监视模式？
4. PLC诊断和程序检查有什么不同？

任务9.3 PLC仿真软件的使用

任务导入

PLC仿真软件仿真了若干个PLC控制系统及其编程软件，可以模拟PLC控制的现场机械

设备按照 PLC 的控制程序运行，省略了 PLC 外围的接线，也无须考虑外围硬件的故障，给程序的调试提供了很多便利，非常适合用来提高 PLC 程序设计与调试能力，对增加学习的趣味性和改善教学效果很有帮助。

9.3.1　仿真软件介绍

FX-TRN-BEG-C 仿真软件包括一台虚拟的 48 点 FX 系列 PLC（含输入/输出信号指示灯）、与 GX Developer 编程软件兼容的编程软件、若干模拟控制对象（含控制对象的输入/输出信号）、控制面板以及仿真运行所需要的远程控制。该软件能够编制梯形图程序，并能模拟 PLC 控制的现场机械设备按照 PLC 的控制程序运行。

1. 计算机配置要求

要使用 FX-TRN-BEG-C 仿真软件，计算机的配置要求如表 9-3 所示，否则仿真软件无法运行。

表 9-3　　　计算机的配置要求

名称	说明
操作系统	Microsoft Windows 98, 98SE, Me Microsoft Windows NT4.0（SP3 或以上） Microsoft Windows 2000 Microsoft Windows XP
CPU	推荐 Pentium 500MHz 或以上
内存	64MB 或以上（推荐 128MB 或以上）
硬盘	150MB 或以上
CD-ROM 驱动器	1 个（用于软件安装）
显示器	必须为 XGA（1024×768）或以上
视频	Direct3D 兼容显卡，4MB 或以上 VRAM（推荐 8MB 或以上）
浏览器	要求 Intemet Explorer 4.0 或以上

2. 软件安装

FX-TRN-BEG-C 仿真软件的安装同其他普通软件的安装相似，即双击打开软件包，然后双击“Setup.exe”文件即可。安装软件后，可以执行“开始”→“程序”→“MELSOFT FX TRAINER”→“FX-TRN-BEG-C”命令或双击桌面上对应的图标进入仿真软件的登录界面。登录界面如图 9-26 所示。

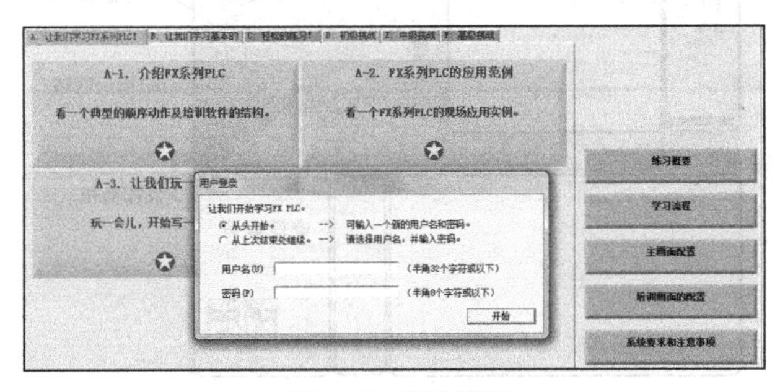

图 9-26　登录界面

3. 用户登录

若用户是第一次登录，则应选择“从头开始。”单选项，然后在“用户名”和“密码”文本框中填入相应的用户名和密码，以便系统记录该用户的学习情况和成绩；若用户不是第一次登录，

则可以选择“从上次结束处继续。”单选项，然后使用之前的用户名和密码登录，以便系统延续该用户的学习情况和成绩；最后单击“开始”按钮进入首页界面，如图9-27所示。当然，也可以进入登录画面后就直接单击“开始”按钮进入首页，此时，系统不会记录学习情况和成绩。

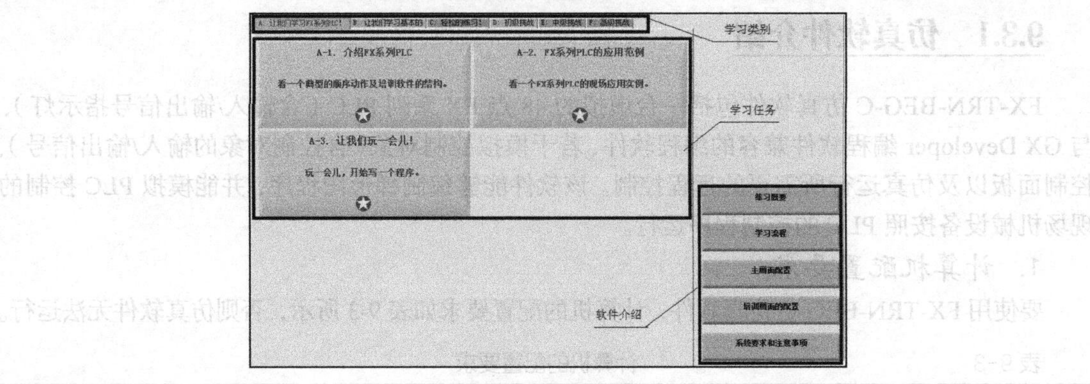

图9-27 首页界面

4. 首页界面

首页界面共有3个区域。界面右下角为5个介绍软件的按钮，分别从“练习概要”“学习流程”“主画面配置”“培训画面的配置”“系统要求和注意事项”5个方面介绍该软件的使用方法，可单击相应按钮了解软件的相关功能，然后单击“主要”按钮返回首页。首页的最上方为6个学习类别按钮，按照从易到难的顺序分别为“A：让我们学习FX系列PLC！”“B：让我们学习基本的”“C：轻松的练习！”“D：初级挑战”“E：中级挑战”“F：高级挑战”，分别简称为A级、B级、C级、D级、E级、F级，可单击相应按钮进入对应级别的学习任务列表。首页的中间部分为学习任务列表，其中A级分为A-1～A-3、B级分为B-1～B-4、C级分为C-1～C-4、D级分为D-1～D-6、E级分为E-1～E-6、F级分为F-1～F-7。图9-27所示为A级的学习任务列表，单击相应学习任务，即进入对应的学习或练习培训窗口。

5. 培训窗口

下面以D-5的培训窗口为例进行介绍，其窗口分区如图9-28所示，下面分别介绍各功能区的作用。

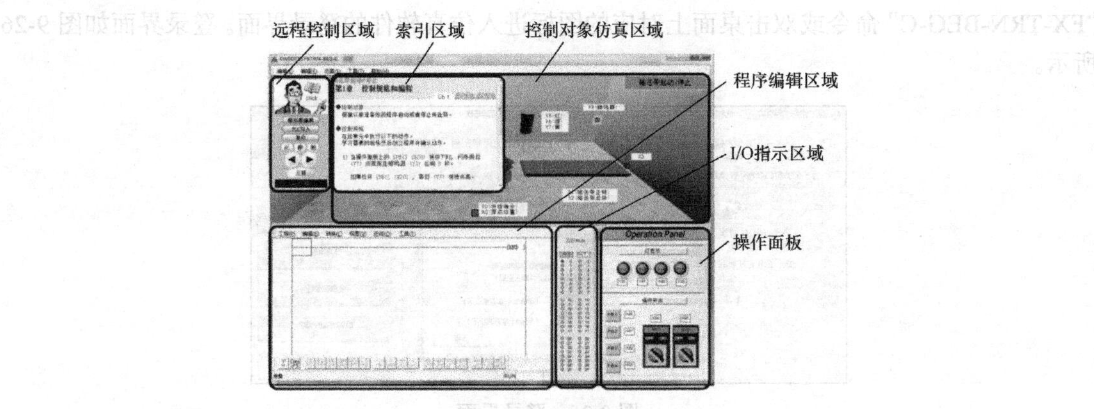

图9-28 培训窗口

（1）远程控制区域。

远程控制区域提供仿真软件运行和模拟PLC运行所需要的9个按钮和1个显示窗，如图9-29左侧所示。单击辅导员人像，可方便地隐藏或显示索引区域。单击“梯形图编辑”按钮，可创建

和编辑程序，此时程序编辑区域为可编辑状态，即可以在此区域输入程序。当程序输入并转换后，需要将程序写入模拟的PLC，单击“PLC写入”按钮，程序就会被写入模拟的PLC。当一个部件（或工件）在仿真运行中被卡住时，可单击“复位”按钮进行复位。“正”“俯”“侧”3个按钮用来改变控制对象仿真时的视觉角度，使仿真的控制对象更逼真。单击◂ 或▸ 按钮，可以使当前画面转到上一个或下一个画面。任何时候单击“主要”按钮，系统都会回到图9-27所示首页界面。显示窗显示模拟PLC的运行状态，当模拟PLC处在运行状态时（即单击“PLC写入”）即显示“运行中”，当模拟PLC处于编程状态时（即单击“梯形图编辑”）即显示“编程中”。

（2）索引区域。

图9-29右侧所示为索引区域，该区域显示仿真画面（即仿真控制对象）的控制要求和操作步骤，以引导学员完成对应学习任务的学习或仿真练习。其最右侧有上下滑动条，右上角有“Ch1”“Ch2”“Ch3”等多个按钮，单击对应按钮能分别显示第1章、第2章、第3章的内容，即操作步骤的第1步、第2步、第3步。

（3）控制对象仿真区域。

图9-30所示为控制对象仿真区域，它可以分别从正、俯、侧3个角度显示控制对象的仿真画面，并给控制对象的输入信号和输出信号分配PLC的I/O地址，如机械手原点位置信号X0、工件检测传感器X3、机械手供给指令Y0、输送带正转Y1、输送带反转Y2、蜂鸣器Y3、红色指示灯Y5、绿色指示灯Y6、黄色指示灯Y7，并且这些I/O信号与模拟PLC的I/O端子进行了可靠的模拟连接。

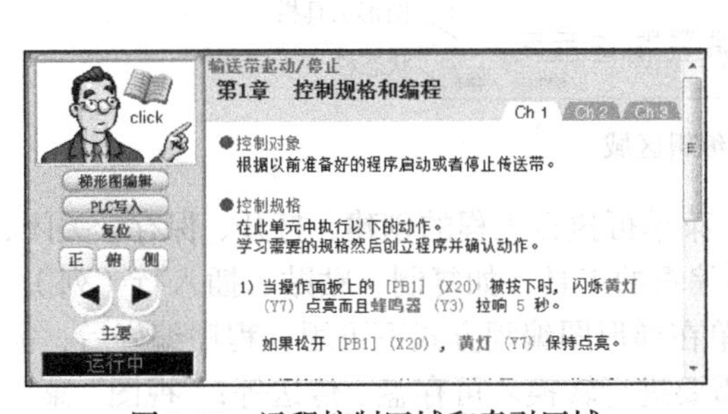

图9-29　远程控制区域和索引区域

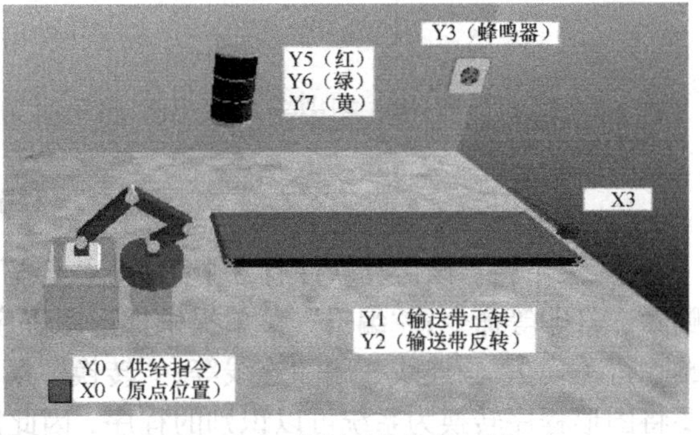

图9-30　控制对象仿真区域

（4）操作面板。

图9-31所示为操作面板（Operation Panel），是用来完成对模拟PLC应用系统的操作和面板指示的，包括操作开关和灯显示。其中操作开关又包括两个转换开关SW1（X24）、SW2（X25）和不带自锁的按钮PB1（X20）、PB2（X21）、PB3（X22）、PB4（X23），灯显示包括指示灯PL1（Y20）、PL2（Y21）、PL3（Y22）、PL4（Y23）。这些模拟的器件都与模拟PLC对应的I/O端子进行了可靠的模拟连接。

（5）I/O指示区域。

图9-32所示为I/O指示区域，该区域是模拟PLC的指示灯面板，它包括模拟PLC的运行指示灯“RUN”、输入指示灯“IN X”和输出指示灯“OUT Y”。当模拟PLC处于运行状态时，“RUN”运行指示灯为绿色；当有信号输入时，对应输入指示灯为红色；当有信号输出时，对应输出指示灯为红色。

（6）程序编辑区域。

图9-33所示为程序编辑区域，它包括菜单栏、工具栏、编辑区、状态栏各部分，下面介绍

各部分的作用。

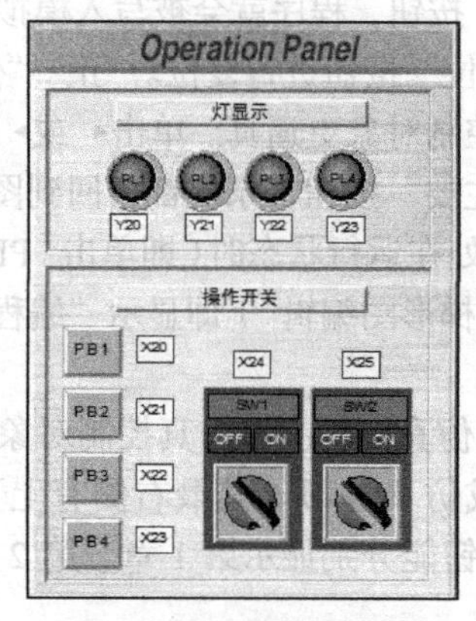

图 9-31 操作面板

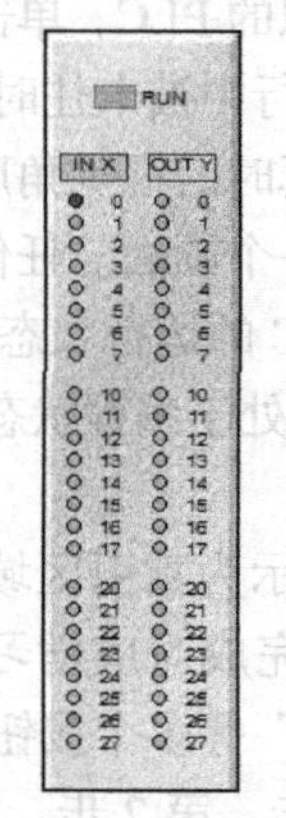

图 9-32 I/O 指示区域

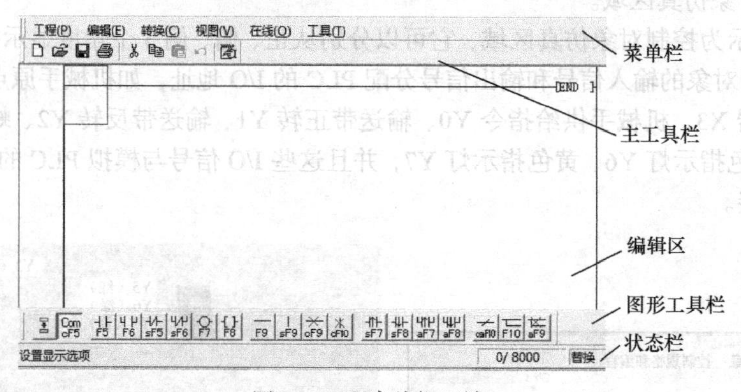

图 9-33 程序编辑区域

① 菜单栏。该仿真软件有 6 个菜单。“工程”菜单可执行工程的创建、打开、保存、关闭、删除、打印等命令；“编辑”菜单提供梯形图程序编辑的工具，如复制、粘贴、插入行（列）、删除行（列）、画连线、删除连线等；“转换”菜单在梯形图编程方式下可用，程序编好后，需要将图形程序转换为系统可以识别的程序，因此需要进行转换才可存盘、传送等；“视图”菜单用于设置注释、工具栏、状态栏等的显示或关闭；“在线”菜单主要用于写入 PLC、监视、元件测试等；“工具”菜单主要用于选项选择。

② 工具栏。工具栏分为主工具栏和图形工具栏，它们在工具栏的位置是可以拖曳改变的。主工具栏提供文件新建、打开、保存、复制、粘贴等功能；图形工具栏提供各类触点、线圈、连接线等图形。

③ 编辑区。编辑区是对程序、注释等进行编辑的区域。

④ 状态栏。显示当前的状态，如鼠标指针所指按钮功能提示、读写状态、插入、替换等内容。

6. 梯形图方式编制程序

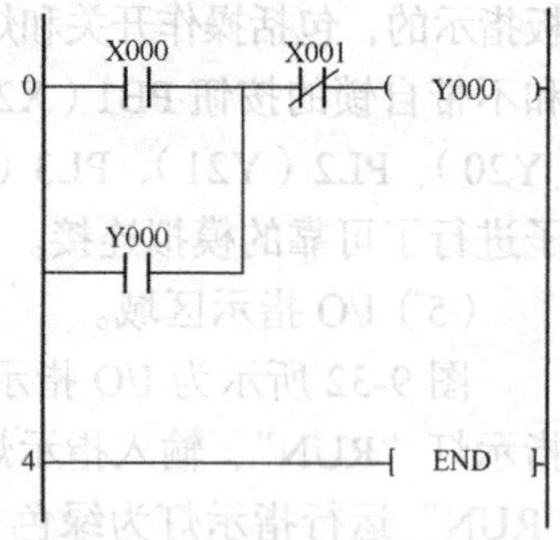

图 9-34 梯形图

下面介绍用该仿真软件在计算机上编制图 9-34 所示的梯形图程序的操作步骤。

在编制程序前，必须确认模拟 PLC 处于编程状态，即单击远程控制区的“梯形图编辑”按钮，使显示窗显示“编程中”。使用仿真软件绘制梯形图有 3 种方法。第 1 种方法是用键盘操作，即通过键盘输入完整的指令，用该方法编制图 9-34 所示梯形图

（1）的操作如下。

① 在当前编辑区中按“L”→“D”→“Space”→“X”→“0”→“Enter”键（或单击“OK”按钮），则 X0 的动合触点就在编辑区域中显示出来。

② 按“A”→“N”→“I”→“Space”→“X”→“1”→“Enter”键。

③ 按“O”→“U”→“T”→“Space”→“Y”→“0”→“Enter”键。

④ 按“O”→“R”→“Space”→“Y”→“0”→“Enter”键。

⑤ 梯形图程序编制完后，必须执行“转换”→“转换”命令才可以存盘或写入 PLC，此时编辑区不再是灰色状态，即表示可以存盘或写入。

第 2 种方法是用鼠标和键盘操作，即先用鼠标选择工具栏中相应的图形符号，再用键盘输入其软元件、软元件号，最后按“Enter”键，用该方法编制图 9-34 所示梯形图的操作如下。

① 单击图 9-33 所示图形工具栏中的“F5”按钮，按“X”→“0”→“Enter”键。

② 单击图 9-33 所示图形工具栏中的“sF5”按钮，按“X”→“1”→“Enter”键。

③ 单击图 9-33 所示图形工具栏中的“F7”按钮，按“Y”→“0”→“Enter”键。

④ 单击图 9-33 所示图形工具栏中的“F6”按钮，按“Y”→“0”→“Enter”键。

⑤ 梯形图程序编制完后，在写入 PLC（或保存）之前，必须进行转换，即执行“转换”→“转换”命令。

第 3 种方法是用键盘及快捷键操作。在当前编辑区中按“F5”→“X”→“0”→“Enter”键（或单击“OK”按钮），X0 的动合触点就在编辑区域中显示出来。然后按“Shift”→“F5”→“X”→“1”→“Enter”键，再按“F7”→“Y”→“0”→“Enter”键，接着按“F6”→“Y”→“0”→“Enter”键，最后按“F4”键，完成程序转换，此时编辑区不再是灰色状态，即表示可以存盘或传送。

7. 保存、打开工程

当梯形图程序编制完后，必须先进行转换（执行“转换”→“转换”命令），然后单击按钮或执行“工程”→“保存”/“另存为”命令，系统会提示设置保存的路径和工程的名称（如果新建时未设置），设置好路径并输入工程名称后单击“保存”按钮即可保存工程。当需要打开保存在计算机中的程序时，单击按钮，在弹出的对话框中选择保存的“驱动器/路径”和“工程名”，然后单击“打开”按钮即可。

8. 其他功能

该仿真软件的程序编制和编辑功能与 GX Developer 编程软件基本相似，可以参考 GX Developer 编程软件进行操作，并且，所编制的程序可以互相兼容。有关该仿真软件的使用操作，还可以选择仿真软件首页的“练习概要”“学习流程”“主画面配置”“培训画面的配置”“系统要求和注意事项”5 个方面进行学习。

9. 仿真软件练习

通过上面的学习，现在让我们进入仿真软件的 A-3 培训窗口，即“A-3.让我们玩一会儿!”学习任务，其操作步骤如下。

① 执行“开始”→“程序”→“MELSOFT FX TRAINER”→“FX-TRN-BEG-C”命令或双击桌面上对应的图标进入仿真软件的登录界面，如图 9-26 所示。

② 在登录界面上选择“从头开始。”单选项，然后在“用户名”和“密码”文本框中填入相应的用户名和密码，以便系统记录该用户的学习情况和成绩。单击“开始”按钮进入首页界面，如图 9-27 所示。

③ 在首页界面的学习类别区域单击“A：让我们学习 FX 系列 PLC!”按钮，再在学习任

务列表中单击“A-3.让我们玩一会儿!”学习任务，进入 A-3 培训窗口。

④ 按照索引区域的 Ch1～Ch5 的操作步骤进行操作和练习。

9.3.2 仿真软件使用实训

将图 9-24 所示彩灯循环点亮梯形图或表 9-1 所示的指令写入模拟 PLC 中，运行程序，并观察 PLC 的运行情况。

1. 实训器材

装有相关仿真软件的计算机 1 台（注意，后面的仿真实训只使用此实训器材的不再列出）。

2. 进入培训画面

① 执行“开始”→“程序”→“MELSOFT FX TRAINER”→“FX-TRN-BEG-C”命令或双击桌面上对应的图标进入仿真软件的登录界面，如图 9-26 所示。

② 在登录界面上选择“从头开始。”单选项，然后在“用户名”和“密码”文本框中填入相应的用户名和密码，以便系统记录该用户的学习情况和成绩。单击“开始”按钮进入首页界面，如图 9-27 所示。

③ 在首页界面的学习类别区域单击“D：初级挑战”按钮，再在学习任务列表中单击“D-3.交通灯的时间控制”学习任务，其培训窗口如图 9-35 所示。

3. 梯形图方式编制程序

① 单击图 9-35 所示的“梯形图编辑”按钮进入程序编辑状态，此时显示窗显示“编程中”。

② 在程序编辑区域使用仿真软件绘制梯形图的第 1 种方法（即用键盘操作）输入图 9-24 所示梯形图对应的指令。在当前编辑区按“L”→“D”→“Space”→“X”→“2”→“1”→“Enter”键（或单击“OK”按钮），X021 的动合触点在编辑区域中显示出来。然后按“A”→“N”→“I”→“Space”→“X”→“2”→“0”→“Enter”键，再按“O”→“U”→“T”→“Space”→“M”→“0”→“Enter”键，按“O”→“R”→“Space”→“M”→“0”→“Enter”键，按“L”→“D”→“Space”→“M”→“0”→“Enter”键，按“A”→“N”→“I”→“Space”→“T”→“2”→“Enter”键，按“O”→“U”→“T”→“Space”→“T”→“0”→“Space”→“K”→“1”→“0”→“Enter”键，直至最后一条指令 OUT Y002 输入完毕，最后执行“转换”→“转换”命令，此时编辑区不再是灰色状态。

③ 执行“工程”→“另存为”命令保存工程，并将保存路径和工程名称设为“E:\阮友德\9.3.1”。

④ 单击图 9-28 所示的远程控制区域的“PLC 写入”按钮，此时显示窗显示“运行中”，输入/输出指示区域的运行指示灯“RUN”也会变为绿色，表示程序已写入模拟 PLC，PLC 处于运行中。

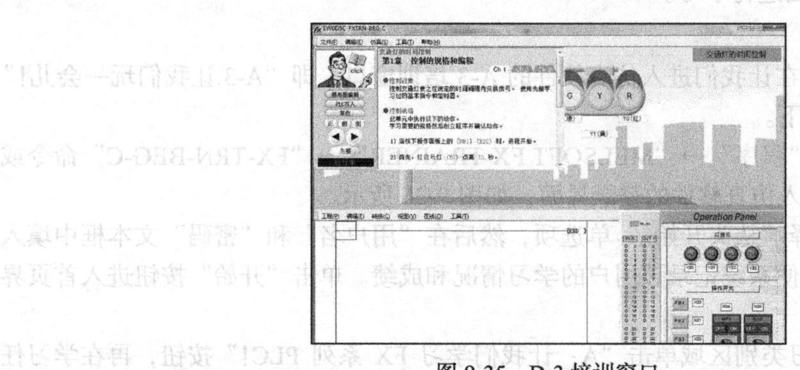

图 9-35　D-3 培训窗口

4. 仿真运行与调试

① 由于仿真软件已将控制系统的 I/O 信号与模拟 PLC 的 I/O 端子进行了模拟接线，此时若按控制面板的启动按钮 PB2（即 X020），则红灯 Y0 点亮；1s 后熄灭，同时黄灯 Y1 点亮；1s 后熄灭，同时绿灯 Y2 点亮；1s 后熄灭，同时红灯 Y0 点亮；如此循环，并且 I/O 指示区域的对应指示灯也会跟随点亮和熄灭。

② 任何时候按控制面板的停止按钮 PB1（即 X021），彩灯则立即熄灭。

5. 其他功能练习

请参照“9.2.2 编程软件使用实训”下的“7. 软件功能练习”来练习仿真软件的使用。

复习与思考

1. FX-TRN-BEG-C 仿真软件的主菜单有哪些功能?
2. FX-TRN-BEG-C 仿真软件与 GX Developer 编程软件在程序编辑方面有哪些异同?

任务 9.4　PLC 软硬件操作实训

通过对图 9-24 所示彩灯循环点亮程序的程序输入、程序编辑、仿真调试以及软硬件调试，完成对 PLC 仿真软件、编程软件以及外部硬件的操作，即完成“9.3.2 仿真软件使用实训”和“9.2.2 编程软件使用实训”，在班上展示上述工作的完成情况，并参照表 9-4 完成三方评价表。

表 9-4　三方评价表

一、学习自评表							
班级		姓名		学号		日期	
评价指标	评价要素					权重	评分
参与态度情况	1. 是否能有效利用网络、教材查找有效信息					10	
	2. 是否与教师有正常的学习交流（包括回答提问）					10	
	3. 是否与同学有多向、丰富、适宜的学习交流					10	
	4. 是否积极思考问题，提出有价值的问题或发表个人见解					10	
	5. 是否遵守实训室“7S”管理规定					10	
	6. 是否按时出勤（请假、迟到、早退扣 1 分/次）					10	
任务完成情况	1. 是否按时完成“学习过程记录”，包括实训器材、系统接线图、PLC 程序/触摸屏画面的设计或解释、调试步骤和运行情况（提前 10 分、按时 8 分、未按时 1～6 分）					10	
	2. 是否按时完成任务（参照上一格的标准打分）					10	
	3. 是否正确完成任务（正确 20 分、存在小问题 10～18 分、存在大问题 0～9 分）					20	
自评分	合计						
二、同学互评表							
班级		姓名		学号		日期	
评价指标	评价要素					权重	评分
自评反馈	是否能严肃、认真、客观地做出自我评价					10	
参与态度情况	1. 是否积极参与相关工作					10	
	2. 是否与师生有多向、丰富、适宜的学习交流					10	
	3. 是否有团结、协助、互帮、互敬的精神					10	

续表

参与态度情况	4. 是否遵守实训室“7S”管理规定	10	
	5. 是否达到所列的素质目标	10	
任务完成情况	1. 是否按时完成“学习过程记录”（提前10分、按时8分、未按时1～6分）	10	
	2. 是否按时完成任务（参照上一格的标准打分）	10	
	3. 成果展示情况（优16～20分，良10～15分，差0～9分）	20	
互评分	合计		
取长补短	列举其值得学习的地方		
评价反馈			

三、教师评价表

班级		姓名		学号		日期	
评价指标	评价要素					权重	评分
技能掌握情况（70分）	1. 参照表1-7填写实训器材（每错1处扣2分）					10	
	2. 程序设计的掌握程度（优8～10分，良5～7分，差1～4分）					10	
	3. 电路连接（每错1处扣5分）					10	
	4. 程序的调试情况（优8～10分，良5～7分，差1～4分）					10	
	5. 运行结果正确（每错1处扣10分）					20	
	6. 实训期间的表现（优8～10分，良5～7分，差1～4分）					10	
素质养成情况（30分）	1. 能清晰阐述自己展示的成果					15	
	2. 是否按时出勤（请假、迟到、早退扣1分/次）					5	
	3. 是否遵守实训室“7S”管理规定［扣1分/（次·处）］					5	
	4. 互帮互敬、团结协作、吃苦耐劳、安全文明、创新思维					5	
成绩评定	自评分×20%		互评分×20%		教师评分×60%		总分
评分							
评价反馈							

项目10

基本逻辑指令及其应用

学习目标

1. 知识目标

① 能描述PLC基本逻辑指令的功能和含义。

② 能描述PLC软元件的作用和功能。

2. 能力目标

① 能根据梯形图正确写出对应的指令。

② 能正确使用PLC的软元件。

③ 能根据控制要求设计简单的PLC程序。

3. 素质目标

① 培养学生速读、速记的学习习惯。

② 培养学生团队组织、管理能力。

③ 培养学生严谨细致、一丝不苟的学习精神。

④ 培养学生自我评价的认知能力和对他人评价的承受能力。

项目引入

继电控制系统是通过将控制电器用导线连接来实现控制功能的，它的控制装置体积大、耗电多、可靠性低、使用寿命有限、维修不方便；而PLC控制系统则是通过软件程序来实现控制功能的，克服了继电控制系统的缺点，尤其是在改变生产程序时非常方便。因此，PLC控制系统得到广泛应用。本章主要讲解PLC的基本逻辑指令及程序设计。

任务10.1 触点和线圈指令及应用

任务导入

图3-13所示为接触器互锁的正反转控制电路。若从信号的输入和输出来分析，停止信号（SB）、正转启动信号（SB1）、反转启动信号（SB2）以及热继电器动作信号（FR 常闭触点）均为输入信号，正转接触器（KM1）和反转接触器（KM2）为输出信号。输出与输入的控制关系则通过导线的连接来实现。那么如何用PLC来实现电动机的正反转控制呢？用PLC来控制电动机的正反

转时，可以保留继电器控制原理图的主电路，将I/O信号分别接到PLC的I/O端子，然后将继电器控制电路图中的控制电路的图形符号和文字符号变成 PLC 能识别的图形符号和文字符号就可以了，如图10-1所示。本任务主要讲解PLC的I/O继电器及其触点指令和线圈指令。

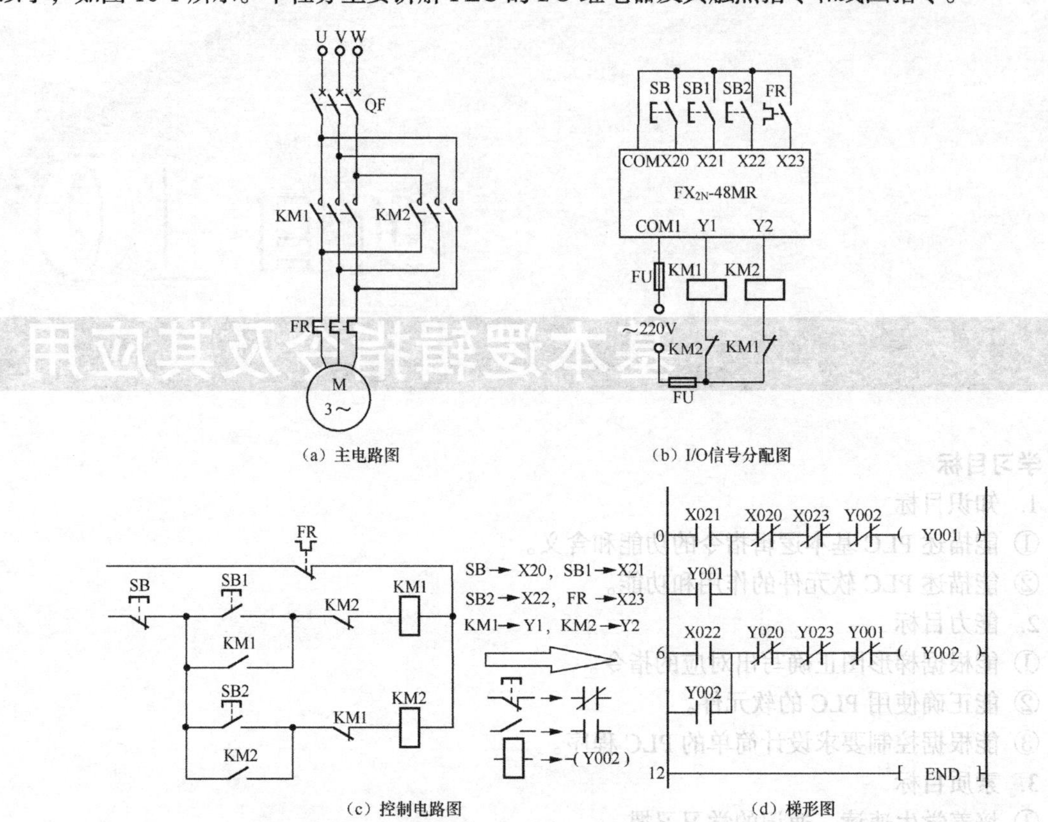

（a）主电路图　　（b）I/O信号分配图

（c）控制电路图　　（d）梯形图

X20—停止按钮SB；X21—正转起动按钮SB1；X22—反转起动按钮SB2；X23—热继电器常开触点；
Y1—正转接触器KM1；Y2—反转接触器KM2

图10-1　三相电动机正反转控制

10.1.1　输入继电器

PLC内部有许多具有不同功能的元件，实际上这些元件是由电子电路和存储器组成的。例如，输入继电器X是由输入电路和输入映像寄存器组成的；输出继电器Y是由输出电路和输出映像寄存器组成的；此外，还有定时器T、计数器C、辅助继电器M、状态继电器S、数据寄存器D、变址寄存器V/Z等。为了把它们与常用的硬元件区分开，通常把这些元件称为软元件，是等效概念抽象模拟的元件，并非实际的物理元件。从工作过程看，软元件只注重元件的功能，按元件的功能命名，如输入继电器X、输出继电器Y等，而且每个元件都有确定的编号，这对编程来说十分重要。需要特别指出的是，不同厂家，甚至同一厂家不同型号的PLC，其软元件的数量和种类都不一样（见附录B）。下面以FX系列PLC为例，详细介绍其软元件。

输入继电器与PLC的输入端子相连，是PLC接收外部开关信号的窗口，PLC通过输入端子将外部信号的状态读入并存储到输入映像寄存器中。与输入端子连接的输入继电器是光电隔离的电子继电器，其线圈、动合触点、动断触点与传统硬继电器表示方法一样。这些触点在PLC梯形图内可以自由使用。FX系列PLC的输入继电器采用八进制编号，如X000～X007，X010～X017（注意，通过PLC编程软件或编程器输入时，会自动生成3位八进制的编号，因此在标

准梯形图中是 3 位编号，但在非标准梯形图中习惯写成 X0～X7，X10～X17 等，输出继电器 Y 的写法与此相似），最多可达 184 点。

图 10-2 所示是一个 PLC 控制系统的示意图。其中，当 X0 端子外接的输入电路接通时，它对应的输入映像寄存器为 1 状态，否则，它对应的输入映像寄存器为 0 状态。输入继电器的状态只取决于外部输入信号的状态，不会受用户程序的控制，因此在梯形图中绝对不能出现输入继电器的线圈。

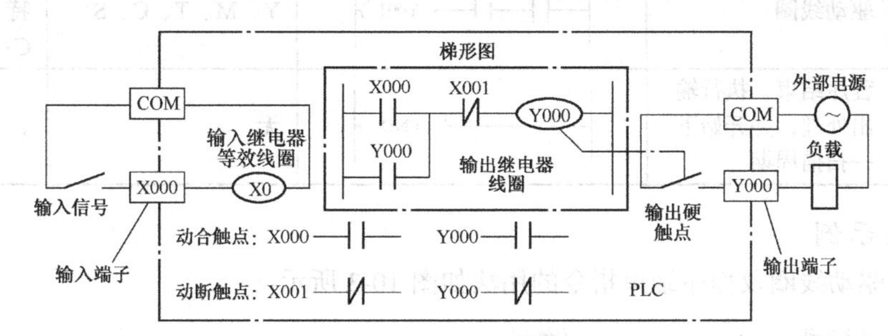

图 10-2 PLC 控制系统的示意图

10.1.2 输出继电器

输出继电器与 PLC 的输出端子相连，是 PLC 向外部负载发送信号的窗口。输出继电器用来将 PLC 的输出信号传送给输出单元，再由后者驱动外部负载。图 10-2 所示的梯形图中 Y0 的线圈“通电”，继电器型输出单元中对应的硬件继电器的动合触点闭合，使外部负载工作。输出单元中的每一个硬件继电器仅有一对硬的动合触点，但是在梯形图中，每一个输出继电器的动合触点和动断触点都可以多次使用。FX 系列 PLC 的输出继电器采用八进制编号，如 Y0～Y7，Y10～Y17，最多可达 184 点，但输入、输出继电器的总和不得超过 256 点。扩展单元和扩展模块的输入、输出继电器的元件号是从基本单元开始的，按从左到右、从上到下的顺序，采用八进制编号。表 10-1 所示为 FX_{2N} 系列 PLC 的输入、输出继电器元件号。

表 10-1 FX_{2N} 系列 PLC 的输入、输出继电器元件号

型号	FX_{2N}-16M	FX_{2N}-32M	FX_{2N}-48M	FX_{2N}-64M	FX_{2N}-80M	FX_{2N}-128M	扩展时
输入	X0～X7 8 点	X0～X17 16 点	X0～X27 24 点	X0～X37 32 点	X0～X47 40 点	X0～X77 64 点	X0～X267 184 点
输出	Y0～Y7 8 点	Y0～Y17 16 点	Y0～Y27 24 点	Y0～Y37 32 点	Y0～Y47 40 点	Y0～Y77 64 点	Y0～Y267 184 点

10.1.3 LD/LDI/OUT/END 指令

基本逻辑指令是 PLC 最基础的编程语言，掌握了基本逻辑指令也就初步掌握了 PLC 的使用方法。因此，本书以三菱 FX、汇川系列 PLC 基本逻辑指令（共 29 条）为例，说明指令的含义、梯形图与指令的对应关系及程序设计的技巧。

逻辑取、驱动线圈及程序结束指令 LD/LDI/OUT/END 的功能和电路表示如表 10-2 所示。

表 10-2 逻辑取、驱动线圈及程序结束指令表

符号、名称	功能	电路表示	操作元件	程序步
LD 取	常开（动合）触点与母线连接	─┤├─┤├─(Y001)─	X、Y、M、T、C、S	1

续表

符号、名称	功能	电路表示	操作元件	程序步
LDI 取反	常闭（动断）触点与母线连接	(Y001)	X、Y、M、T、C、S	1
OUT 输出	驱动线圈	(Y001)	Y、M、T、C、S	Y、M：1。S、特M：2。T：3。C：3～5
END 结束	程序结束，执行输出处理，并开始下一扫描周期	END	无	1

1. 用法示例

逻辑取、驱动线圈及程序结束指令的用法如图 10-3 所示。

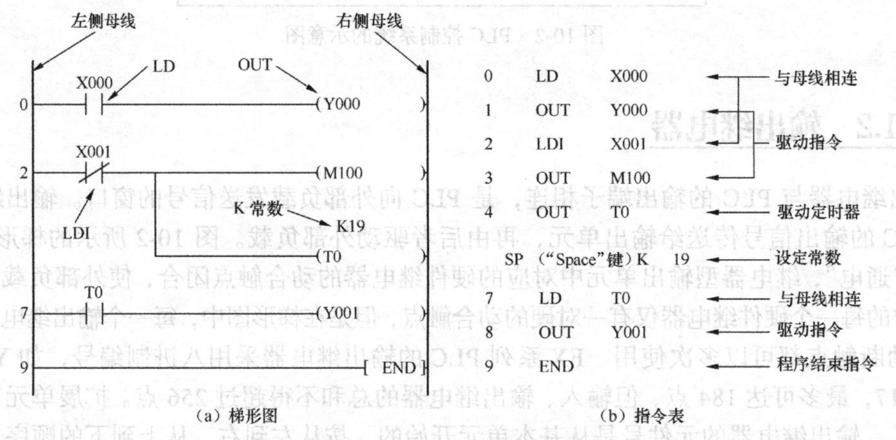

图 10-3 逻辑取、驱动线圈及程序结束指令的用法

2. 使用注意事项

① LD 是动合触点连到母线上，可以用于 X、Y、M、T、C 和 S。

② LDI 是动断触点连到母线上，可以用于 X、Y、M、T、C 和 S。

③ OUT 是驱动线圈的输出指令，可以用于 Y、M、T、C 和 S。

④ END 是程序结束指令，没有操作元件。

⑤ LD 与 LDI 指令对应的触点一般与左侧母线相连，若与后述的 ANB、ORB 指令组合，则可用于并、串联电路块的起始触点。

⑥ 线圈驱动指令可并行多次输出（即并行输出），例如图 10-3（a）所示梯形图中的 M100 和 T0 线圈就是并行输出。

⑦ 对于定时器的定时线圈或计数器的计数线圈，必须在其线圈后设定常数。例如图 10-3（a）所示梯形图中的 T0 线圈右上角的 K19 即为设定常数，它表示 T0 线圈得电 1.9s 后，T0 的延时动合触点闭合。

⑧ 输入继电器 X 不能使用 OUT 指令。

3. 程序结束指令 END

PLC 按照循环扫描的工作方式，首先进行输入处理，然后进行程序处理，当处理到 END 指令时，程序处理结束，开始输出处理。因此，若在程序中写入 END 指令，则 END 指令以后的程序将不再执行，直接进行输出处理；若不写入 END 指令，则从用户程序存储器的第 1 步执行

到最后一步。由此可知，若将 END 指令放在程序结束处，则只执行第 1 步至 END 这一步之间的程序，可以缩短扫描周期。在调试程序时，可以将 END 指令插在各段程序之后，从第 1 段开始分段调试，调试好以后必须删去程序中间的 END 指令，这种方法对程序的查错也很有用处，而且在执行 END 指令时，也会刷新警戒时钟。

10.1.4　AND/ANI/OR/ORI 指令

触点串、并联指令 AND/ANI/OR/ORI 的功能和电路表示如表 10-3 所示。

表 10-3　触点串、并联指令表

符号、名称	功能	电路表示	操作元件	程序步
AND 与	动合触点串联连接	(Y005)	X、Y、M、S、T、C	1
ANI 与非	动断触点串联连接	(Y005)	X、Y、M、S、T、C	1
OR 或	动合触点并联连接	(Y005)	X、Y、M、S、T、C	1
ORI 或非	动断触点并联连接	(Y005)	X、Y、M、S、T、C	1

1. 用法示例

触点串、并联指令的用法如图 10-4 所示。

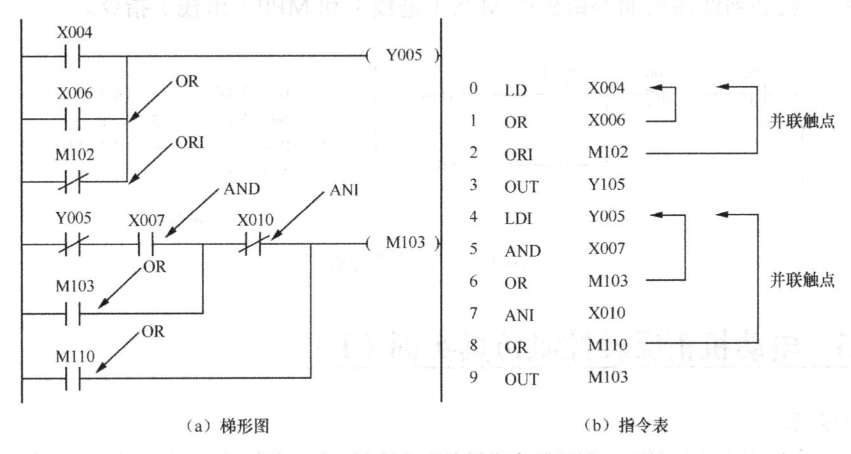

（a）梯形图　　（b）指令表

图 10-4　触点串、并联指令的用法

2. 使用注意事项

① AND 是动合触点串联连接指令，ANI 是动断触点串联连接指令，OR 是动合触点并联连接指令，ORI 是动断触点并联连接指令。这 4 条指令后面必须有被操作的元件名称及元件号，都可以用于 X，Y，M，T，C 和 S。

② 单个触点与左边的电路串联，使用 AND 和 ANI 指令时，串联触点的个数没有限制，但是因为图形编程器和打印机的功能有限制，所以建议尽量做到 1 行不超过 10 个触点和 1 个线圈。

③ OR 和 ORI 指令是从该指令的当前步开始，对前面的 LD、LDI 指令并联连接的指令，并联连接的次数无限制，但是因为图形编程器和打印机的功能有限制，所以并联连接的次数不超过 24 次。

④ OR 和 ORI 用于单个触点与前面电路的并联，并联触点的左端接到该指令所在的电路块

的起始点（LD点）上，右端与前一条指令对应触点的右端相连，即单个触点并联到它前面已经连接好的电路的两端（两个及以上触点串联连接的电路块在进行并联连接时，要用后续的ORB指令）。以图10-4所示的M110的动合触点为例，它前面的4条指令已经将4个触点串、并联为一个整体，因此OR M110指令对应的动合触点会并联到该电路的两端。

3. 连续输出

图10-5所示连续输出电路中OUT M1指令之后通过X1的触点去驱动Y4，称为连续输出。串联和并联指令是用来描述单个触点与别的触点或触点（而不是线圈）组成的电路的连接关系的。虽然X1的触点和Y4的线圈组成的串联电路与M1的线圈是并联关系，但是X1的动合触点与左边的电路是串联关系，所以针对X1的触点应使用串联指令。只要按正确的顺序设计电路，就可以多次使用连续输出，但是因为图形编程器和打印机的功能有限制，所以连续输出的次数不超过24次。

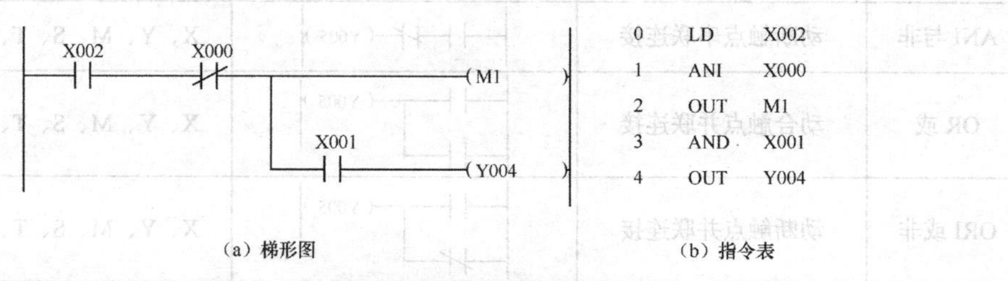

图10-5 连续输出电路（推荐电路）

需要注意的是，如果将图10-5所示的M1和Y4线圈所在的并联支路改为图10-6所示的电路（不推荐），就必须使用后面要讲到的MPS（进栈）和MPP（出栈）指令。

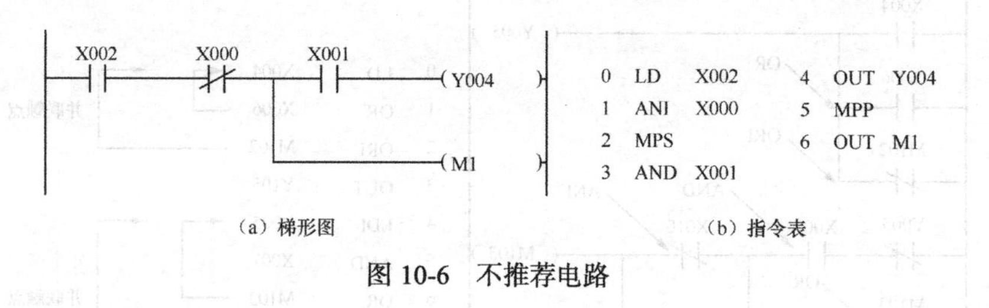

图10-6 不推荐电路

10.1.5 电动机正反转控制仿真实训（1）

1. 指令表

通过上述内容的学习可知，图10-1（d）所示梯形图对应的指令表如表10-4所示。

表10-4 电动机正反转控制仿真实训（1）指令表

步序	指令	步序	指令	步序	指令	步序	指令	步序	指令
0	LD X21	3	ANI X23	6	LD X22	9	ANI X23	12	END
1	OR Y1	4	ANI Y2	7	OR Y2	10	ANI Y1		
2	ANI X20	5	OUT Y1	8	ANI X20	11	OUT Y2		

2. 仿真实训

① 打开PLC仿真软件，进入D-5仿真培训窗口。

② 在程序编辑区域输入图10-1（d）所示梯形图，核对无误后单击“PLC写入”按钮，即将编辑好的程序写入模拟的PLC中。

③ 由于仿真软件已经完成了模拟 PLC 的输入和输出接线，且 PLC 已处于“运行中”，若按正转按钮 SB1（或仿真画面的 PB2，即 X21），则可以看到输送带正转。

④ 若按停止按钮 SB（或仿真画面的 PB1，即 X20），则可以看到输送带停止运行。

⑤ 若按反转按钮 SB2（或仿真画面的 PB3，即 X22），则可以看到输送带反转。

⑥ 若按停止按钮 SB（或仿真画面的 PB1，即 X20）或热继电器 FR 动作（使用仿真画面的 PB4 代替热继电器 FR 的常开触点），则可以看到输送带停止运行。

⑦ 保存上述程序后，在程序编辑区域按表 10-4 所示指令输入，核对无误后单击“PLC 写入”按钮，然后按上述步骤③～⑥运行程序是否正确。

⑧ 给上述程序添加适当的注释。

复习与思考

1. 进入 PLC 仿真软件的 B-1 培训窗口，按照索引区域的 Ch 1—Ch4 进行学习。

2. 进入 PLC 仿真软件的 B-2 培训窗口，按照索引区域的 Ch 1—Ch3 进行学习。

3. 进入 PLC 仿真软件的 B-3 培训窗口，按照索引区域的 Ch 1—Ch5 进行学习。

4. 进入 PLC 仿真软件的 D-1 培训窗口，按照索引区域的操作步骤进行学习。

5. 利用 PLC 仿真软件的 D-5 培训窗口，设计一个机械手上料的程序并完成仿真调试。控制要求如下：每次按启动按钮 PB1（X20）时，机械手的供给指令 Y0 就动作，将工件搬运到输送带后返回原点位置。

6. 利用 PLC 仿真软件的 D-5 仿真培训窗口，设计一个输送带运行程序并完成仿真调试。控制要求如下：按启动按钮 PB1（X20）时，输送带启动正转，当按停止按钮 PB2（X21）时，输送带停止运行。

7. 利用 PLC 仿真软件的 D-5 仿真培训窗口，设计一个工件上料和传输的程序并完成仿真调试。控制要求如下：按启动按钮 PB1（X20）时，机械手的供给指令 Y0 就动作，将工件搬运到输送带后返回原点位置；机械手开始工作后，启动输送带正转，当工件到达输送带末端，检测传感器 X3 检测到工件时，输送带就立即停止运行（工件停留在输送带末端），完成一个工件的上料和传输。

任务 10.2　电路块和栈指令及应用

任务导入

图 3-13 所示接触器互锁的正反转控制电路的图形符号和文字符号除了可以变成图 10-1（d）所示的梯形图外，还可以变成如图 10-7 所示的梯形图，那么图 10-7 的梯形图对应的指令表程序又是怎样的呢？本任务就来讲解电路块指令和栈指令。

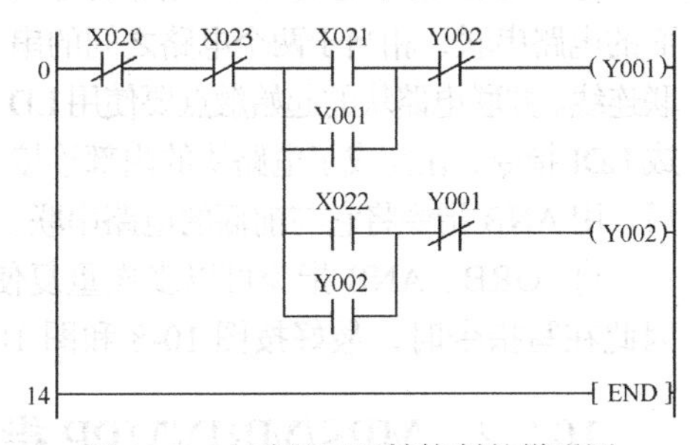

图 10-7　电动机正反转控制的梯形图

10.2.1　ORB/ANB 指令

电路块连接指令 ORB/ANB 的功能和电路表示如表 10-5 所示。

表10-5　　电路块连接指令表

符号、名称	功能	电路表示	操作元件	程序步
ORB 电路块或	串联电路块的并联连接	Y005	无	1
ANB 电路块与	并联电路块的串联连接	Y005	无	1

1. 用法示例

电路块连接指令的用法如图10-8和图10-9所示。

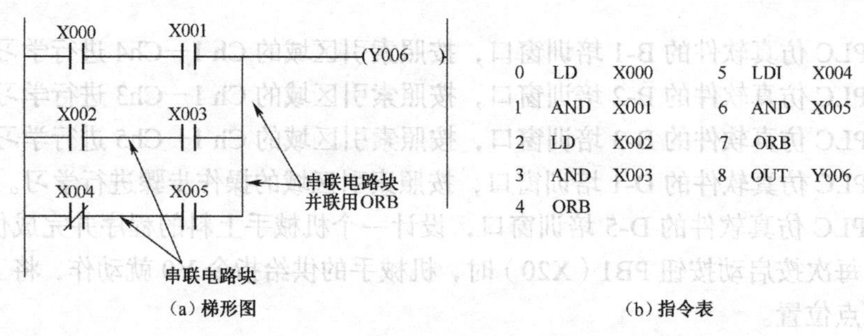

（a）梯形图　　（b）指令表

图10-8　串联电路块并联

2. 使用注意事项

① ORB是串联电路块的并联连接指令，ANB是并联电路块的串联连接指令，它们都没有操作元件，可以多次重复使用。

② ORB指令是将串联电路块与前面的电路并联，相当于电路块右侧的一段垂直连线。串联电路块的起始触点要使用LD或LDI指令，在完成了电路块的内部连接后，用ORB指令将它与前面的电路并联。

③ ANB指令是将并联电路块与前面的电路串联，相当于两个电路之间的串联连线。并联电路块的起始触点要使用LD或LDI指令，在完成了电路块的内部连接后，用ANB指令将它与前面的电路串联。

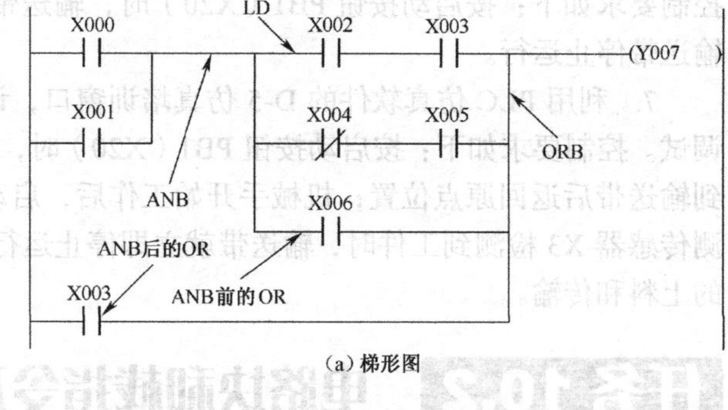

（a）梯形图

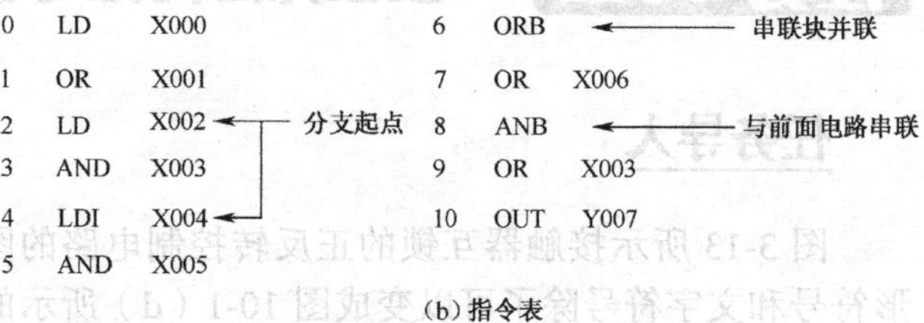

（b）指令表

图10-9　并联电路块串联

④ ORB、ANB指令可以多次重复使用，但是连续使用ORB指令时，应限制在8次及以下。因此在写指令时，最好按图10-8和图10-9所示的方法来写。

10.2.2　MPS/MRD/MPP指令

多重电路连接指令MPS/MRD/MPP的功能和电路表示如表10-6所示。

表 10-6 多重电路连接指令表

符号、名称	功能	电路表示	操作元件	程序步
MPS 进栈	进栈	MPS —(Y004)	无	1
MRD 读栈	读栈	MRD —(Y005)	无	1
MPP 出栈	出栈	MPP —(Y006)	无	1

1. 用法示例

多重电路连接指令的用法如图 10-10 和图 10-11 所示。

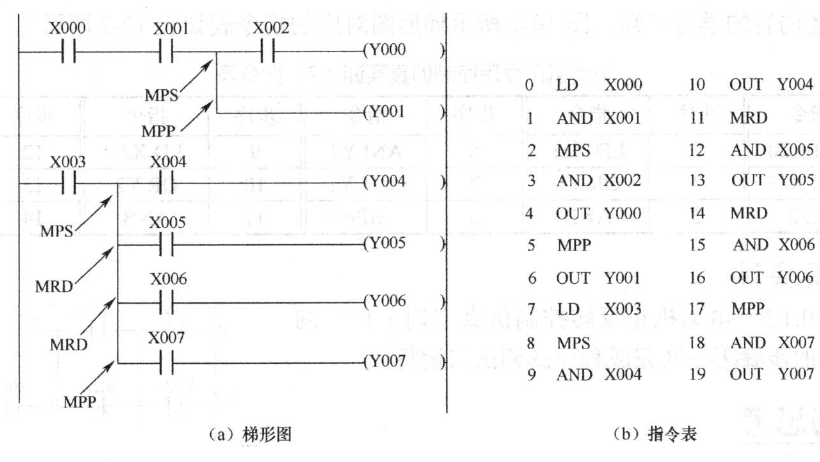

（a）梯形图 （b）指令表

图 10-10 简单 1 层栈

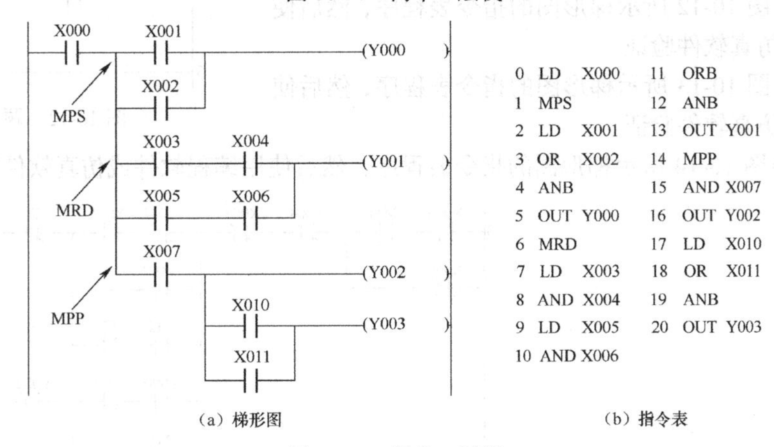

（a）梯形图 （b）指令表

图 10-11 复杂 1 层栈

2. 使用注意事项

① MPS 指令是将多重电路的公共触点或电路块先存储起来，以供后面的多重支路使用。多重电路的第 1 个支路前使用 MPS 进栈指令，多重电路的中间支路前使用 MRD 读栈指令，多重电路的最后一个支路前使用 MPP 出栈指令。该组指令没有操作元件。

② FX 系列 PLC 有 11 个存储中间运算结果的堆栈存储器，堆栈采用先进后出的数据存取方式。每使用一次 MPS 指令，当时的逻辑运算结果被压入堆栈的第 1 层，堆栈中原来的数据依次向下一层推移。

③ MRD 指令读取存储在堆栈最上层（即电路分支处）的运算结果，将下一个触点强制性地连接到该点，读栈后堆栈内的数据不会上移或下移。

④ MPP指令弹出堆栈存储器的运算结果，首先将下一触点连接到该点，然后从堆栈中去掉分支点的运算结果。使用MPP指令时，堆栈中各层的数据向上移动一层，最上层的数据在弹出后从栈内消失。

⑤ 处理最后一条支路时必须使用MPP指令，而不是MRD指令，且MPS和MPP指令的使用不能多于11次，并且要成对出现。

10.2.3 电动机正反转控制仿真实训（2）

1. 指令表

通过上述内容的学习可知，图10-7所示梯形图对应的指令表如表10-7所示。

表10-7 电动机正反转控制仿真实训（2）指令表

步序	指令	步序	指令	步序	指令	步序	指令	步序	指令
0	LDI X20	3	LD X21	6	ANI Y2	9	LD X22	12	ANI Y1
1	ANI X23	4	OR Y1	7	OUT Y1	10	OR Y2	13	OUT Y2
2	MPS	5	ANB	8	MPP	11	ANB	14	END

2. 仿真实训

参照“10.1.5 电动机正反转控制仿真实训（1）”的“仿真实训”的步骤①～⑧完成程序的调试与运行。

复习与思考

1. 先写出图10-12所示梯形图的指令表程序，然后使用编程软件或仿真软件验证。

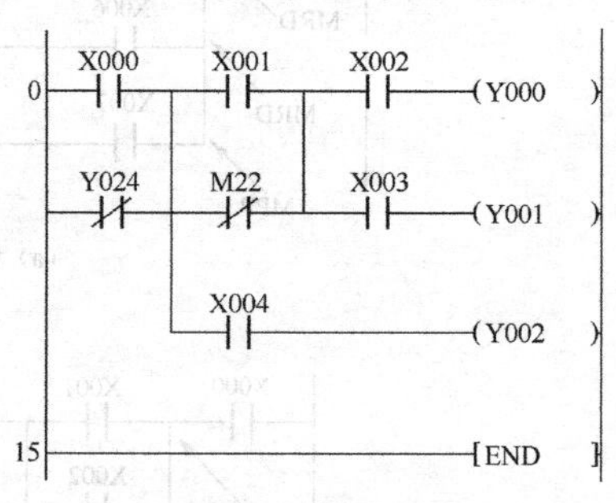

图10-12 题1的图

2. 先写出图10-13所示梯形图的指令表程序，然后使用编程软件或仿真软件验证。

3. 先写出图10-14所示梯形图的指令表程序，然后使用编程软件或仿真软件验证。

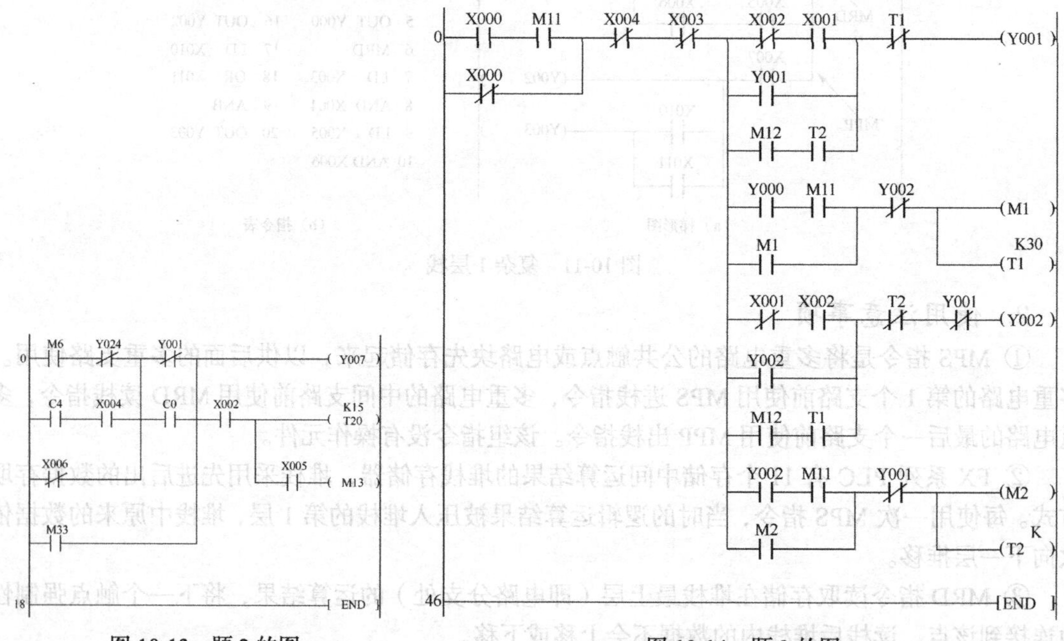

图10-13 题2的图

图10-14 题3的图

4. 先写出图 10-15 所示梯形图的指令表程序，然后使用编程软件或仿真软件验证。

5. 画出图 10-16 所示 M0 的时序图，交换上、下两行电路的位置，M0 的时序有什么变化？为什么？

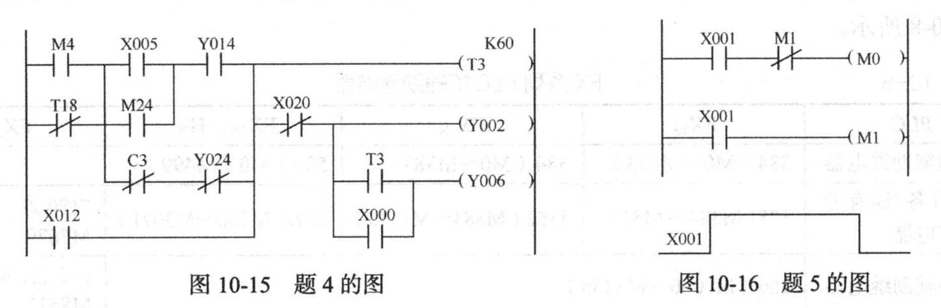

图 10-15　题 4 的图　　　　图 10-16　题 5 的图

6. 先画出图 10-17 所示两段指令对应的梯形图，然后使用编程软件或仿真软件验证。

步	指令	元件	步	指令	元件
0	LD	X000	10	OUT	Y004
1	AND	X001	11	MRD	
2	MPS		12	AND	X005
3	AND	X002	13	OUT	Y005
4	OUT	Y000	14	MRD	
5	MPP		15	AND	X006
6	OUT	Y001	16	OUT	Y006
7	LD	X003	17	MPP	
8	MPS		18	AND	X007
9	AND	X004	19	OUT	Y007

（a）指令表 1

步	指令	元件	步	指令	元件
0	LD	X000	11	ORB	
1	MPS		12	ANB	
2	LD	X001	13	OUT	Y001
3	OR	X002	14	MPP	
4	ANB		15	AND	X007
5	OUT	Y000	16	OUT	Y002
6	MRD		17	LD	X010
7	LD	X003	18	OR	X011
8	AND	X004	19	ANB	
9	LD	X005	20	ANI	X012
10	AND	X006	21	OUT	Y003

（b）指令表 2

图 10-17　题 6 的图

任务 10.3　主控指令及应用

任务导入

图 3-13 所示的接触器互锁的正反转控制电路的图形符号和文字符号除了可以变成图 10-1（d）、图 10-7 所示的梯形图外，还可以变成如图 10-18 所示的梯形图，那么图 10-18 的梯形图对应的指令表又是怎样的呢？本任务将讲解辅助继电器、状态继电器和主控指令（MC/MCR 指令）。

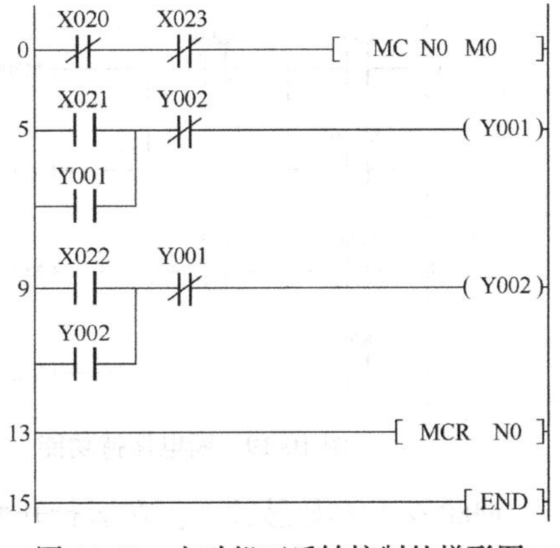

图 10-18　电动机正反转控制的梯形图

10.3.1　辅助继电器

PLC 内部有很多辅助继电器，相当于继电器控制系统中的中间继电器。在某些逻辑运算中，经常需要一些中间继电器来进行辅助运算，用于状态暂存、移位等，它是一种内部的状态标志，另外辅助继电器还具有某些特殊功能。它的动合、动断触点

在PLC的梯形图内可以无限次地自由使用，但是这些触点不能直接驱动外部负载，外部负载必须由输出继电器的外部硬触点来驱动。在FX、汇川系列PLC中，除了输入继电器和输出继电器的元件号采用八进制编号外，其他软元件的元件号均采用十进制。FX系列PLC的辅助继电器如表10-8所示。

表10-8　FX系列PLC的辅助继电器

PLC	FX_{1S}	FX_{1N}	FX_{2N}、H_{2U}	FX_{3U}
通用型辅助继电器	384（M0～M383）	384（M0～M383）	500（M0～M499）	
电池后备/锁存型辅助继电器	128（M384～M511）	1152（M384～M1535）	2572（M500～M3071）	7180点，M500～M7679
特殊型辅助继电器	256（M8000～M8255）			512点，M8000～M8511

（1）通用型辅助继电器。

FX系列PLC的通用型辅助继电器没有断电保持功能，如果在PLC运行时电源突然中断，输出继电器和通用型辅助继电器将全部变为OFF，若电源再次接通，除了PLC运行时即为ON的元件以外，其余的均为OFF。

（2）电池后备/锁存型辅助继电器。

某些控制系统要求记忆电源中断瞬时的状态，重新通电后再现其状态，电池后备/锁存型辅助继电器可以用于这种场合。在电源中断时由锂电池保持RAM中映像寄存器的内容，或将它们保存在EEPROM中，它们将在PLC重新通电后的第1个扫描周期保持断电瞬时的状态。为了利用它们的断电记忆功能，可以采用有记忆功能的电路，如图10-19所示。设图10-19所示X0和X1分别是启动按钮和停止按钮，M500通过Y0控制外部的电动机，如果电源中断时M500为1状态，因为电路的记忆作用，重新通电后M500将保持为1状态，使Y0继续为ON，电动机重新开始运行；而对于Y1，则由于M0没有停电保持功能，电源中断后重新通电时，Y1无输出。

（3）特殊型辅助继电器。

特殊型辅助继电器共256点，它们用来表示PLC的某些状态，提供时钟脉冲和标志（如进位、借位标志等），设定PLC的运行方式，或者用于步进顺控、禁止中断、设定计数器是加计数还是减计数等。特殊型辅助继电器分为如下两类。

① 只能利用其触点的特殊型辅助继电器。线圈由PLC系统程序自动驱动，用户只可以利用其触点。例如，M8000为运行监控，PLC运行时M8000的动合触点闭合，其时序图如图10-20所示。

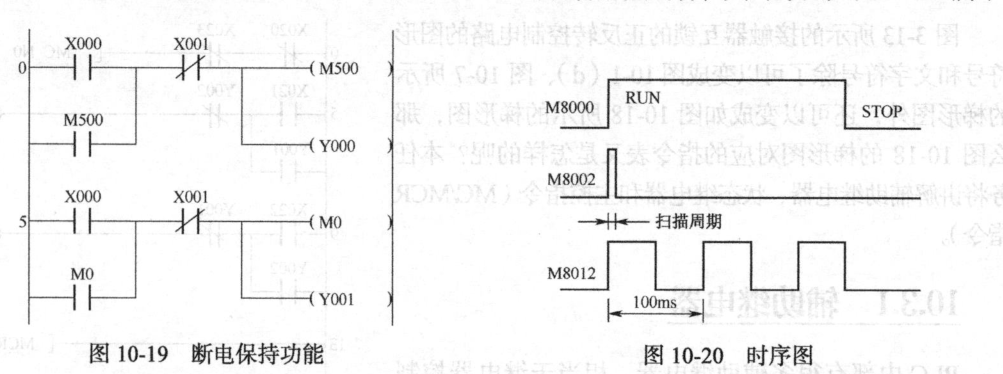

图10-19　断电保持功能　　　图10-20　时序图

M8002为初始脉冲，仅在运行开始瞬间接通一个扫描周期。因此，可以用M8002的动合触点使有断电保持功能的元件初始化复位或给它们置初始值。

M8011～M8014分别是10ms、100ms、1s和1min的时钟脉冲特殊辅助继电器。

② 可驱动线圈型特殊型辅助继电器。由用户程序驱动其线圈，使 PLC 执行特定的操作，用户并不使用它们的触点。例如，M8030 为锂电池电压指示特殊辅助继电器，当锂电池电压跌落时，M8030 动作，指示灯亮，提醒 PLC 维修人员赶快更换锂电池。

M8033 为 PLC 停止时输出保持特殊辅助继电器。

M8034 为禁止输出特殊辅助继电器。

M8039 为定时扫描特殊辅助继电器。

需要说明的是，未定义的特殊辅助继电器不可在用户程序中使用。

10.3.2　状态继电器

FX 系列 PLC 的状态继电器如表 10-9 所示。状态继电器是构成状态转移图的重要软元件，它与后述的步进顺控指令配合使用。状态继电器的动合和动断触点在 PLC 梯形图内可以自由使用，且使用次数不限。不用步进顺控指令时，状态继电器可以作为辅助继电器在程序中使用。

表 10-9　　FX 系列 PLC 的状态继电器

PLC	FX_{1S}	FX_{1N}	FX_{2N}、H_{2U}	FX_{3U}
初始化状态继电器	10 点，S0～S9			
通用状态继电器（回零状态继电器）	—		490 点，S10～S499	
保持状态继电器	128 点，S0～S127	1000 点，S0～S999	400 点，S500～S899	3596 点，S500～S4095
报警用状态继电器	—		100 点，S900～S999	

通常状态继电器有下面 5 种类型。

① 初始化状态继电器 S0～S9，共 10 点。

② 回零状态继电器 S10～S19，共 10 点，未用作回零状态时，可以作为通用状态继电器。

③ 通用状态继电器 S20～S499，共 480 点。

④ 保持状态继电器 S500～S899，共 400 点。

⑤ 报警用状态继电器 S900～S999，共 100 点，这 100 个状态继电器可用作外部故障诊断。

10.3.3　MC/MCR 指令

在编程时，经常会遇到许多线圈同时受一个或一组触点控制的情况，如果在每个线圈的控制电路前都串入同样的触点，将占用很多存储单元，使用主控指令可以解决这一问题。使用主控指令的触点称为主控触点，它在梯形图中与一般的触点垂直，主控触点是控制一组电路的总开关。MC/MCR 指令的功能和电路表示如表 10-10 所示。

表 10-10　　MC/MCR 指令的功能和电路表示

符号、名称	功能	电路表示及操作元件	程序步
MC 主控	主控电路块起点	[MC N0 Y 或 M] N0　Y 或 M 不允许使用特 M	3
MCR 主控复位	主控电路块终点	[MCR N0]	2

1. 用法示例

主控指令用法如图 10-21 所示。

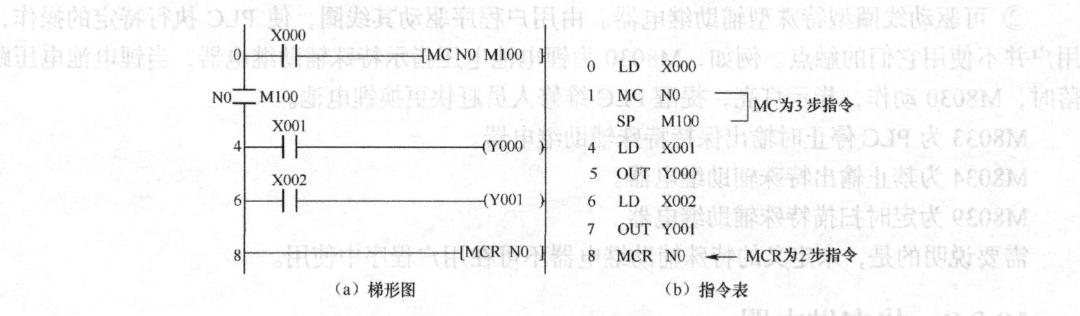

图 10-21 主控指令用法

2. 使用注意事项

① MC 指令是主控起点，操作数 N（0～7）为嵌套层数，操作元件为 M、Y，特殊辅助继电器不能用作 MC 指令的操作元件。MCR 指令是主控结束，主控电路块的终点，操作数 N（0～7）为嵌套层数。MC 与 MCR 指令必须成对使用。

② 触点与主控触点相连必须用 LD 或 LDI 指令，即执行 MC 指令后，母线移到主控触点的后面，MCR 指令使母线回到原来的位置。

③ 图 10-21 所示 X0 的动合触点闭合时，执行从 MC 到 MCR 之间的指令；MC 指令的输入电路（X0）断开时，不执行上述区间的指令，其中的积算定时器、计数器、用复位/置位指令驱动的软元件保持其当时的状态，其余的元件被复位，如非积算定时器和用 OUT 指令驱动的元件变为 OFF。

④ 在 MC 指令内再使用 MC 指令时，称为嵌套，嵌套层数 N 的编号就顺次增大；主控返回时用 MCR 指令，嵌套层数 N 的编号就顺次减小。

10.3.4 电动机正反转控制仿真实训（3）

1. 指令表

通过上述内容的学习可知，图 10-18 所示梯形图对应的指令表如表 10-11 所示。

表 10-11 电动机正反转控制仿真实训（3）指令表

步序	指令	步序	指令	步序	指令	步序	指令	步序	指令
0	LDI X20	5	LD X21	8	OUT Y1	11	ANI Y1	15	END
1	ANI X23	6	OR Y1	9	LD X22	12	OUT Y2		
2	MC N0 M0	7	ANI Y2	10	OR Y2	13	MCR N0		

2. 仿真实训

参照“10.1.5 电动机正反转控制仿真实训（1）”的“2. 仿真实训”的步骤①～⑧完成程序的调试与运行。

复习与思考

1. 说明通用型辅助继电器和电池后备型继电器的区别。
2. 说明特殊辅助继电器 M8000 和 M8002 的区别。
3. 请写出与时间相关的特殊辅助继电器。
4. 主控指令通常在什么情况下使用？

任务 10.4　置位、复位和脉冲指令及应用

任务导入

图 3-13 所示的接触器互锁的正反转控制电路的图形符号和文字符号除了可以变成图 10-1（d）、图 10-7、图 10-8 所示的梯形图外，还可以变成如图 10-22 所示的梯形图，那么图 10-22 的梯形图对应的指令表又是怎样的呢？本任务将讲解置位、复位和脉冲指令。

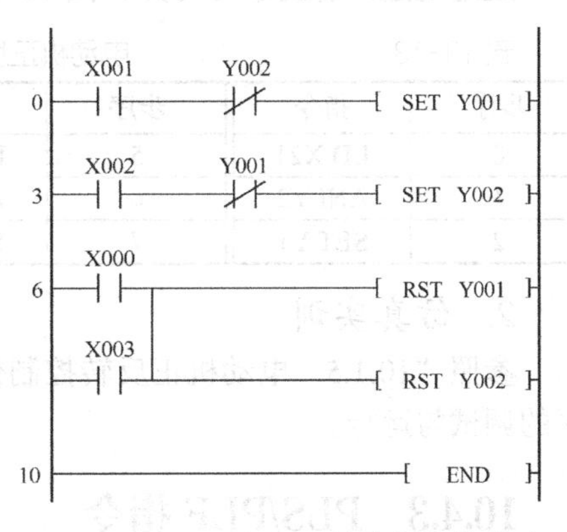

图 10-22　电动机正反转控制的梯形图

10.4.1　SET/RST 指令

置位与复位指令 SET/RST 的功能和电路表示如表 10-12 所示。

表 10-12　置位与复位指令表

符号、名称	功能	电路表示	操作元件	程序步
SET 置位	令元件置位并自保持 ON	SET Y000	Y、M、S	Y、M：1。 S、特 M：2
RST 复位	令元件复位并自保持 OFF 或清除寄存器的内容	RST Y000	Y、M、S、C、D、V、Z、积 T	Y、M：1。 S、特 M、C、积 T：2。 D、V、Z：3

1．用法示例

SET/RST 指令用法示例如图 10-23 所示，其中图（a）所示为梯形图，图（b）所示为指令表，图（c）所示为时序图。

2．使用注意事项

① 图 10-23 所示的 X0 一接通，即使再变成断开，Y0 也保持接通。X1 接通后，即使再变成断开，Y0 也保持断开，对于 M、S 也是同样。

② 对同一元件可以多次使用 SET、RST 指令，顺序可任意，但对外输出的结果，则只有最后执行的一条指令才有效。

③ 要使数据寄存器 D、计数器 C、积算定时器 T、变址寄存器 V、Z 的内容清零，也可用 RST 指令。

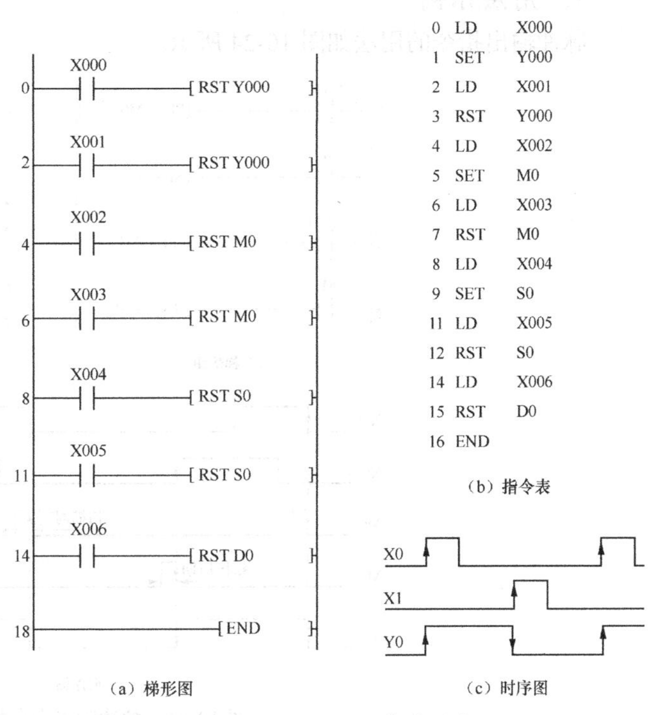

图 10-23　SET/RST 指令用法

10.4.2 电动机正反转控制仿真实训（4）

1. 指令表

通过上述内容的学习可知，图 10-22 所示梯形图对应的指令表如表 10-13 所示。

表 10-13　　电动机正反转控制仿真实训（4）指令表

步序	指令	步序	指令	步序	指令	步序	指令
0	LD X21	5	LD X22	8	LD X20	11	RST Y2
1	ANI Y2	6	ANI Y1	9	OR X23	12	END
2	SET Y1	7	SET Y2	10	RST Y1		

2. 仿真实训

参照“10.1.5 电动机正反转控制仿真实训（1）”的“2. 仿真实训”的步骤①～⑧完成程序的调试与运行。

10.4.3 PLS/PLF 指令

脉冲输出指令 PLS/PLF 的功能和电路表示如表 10-14 所示。

表 10-14　　脉冲输出指令表

符号、名称	功能	电路表示	操作元件	程序步
PLS 上升沿脉冲	上升沿微分输出	X000 [PLS M0]	Y、M	2
PLF 下降沿脉冲	下降沿微分输出	X001 [PLF M1]	Y、M	2

1. 用法示例

脉冲输出指令的用法如图 10-24 所示。

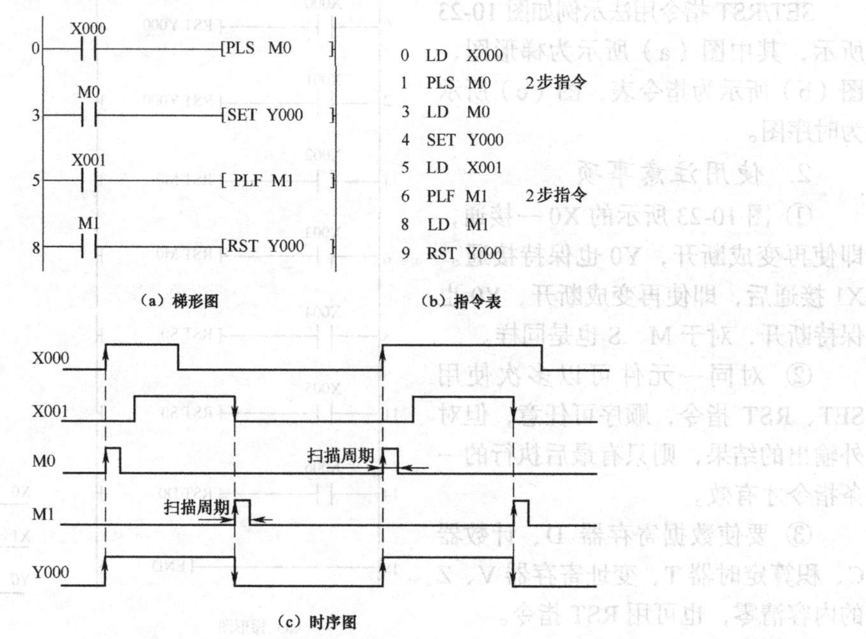

图 10-24 脉冲输出指令的用法

2. 使用注意事项

① PLS 是上升沿脉冲微分输出指令，PLF 是下降沿脉冲微分输出指令。PLS 和 PLF 指令只能用于输出继电器 Y 和辅助继电器 M（不包括特殊辅助继电器）。

② 图 10-24 所示的 M0 仅在 X0 的动合触点由断开变为闭合（即 X0 的上升沿）时的一个扫描周期内为 ON；M1 仅在 X1 的动合触点由闭合变为断开（即 X1 的下降沿）时的一个扫描周期内为 ON。

③ 在图 10-24 所示的输入继电器 X0 接通的情况下，PLC 由运行→停机→运行状态变化时，PLS M0 指令将输出一个脉冲。然而，如果用电池后备/锁存型辅助继电器代替 M0，则 PLS 指令在这种情况下不会输出脉冲。

10.4.4　电动机正反转控制仿真实训（5）

用所学指令设计三相异步电动机正反转控制的梯形图，其控制要求及 I/O 分配图同前，其梯形图及指令表如图 10-25 所示，请参照“10.1.5　电动机正反转控制仿真实训（1）”的“2. 仿真实训”的步骤①～⑧完成程序的调试与运行。

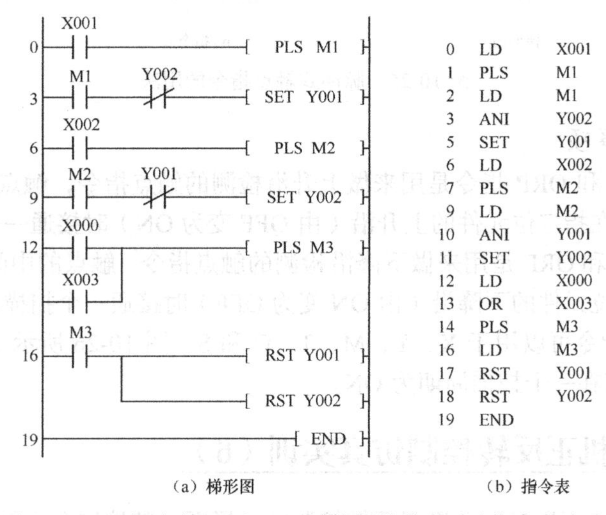

0	LD	X001
1	PLS	M1
2	LD	M1
3	ANI	Y002
5	SET	Y001
6	LD	X002
7	PLS	M2
9	LD	M2
10	ANI	Y001
11	SET	Y002
12	LD	X000
13	OR	X003
14	PLS	M3
16	LD	M3
17	RST	Y001
18	RST	Y002
19	END	

（a）梯形图　　（b）指令表

图 10-25　三相异步电动机正反转控制的梯形图及指令表（1）

10.4.5　LDP/LDF/ANDP/ANDF/ORP/ORF 指令

脉冲式触点指令 LDP/LDF/ANDP/ANDF/ORP/ORF 的功能和电路表示如表 10-15 所示。

表 10-15　脉冲式触点指令表

符号、名称	功能	电路表示	操作元件	程序步
LDP 取上升沿脉冲	上升沿脉冲逻辑运算开始	M1	X、Y、M、S、T、C	2
LDF 取下降沿脉冲	下降沿脉冲逻辑运算开始	M1	X、Y、M、S、T、C	2
ANDP 与上升沿脉冲	上升沿脉冲串联连接	M1	X、Y、M、S、T、C	2
ANDF 与下降沿脉冲	下降沿脉冲串联连接	M1	X、Y、M、S、T、C	2

续表

符号、名称	功能	电路表示	操作元件	程序步
ORP 或上升沿脉冲	上升沿脉冲并联连接	(M1)	X、Y、M、S、T、C	2
ORF 或下降沿脉冲	下降沿脉冲并联连接	(M1)	X、Y、M、S、T、C	2

1. 用法示例

脉冲式触点指令的用法如图 10-26 所示。

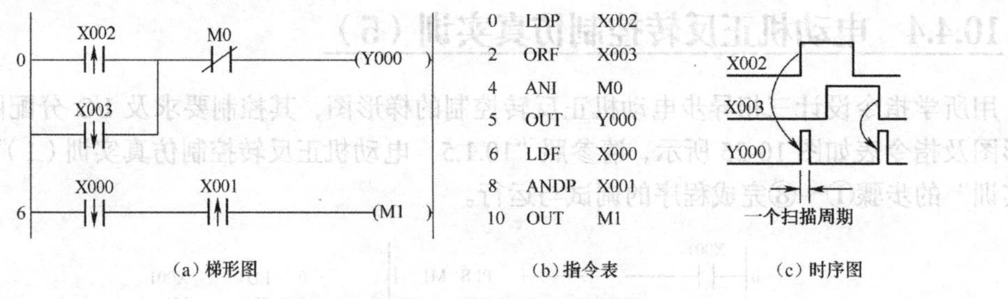

图 10-26 脉冲式触点指令的用法

2. 使用注意事项

① LDP、ANDP 和 ORP 指令是用来做上升沿检测的触点指令，触点的中间有一个向上的箭头，对应的触点仅在指定位元件的上升沿（由 OFF 变为 ON）时接通一个扫描周期。

② LDF、ANDF 和 ORF 是用来做下降沿检测的触点指令，触点的中间有一个向下的箭头，对应的触点仅在指定位元件的下降沿（由 ON 变为 OFF）时接通一个扫描周期。

③ 脉冲式触点指令可以用于 X、Y、M、T、C 和 S。图 10-26 所示 X2 的上升沿或 X3 的下降沿出现时，Y0 仅在一个扫描周期为 ON。

10.4.6 电动机正反转控制仿真实训（6）

用所学指令设计三相异步电动机正反转控制的梯形图。其控制要求及 I/O 分配图同前，其梯形图及指令表如图 10-27 所示，请参照“10.1.5 电动机正反转控制仿真实训（1）”的“2.仿真实训”的步骤①～⑧完成程序的调试与运行。

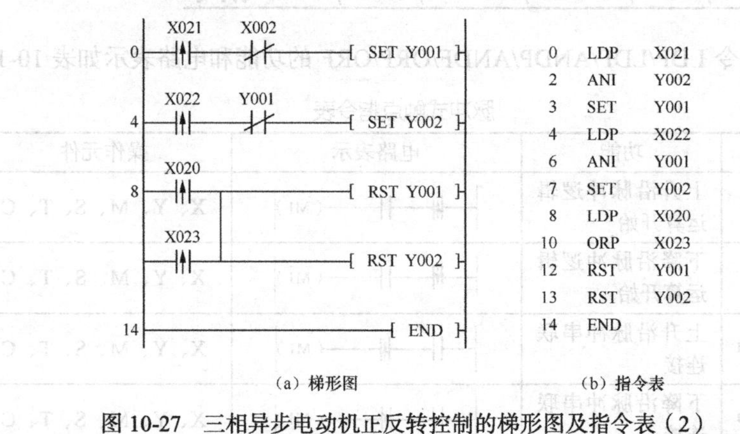

图 10-27 三相异步电动机正反转控制的梯形图及指令表（2）

10.4.7 INV/NOP 指令

逻辑运算结果取反及空操作指令 INV/NOP 的功能和电路表示如表 10-16 所示。

表 10-16 逻辑运算结果取反及空操作指令表

符号、名称	功能	电路表示	操作元件	程序步
INV 取反	逻辑运算结果取反	X000 (Y000)	无	1
NOP 空操作	无动作	无	无	1

1. 逻辑运算结果取反指令 INV

INV 指令在梯形图中用一条 45° 的短斜线来表示，它将使无该指令时的运算结果取反。如运算结果为 0 时，则将它变为 1；运算结果为 1 时，则将它变为 0。如果 X0 为 ON，则 Y0 为 OFF，反之则 Y0 为 ON，如图 10-28 所示。

2. 空操作指令 NOP

① 若在程序中加入 NOP 指令，则改动或追加程序时，可以减少步序号的改变。

② 若将 LD、LDI、ANB、ORB 等指令换成 NOP 指令，电路构成将有较大幅度的变化，必须引起注意，如图 10-29 所示。

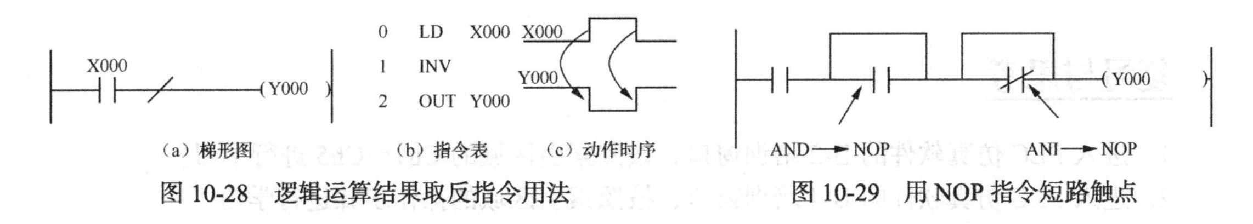

图 10-28 逻辑运算结果取反指令用法

图 10-29 用 NOP 指令短路触点

③ 执行程序全清除操作后，全部指令都变成 NOP。

10.4.8 MEP/MEF 指令

运算结果脉冲化指令 MEP/MEF 是 FX_{3U} 和 FX_{3G} 系列 PLC 特有的指令，其功能和电路表示如表 10-17 所示。

表 10-17 运算结果脉冲化指令表

符号、名称	功能	电路表示	操作元件	程序步
MEP 上升沿脉冲化	运算结果上升沿时输出脉冲	X000 X001 MEP (M0)	无	1
MEF 下降沿脉冲化	运算结果下降沿时输出脉冲	X000 X001 MEF (M0)	无	1

1. 用法示例

运算结果脉冲化指令的用法如图 10-30 所示。

2. 使用注意事项

① MEP（MEF）指令将使无该指令时的运算结果上升（下降）沿时输出脉冲。

② MEP（MEF）指令不能直接与母线相连，它在梯形图中的位置与 AND 指令相同。

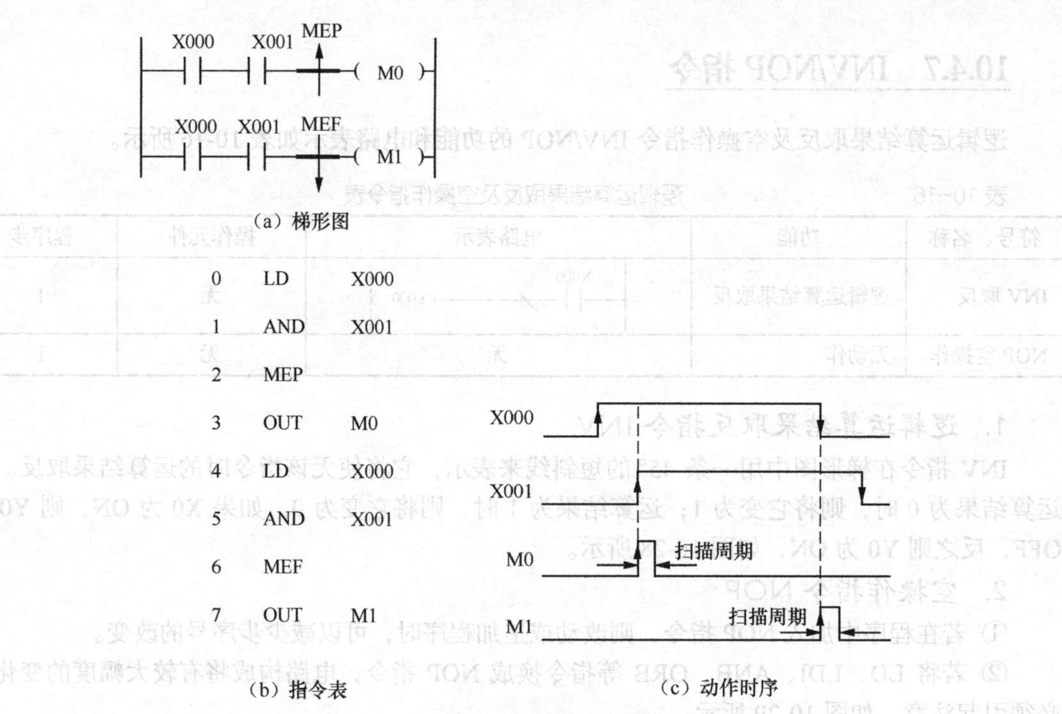

图 10-30 运算结果脉冲化指令的用法

复习与思考

1. 进入PLC仿真软件的B-2培训窗口，按照索引区域的Ch1～Ch5进行学习。
2. 进入PLC仿真软件的B-4培训窗口，按照索引区域的操作步骤进行学习。
3. 进入PLC仿真软件的D-4培训窗口，按照索引区域的操作步骤进行学习。

任务10.5 电动机正反转控制实训

1. 实训目的

① 掌握PLC的基本逻辑指令。

② 掌握编程软件的基本操作。

③ 掌握电动机正反转控制的梯形图和指令表程序。

④ 掌握电动机正反转控制的PLC外部接线及程序调试。

2. 实训器材

① PLC应用技术综合实训装置1台。

② 交流接触器模块1个（含2个交流接触器）。

③ 热继电器模块1个。

④ 开关、按钮板模块1个。

⑤ 电动机1台。

3. 实训要求

用所学指令设计电动机正反转控制的程序。其控制要求如下：若按正转按钮SB1，正转接触器KM1得电，电动机正转；若按反转按钮SB2，反转接触器KM2得电，电动机反转；若按

停止按钮 SB 或热继电器 FR 动作，正转接触器 KM1 或反转接触器 KM2 失电，电动机停止运行；只有电气互锁，没有按钮互锁。

4. 软件程序

① I/O 分配。X0—停止按钮 SB；X1—启动按钮 SB1；X2—热继电器 FR 动合触点；Y1—电动机正转接触器 KM1；Y2—电动机反转接触器 KM2。

② 程序设计。根据控制要求，其程序如图 10-1、图 10-7、图 10-18、图 10-22、图 10-25、图 10-27 所示。

5. 系统接线

根据系统控制要求，其系统接线图如图 10-1（a）和 10-1（b）所示。

6. 系统调试

① 输入程序。利用 PLC 的 GX Developer 编程软件，通过计算机将图 10-1（d）所示的梯形图（1）正确输入 PLC 中。

② 静态调试。按图 10-1（b）所示的 PLC 的 I/O 信号分配图正确连接好输入设备，进行 PLC 的模拟静态调试[即若按正转按钮 SB1（X21）后，Y1 指示灯亮，按停止按钮 SB（X20）或热继电器动作 FR（X23），Y1 熄灭；若按反转按钮 SB1（X21）后，Y2 指示灯亮，按停止按钮 SB（X20）或热继电器动作 FR（X23），Y2 熄灭]，观察 PLC 的输出指示灯是否按要求指示，否则，检查并修改程序，直至指示正确。

③ 动态调试。按图 10-1（b）所示的 PLC 的 I/O 信号分配图正确连接好输出设备，进行系统的空载调试，观察交流接触器能否按控制要求动作，如不行则检查电路或修改程序，直至交流接触器能按控制要求动作；再按图 10-1（a）所示的主电路图连接好电动机，进行负载动态调试。

④ 分别按上述步骤调试图 10-7、图 10-18、图 10-22、图 10-25、图 10-27 所示程序。

⑤ 修改、打印并保存程序。动态调试正确后，练习删除、复制、粘贴、删除连线、绘制连线、程序读写、监视程序、设备注释等操作，最后，打印程序（指令表及梯形图）并保存程序。

7. 三方评价

在班上展示上述工作的完成情况，并参照表 9-4 完成三方评价。

项目11 程序设计及其执行过程

学习目标

1. 知识目标

① 能描述定时器、计数器的工作原理。

② 理解PLC的循环工作原理。

③ 了解PLC程序设计的方法与技巧。

2. 能力目标

① 能正确使用定时器、计数器进行程序设计。

② 能正确分析PLC程序的执行过程。

③ 能根据用户要求设计PLC的控制程序。

3. 素质目标

① 培养学生速读、速记的学习习惯。

② 培养学生团队组织、管理能力。

③ 培养学生严谨细致、一丝不苟的学习精神。

④ 培养学生自我评价的认知能力和对他人评价的承受能力。

项目引入

项目10主要介绍基本逻辑指令、如何使用基本逻辑指令设计简单的控制程序，以及PLC的一些软元件。那么，如何根据控制要求来设计程序？程序设计的技巧有哪些？程序的执行过程是如何进行的？这一系列的问题将在本项目中得到解答。

任务11.1 定时器与计数器的应用

任务导入

前文介绍了PLC的输入继电器X、输出继电器Y、辅助继电器M以及状态继电器S，除此之外，PLC还有进行定时、计数和数据处理的定时器、计数器以及数据寄存器，本任务主要讲解定时器、计数器和数据寄存器等及其在PLC程序中的应用。

11.1.1　定时器

FX 系列 PLC 的定时器如表 11-1 所示。定时器在 PLC 中的作用相当于一个时间继电器，它有 1 个设定值寄存器（1 个字长）、1 个当前值寄存器（1 个字长）以及无限个触点（1 个位）。对于每一个定时器，这 3 个量使用同一名称。根据使用场合的不同，其所指也不一样。

表 11-1　　FX 系列 PLC 的定时器

PLC		FX_{1S}	FX_{1N}、FX_{2N}、H_{2U}	FX_{3U}
通用型	100ms 定时器	63（T0～T62）	200（T0～T199）	
	10ms 定时器	31（T32～T62）（M8028=1 时）	46（T200～T245）	
	1ms 定时器	1（T63）	—	256 点，T256～T511
积算型	1ms 定时器	—	4（T246～T249）	
	100ms 定时器		6（T250～T255）	

PLC 中的定时器是根据时钟脉冲累积计时的，时钟脉冲有 1ms、10ms、100ms 这 3 档，当所计时间达到设定值时，延时触点动作。100ms 定时器的设定值范围为 0.1s～3276.7s；10ms 定时器的设定值范围为 0.01s～327.67s；1ms 定时器的设定值范围为 0.001s～32.767s。定时器可以用常数 K 或 H 作为设定值，也可以用后述的数据寄存器的内容作为设定值，这里使用的数据寄存器最好选择有断电保持功能的。

1. 通用型定时器

图 11-1 所示是通用型定时器的工作原理。当驱动输入 X0 接通时，编号为 T200 的当前值计数器对 10ms 时钟脉冲进行计数。当计数值与设定值 K123 相等时，定时器的动合触点就闭合，动断触点断开，即延时触点是在驱动线圈后的 123 × 0.01s=1.23s 时动作。驱动输入 X0 断开或发生断电时，当前值计数器就复位，延时触点也复位。

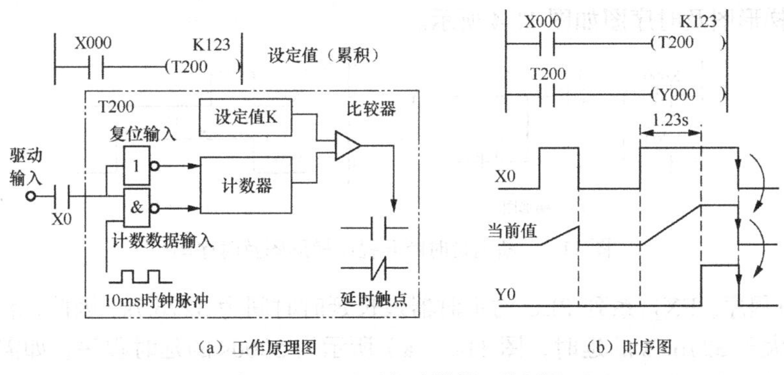

（a）工作原理图　　（b）时序图

图 11-1　通用型定时器的工作原理

2. 积算型定时器

图 11-2 所示是积算型定时器工作原理。当定时器线圈 T250 的驱动输入 X1 接通时，T250 的当前值计数器开始累积 100ms 的时钟脉冲的个数。当该值与设定值 K345 相等时，定时器的动合触点闭合，动断触点断开。当计数值未达到设定值而驱动输入 X1 断开或断电时，当前值可保持，当驱动输入 X1 再接通或恢复供电时，计数继续进行。当累积时间为 0.1s × 345=34.5s 时，延时触点动作。当复位输入 X2 接通时，计数器就复位，延时触点也复位。

3. 定时器应用程序

① 得电延时闭合程序。按启动按钮 X0，延时 2s 后输出 Y0 接通；当按停止按钮 X2 时，

输出Y0断开，其梯形图及时序图如图11-3所示。

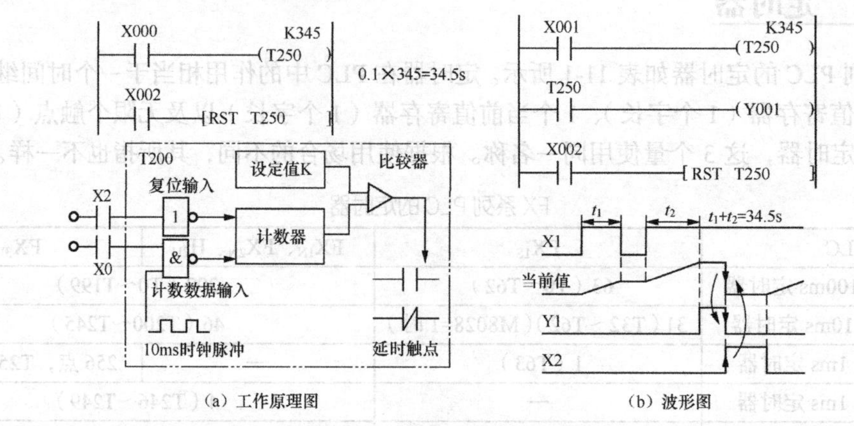

（a）工作原理图　　（b）波形图

图11-2　积算型定时器工作原理

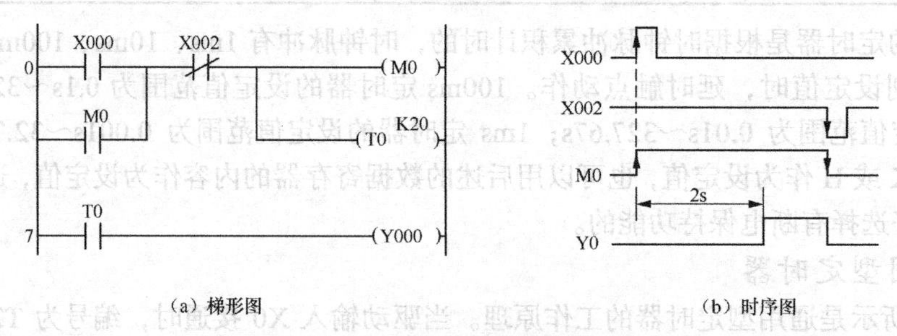

（a）梯形图　　（b）时序图

图11-3　得电延时闭合程序梯形图及时序图

② 断电延时断开程序。当X0为ON时，Y0接通并自保；当X0断开时，定时器T0开始得电延时，当X0断开的时间达到定时器的设定时间10s时，Y0才由ON变为OFF，实现断电延时断开，其梯形图及时序图如图11-4所示。

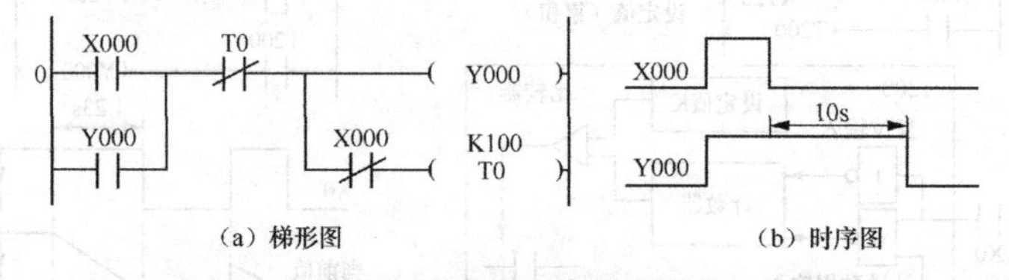

（a）梯形图　　（b）时序图

图11-4　断电延时断开程序梯形图及时序图

③ 长延时程序。FX_{2N}系列PLC的定时器最长延时时间为3276.7s，因此，利用多个定时器组合可以实现大于3276.7s的延时，图11-5（a）所示为5000s的延时程序。如需要几万秒甚至更长的延时，需用定时器与计数器的组合来实现，图11-5（b）和图11-5（c）所示为定时器与计数器组合实现的20000s的延时。

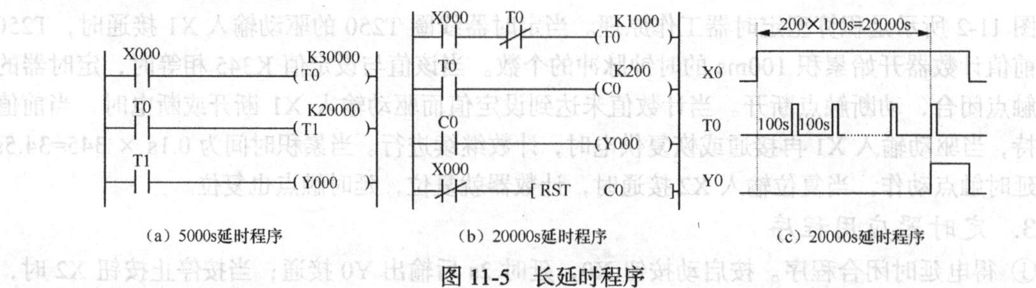

（a）5000s延时程序　　（b）20000s延时程序　　（c）20000s延时程序

图11-5　长延时程序

④ 顺序延时接通程序。当 X0 接通后，输出继电器 Y0、Y1、Y2 按顺序每隔 10s 输出，用两个定时器 T0、T1 设置不同的延时时间，可实现按顺序接通，当 X0 断开时输出同时停止，程序梯形图及时序图如图 11-6 所示。

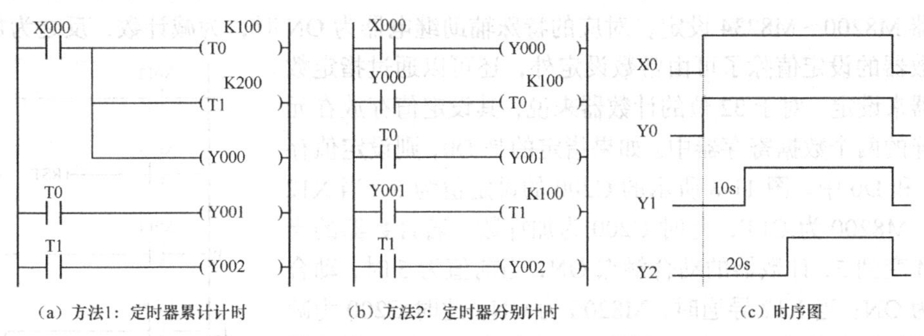

图 11-6　顺序延时接通程序梯形图及时序图

11.1.2　计数器

FX 系列的计数器如表 11-2 所示，包括内部信号计数器（简称内部计数器）和外部高速计数器（简称高速计数器）。

表 11-2　FX 系列的计数器

PLC	FX_{1S}	FX_{1N}	FX_{2N}、FX_{3U}、H_{2U}
16 位通用计数器	16（C0～C15）	16（C0～C15）	100（C0～C99）
16 位电池后备/锁存计数器	16（C16～C31）	184（C16～C199）	100（C100～C199）
32 位通用双向计数器	—	20（C200～C219）	
32 位电池后备/锁存双向计数器	—	15（C220～C234）	
高速计数器	21（C235～C255）		

1. 内部计数器

内部计数器用来对 PLC 的内部元件（X、Y、M、S、T 和 C）提供的信号进行计数。计数脉冲为 ON 或 OFF 的持续时间，应大于 PLC 的扫描周期，其响应速度通常小于数十赫兹。内部计数器按位数可分为 16 位加计数器、32 位双向计数器，按功能可分为通用计数器和电池后备/锁存计数器。

① 16 位加计数器的设定值范围为 1～32767。图 11-7 所示为 16 位加计数器的工作过程，图中 X10 的动合触点闭合后，C0 被复位，它对应的位存储单元被置 0，它的动合触点断开，动断触点闭合，同时其计数当前值被置 0。X11 用来提供计数输入信号，当计数器的复位输入电路断路，计数输入电路由断路变为导通（即计数脉冲的上升沿）时，计数器的当前值加 1，在 5 个计数脉冲之后，C0 的当前值等于设定值 5，它对应的位存储单元的内容被置 1，其动合触点闭合，动断触点断开。再来计数脉冲时计数器当前值不变，直到复位输入电路接通，计数器的当前值被置 0。

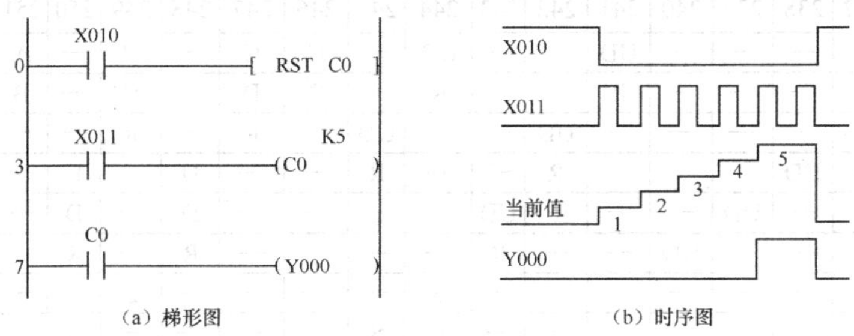

图 11-7　16 位加计数器的工作过程

具有电池后备/锁存功能的计数器在电源断电时可保持其状态信息，重新送电后能立即按断电时的状态恢复工作。

② 32 位双向计数器的设定值范围为−2147483648～+2147483647，其加/减计数方式由特殊辅助继电器 M8200～M8234 设定，对应的特殊辅助继电器为 ON 时，为减计数，反之为加计数。

计数器的设定值除了可由常数设定外，还可以通过指定数据寄存器来设定。对于 32 位的计数器来说，其设定值存放在元件号相连的两个数据寄存器中。如果指定的是 D0，则设定值存放在 D1 和 D0 中。图 11-8 所示的 C200 的设定值为 5，当 X12 断开时，M8200 为 OFF，此时 C200 为加计数，若计数器的当前值由 4 变到 5，计数器的动合触点 ON，当前值为 5 时，动合触点仍为 ON；当 X12 导通时，M8200 为 ON，此时 C200 为减计数，若计数器的当前值由 5 变到 4，动合触点 OFF，当前值为 4 时，动合触点仍为 OFF。

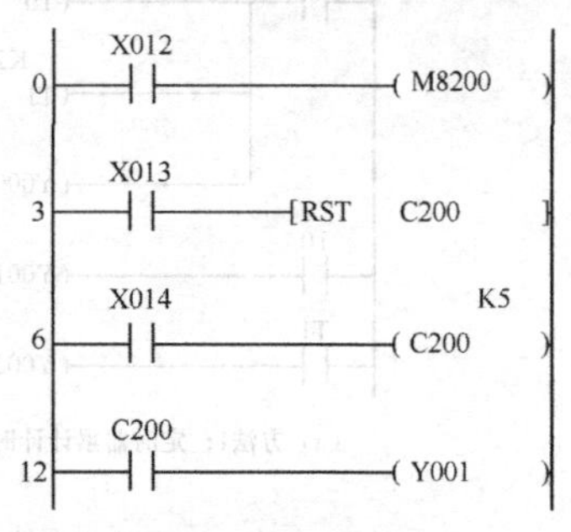

图 11-8　加/减计数器

计数器的当前值在最大值 2147483647 加 1 时，将变为最小值−2147483648。类似地，当前值为−2147483648 减 1 时，将变为最大值 2147483647，这种计数器称为环形计数器。图 11-8 所示复位输入 X13 的动合触点闭合时，C200 被复位，其动合触点断开，动断触点闭合，当前值被置 0。

如果使用电池后备/锁存计数器，在电源中断时，计数器停止计数，并保持计数器当前值不变，电源再次接通后，在当前值的基础上继续计数，因此电池后备/锁存计数器可累积计数。

2．高速计数器

高速计数器均为 32 位加减计数器。但适用高速计数器输入的 PLC 输入端只有 6 个（X0～X5），如果这 6 个输入端中的 1 个已被某个高速计数器占用，它就不能再用于其他高速计数器（或其他用途）。也就是说，由于只有 6 个高速计数输入端，最多只能有 6 个高速计数器同时工作。高速计数器的选择并不是任意的，它取决于所需计数器的类型及高速输入端子，高速计数器的类型如下。

单相无启动/复位端子高速计数器，C235～C240。

单相带启动/复位端子高速计数器，C241～C245。

单相双输入（双向）高速计数器，C246～C250。

双相输入（A-B 相型）高速计数器，C251～C255。

不同类型的高速计数器可以同时使用，但是它们的高速计数器输入点不能产生冲突。高速计数器的运行建立在中断的基础上，这意味着事件的触发与扫描时间无关。在对外部高速脉冲计数时，梯形图中高速计数器的线圈应一直通电，以表示与它有关的输入点已被使用，其他高速计数器的处理不能与它产生冲突，高速计数器与输入端的分配如表 11-3 所示，其应用举例如图 11-9 所示。

表 11-3　　高速计数器与输入端的分配

X \ C	单相单计数输入											单相双计数输入					双相双计数输入				
	235	236	237	238	239	240	241	242	243	244	245	246	247	248	249	250	251	252	253	254	255
X0	UD	—	—	—	—	—	UD	—	—	UD	—	U	U	—	U	—	A	A	—	A	—
X1	—	UD	—	—	—	—	R	—	—	R	—	D	D	—	D	—	B	B	—	B	—
X2	—	—	UD	—	—	—	—	UD	—	—	UD	—	R	—	R	—	—	R	—	R	—
X3	—	—	—	UD	—	—	—	R	—	—	R	—	—	U	—	U	—	—	A	—	A
X4	—	—	—	—	UD	—	—	—	UD	—	—	—	—	D	—	D	—	—	B	—	B
X5	—	—	—	—	—	UD	—	—	R	—	—	—	—	R	—	R	—	—	R	—	R
X6	—	—	—	—	—	—	—	—	—	S	—	—	—	—	S	—	—	—	—	S	—
X7	—	—	—	—	—	—	—	—	—	—	S	—	—	—	—	S	—	—	—	—	S

U 表示增计数输入，D 表示减计数输入，A 表示 A 相输入，B 表示 B 相输入，R 表示复位输入，S 表示启动输入。

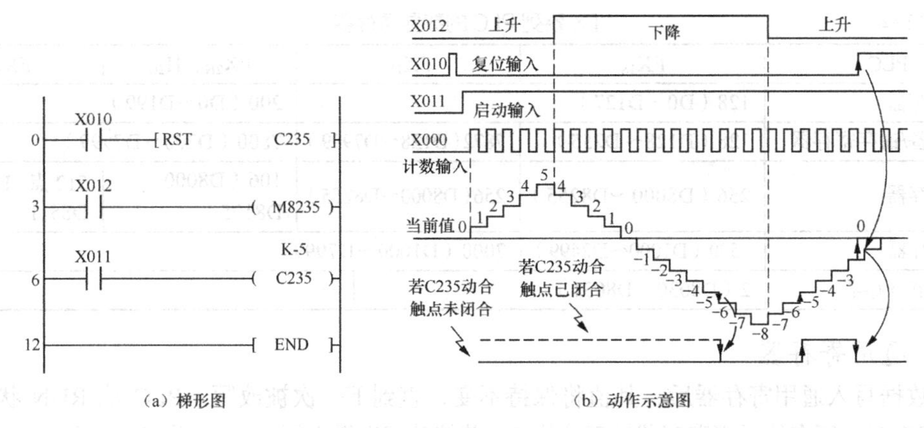

（a）梯形图　（b）动作示意图

图 11-9　C235 的应用

若 X10 闭合，则 C235 复位；若 X12 闭合，则 C235 作减计数；若 X12 断开，则 C235 作加计数；若 X11 闭合，则 C235 对 X0 输入的高速脉冲进行计数，如图 11-9 所示。当计数器的当前值由−5 减少到−6 时，C235 动合触点（先前已经闭合）断开；当计数器的当前值由−6 增加到−5 时，C235 动合触点闭合。

3. 计数频率

计数器最高计数频率受两个因素限制。一是各个输入端的响应速度，主要受硬件的限制；二是全部高速计数器的处理时间，这是高速计数器计数频率受限制的主要因素。因为高速计数器的工作采用中断方式，故计数器用得越少，可计数频率就越高。如果某些计数器用比较低的频率计数，则其他计数器可用较高的频率计数。

4. 计数器应用程序

计数器用于对内部信号和外部高速脉冲进行计数，使用前需要进行复位，其应用程序的梯形图及时序图如图 11-10 所示。X3 首先使计数器 C0 复位，C0 对 X4 输入的脉冲计数。当输入的脉冲数达到 6 个时，计数器 C0 的动合触点闭合，Y0 得电；当 X3 再次动作时，C0 复位，Y0 失电。

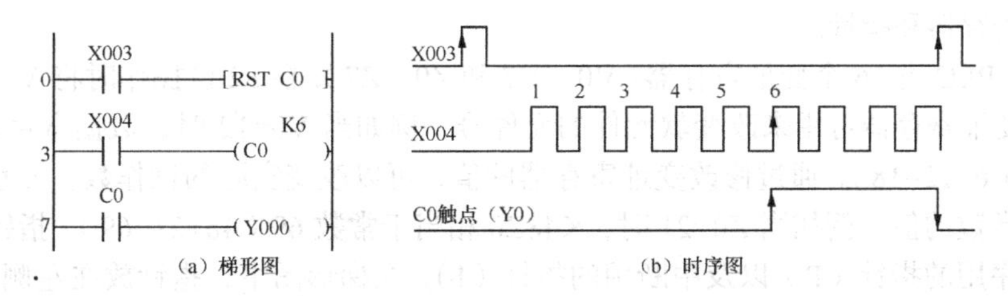

（a）梯形图　（b）时序图

图 11-10　计数器应用程序的梯形图及时序图

11.1.3 数据寄存器

FX 系列 PLC 的数据寄存器如表 11-4 所示。数据寄存器在模拟量检测与控制以及位置控制等场合用来储存数据，数据寄存器可储存 16 位二进制数或 1 个字，两个数据寄存器合并起来可以存放 32 位数据（双字）。在 D0 和 D1 组成的双字中，D0 存放低 16 位，D1 存放高 16 位。字或双字的最高位为符号位，该位为 0 时数据为正，为 1 时数据为负。

表 11-4　　　　FX系列PLC的数据寄存器

PLC	FX_{1S}	FX_{1N}	FX_{2N}、H_{2U}	FX_{3U}
通用寄存器	128（D0～D127）		200（D0～D199）	
电池后备/锁存寄存器	128（D128～D255）	7872(D128～D7999)	7800（D200～D7999）	
特殊寄存器	256（D8000～D8255）	256(D8000～D8255)	106（D8000～D8195）	512点，D8000～D8511
文件寄存器	1500（D1000～D2499）	7000（D1000～D7999）		
外部调节寄存器	2（D8030，D8031）		—	

1. 通用寄存器

将数据写入通用寄存器后，其值将保持不变，直到下一次被改写。PLC 从 RUN 状态进入 STOP 状态时，所有的通用寄存器被复位为 0。若特殊辅助继电器 M8033 为 ON，则 PLC 从 RUN 状态进入 STOP 状态时，通用寄存器的值保持不变。

2. 电池后备/锁存寄存器

电池后备/锁存寄存器有断电保持功能，PLC 从 RUN 状态进入 STOP 状态时，电池后备/锁存寄存器的值保持不变。利用参数设定，可改变电池后备/锁存寄存器的范围。

3. 特殊寄存器

特殊寄存器 D8000～D8195 共 106 点（中间有无用点，不统计），用来控制和监视 PLC 内部的各种工作方式和元件，如电池电压、扫描时间、正在动作的状态编号等。PLC 上电时，这些数据寄存器被写入默认的值。

4. 文件寄存器

文件寄存器以 500 点为单位，可被外部设备存取。文件寄存器实际上被设置为 PLC 的参数区，文件寄存器与锁存寄存器是重叠的，可保证数据不会丢失。

FX_{1S} 的文件寄存器只能用外部设备（如手持式编程器或运行编程软件的计算机）来改写。其他系列的文件寄存器可通过 BMOV（块传送）指令改写。

外部调节寄存器在此不做介绍。

PLC 软元件除了有输入继电器、输出继电器、辅助继电器、定时器、计数器、数据处理器外还有变址寄存器和指针。

FX 系列 PLC 有 16 个变址寄存器（V0～V7 和 Z0～Z7），在 32 位操作时将 V、Z 合并使用，Z 为低位。变址寄存器可用来改变软元件的元件号，例如当 V0=12 时，数据寄存器 D6V0，即相当于 D18（6+12=18）。通过修改变址寄存器的值，可以改变实际的操作数。变址寄存器也可以用来修改常数的值，例如当 Z0=21 时，K48Z0 相当于常数 69（48+21=69）。指针（P/I）包括分支和子程序用的指针（P）以及中断用的指针（I）。在梯形图中，指针放在左侧母线的左边。

11.1.4 振荡程序

振荡程序用以产生特定的通、断时序脉冲，它经常应用在脉冲信号源或闪光报警电路中。

1. 定时器振荡程序

由定时器组成的振荡程序通常有 3 种形式，分别如图 11-11、图 11-12、图 11-13 所示。若改变定时器的设定值，可以调整输出脉冲的宽度。

2. M8013 振荡程序

由 M8013 振荡程序如图 11-14 所示。因为 M8013 为 1s 的时钟脉冲，所以 Y0 输出脉冲宽

度为 0.5s。

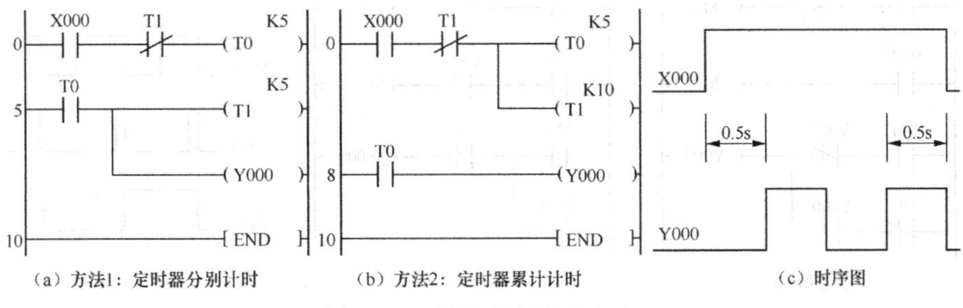

（a）方法1：定时器分别计时　（b）方法2：定时器累计计时　（c）时序图

图 11-11　振荡程序形式（1）

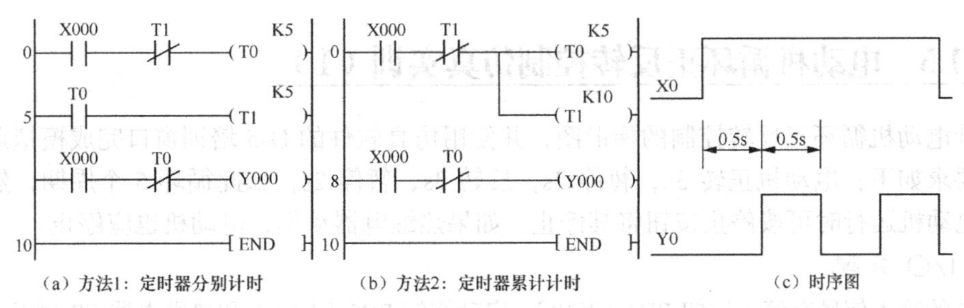

（a）方法1：定时器分别计时　（b）方法2：定时器累计计时　（c）时序图

图 11-12　振荡程序形式（2）

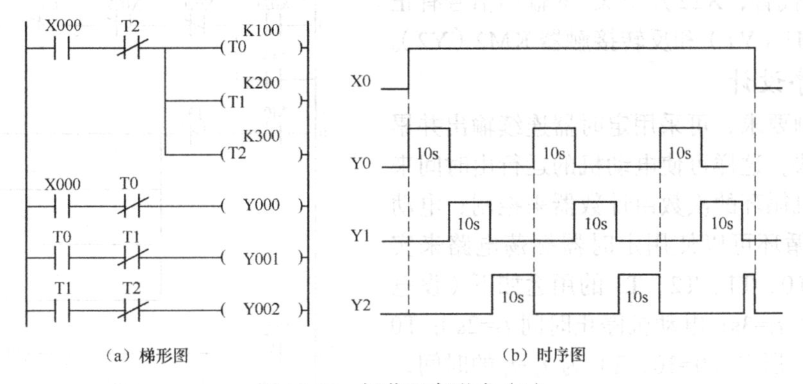

（a）梯形图　（b）时序图

图 11-13　振荡程序形式（3）

3. 二分频程序

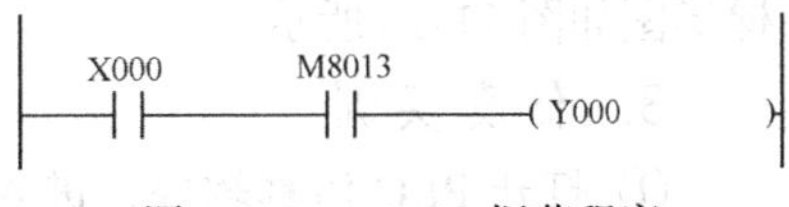

图 11-14　M8013 振荡程序

若输入一个频率为 f 的方波，则在输出端会得到一个频率为 $f/2$ 的方波，其梯形图如图 11-15（a）所示。对于图 11-15（a）所示的梯形图（1），当 X0 闭合时（设为第 1 个扫描周期），M0、M1 线圈为 ON，此时，Y0 线圈则由于 M0 动合触点、Y0 动断触点闭合而为 ON；下一个扫描周期，M0 线圈由于 M1 线圈为 ON 而为 OFF，Y0 线圈则由于 M0 动断触点和其自锁触点闭合而一直为 ON，直到下一次 X0 闭合时，M0、M1 线圈又为 ON，把 Y0 线圈断开，从而实现二分频。对于图 11-15（b）所示的梯形图（2），当 X0 的上升沿到来时（设为第 1 个扫描周期），M0 线圈为 ON（只接通 1 个扫描周期），此时 M1 线圈由于 Y0 动合触点断开而为 OFF，Y0 线圈则由于 M0 动合触点闭合而为 ON；下一个扫描周期，M0 线圈为 OFF，虽然 Y0 动合触点是闭合的，但因为此时 M0 动合触点已经断开，所以 M1 线圈仍为 OFF，Y0 线圈则由于其自锁触点闭合而一直为 ON，直到下一次 X0 的上升沿到来时，M1 线圈为 ON，才把 Y0 线圈断开，从而实现二分频。

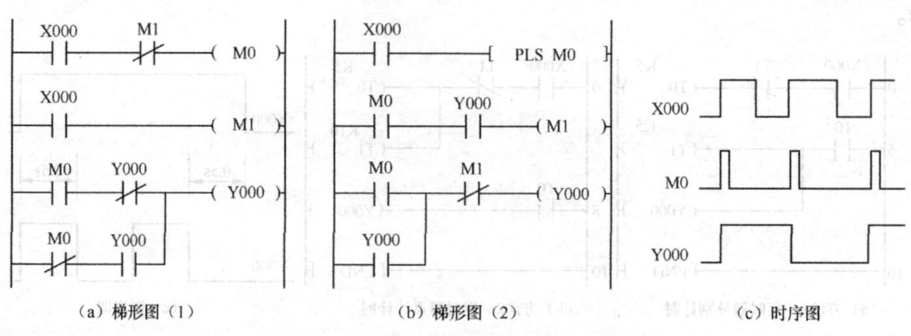

图 11-15　二分频程序梯形图及时序图

11.1.5　电动机循环正反转控制仿真实训（1）

设计电动机循环正反转控制的梯形图，并使用仿真软件的 D-5 培训窗口完成模拟调试。具体控制要求如下：电动机正转 3s，暂停 2s，反转 3s，暂停 2s，如此循环 5 个周期，然后自动停止。电动机运行时可按停止按钮将其停止，如果热继电器动作，电动机也应停止。

1. I/O 分配

PLC 的输入信号有停止按钮 PB1（X20）、启动按钮 PB2（X21）和热继电器 FR 常开触点（使用 PB3 模拟代替，X22）。PLC 的输出信号有正转接触器 KM1（Y1）和反转接触器 KM2（Y2）。

2. 程序设计

根据控制要求，可采用定时器连续输出并累积计时的方法，这样可使电动机的运行由时间来控制；电动机循环的次数由计数器来控制；电动机的正反转循环可以使用定时器振荡电路来实现。定时器 T0、T1、T2、T3 的用途如下（设电动机运行时间 t_1=3s；电动机停止时间 t_2=2s）：T0 为 t_1 的时间，所以 T0=30；T1 为 t_1+t_2 的时间，所以 T1=50；T2 为 $t_1+t_2+t_1$ 的时间，所以 T2=80；T3 为 $t_1+t_2+t_1+t_2$ 的时间，所以 T3=100。因此，其梯形图如图 11-16 所示。

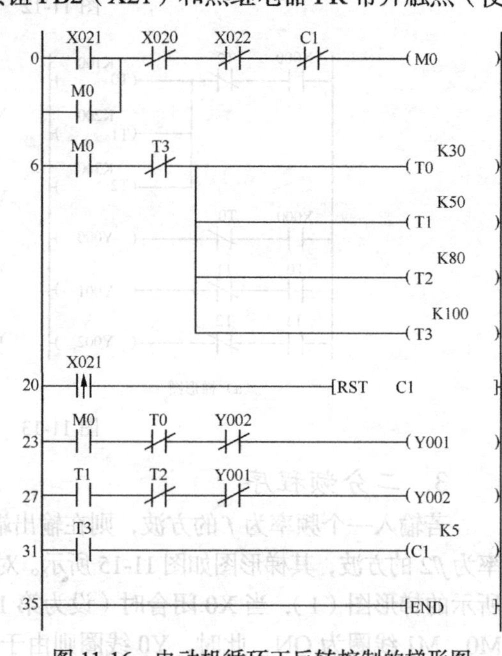

图 11-16　电动机循环正反转控制的梯形图

3. 仿真实训

① 打开 PLC 仿真软件，进入 D-5 仿真培训窗口。

② 在程序编辑区域输入图 11-16 所示梯形图，核对无误后单击“PLC 写入”按钮，即将编辑好的程序写入模拟的 PLC 中。

③ 由于仿真软件已经完成了模拟 PLC 的输入和输出接线，且 PLC 已处于“运行中”状态，若按启动按钮 PB2（即 X21），则可以看到输送带正转。

④ 输送带正转 3s 后停止运行，暂停 2s 后可以看到输送带反转。

⑤ 输送带反转 3s 后停止运行，暂停 2s 后又正转，如此循环 5 个周期后自动停止。

⑥ 若在自动运行过程中按停止按钮 PB1（即 X20）或热继电器动作（使用 PB3 模拟代替热继电器的常开触点），则可以看到输送带停止运行。

复习与思考

1. FX 系列 PLC 的编程软元件有哪些?
2. 进入 PLC 仿真软件的 C-1 培训窗口，按照索引区域的操作步骤进行学习。
3. 进入 PLC 仿真软件的 C-2 培训窗口，按照索引区域的操作步骤进行学习。
4. 进入 PLC 仿真软件的 C-3 培训窗口，按照索引区域的操作步骤进行学习。
5. 进入 PLC 仿真软件的 C-4 培训窗口，按照索引区域的操作步骤进行学习。
6. 利用 PLC 仿真软件的 D-5 仿真培训窗口，设计一个工件上料和传输的程序并完成仿真调试。控制要求如下：按启动按钮 PB1（X20）时，机械手的供给指令 Y0 就动作，将工件搬运到输送带后返回原点位置；机械手开始工作 5s 后启动输送带正转，当工件到达输送带末端时，检测传感器 X3 对检测到的工件数量进行统计；当工件掉落输送带后，机械手又开始搬运工件，当系统完成 4 个工件的上料和传输后自动停止运行。

任务 11.2 PLC 程序执行过程

任务导入

在图 11-17 所示的双线圈输出梯形图中，设 X024 为 ON、X025 为 OFF，执行程序后的结果如何？可以使用 PLC 仿真软件 D-5 培训窗口来验证，正确答案为 Y003 为 OFF、Y001 为 ON，为什么是这个结果？这是由 PLC 工作原理决定的，本任务就来讲解 PLC 的工作原理，即程序的执行过程。

输入处理X024为ON，X025为OFF
1st
X024
Y003
Y003
Y001
2nd
X025
Y003
输出处理Y3为OFF，Y1为ON

图 11-17 双线圈输出梯形图

11.2.1 循环扫描过程

PLC 有 RUN（运行）与 STOP（编程）两种基本的工作模式。当处于 STOP 模式时，PLC 只进行内部处理和通信服务等内容，该模式一般用于程序的写入、修改与监视。当处于 RUN 模式时，PLC 除了要进行内部处理、通信服务之外，还要执行反映控制要求的用户程序，即执行输入处理、程序处理、输出处理，如图 11-18 所示。PLC 的这种周而复始的工作方式称为循环扫描工作方式。

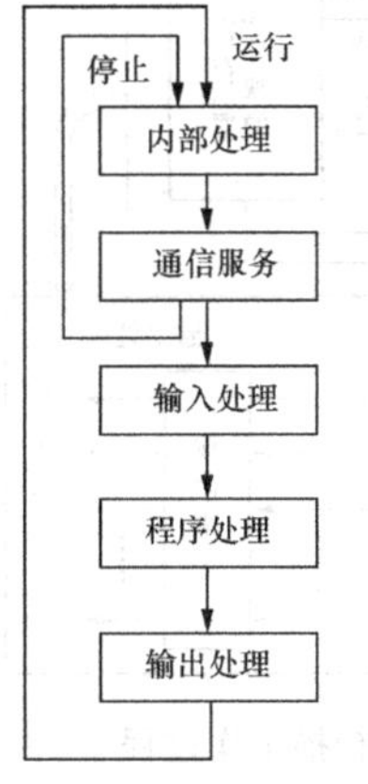

图 11-18 循环扫描过程

由于 PLC 执行指令的速度极快，从外部输入/输出关系来看，其循环扫描过程似乎是同时完成的，其实循环扫描过程分为以下几个阶段。

1. 内部处理阶段

在内部处理阶段，PLC 首先诊断自身硬件是否正常，然后将监控定时器复位，并完成一些其他内部工作。

2. 通信服务阶段

在通信服务阶段，PLC 要与其他的智能装置进行通信，如响应编程器输入的指令、更新编程器的显示内容等。

3. 输入处理阶段

输入处理又叫输入采样。PLC 的存储器中专门设置了一片区域用来存放

输入信号的状态，这片区域被称为输入映像寄存器。PLC的其他软元件也有对应的映像存储区，它们统称为元件映像寄存器。外部输入信号接通时，对应的输入映像寄存器为1状态，梯形图中对应的输入继电器的动合触点闭合，动断触点断开；外部输入信号断开时，对应的输入映像寄存器为0状态，梯形图中对应的输入继电器的动合触点断开，动断触点闭合。因此，某一软元件对应的映像寄存器为1状态时，称该软元件为ON；其映像寄存器为0状态时，称该软元件为OFF。

在输入处理阶段，PLC顺序读入所有输入端子的通、断状态，并将读入的信息存入内存所对应的输入元件映像寄存器中，此时，输入映像寄存器被刷新。接着进入程序执行阶段，在执行程序时，输入映像寄存器与外界隔离，即使输入信号发生变化，其映像寄存器的内容也不会发生变化，只有在下一个扫描周期的输入处理阶段才能被读入。

4. 程序处理阶段

程序处理又叫程序执行，根据PLC梯形图扫描原则，按先上后下、先左后右的顺序，逐行逐句扫描，即执行程序。但遇到程序跳转指令，则会根据跳转条件是否满足来决定程序的跳转地址。当用户程序涉及输入、输出状态时，PLC从输入映像寄存器中读取上一阶段输入处理时对应输入信号的状态，从输出映像寄存器中读取对应映像寄存器的当前状态，根据用户程序进行逻辑运算，再将运算结果存入有关元件映像寄存器中。因此，对每个元件（输入继电器除外）而言，元件映像寄存器中所寄存的内容会随着程序执行而产生变化。

5. 输出处理阶段

输出处理又叫输出刷新，在输出处理阶段，CPU将输出映像寄存器的0/1状态传送到输出锁存器，再经输出单元隔离和功率放大后送到输出端子。梯形图中某一输出继电器的线圈“得电”时，对应的输出映像寄存器为1状态，在输出处理阶段之后，输出单元中对应的继电器线圈得电，或晶体管、可控硅元件导通，外部负载即可工作。若梯形图中输出继电器的线圈“断电”，对应的输出映像寄存器为0状态，在输出处理阶段之后，输出单元中对应的继电器线圈断电，或晶体管、可控硅元件关断，外部负载即停止工作。

11.2.2 扫描周期

PLC在RUN工作模式时，执行一次图11-18所示的扫描操作所需的时间称为扫描周期。因为内部处理和通信服务的时间相对固定，所以扫描周期通常又指PLC的输入处理、程序处理和输出处理这3个阶段的时间。PLC扫描的具体工作过程如图11-19所示，由图上可知，扫描周期与用户程序的长短、指令的种类和CPU执行指令的速度有很大关系。当用户程序较长时，指令执行时间在扫描周期中占相当大的比例；此外，PLC既可按固定的顺序进行扫描，也可按用户程序所指定的可变顺序进行扫描，这样使有的程序无须每个扫描周期都执行一次，从而可缩短循环扫描的周期，提高控制的实时性。

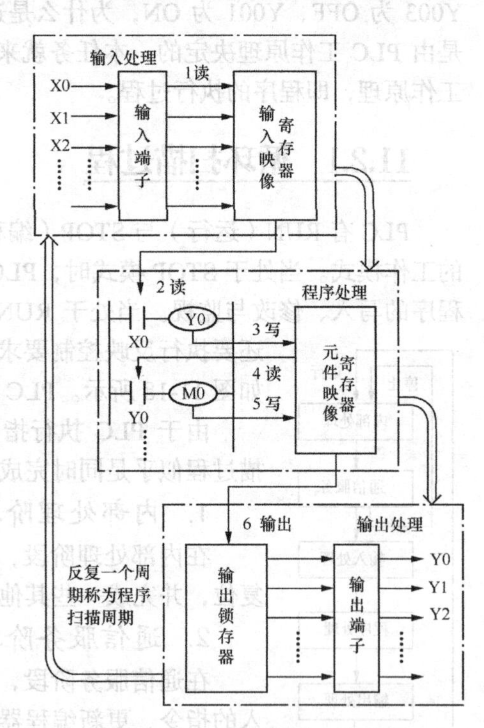

图11-19 PLC的扫描工作过程

循环扫描的工作方式是PLC的一大特点。可以说PLC是“串行”工作的，这和传统的继电控制系统“并行”工作有质的区别，PLC的串行工作方式避免了继电控制系统中触点竞争和时序失配的问题。

11.2.3　I/O 滞后时间

I/O 滞后时间又称系统响应时间，是指 PLC 的外部输入信号发生变化的时刻至它控制的有关外部输出信号发生变化的时刻之间的时间间隔。它由输入电路滤波时间、输出电路的滞后时间和因扫描工作方式产生的滞后时间这 3 部分组成。

输入单元的 RC 滤波电路用来滤除由输入端引入的噪声等干扰，并消除因外接输入触点动作产生的抖动引起的不良影响。滤波电路的时间常数决定了输入滤波时间的长短，一般为 10ms 左右。输出单元的滞后时间与输出单元的类型有关，继电器型输出电路的滞后时间一般在 10ms 左右；双向晶闸管型输出电路在负载由断开到接通的滞后时间约为 1ms，负载由接通到断开的最长滞后时间为 10ms；晶体管型输出电路的滞后时间一般在 1ms 以内。

由扫描工作方式引起的滞后时间最长可达 2 个多（约 3 个）扫描周期。PLC 总的响应延时一般只有几十毫秒，对于一般的系统来说是无关紧要的，但若要求系统输入/输出信号之间的滞后时间尽量短，则可以选用扫描速度快的 PLC 或采取其他措施。

综上可知，影响 I/O 滞后时间的主要因素包括输入滤波器的惯性、输出继电器触点的惯性、程序执行的时间和程序设计不当的附加影响等。对于用户来说，选择一个 PLC，合理地编制程序是缩短滞后时间的关键。

11.2.4　程序的执行过程

PLC 的工作过程就是程序的执行过程，也就是循环扫描的过程，下面来分析图 11-20 所示梯形图的执行过程。图 11-20 所示梯形图中，SB1 为接于 X000 端子的输入信号，X000 的时序表示对应的输入映像寄存器的状态，Y000、Y001、Y002 的时序表示对应的输出映像寄存器的状态，高电平表示 1 状态，低电平表示 0 状态、若输入信号 SB1 在第 1 个扫描周期的输入处理阶段之后为 ON，其扫描工作过程如下。

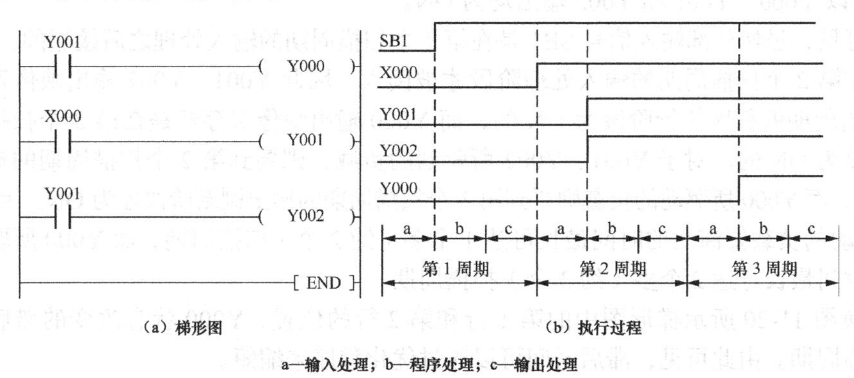

图 11-20　梯形图的执行过程

1．第 1 个扫描周期

① 输入处理阶段。因为输入信号 SB1 尚未接通，输入处理的结果 X000 为 OFF，所以写入 X000 输入映像寄存器为 0 状态。

② 程序处理阶段。程序按顺序执行，先读取 Y001 输出映像寄存器的内容（为 0 状态），因此逻辑处理的结果 Y000 线圈为 OFF，其结果 0 写入 Y000 输出映像寄存器；接着读 X000 输入映像寄存器的内容（为 0 状态），因此逻辑处理的结果 Y001 线圈为 OFF，其结果 0 写入 Y001 输出映像寄存器；再读 Y001 输出映像寄存器的内容（为 0 状态），因此逻辑处理的结果 Y002 线

圈为OFF，其结果0写入Y002输出映像寄存器。在第1个扫描周期内各映像寄存器均为0状态。

③ 输出处理阶段。程序执行完毕，因为Y000、Y001和Y002输出映像寄存器均为0状态，所以Y000、Y001和Y002输出均为OFF。

2. 第2个扫描周期

① 输入处理阶段。因为输入信号SB1已接通，输入处理的结果X000为ON，所以写入X000输入映像寄存器为1状态。

② 程序处理阶段。程序按顺序执行，先读取Y001输出映像寄存器的内容（为0状态），因此Y000为OFF，其结果0写入Y000输出映像寄存器；接着又读X000输入映像寄存器的内容（为1状态），因此Y001为ON，其结果1写入Y001输出映像寄存器；再读Y001输出映像寄存器的内容（为1状态），因此Y002为ON，其结果1写入Y002输出映像寄存器。在第2个扫描周期内，只有Y000输出映像寄存器为0状态，其余的X000、Y001和Y002输出映像寄存器均为1状态。

③ 输出处理阶段。程序执行完毕，因为Y000输出映像寄存器为0状态，Y001和Y002输出映像寄存器为1状态，所以Y000输出为OFF，而Y001和Y002输出均为ON。

3. 第3个扫描周期

① 输入处理阶段。因输入信号SB1仍接通，输入处理的结果X000为ON，再次写入X000输入映像寄存器的状态为1状态。

② 程序处理阶段。程序按顺序执行，先读取Y001输出映像寄存器的内容（为1状态），因此Y000为ON，其结果1写入Y000输出映像寄存器；接着读X000输入映像寄存器的内容（为1状态），因此Y001为ON，其结果1写入Y001输出映像寄存器；再读Y001输出映像寄存器的内容（为1状态），因此Y002为ON，其结果1写入Y002输出映像寄存器。在第3个扫描周期内各映像寄存器均为1状态。

③ 输出处理阶段。程序执行完毕，因为Y000、Y001和Y002输出映像寄存器的状态均为1状态，所以Y000、Y001和Y002输出均为ON。

由此可见，虽然外部输入信号SB1是在第1个扫描周期的输入处理之后接通的，但是X000为ON是在第2个扫描周期的输入处理阶段才被读入，因此Y001、Y002输出映像寄存器是在第2个扫描周期的程序执行阶段为ON的，而Y000输出映像寄存器是在第3个扫描周期的程序执行阶段为ON的。对于Y001、Y002所驱动的负载，则要到第2个扫描周期的输出刷新阶段才为ON，而Y000所驱动的负载则要到第3个扫描周期的输出刷新阶段才为ON。因此，Y001、Y002所驱动的负载要滞后的时间最长可达1个多（约2个）扫描周期，而Y000所驱动的负载要滞后的时间最长可达2个多（约3个）扫描周期。

若交换图11-20所示梯形图中的第1行和第2行的位置，Y000状态改变的滞后时间将减少1个扫描周期。由此可见，滞后时间可以通过优化程序来缩短。

11.2.5 双线圈输出

同一个元件的线圈在梯形图中重复使用即称为双线圈输出，例如图11-17所示梯形图中的Y3线圈。现在我们再来分析图11-17所示梯形图程序的执行过程，设X24为ON、X25为OFF，在程序处理时，最初因为X24为ON，Y3的映像寄存器为ON，所以输出Y1也为ON。然而，当程序执行到第3行时，又因为X25为OFF，所以Y3的映像寄存器改写为OFF，则最终的输出Y3为OFF，Y1为ON。由此可知，若输出线圈重复使用，则后面线圈的动作状态对外输出有效。因此，梯形图中一般不允许出现双线圈输出。

11.2.6　彩灯顺序点亮控制仿真实训

图 11-21 所示是 3 位同学设计的两组彩灯顺序点亮的控制程序，其控制要求为：按启动按钮 PB2（X21），黄灯（Y1）点亮，5s 后黄灯熄灭绿灯（Y2）点亮，按停止按钮 PB3（X22）系统停止运行。请运用仿真软件的 D-3 培训窗口调试 3 位同学的程序，然后运行程序分析其正误。

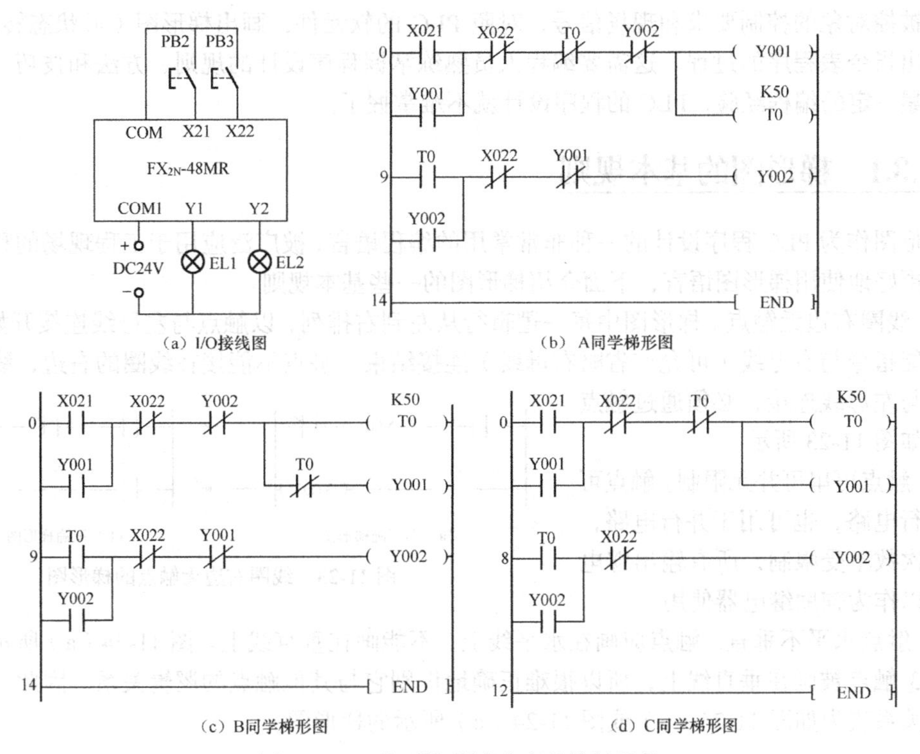

（a）I/O接线图　（b）A同学梯形图

（c）B同学梯形图　（d）C同学梯形图

图 11-21　两组彩灯顺序点亮的控制程序

复习与思考

1. FX 系列 PLC 的工作原理是什么？并说明其工作过程。

2. FX 系列 PLC 的系统响应时间是什么？主要由哪几部分组成？

3. 在一个扫描周期中，如果在程序执行期间输入状态发生变化，输入映像寄存器的状态是否也随之变化，为什么？

4. PLC 为什么会产生输出响应滞后现象？如何提高输入/输出响应速度？

5. 图 11-22 所示梯形图为某同学设计的具有点动的电动机正反转控制程序。其中 X0 为停止按钮 SB（动合），X1 为连续正转按钮 SB1，X2 为连续反转按钮 SB2，X3 为热继电器 FR 的动合触点，X4 为点动正转按钮 SB4，X5 为点动反转按钮 SB5。请判断程序是否正确？若正确，请说明理由；若不正确，请分析原因并更正。

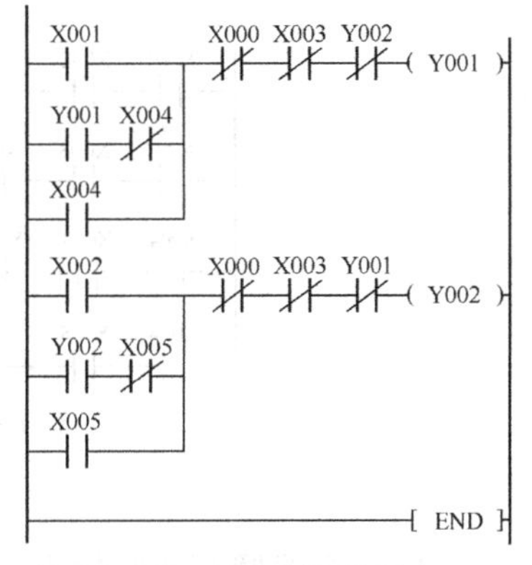

图 11-22　题 5 的图

任务 11.3 PLC 程序设计技巧

任务导入

如何设计出符合控制要求的程序，这是 PLC 程序设计人员要解决的问题。PLC 程序设计是指根据被控对象的控制要求和现场信号，对照 PLC 的软元件，画出梯形图（或状态转移图），进而写出指令表程序的过程。这需要编程人员熟练掌握程序设计的规则、方法和技巧。在此基础上积累一定的编程经验，PLC 的程序设计就不难掌握了。

11.3.1 梯形图的基本规则

梯形图作为 PLC 程序设计的一种非常常用的编程语言，被广泛应用于工程现场的程序设计中。为更好地使用梯形图语言，下面介绍梯形图的一些基本规则。

① 线圈右边无触点。梯形图中每一逻辑行从左到右排列，以触点与左母线连接开始，以线圈、功能指令与右母线（可允许省略右母线）连接结束。触点不能接在线圈的右边，线圈也不能直接与左母线连接，必须通过触点连接，如图 11-23 所示。

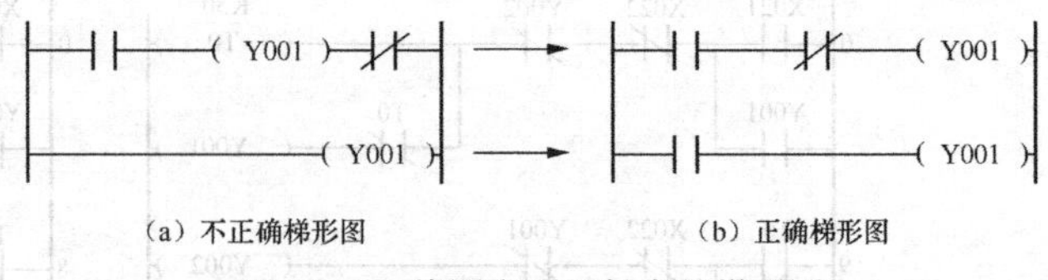

图 11-23 线圈右边无触点的梯形图

② 触点可串可并无限制。触点可用于串行电路，也可用于并行电路，且使用次数不受限制，所有输出继电器都可以作为辅助继电器使用。

③ 触点水平不垂直。触点应画在水平线上，不能画在垂直线上。图 11-24（a）所示梯形图中的 X3 触点被画在垂直线上，所以很难正确地识别它与其他触点的逻辑关系，因此，应根据其逻辑关系改为如图 11-24（b）或图 11-24（c）所示的梯形图。

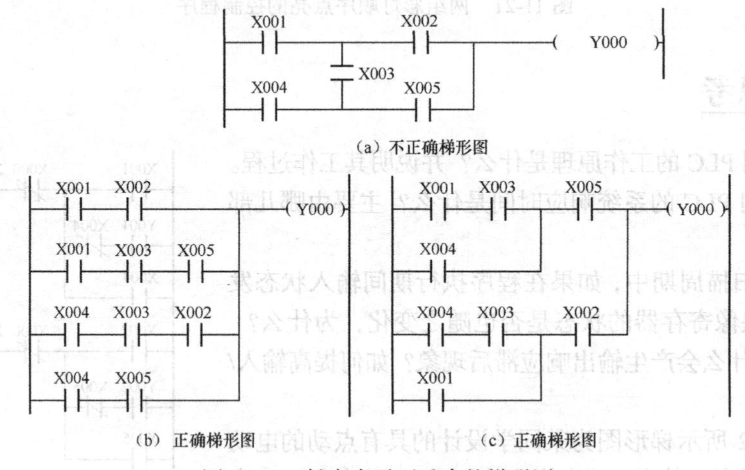

图 11-24 触点水平不垂直的梯形图

④ 多个线圈可并联输出。两个或两个以上的线圈可以并联输出，但不能串联输出，如图 11-25 所示。

⑤ 线圈不能重复使用。在同一梯形图中，如果同一元件的线圈使用了两次或以上，这时前

面的输出线圈对外的输出无效，只有最后一个输出线圈有效。因此梯形图中一般不出现双线圈输出，故图 11-26（a）所示的梯形图必须改为图 11-26（b）所示的梯形图。

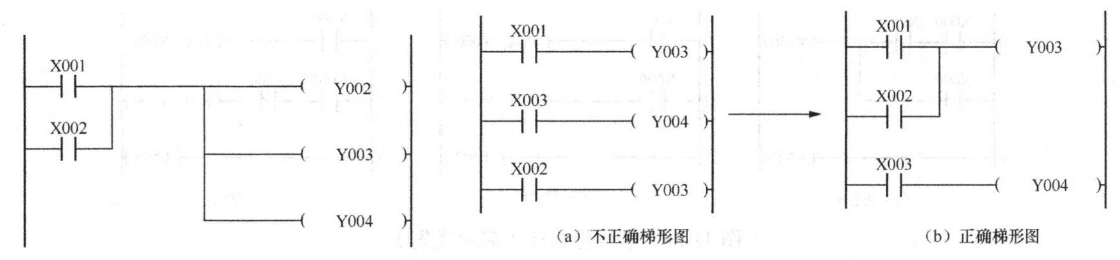

图 11-25 多个线圈可并联输出的梯形图

图 11-26 线圈不能重复使用的梯形图

11.3.2 启保停基本程序

启保停程序即启动、保持、停止的控制程序，是梯形图中最典型的基本程序，它包含如下几个因素。

① 驱动线圈。每一个梯形图逻辑行都必须针对驱动线圈，本例为输出线圈 Y0。

② 线圈得电的条件。梯形图逻辑行中除了线圈外，还有触点的组合。其中，触点组合中必须有使线圈得电的条件，即使线圈为 ON 的条件，本例为启动按钮 X0 为 ON。

③ 线圈保持驱动的条件。线圈保持驱动的条件即触点组合中使线圈得以保持有电的条件，本例为与 X0 并联的 Y0 自锁触点闭合。

④ 线圈断电的条件。线圈断电的条件即触点组合中使线圈由 ON 变为 OFF 的条件，本例为 X1 动断触点断开。

因此，根据控制要求，本例的梯形图为启动按钮 X0 和停止按钮 X1 串联，并在启动按钮 X0 两端并联自保触点 Y0，然后串接驱动线圈 Y0。当要启动时，按启动按钮 X0，使线圈 Y0 有输出并通过 Y0 自锁触点自锁；当要停止时，按停止按钮 X1，使输出线圈 Y0 断电，如图 11-27（a）所示。

若用 SET、RST 指令编程，则启保停程序需包含梯形图程序的两个要素：一个是使线圈置位并保持的条件，本例为启动按钮 X0 为 ON；另一个是使线圈复位并保持的条件，本例为停止按钮 X1 为 ON。因此，其梯形图为启动按钮 X0、停止按钮 X1 分别驱动 SET、RST 指令。当要启动时，按启动按钮 X0 使输出线圈置位并保持；当要停止时，按停止按钮 X1 使输出线圈复位并保持，如图 11-27（b）所示。

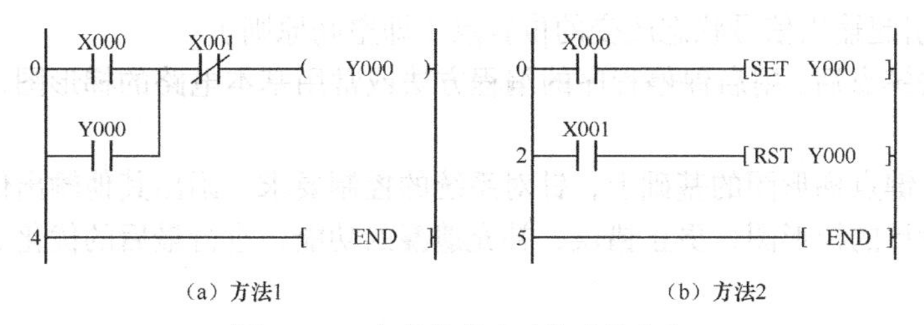

图 11-27 启保停程序（停止优先）

由上可知，方法 2 的设计思路更简单明了，是较优设计方案。但在运用这两种方法编程时，应注意以下几点。

① 在方法 1 中，用的是 X1 动断触点；而在方法 2 中，用的是 X1 动合触点。它们的外部输入接线完全相同，均为动合按钮。

② 上述两个方法的梯形图都为停止优先，即如果启动按钮X0和停止按钮X1同时被按下，则电动机停止。若要改为启动优先，则对应梯形图如图11-28所示。

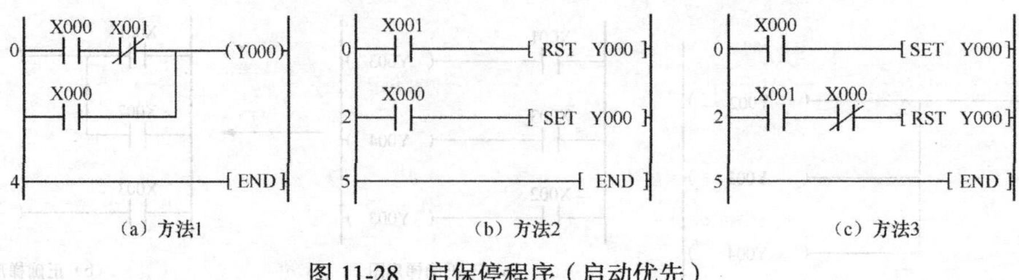

图11-28 启保停程序（启动优先）

11.3.3 程序设计的方法

PLC程序设计有许多种方法，常用的有经验法、转换法、逻辑法及步进顺控法等。

1. 经验法

经验法也叫试凑法，这种方法没有普遍的规律可以遵循，具有很高的试探性和随意性，最后的结果也不是唯一的。设计所用的时间、设计的质量与设计者的经验有很大的关系，一般用于较简单的程序设计。

（1）基本方法。

经验法是设计者在掌握了大量典型程序的基础上，充分理解实际控制要求，将实际的控制问题分解成若干典型控制程序，再在典型控制程序的基础上不断修改、拼凑，得到最终程序，使用这种方法需要经过多次反复的调试、修改和完善，最后才能得到一个较为满意的结果。用经验法设计时，可以参考一些基本电路的梯形图，充分利用以往的编程经验。

（2）设计步骤。

用经验法设计程序虽然没有普遍的规律，但通常按以下步骤进行。

① 在准确了解控制要求后，合理地为控制系统中的信号分配I/O接口，并画出I/O分配图。

② 对于一些控制要求比较简单的输出信号，可直接写出它们的控制条件，然后依启保停程序的编程方法完成相应输出信号的编程；对于控制条件较复杂的输出信号，可借助辅助继电器来编程。

③ 对于较复杂的控制，要正确分析控制要求，确定各输出信号的关键控制点。在以时间为主的控制中，关键点为引起输出信号状态改变的时间点（即时间原则）；在以空间位置为主的控制中，关键点为引起输出信号状态改变的位置点（即空间原则）。

④ 确定了关键点后，用启保停程序的编程方法或常用基本电路的梯形图，画出各输出信号的梯形图。

⑤ 在完成关键点梯形图的基础上，针对系统的控制要求，画出其他输出信号的梯形图。

⑥ 检查所设计的梯形图，更正错误，补充遗漏的功能，进行最后的优化。

2. 转换法

转换法就是将继电器电路图转换成与原有功能相同的PLC内部的梯形图，这种等效转换的方式十分简便、快捷。这种方法有下面3个优点：其一，原继电控制系统经过长期使用和考验，已经被证明能完成系统要求的控制功能；其二，继电器电路图与PLC的梯形图在表示方法和分析方法上有很多相似之处，根据继电器电路图来设计梯形图更加简便、快捷；其三，这种设计方法一般不需要改动控制面板，保持了原有系统的外部特性，操作人员不用改变长期形成的操作习惯。

3. 逻辑法

逻辑法就是应用逻辑代数以逻辑组合的方法和形式设计程序。逻辑法的理论基础是逻辑函数，逻辑函数就是逻辑运算与、或、非的逻辑组合。因此，从本质上来说，PLC 梯形图程序就是与、或、非的逻辑组合，也可以用逻辑函数表达式来表示。

4. 步进顺控法

对于复杂的控制系统，特别是复杂的顺序控制系统，一般采用步进顺控的编程方法。步进顺控设计法是一种先进的设计方法，很容易被初学者接受，对于有经验的工程师，使用这种方法也会提高设计的效率，并且程序的调试、修改和阅读也很方便。有关步进顺控的编程方法将在项目 12 介绍。

11.3.4　梯形图程序设计的技巧

设计梯形图程序时，一方面要掌握梯形图程序设计的基本规则；另一方面，为了减少指令的条数，节省内存和加快运行速度，还应该掌握设计的技巧。

① 如果有串联电路块并联，最好将串联触点多的电路块放在最上面，这样可以使编制的程序更简洁，指令语句更少，如图 11-29 所示。

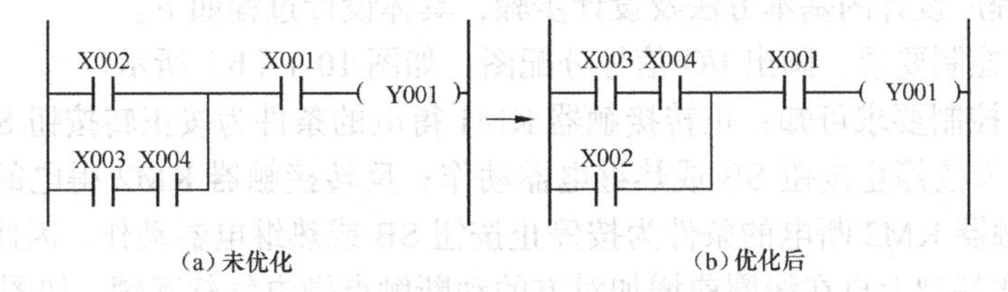

(a) 未优化　　(b) 优化后

图 11-29　技巧 1 梯形图

② 如果有并联电路块串联，最好将并联电路块移近左母线，这样可以使编制的程序更简洁，指令语句更少，如图 11-30 所示。

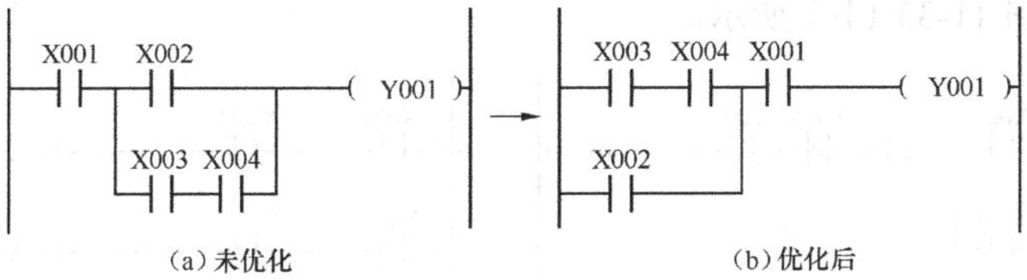

(a) 未优化　　(b) 优化后

图 11-30　技巧 2 梯形图

③ 如果有多重输出电路，最好将串联触点多的电路放在下面，这样可以不使用 MPS、MPP 指令，如图 11-31 所示。

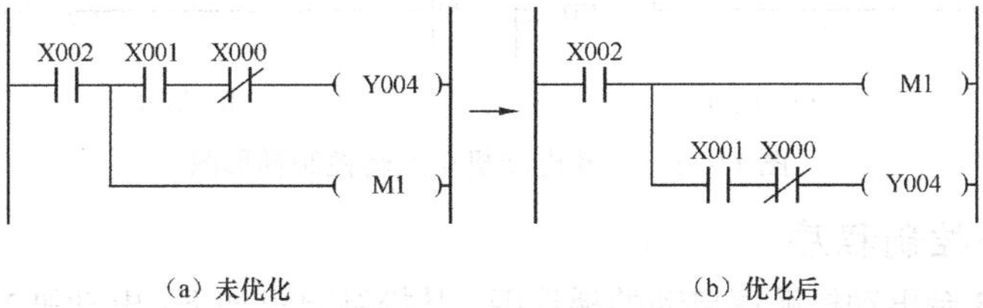

(a) 未优化　　(b) 优化后

图 11-31　技巧 3 梯形图

④ 如果电路复杂，采用 ANB、ORB 等指令实现比较困难时，可以重复使用一些触点改成等效电路，再进行编程，如图 11-32 所示。

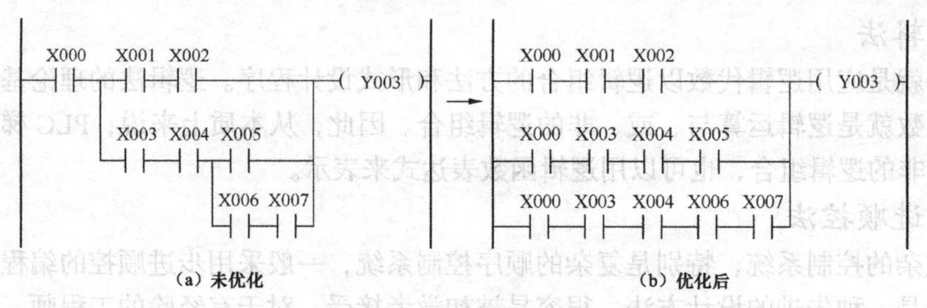

图 11-32　技巧 4 梯形图

11.3.5　程序设计实例

1. 启保停程序的应用

用经验法设计三相异步电动机正反转控制的梯形图。其控制要求如下：若按正转按钮 SB1，正转接触器 KM1 得电，电动机正转；若按反转按钮 SB2，反转接触器 KM2 得电，电动机反转；若按停止按钮 SB 或热继电器动作，正转接触器 KM1 或反转接触器 KM2 断电，电动机停止运行；只有电气互锁，没有按钮互锁。

根据经验法程序设计的基本方法及设计步骤，具体设计过程如下。

① 根据以上控制要求，画出 I/O 信号分配图，如图 10-1（b）所示。

② 根据以上控制要求可知：正转接触器 KM1 得电的条件为按正转按钮 SB1，正转接触器 KM1 断电的条件为按停止按钮 SB 或热继电器动作；反转接触器 KM2 得电的条件为按反转按钮 SB2，反转接触器 KM2 断电的条件为按停止按钮 SB 或热继电器动作。因此，可用两个启保停程序叠加，在此基础上再在线圈前增加对方的动断触点做电气软互锁，如图 11-33（a）所示。

另外，可用 SET、RST 指令进行编程。若按正转按钮 X021，正转接触器 Y001 置位并自保持；若按反转按钮 X022，反转接触器 Y002 置位并自保持；若按停止按钮 X020 或热继电器 X023 动作，正转接触器 Y001 或反转接触器 Y002 复位并自保持；在此基础上再增加对方的动断触点做电气软互锁，如图 11-33（b）所示。

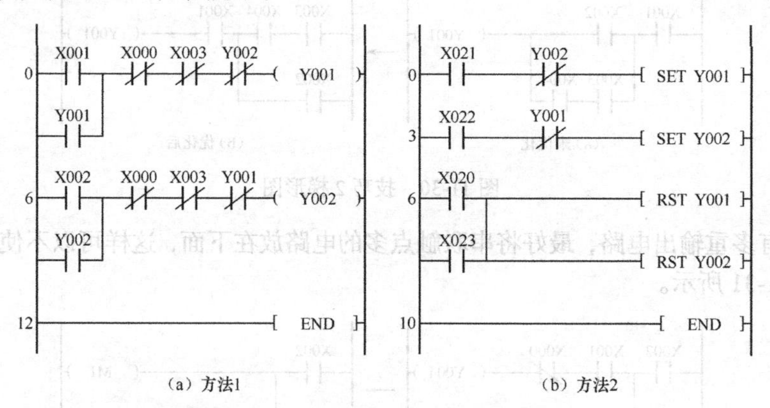

图 11-33　三相电动机正反转控制梯形图

2. 时间顺序控制程序

用经验法设计 3 台电动机顺序启动的梯形图。其控制要求如下：电动机 M1 启动 5s 后电动机 M2 启动，电动机 M2 启动 5s 后电动机 M3 启动；按停止按钮时，电动机无条件全部停止运行。

根据经验法程序设计的基本方法及设计步骤，具体程序设计过程如下。

① 根据以上控制要求，其 I/O 分配为 X1——启动按钮；X0——停止按钮；Y1——电动机

M1；Y2——电动机 M2；Y3——电动机 M3。

② 根据以上控制要求可知：引起输出信号状态改变的关键点为时间，即采用定时器进行计时，时间到则相应的电动机动作，而计时又可以采用分别计时和累积计时的方法，其梯形图分别如图 11-34（a）和图 11-34（b）所示。

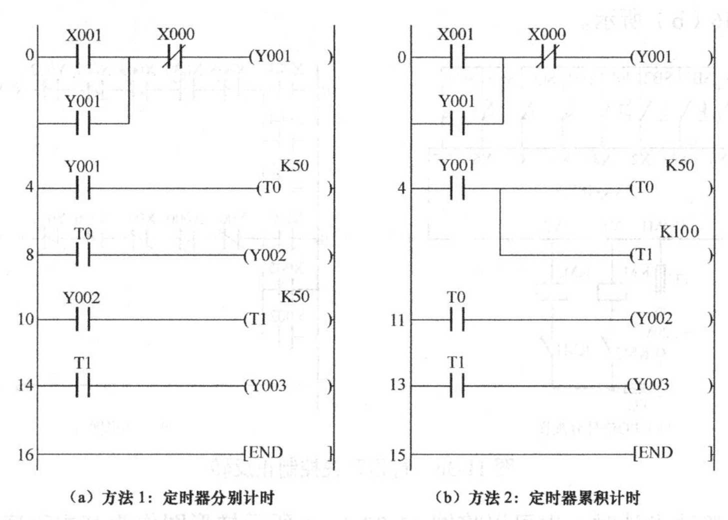

图 11-34 3 台电动机顺序启动梯形图

3. 空间位置控制程序

图 11-35 所示为行程开关控制的电动机正反转电路，图中行程开关 SQ1、SQ2 作为往复控制使用，而行程开关 SQ3、SQ4 作为极限保护使用，试用经验法设计其梯形图。

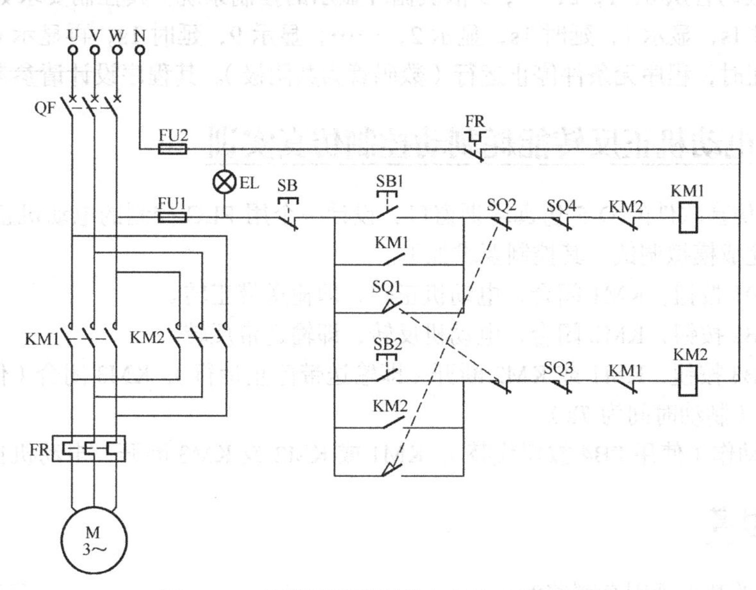

图 11-35 行程开关控制的电动机正反转电路

根据经验法程序设计的基本方法及设计步骤，具体程序设计过程如下。

① 根据以上控制要求，画出 I/O 信号分配图，如图 11-36（a）所示。

② 根据以上控制要求可知：正转接触器 KM1 得电的条件为按正转按钮 SB1 或闭合行程开关 SQ1，正转接触器 KM1 断电的条件为按停止按钮 SB 或热继电器动作或行程开关 SQ2、SQ4

动作；反转接触器KM2得电的条件为按反转按钮SB2或闭合行程开关SQ2，反转接触器KM2断电的条件为按停止按钮SB或热继电器动作或行程开关SQ1、SQ3动作。由此可知，除启停按钮及热继电器以外，引起输出信号状态改变的关键点为空间位置（空间原则），即行程开关的动作。因此，可用两个启保停程序叠加，在此基础上再在线圈前增加对方的动断触点做电气软互锁，如图11-36（b）所示。

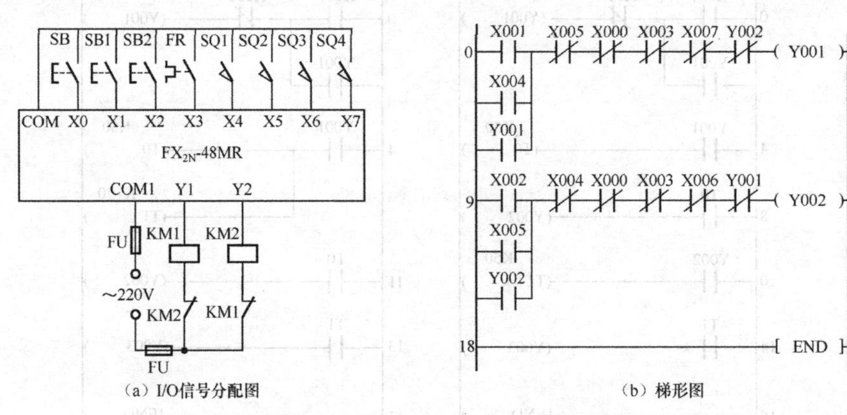

图11-36　行程开关控制正反转

当然，用经验法设计时，也可以将图11-33（a）所示梯形图作为基本程序，再在此基础上增加相应的行程开关即可。另外，也可在图11-33（b）所示梯形图的基础上用SET、RST指令来设计，最终梯形图由读者自行完成。

4. 振荡程序的应用

设计一个数码管从0，1，2，…，9依次循环显示的控制系统。其控制要求如下：程序开始后显示0，延时1s，显示1，延时1s，显示2，……，显示9，延时1s，再显示0，如此循环不止；按停止按钮时，程序无条件停止运行（数码管为共阴极）。其程序设计请参考任务11.4。

11.3.6　电动机正反转能耗制动控制仿真实训

利用PLC仿真软件的D-5仿真培训窗口，设计一个用PLC控制的电动机正反转能耗制动控制系统，并完成模拟调试，其控制要求如下。

① 若按PB1按钮，KM1闭合，电动机正转，即输送带正转。

② 若按PB2按钮，KM2闭合，电动机反转，即输送带反转。

③ 若按PB3按钮，KM1或KM2断开（即输送带停止运行），KM3闭合（使用Y5模拟代替），能耗制动（制动时间为*T*s）。

④ 若FR动作（使用PB4按钮代替），KM1或KM2或KM3断开，电动机自由停车。

复习与思考

1. 梯形图的基本规则有哪些？

2. 要求在X0从OFF变为ON的上升沿时，Y0输出一个2s的脉冲后自动变为OFF，时序图如图11-37所示。X0为ON的时间可能大于2s，也可能小于2s，请设计其梯形图。

3. 要求在X0从ON变为OFF的下降沿时，Y1输出一个1s的脉冲后自动变为OFF，时序图如图11-37所示。X0为ON或OFF的时

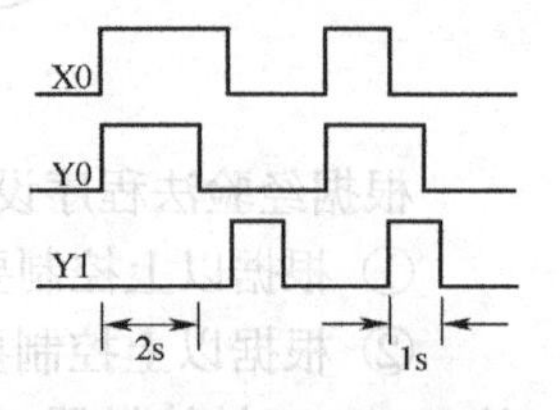

图11-37　题2、3的图

间不限，请设计其梯形图。

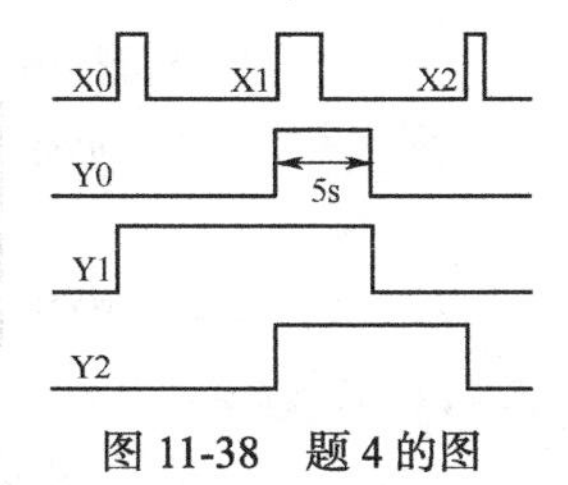

图 11-38　题 4 的图

4. 用经验法设计图 11-38 所示要求的输入/输出关系的梯形图。

5. 洗手间小便池在有人使用时，光电开关（X0）为 ON，冲水控制系统使冲水电磁阀（Y0）为 ON，冲水 2s，在使用者使用 4s 后又冲水 2s，离开时再冲水 3s，请设计其梯形图。

6. 进入 PLC 仿真软件的 C-1 培训窗口，按照索引区域的操作步骤进行学习。

7. 进入 PLC 仿真软件的 D-6 培训窗口，按照索引区域的操作步骤进行学习。

8. 分别进入 PLC 仿真软件的 E-1～E-6 培训窗口，按照索引区域的操作步骤进行学习。

9. 分别进入 PLC 仿真软件的 F-1～F-7 培训窗口，按照索引区域的操作步骤进行学习。

10. 利用 PLC 仿真软件的 D-5 仿真培训窗口，设计一个报警程序并完成仿真调试。控制要求如下：当按上料按钮 PB1（X20）时，机械手的供给指令 Y0 就动作，将工件搬运到输送带后返回原点位置；当按输送带启动按钮 PB2（X21）时，输送带即启动并连续正转；当工件到达输送带末端时，检测传感器 X3 检测输送带上通过的产品，有工件通过时 X3 为 ON，如果在连续 10s 内没有工件通过，则发出灯光报警信号（Y5），如果在连续 20s 内没有工件通过，则灯光报警（Y5）的同时发出声音报警信号（Y3）；转换开关 X24 闭合时可解除和屏蔽声音报警信号。

任务 11.4　数码管循环点亮控制实训

1. 实训目的

① 掌握 PLC 基本逻辑指令的应用。

② 掌握 PLC 编程的基本方法和技巧。

③ 能熟练操作 PLC 编程软件。

④ 能独立完成 PLC 的外部接线及操作。

2. 实训器材

① PLC 应用技术综合实训装置 1 台。

② 开关、按钮板模块 1 个。

③ 数码管模块 1 个（共阴极数码管，且已串接了分压电阻）。

3. 实训要求

设计一个用 PLC 基本逻辑指令控制数码管循环显示数字 0，1，2，…，9 的控制系统，其控制要求如下。

① 按启动按钮后即开始显示 0，延时 *T*s，显示 1，延时 *T*s，显示 2，……，显示 9，延时 *T*s，再显示 0，如此循环不止。

② 按停止按钮时，程序无条件停止运行。

③ 需要连接数码管（数码管选用共阴极）。

4. 软件程序

① I/O 分配。X0——停止按钮 SB；X1——启动按钮 SB1；Y1～Y7——数码管的 a～g。

② 梯形图方案设计。根据控制要求，可采用定时器连续输出并累积计时的方法，这样可使数码管的显示由时间来控制，使编程的思路变得简单。数码管的显示是通过输出点来控制的，显示的数字与各输出点的对应关系如图 11-39 所示。根据上述时间与图 11-39 所示的对应关系，其梯形图如图 11-40 所示。

（a）数码管

输出点		0	1	2	3	4	5	6	7	8	9
Y1	a	1	0	1	1	0	1	0	1	1	1
Y2	b	1	1	1	1	1	0	0	1	1	1
Y3	c	1	1	0	1	1	1	1	1	1	1
Y4	d	1	0	1	1	0	1	1	0	1	0
Y5	e	1	0	1	0	0	0	1	0	1	0
Y6	f	1	0	0	0	1	1	1	0	1	1
Y7	g	0	0	1	1	1	1	1	0	1	1

（b）数字与输出点的对应关系

图 11-39　数字与输出点的对应关系

5. 系统接线

根据系统控制要求，其系统接线图如图 11-41 所示。

6. 系统调试

① 输入程序。通过计算机将图 11-40 所示的梯形图正确输入 PLC 中。

② 静态调试。按图 11-41 所示的系统接线图正确连接好输入设备，进行 PLC 的模拟静态调试［即按启动按钮 SB1（X1），输出指示灯按图 11-39（b）所示动作；在运行过程中，若按停止按钮 SB（X0），则输出指示灯不显示］，观察 PLC 的输出指示灯是否按要求指示，如输出指示灯无法按控制要求显示，则检查并修改程序，直至显示正确为止。

③ 动态调试。按图 11-41 所示的系统接线图正确连接好输出设备，进行系统的调试，观察数码管能否按控制要求显示［即按启动按钮 SB1（X1），数码管依次循环显示数字 0，1，2，…，9，0，1，…；在运行过程中，若按停止按钮 SB（X0），数码管不显示］，如数码管无法按控制要求显示，则检查电路并修改调试程序，直至数码管能按控制要求显示为止。

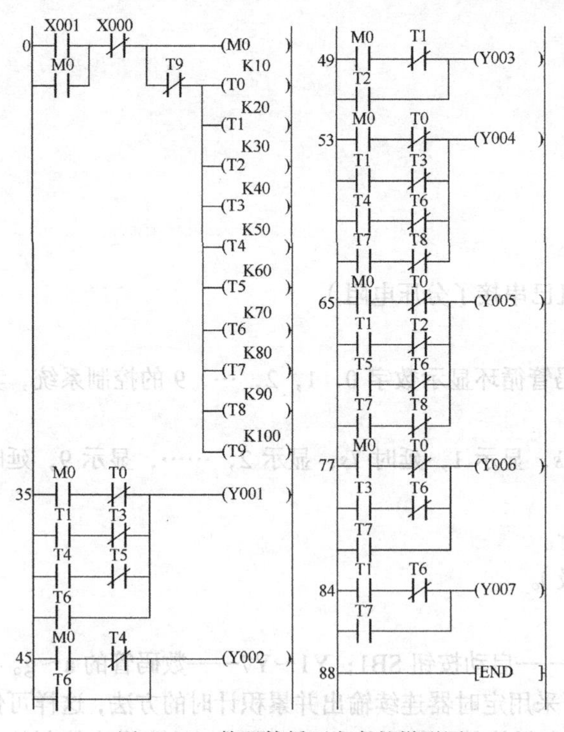

图 11-40　数码管循环点亮的梯形图

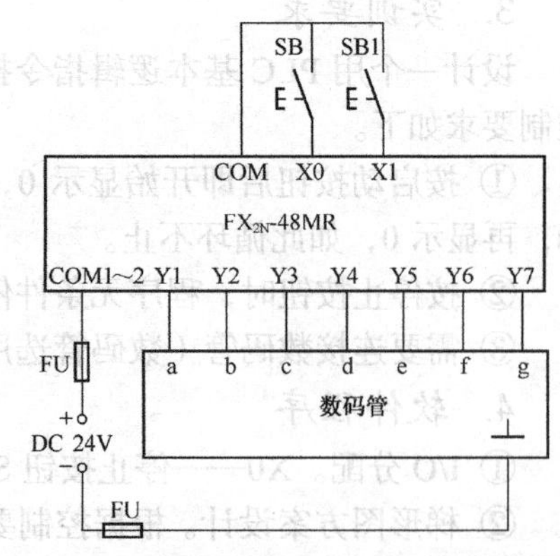

图 11-41　数码管循环点亮的系统接线图

7. 三方评价

在班上展示上述工作的完成情况，并参照表 9-4 完成三方评价。

项目12 步进顺控指令及其应用

学习目标

1. 知识目标

① 能描述 PLC 步进顺控指令的功能和含义。

② 能理解流程图和状态转移图的异同。

③ 能区分单流程、选择性流程和并行流程。

2. 能力目标

① 能根据实际要求画出流程图和状态转移图。

② 能使用编程软件绘制 SFC 程序。

③ 能正确设计单流程、选择性流程和并行流程的程序。

3. 素质目标

① 培养学生速读、速记的学习习惯。

② 培养学生团队组织、管理能力。

③ 培养学生严谨细致、一丝不苟的学习精神。

④ 培养学生自我评价的认知能力和对他人评价的承受能力。

项目引入

用梯形图或指令表方式编程固然为广大电气技术人员所接受，但对于一些复杂的控制系统，尤其是顺序控制系统，由于其内部的互锁、互动关系极其复杂，上述方法在程序的编制、修改和可读性等方面都存在许多缺陷。因此，近年来，新生产的 PLC 在梯形图语言之外还增加了符合 IEC1131-3 标准的顺序功能图语言。顺序功能图（Sequential Function Chart，SFC）是描述控制系统的控制过程、功能和特性的一种图形语言，专门用于编制顺序控制程序。

所谓顺序控制，就是按照生产工艺的流程顺序，在各个输入信号及内部软元件的作用下，使各个执行机构自动、有序地运行。使用顺序功能图设计程序时，首先应根据系统的工艺流程画出流程图，然后根据流程图画出状态转移图。三菱 FX 和汇川 H2U 系列 PLC，在基本逻辑指令之外也增加了两条简单的步进顺控指令，同时辅之以大量的状态继电器，用类似于 SFC 语言的状态转移图来编制顺序控制程序。

任务 12.1 状态转移图及其步进顺控指令

任务导入

图 9-24 所示的彩灯循环点亮梯形图实际上是一个顺序控制程序，整个控制过程可分为如下 4 个阶段（或叫工序）：复位、红灯亮、黄灯亮、绿灯亮。每个阶段又分别完成如下的工作（也叫动作）：初始及停止复位，亮红灯、延时，亮黄灯、延时，亮绿灯、延时。各个阶段之间只要延时时间到，就可以过渡（也叫转移）到下一阶段。因此，可以很容易地画出其工作流程图，如图 12-1 所示。流程图对大家来说并不陌生，相信大家都能根据生产工艺流程绘制出流程图。如果能让 PLC 也能识别大家所熟悉的流程图，那么 PLC 的程序设计就变得非常简单了，这就需要将流程图“翻译”成图 12-2 所示的状态转移图。如何完成“汉译英”的过程就是本任务要解决的问题。

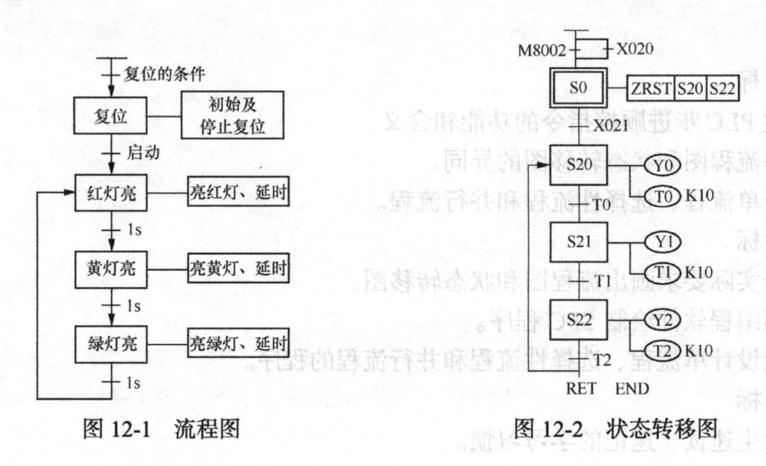

图 12-1 流程图　　　图 12-2 状态转移图

12.1.1 状态转移图

状态转移图又称状态流程图，它是一种用状态继电器来表示的顺序功能图，是 FX 和汇川系列 PLC 专门用于编制顺序控制程序的一种编程语言。将流程图转化为状态转移图需要进行如下的变换（即“汉译英”）：将流程图中的每一个阶段（工序）用 PLC 的一个状态继电器来表示；将流程图中的每个阶段要完成的工作（动作）用 PLC 的线圈指令或功能指令来实现；将流程图中各个阶段之间的转移条件用 PLC 的触点或电路块来代替；流程图中的箭头方向就是 PLC 状态转移图中的转移方向。

1. 设计状态转移图的方法和步骤

下面以图 9-24 所示的彩灯循环点亮的控制系统为例，说明设计 PLC 状态转移图的方法和步骤。

① 将整个控制过程按任务要求分解成若干道工序，其中的每一道工序对应一个状态（也叫步），并分配状态继电器。

彩灯循环点亮控制系统的状态继电器分配如下：复位→S0，红灯亮→S20，黄灯亮→S21，绿灯亮→S22。

② 搞清楚每个状态的功能。状态的功能是通过状态元件驱动各种负载（线圈或功能指令）来实现的，负载可由状态元件直接驱动，也可由其他软触点的逻辑组合驱动。

彩灯循环点亮控制系统的各状态功能如下。

- S0：PLC 初始及停止复位（驱动 ZRST S20 S22 区间复位指令，将在项目 13 介绍）。
- S20：亮红灯、延时（驱动 Y0、T0 的线圈，使红灯亮 1s）。
- S21：亮黄灯、延时（驱动 Y1、T1 的线圈，使黄灯亮 1s）。
- S22：亮绿灯、延时（驱动 Y2、T2 的线圈，使绿灯亮 1s）。

③ 找出每个状态的转移条件和方向，即在什么条件下将下一个状态“激活”。状态的转移条件可以是单一的触点，也可以是多个触点串、并联电路的组合。

彩灯循环点亮控制系统的各状态转移条件如下。

- S0：初始脉冲 M8002，停止按钮（动合触点）X20，并且这两个条件是或的关系。
- S20：一个是启动按钮 X21，另一个是从 S22 来的定时器 T2 的延时闭合触点。
- S21：定时器 T0 的延时闭合触点。
- S22：定时器 T1 的延时闭合触点。

④ 根据控制要求或工艺要求，画出状态转移图。

经过以上 4 步，可画出彩灯循环点亮控制系统的状态转移图，如图 12-2 所示。图中 S0 为初始状态，用双线框表示；其他状态为普通状态，用单线框表示；垂直线段中间的短横线表示转移的条件（例如，X21 动合触点为 S0 到 S20 的转移条件，T0 动合触点为 S20 到 S21 的转移条件），若为动断触点，则在软元件的正上方加一短横线表示，如 $\overline{\text{X2}}$ 等；状态方框右侧的水平横线及线圈表示该状态驱动的负载。

2. 状态的三要素

状态转移图中的状态有驱动负载、指定转移方向和转移条件三要素，其中指定转移方向和转移条件是必不可少的，驱动负载则要视具体情况而定，也可能不进行实际负载的驱动。在图 12-2 所示状态转移图中，ZRST　S20　S22 区间复位指令，Y0、T0 的线圈，Y1、T1 的线圈和 Y2、T2 的线圈，分别为状态 S0、S20、S21 和 S22 驱动的负载；X21、T0、T1、T2 的触点分别为状态 S0、S20、S21、S22 的转移条件；S20、S21、S22、S0 分别为 S0、S20、S21、S22 的转移方向。

3. 状态转移和驱动的过程

当某一状态被“激活”而成为活动状态时，它右边的电路才被处理（扫描），即该状态的负载可以被驱动。当该状态的转移条件满足时，就执行转移，即后续状态对应的状态继电器被 SET 或 OUT 指令驱动，后续状态变为活动状态，同时原活动状态对应的状态继电器被系统程序自动复位，其右边的负载也复位（SET 指令驱动的负载除外）。例如，图 12-2 所示状态转移图的驱动过程如下。

当 PLC 开始运行时，M8002 产生一初始脉冲使初始状态 S0 置 1，进而使 ZRST S20 S22 指令有效，使 S20～S22 复位。当按启动按钮 X21 时，状态转移到 S20，使 S20 置 1，同时 S0 在下一扫描周期自动复位，S20 马上驱动 Y0、T0（亮红灯、延时）。当延时到即转移条件 T0 闭合时，状态从 S20 转移到 S21，使 S21 置 1，同时驱动 Y1、T1（亮黄灯、延时），而 S20 则在下一扫描周期自动复位，Y0、T0 线圈也就失电。当转移条件 T1 闭合时，状态从 S21 转移到 S22，使 S22 置 1，同时驱动 Y2、T2（亮绿灯、延时），而 S21 则在下一扫描周期自动复位，Y1、T1 线圈也就失电。当转移条件 T2 闭合时，状态转移到 S20，使 S20 又置 1，同时驱动 Y0、T0（亮红灯、延时），而 S22 则在下一扫描周期自动复位，Y2、T2 线圈也就失电，开始下一个循环。在上述过程中，若按停止按钮 X20，则随时可以使状态 S20～S22 复位，同时 Y0～Y2、T0～T2 的线圈也复位，彩灯熄灭。

4. 状态转移图的特点

由以上分析可知，状态转移图就是由状态、状态转移条件及转移方向构成的流程图。步进顺控的编程过程就是设计状态转移图的过程，其一般思路为：将一个复杂的控制过程分解为若干个工作状态，弄清楚各状态的工作细节（即各状态的功能、转移条件和转移方向），再依据总的控制要求将这些状态连接起来。状态转移图和流程图一样，具有如下特点。

① 可以将复杂的控制任务或控制过程分解成若干个状态。无论多么复杂的过程都能分解为若干个状态，有利于程序的结构化设计。

② 相对某一个具体的状态来说，控制任务更简单了，给局部程序的编制带来了方便。

③ 整体程序是局部程序的综合，只要弄清楚各状态需要完成的动作、状态转移的条件和转移的方向，就可以进行状态转移图的设计。

④ 容易理解，可读性很强，能清楚地反映整个控制的工艺过程。

5. 状态转移图的理解

若对应状态“有电”（即“被激活”），则状态的负载驱动和转移处理才有可能执行；若对应状态“无电”（即“未被激活”），则状态的负载驱动和转移处理就不可能执行。因此，除初始状态外，其他所有状态只有在其前一个状态处于“被激活”且转移条件成立时才可能“被激活”；同时，一旦下一个状态“被激活”，上一个状态就自动变成“无电”。从 PLC 程序的循环扫描角度分析，在状态转移图中，“有电”或“被激活”可以理解为该段程序被扫描执行；而“无电”或“未被激活”则可以理解为该段程序被跳过，未能扫描执行。这样，状态转移图的分析就变得条理清楚，无须考虑状态间繁杂的互锁关系，也可以将状态转移图理解为“接力赛跑”，只要跑完自己这一棒，接力棒传给下一个人，剩下的路程就由下一个人去跑，自己就可以不跑了，或者理解为“只干自己需要干的事，无须考虑其他”。

12.1.2 步进顺控指令

FX 和汇川 2U 系列 PLC 仅有两条步进顺控指令，其中 STL（Step Ladder）是步进顺控开始指令，以使该状态的负载可以被驱动；RET 是步进顺控返回（也叫步进顺控结束）指令，使步进顺控程序执行完毕时，非步进顺控程序的操作在主母线上完成。为防止出现逻辑错误，步进顺控程序的结尾必须使用 RET 步进顺控返回指令。利用这两条指令，可以很方便地编制状态转移图的指令表程序。其原则如下：先进行负载的驱动处理，然后进行状态的转移处理。因此，图 12-2 所示状态转移图对应的指令表程序如表 12-1 所示。若将表 12-1 所示指令表输入 PLC 仿真软件，则其状态梯形图如图 12-3 所示（注意，PLC 仿真软件只能以状态梯形图的形式显示，不能以状态转移图的形式显示）。

表 12-1　图 12-2 所示状态转移图对应的指令表

序号	指令			序号	指令			序号	指令		
0	LD	M8002		14	OUT	Y000		27	SET	S22	
1	OR	X020		15	OUT	T0	K10	29	STL	S22	
2	SET	S0		18	LD	T0		30	OUT	Y002	
4	STL	S0		19	SET	S21		31	OUT	T2	K10
5	ZRST	S20	S22	21	STL	S21		34	LD	T2	
10	LD	X021		22	OUT	Y001		35	OUT	S20	
11	SET	S20		23	OUT	T1	K10	37	RET		
13	STL	S20		26	LD	T1		38	END		

从以上指令表程序可以看出，负载驱动及转移处理必须在 STL 指令之后进行。负载的驱动通常使用 OUT 指令（也可以使用 SET、RST 及功能指令，还可以通过触点及其组合来驱动），状态的转移必须使用 SET 指令。但若向上游、向非相邻的下游或向其他流程转移（称为不连续

转移），一般不使用 SET 指令，而用 OUT 指令。

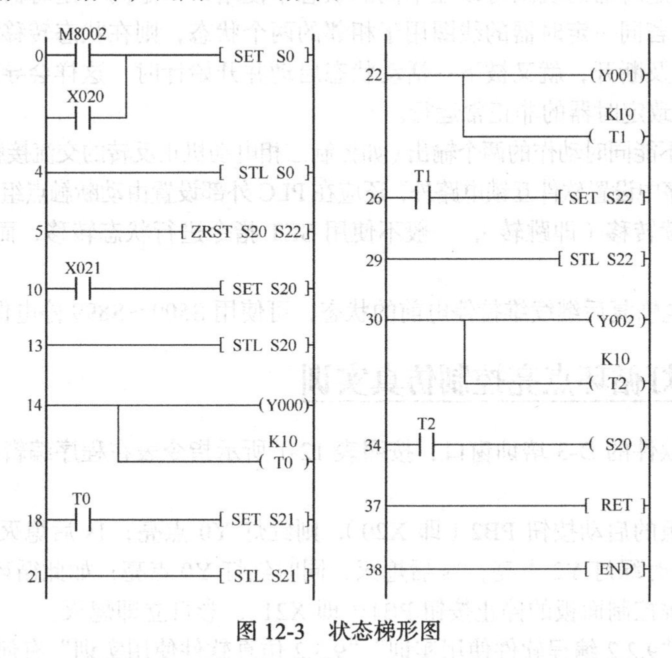

图 12-3　状态梯形图

12.1.3　编程注意事项

对状态转移图进行编程时，需注意如下事项。

① 与 STL 指令相连的触点应使用 LD 或 LDI 指令，下一条 STL 指令的出现意味着当前 STL 程序区的结束和新的 STL 程序区的开始，最后一个 STL 程序区结束时（即步进顺控程序的最后），一定要使用 RET 指令，意味着整个 STL 程序区结束，否则将出现“程序语法错误”信息，PLC 将不能执行用户程序。

② 初始状态必须预先做好驱动，否则状态流程不可能向下进行。一般用控制系统的初始条件，若无初始条件，可用 M8002 或 M8000 进行驱动。

M8002 是初始脉冲特殊辅助继电器，它的动合触点只在 PLC 运行开关由 STOP 变为 RUN 时闭合一个扫描周期，故初始状态 S0 只被它激活一次，因此初始状态 S0 就只有初始置位和复位的功能。M8000 是运行监视特殊辅助继电器，它的动合触点在 PLC 的运行开关由 STOP 变为 RUN 后一直闭合，直到 PLC 停电或 PLC 的运行开关由 RUN 变为 STOP，故初始状态 S0 就一直处在被激活的状态。

③ STL 指令后可以直接驱动或通过别的触点来驱动 Y、M、S、T、C 等元件的线圈和功能指令。若同一线圈需要在连续多个状态下驱动，则可在各个状态下分别使用 OUT 指令，也可以使用 SET 指令将其置位，等到不需要驱动时，再用 RST 指令将其复位。

④ 由于 CPU 只执行活动（即有电）状态对应的程序，因此，在状态转移图中允许双线圈输出，即在不同的 STL 程序区可以驱动同一软元件的线圈，但是同一软元件的线圈不能在同时为活动状态的 STL 程序区内出现。在有并行流程的状态转移图中，应特别注意这一问题。另外，状态软元件 S 在状态转移图中不能重复使用，否则会引起程序执行错误。

⑤ 在状态的转移过程中，相邻两个状态的状态继电器会在一个扫描周期内同时为 ON，可能会引发瞬时的双线圈问题。因此，要特别注意如下两个问题。

一是定时器在下一次运行之前，应将它的线圈“断电”复位，否则将导致定时器的非正常运行。所以，同一定时器的线圈可以在不同的状态中使用，但是同一定时器的线圈不可以在相邻的状态中使用。若同一定时器的线圈用于相邻的两个状态，则在状态转移时，该定时器的线圈可能还没有来得及断开，就又被下一活动状态启动并开始计时，这样会导致定时器的当前值不能复位，从而导致定时器的非正常运行。

二是为了避免不能同时动作的两个输出（如控制三相电动机正反转的交流接触器线圈）出现同时动作，除了要在程序中设置软件互锁电路外，还应在PLC外部设置由动断触点组成的硬件互锁电路。

⑥ 若为不连续转移（即跳转），一般不使用SET指令进行状态转移，而用OUT指令进行状态转移。

⑦ 需要在停电恢复后继续维持停电前的状态，可使用S500～S899停电保持型状态继电器。

12.1.4　彩灯循环点亮控制仿真实训

① 进入仿真软件的D-3培训窗口，按照表12-1所示指令表在程序编辑区域输入状态梯形图程序。

② 按控制面板的启动按钮PB2（即X20），则红灯Y0点亮；1s后熄灭，同时黄灯Y1点亮；1s后熄灭，同时绿灯Y2点亮；1s后熄灭，同时红灯Y0点亮；如此循环。

③ 任何时候按控制面板的停止按钮PB1（即X21），彩灯立即熄灭。

④ 本实训与“9.2.2 编程软件使用实训”“9.3.2 仿真软件使用实训”有何异同？

复习与思考

1. 根据状态转移图写指令的原则是什么？
2. 请简述使用M8000与M8002驱动初始状态的区别。
3. 请画出“12.2.2 程序设计实例”的流程图。
4. 请写出图12-5所示彩灯闪烁的状态转移图对应的指令表。

任务12.2　单流程的程序设计

任务导入

所谓单流程就是指状态转移只有一个流程，没有其他分支，如“12.1.4　彩灯循环点亮控制仿真实训”就只有一个流程，是一个典型的单流程程序。由单流程构成的状态转移图就叫单流程状态转移图，下面学习单流程状态转移图的程序设计。

12.2.1　设计方法和步骤

单流程的程序设计比较简单，其设计方法和步骤如下。

① 根据控制要求，列出PLC的I/O分配表，画出I/O分配图。

② 将整个工作过程按工作步序进行分解，每个工作步序对应一个状态，将其分为若干个状态。

③ 理解每个状态的功能和作用，即设计负载驱动程序。

④ 找出每个状态的转移条件和转移方向。

⑤ 根据以上分析，画出控制系统的状态转移图。

⑥ 根据状态转移图写出指令表。

12.2.2　程序设计实例

用步进顺控指令设计一个彩灯自动循环闪烁的控制系统。其控制要求如下：3 盏彩灯 HL1、HL2、HL3，按启动按钮后 HL1 亮，1s 后 HL1 灭 HL2 亮，1s 后 HL2 灭 HL3 亮，1s 后 HL3 灭，1s 后 HL1、HL2、HL3 全亮，1s 后 HL1、HL2、HL3 全灭，1s 后 HL1、HL2、HL3 全亮，1s 后 HL1、HL2、HL3 全灭，1s 后 HL1 亮……如此循环，随时按停止按钮可停止系统运行。

1. I/O 分配

根据控制要求，其 I/O 分配为 X0——停止按钮 SB0；X1——启动按钮 SB1；Y1——HL1；Y2——HL2；Y3——HL3。彩灯闪烁的 I/O 分配图如图 12-4 所示。

2. 程序设计

根据上述控制要求，可将整个工作过程分为 9 个状态，每个状态的功能分别为 S0（初始复位及停止复位）、S20（HL1 亮）、S21（HL2 亮）、S22（HL3 亮）、S23（全灭）、S24（全亮）、S25（全灭）、S26（全亮）、S27（全灭）。状态的转移条件分别为启动按钮 X1 以及 T0～T7 的延时闭合触点，初始状态 S0 则由 M8002 与停止按钮 X0 来驱动。彩灯闪烁的状态转移图如图 12-5 所示，图 12-5 所示状态转移图对应的指令如表 12-2 所示。

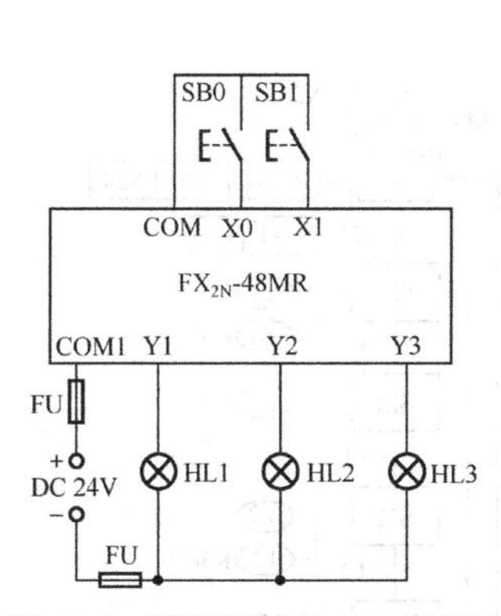

图 12-4　彩灯闪烁的 I/O 分配图

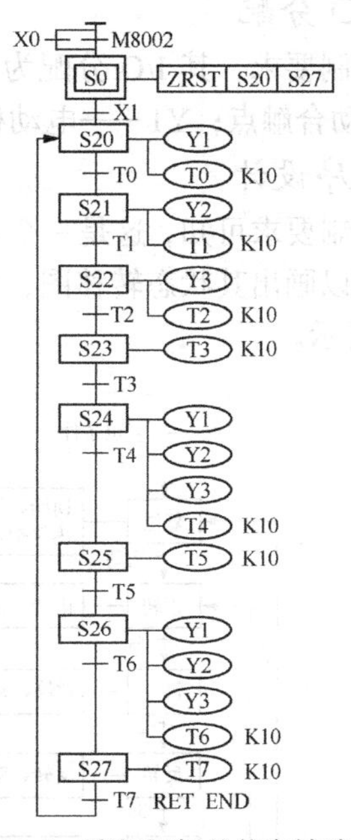

图 12-5　彩灯闪烁的状态转移图

表 12-2　　图 12-5 状态转移图对应的指令表

序号	指令	序号	指令	序号	指令
1	LD　X000	8	STL　S20	15	OUT　T1　K10
2	OR　M8002	9	OUT　Y001	16	LD　T1
3	SET　S0	10	OUT　T0　K10	17	SET　S22
4	STL　S0	11	LD　T0	18	STL　S22
5	ZRST　S20 S27	12	SET　S21	19	OUT　Y003
6	LD　X001	13	STL　S21	20	OUT　T2　K10
7	SET　S20	14	OUT　Y002	21	LD　T2

续表

序号	指令	序号	指令	序号	指令
22	SET S23	32	LD T4	42	OUT T6 K10
23	STL S23	33	SET S25	43	LD T6
24	OUT T3 K10	34	STL S25	44	SET S27
25	LD T3	35	OUT T5 K10	45	STL S27
26	SET S24	36	LD T5	46	OUT T7 K10
27	STL S24	37	SET S26	47	LD T7
28	OUT Y001	38	STL S26	48	OUT S20
29	OUT Y002	39	OUT Y001	49	RET
30	OUT Y003	40	OUT Y002	50	END
31	OUT T4 K10	41	OUT Y003	—	—

12.2.3 电动机循环正反转控制仿真实训（2）

用步进顺控指令设计一个三相电动机循环正反转的控制系统。其控制要求如下：按启动按钮，电动机正转3s，暂停2s，反转3s，暂停2s，如此循环5个周期，然后自动停止；电动机运行时可按停止按钮停止其运行，如有热继电器动作电动机也应停止运行。

1. I/O分配

根据控制要求，其I/O分配为X20——停止按钮SB；X21——启动按钮SB1；X22——热继电器FR动合触点；Y1——电动机正转接触器KM1；Y2——电动机反转接触器KM2。

2. 程序设计

根据控制要求可知，这是一个单流程控制程序，其工作流程图如图12-6所示。再根据其工作流程图可以画出其状态转移图，如图12-7所示，图12-7所示状态转移图对应的指令表程序如表12-3所示。

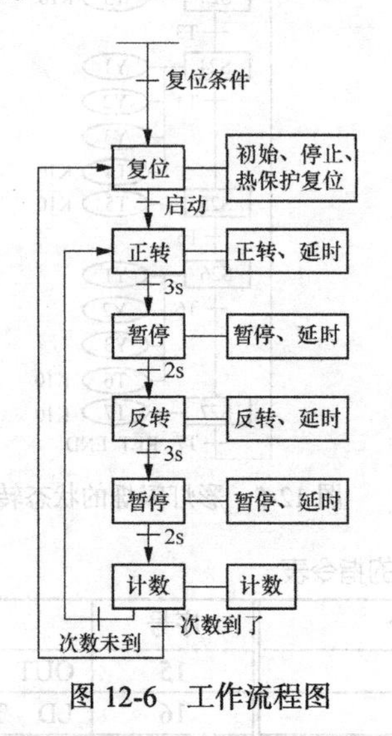

图12-6 工作流程图

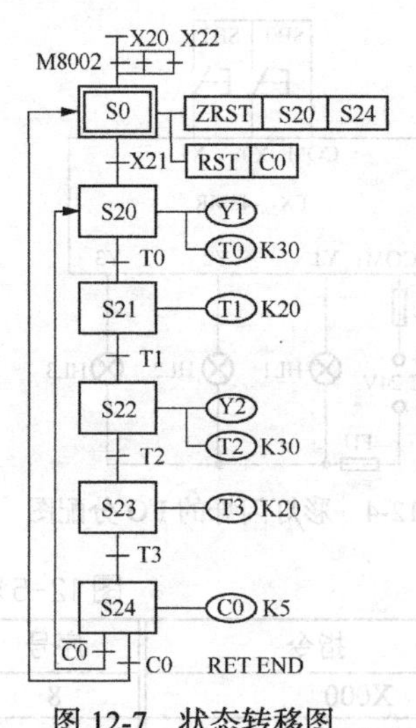

图12-7 状态转移图

3. 仿真实训

① 打开PLC仿真软件，进入D-5仿真培训窗口。

② 在程序编辑区域输入表12-3所示指令，核对无误后单击“PLC写入”按钮，将编辑好的程序写入模拟的PLC中。

表 12-3　　图 12-7 所示状态转移图对应的指令表

序号	指令	序号	指令	序号	指令
1	LD　M8002	13	LD　T0	25	OUT　T3　K20
2	OR　X020	14	SET　S21	26	LD　T3
3	OR　X022	15	STL　S21	27	SET　S24
4	SET　S0	16	OUT　T1　K20	28	STL　S24
5	STL　S0	17	LD　T1	29	OUT　C0　K5
6	ZRST　S20　S24	18	SET　S22	30	LDI　C0
7	RST　C0	19	STL　S22	31	OUT　S20
8	LD　X021	20	OUT　Y002	32	LD　C0
9	SET　S20	21	OUT　T2　K30	33	OUT　S0
10	STL　S20	22	LD　T2	34	RET
11	OUT　Y001	23	SET　S23	35	END
12	OUT　T0　K30	24	STL　S23	—	

③ 由于仿真软件已经完成了模拟 PLC 的输入和输出接线，且 PLC 已处于“运行中”状态，若按启动按钮 PB2（即 X21），则可以看到输送带正转。

④ 输送带正转 3s 后停止运行，暂停 2s 后可以看到输送带反转。

⑤ 输送带反转 3s 后停止运行，暂停 2s 后又正转，如此循环 5 个周期后自动停止。

⑥ 若在自动运行过程中，按停止按钮 PB1（即 X20）或热继电器动作（使用按钮 PB3 模拟代替热继电器的常开触点），则可以看到输送带停止运行。

⑦ 请与“11.1.5 电动机循环正反转控制仿真实训（1）”比较，分析有何异同。

12.2.4　编程软件的 SFC 程序

对于状态转移图，可以用梯形图方式编制程序（见图 12-3），也可以用指令表方式编制程序（见表 12-1），此外，还可以用 SFC 方式编制程序，下面以图 12-2 所示状态转移图为例介绍用 SFC 方式编程的方法。

1. 创建新工程

启动 GX Developer 编程软件，执行“工程”→“创建新工程”命令或直接单击□按钮，弹出如图 9-13 所示“创建新工程”对话框。在“程序类型”选项组中，选择“SFC”单选项（不要选“梯形图逻辑”），其余按图 9-13 所示进行设置，最后单击“确定”按钮，弹出块列表窗口，如图 12-8 所示。

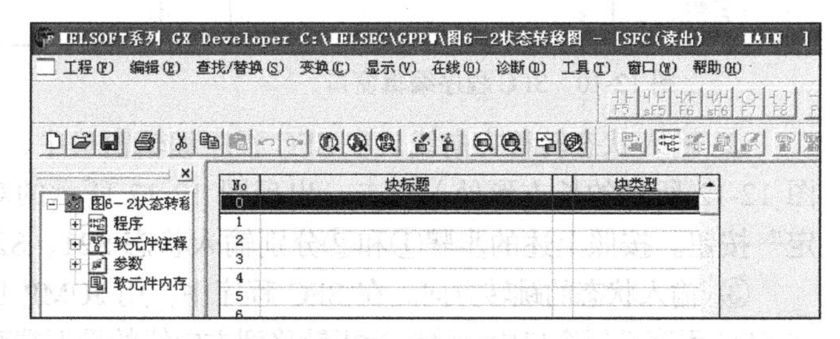

图 12-8　块列表窗口

2. 块信息设置及梯形图编制

双击第 1 行的第 0 块，弹出“块信息设置”对话框。在“块标题”文本框中可以填入相应的块标题（也可以不填），在“块类型”选项组中选择“梯形图块”单选项。单击“执行”按钮，弹出梯形图编辑窗口，在右边梯形图编辑窗口中输入驱动初始状态的梯形图，输入完成后，执行“变换”→“变换”命令或按“F4”键完成梯形图的变换，如图 12-9 所示。

需要说明的是，在每一个 SFC 程序中至少有一个初始状态，且初始状态必须在 SFC 程序的最前面。在 SFC 程序的编制过程中，每一个状态中的梯形图编制完成后必须进行变换，才能

进行下一步工作，否则会弹出出错信息。

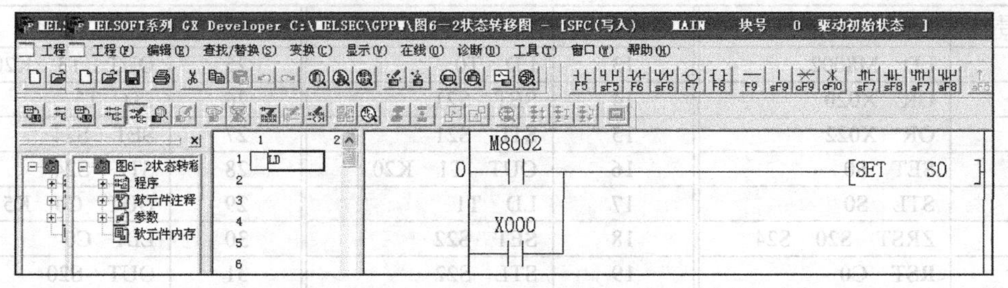

图 12-9 梯形图编辑窗口

3. 单流程SFC程序编制

在完成了程序的第 0 块（即梯形图块）后，双击工程数据列表中的“程序”→“MAIN”选项，返回图 12-8 所示块列表窗口。双击第 2 行的第 1 块，在弹出的“块信息设置”对话框中填入相应的块标题（也可以不填），在“块类型”选项组中选择“SFC 块”单选项，单击“执行”按钮，弹出图 12-10 所示的 SFC 程序编辑窗口，然后按如下步骤进行操作。

① 输入 SFC 的状态。在屏幕左侧的 SFC 程序编辑窗口中，把鼠标指针下移到方向线底端，双击图 12-11 所示的长方形，或单击工具栏中的工具按钮或按“F5”键，弹出“SFC 符号输入”对话框，在对话框中输入图标号“20”，如图 12-11 所示，然后单击“确定”按钮。这时鼠标指针将自动向下移动，此时我们看到状态图标号前面有一个“？”，这表示对此状态还没有进行梯形图编辑，右边的梯形图编辑窗口是灰色的不可编辑状态。

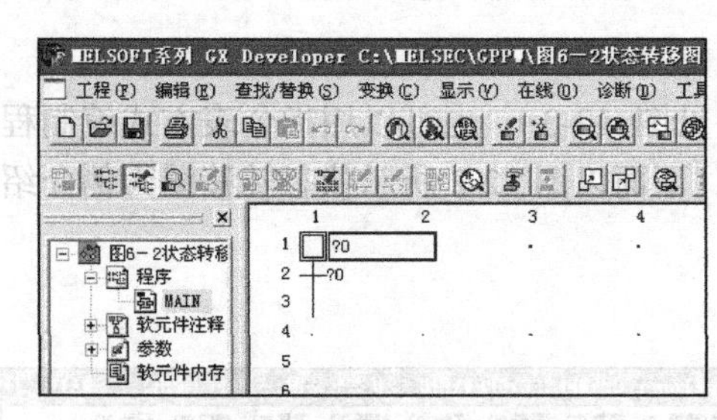

图 12-10 SFC 程序编辑窗口

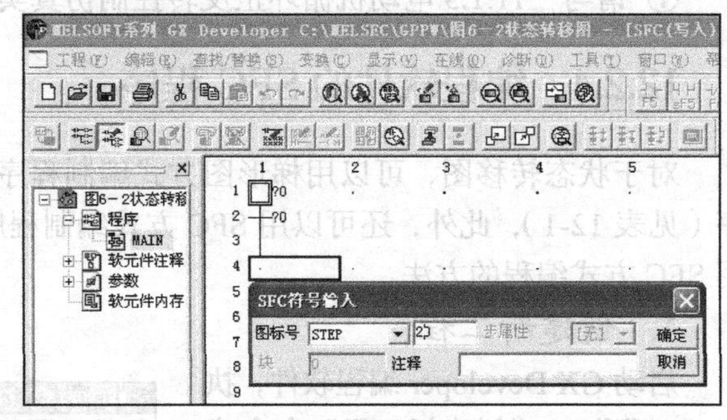

图 12-11 输入 SFC 的状态

② 输入状态转移方向线。在 SFC 程序编辑窗口中，将鼠标指针移到状态图标的正下方（即图 12-12 所示的长方形处）双击，出现图 12-12 所示的对话框，采用默认设置，然后单击“确定”按钮。按照上述的步骤①和②分别输入状态 S21、S22 及其转移方向线。

③ 输入状态的跳转方向。在 SFC 程序中，用 JUMP 加目标状态号进行返回操作，输入方法是在 SFC 程序编辑窗口中，将鼠标指针移到方向线的最下端双击，或按“F8”键或单击工具栏中的工具按钮（本例为双击状态 S22 转移方向线的正下方，即图 12-13 所示的长方形处），出现图 12-13 所示的对话框。在“图标号”下拉列表中选择“JUMP”选项，并输入跳转的目的状态号“20”，然后单击“确定”按钮。当输入完跳转目的状态号后，在 SFC 编辑窗口中可以看到在跳转返回的状态符号的方框中多了一个小黑点，这说明此状态是跳转返回的目标状态，这为阅读 SFC 程序提供了方便。

④ 输入状态的驱动负载。将鼠标指针移到 SFC 程序编辑窗口中图 12-13 所示的状态 0 右边的“？”处单击，此时再看右边的梯形图编辑窗口已变为白色可编辑状态。在梯形图编辑窗口中输入梯形图，此处的梯形图是指程序运行到此状态时要驱动的那些线圈或功能指令（状态 S0 的驱动负载为 ZRST S20 S22），然后进行变换，如图 12-14 所示。然后用类似的方法输入

其他状态的驱动负载。

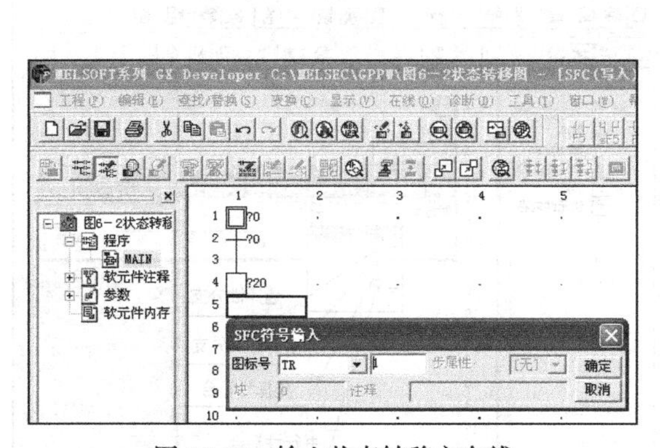

图 12-12　输入状态转移方向线

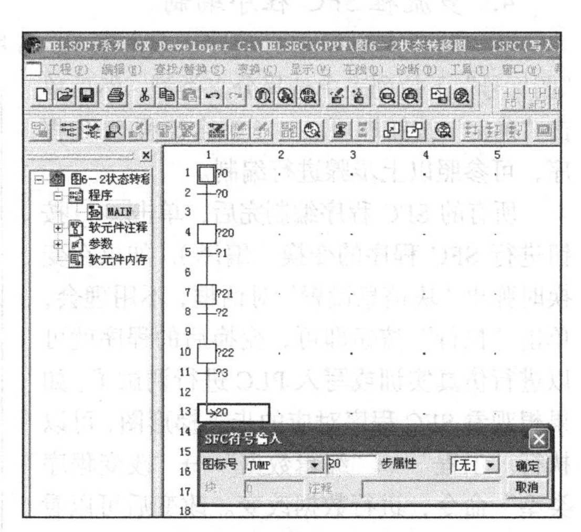

图 12-13　输入状态的跳转方向

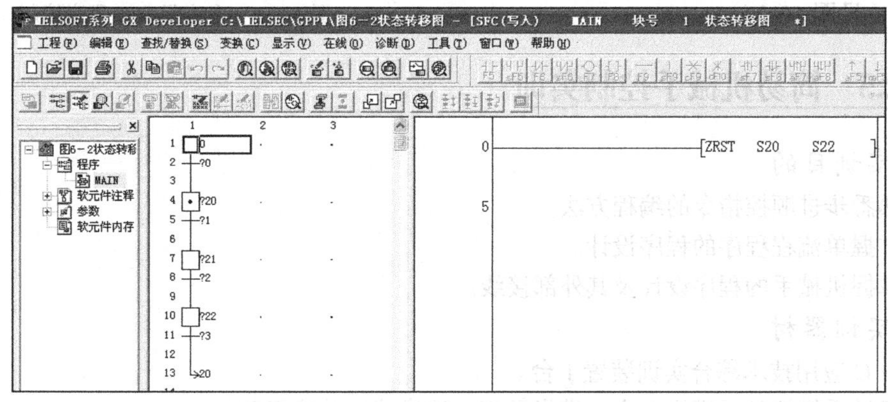

图 12-14　输入状态的驱动负载

⑤ 输入状态的转移条件。在 SFC 程序编辑窗口中，将鼠标指针移到转移条件 0 处，在右侧梯形图编辑窗口输入使状态转移的梯形图。注意，在 SFC 程序中所有的转移（Transfer）用 TRAN 表示，不可以用“SET + S + 元件号”语句表示。这时再看 SFC 程序编辑窗口中，转移条件 0 前面的“？”已经不见了。本例为单击图 12-14 所示的转移条件 0，在右边梯形图编辑区域输入图 12-15 所示的梯形图，然后进行变换，其他状态的转移条件的输入与此类似。

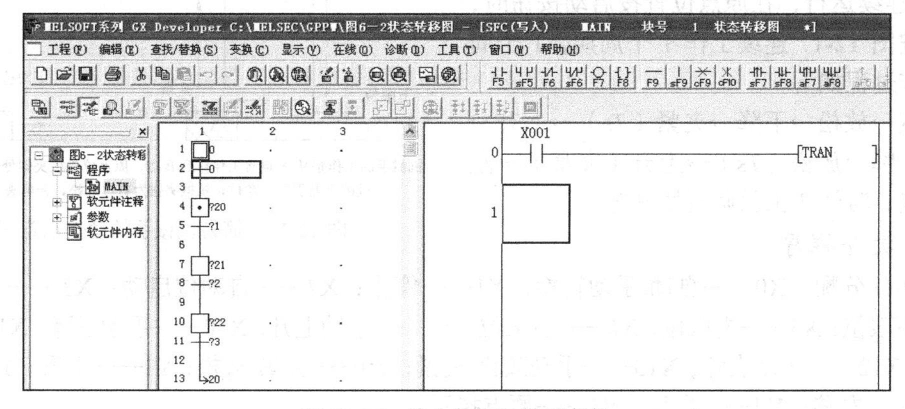

图 12-15　输入状态的转移条件

4. 多流程SFC程序编制

要编制分支流程SFC程序，双击图12-16所示转移条件0下面的长方形，在弹出对话框的“图标号”下拉列表中选择分支类型，然后单击“确定”按钮即可。对于汇合流程SFC程序，可参照以上步骤进行编制。

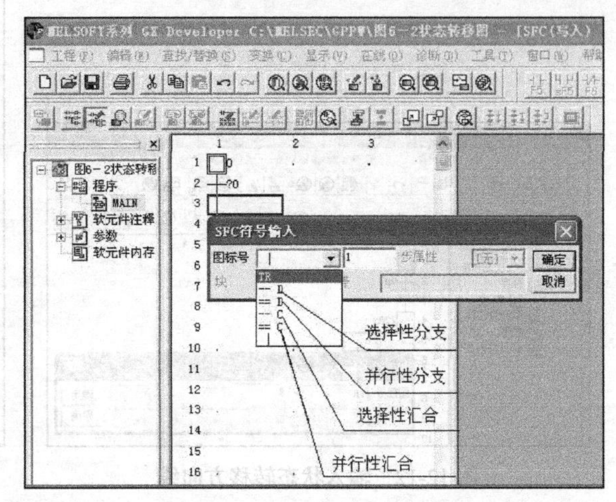

图12-16 多流程SFC程序编制

所有的SFC程序编制完后，单击[变换(C)]按钮进行SFC程序的变换（编译），如果在变换时弹出“块信息设置”对话框，不用理会，单击“执行”按钮即可，变换后的程序就可以进行仿真实训或写入PLC进行调试了。如果想观看SFC程序对应的步进梯形图，可以执行“工程”→“编辑数据”→“改变程序类型”命令，进行数据改变。改变后可以看到由SFC程序（见图12-2）变换成的步进梯形图程序（见图12-3）。

12.2.5 简易机械手控制实训

1. 实训目的

① 熟悉步进顺控指令的编程方法。

② 掌握单流程程序的程序设计。

③ 掌握机械手的程序设计及其外部接线。

2. 实训器材

① PLC应用技术综合实训装置1台。

② 机械手模拟显示模块1个（带指示灯、接线接口及按钮等）。

③ 计算机1台。

3. 实训要求

设计一个用PLC控制的将工件从A点移到B点的机械手控制系统。其控制要求如下。

① 手动操作，每个动作均能单独操作，用于将机械手复归至原点位置。

② 连续运行，在原点位置按启动按钮时，机械手按图12-17连续工作1个周期，1个周期的工作过程如下。

原点→放松→下降→夹紧（Ts）→上升→右移→下降→放松（Ts）→上升（夹紧）→左移到原点，时间T由教师现场规定。

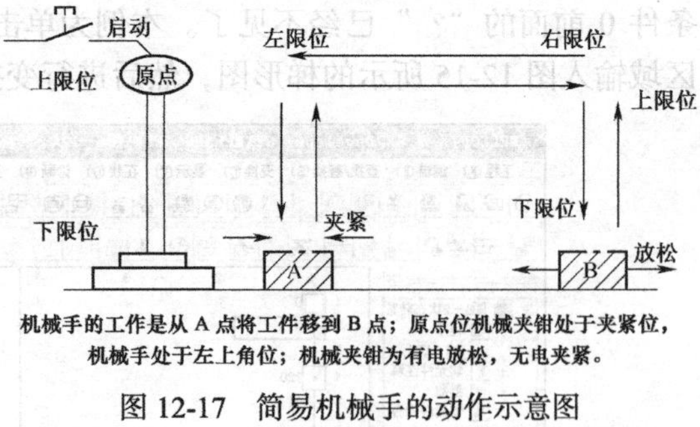

机械手的工作是从A点将工件移到B点；原点位机械夹钳处于夹紧位，机械手处于左上角位；机械夹钳为有电放松，无电夹紧。

图12-17 简易机械手的动作示意图

4. 软件程序

① I/O分配。X0——自动/手动转换；X1——停止；X2——自动位启动；X3——上限位；X4——下限位；X5——左限位；X6——右限位；X7——手动上升；X10——手动下降；X11——手动左移；X12——手动右移；X13——手动放松/夹紧；Y0——夹紧/放松；Y1——上升；Y2——下降；Y3——左移；Y4——右移；Y5——原点指示。

② 程序设计方案。根据系统的控制要求及 PLC 的 I/O 分配，简易机械手的状态转移图如图 12-18 所示。

5. 系统接线

根据系统控制要求，简易机械手的控制系统接线图如图 12-19 所示（PLC 的输出负载都用指示灯代替）。

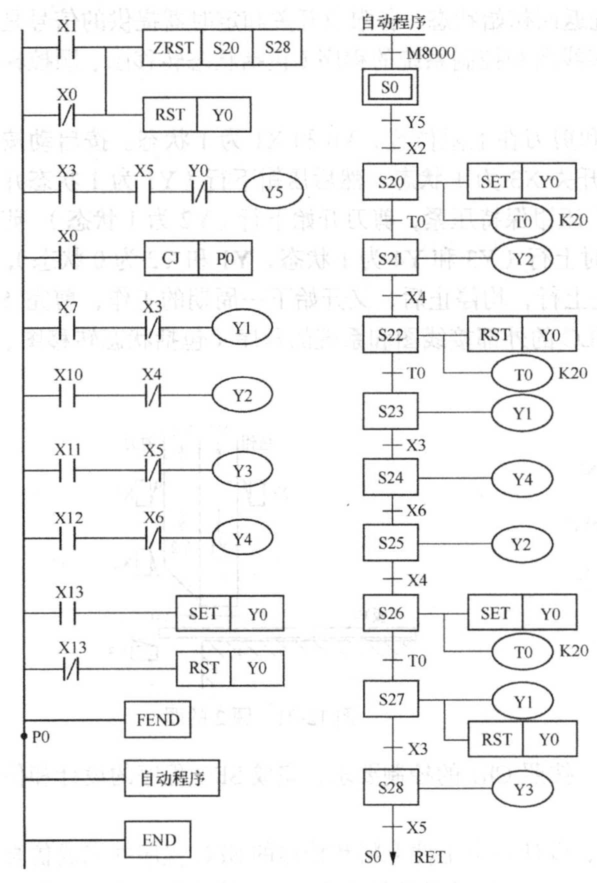

图 12-18　简易机械手的状态转移图

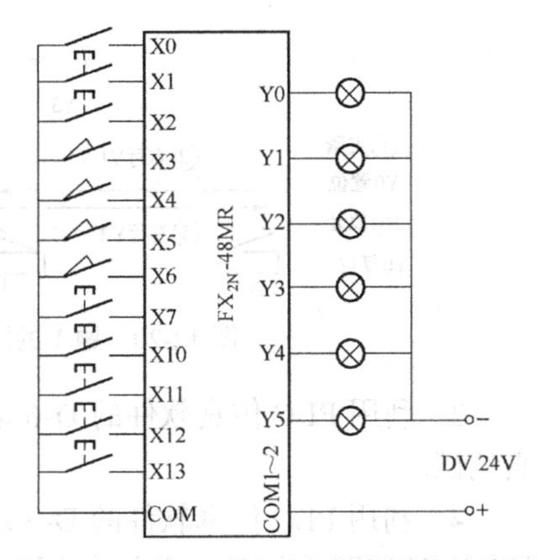

图 12-19　简易机械手的控制系统接线图

6. 系统调试

① 输入程序，按图 12-18 所示正确输入（以 SFC 的形式显示）。

② 静态调试，按图 12-19 所示的系统接线图正确连接好输入设备，进行 PLC 的模拟静态调试，观察 PLC 的输出指示灯是否按要求指示。如未按要求指示，则检查并修改程序，直至指示正确。

③ 动态调试，按图 12-19 所示的系统接线图正确连接好输出设备，进行系统的动态调试，先调试手动程序，后调试自动程序，观察机械手能否按控制要求动作。如未按要求动作，则检查线路或修改程序，直至机械手按控制要求动作。

7. 总结与思考

① 描述机械手的动作情况，总结操作要领。

② 画出机械手工作流程图。

③ 在右限位增加一个光电检测，检测 B 点是否有工件。若无工件则下降，若有工件则不下降。请在本实训程序的基础上设计其程序。

复习与思考

1. 冲床机械手运动的示意图如图12-20所示。初始状态时机械手在最左边，X4为ON；冲头在最上面，X3为ON；机械手松开（Y0为OFF）。按启动按钮，Y0变为ON，工件被夹紧并保持，2s后Y1被置位，机械手右行碰到X1，然后顺序完成以下动作：冲头下行，冲头上行，机械手左行，机械手松开，延时1s后，系统返回初始状态，各限位开关和定时器提供的信号是各步之间的转换条件。试设计PLC的外部接线图和控制系统的程序（包括状态转移图、顺控梯形图）。

2. 初始状态时，图12-21所示的压钳和剪刀在上限位置，X0和X1为1状态。按启动按钮，首先板料右行（Y0为1状态）至限位开关X3为1状态，然后压钳下行（Y1为1状态并保持）。压紧板料后，压力继电器为1状态，压钳保持压紧，剪刀开始下行（Y2为1状态）。剪断板料后，X2变为1状态，压钳和剪刀同时上行（Y3和Y4为1状态，Y1和Y2为0状态），它们分别碰到限位开关X0和X1后，停止上行，均停止后，又开始下一周期的工作，剪完5块料后停止工作并停在初始状态。试设计PLC的外部接线图和系统的程序（包括状态转移图、顺控梯形图）。

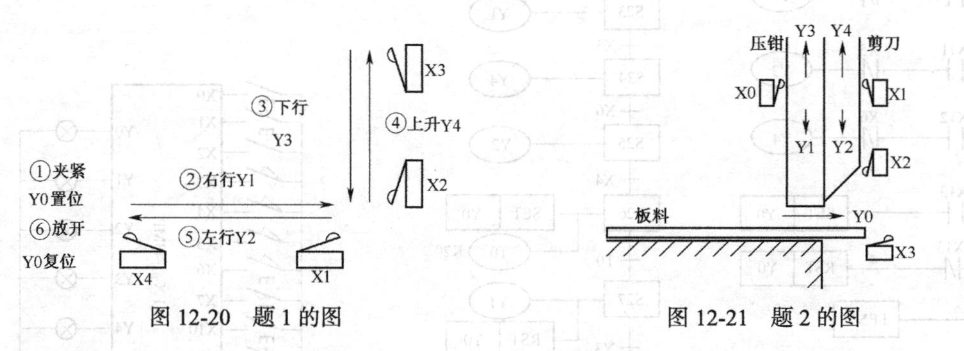

图12-20　题1的图　　　　图12-21　题2的图

3. 利用PLC仿真软件的D-6培训窗口，按照Ch1的控制要求，完成SFC程序的设计和仿真调试。

4. 利用PLC仿真软件的D-5培训窗口，设计一个工件上料和传输的SFC程序并完成仿真调试。控制要求如下：按启动按钮PB1（X20）时，机械手的供给指令Y0就动作，将工件搬运到输送带后返回原点位置；机械手开始工作5s后启动输送带正转，当工件到达输送带末端时，检测传感器X3对检测到的工件数量进行统计；当工件掉落输送带后机械手又开始搬运工件，当系统完成4个工件的上料和传输后自动停止运行。

5. 分别利用PLC仿真软件的E-3、E-4、E-5、E-6、F-1、F-2培训窗口，按照Ch1的控制要求，完成SFC程序的设计和仿真调试。

任务12.3　选择性流程的程序设计

任务导入

前文介绍的均为单流程顺序控制的状态转移图，在较复杂的顺序控制中，一般都使用多流程的控制，常用的有选择性流程和并行性流程两种。本任务讲解选择性流程状态转移图的程序设计。

12.3.1　选择性流程及其编程

1. 选择性流程程序的特点

由两个及两个以上的分支流程组成，但根据控制要求只能从中选择一个分支流程执行的程序，称为选择性流程程序。图 12-22 所示是具有 3 条支路的选择性流程程序，其特点如下。

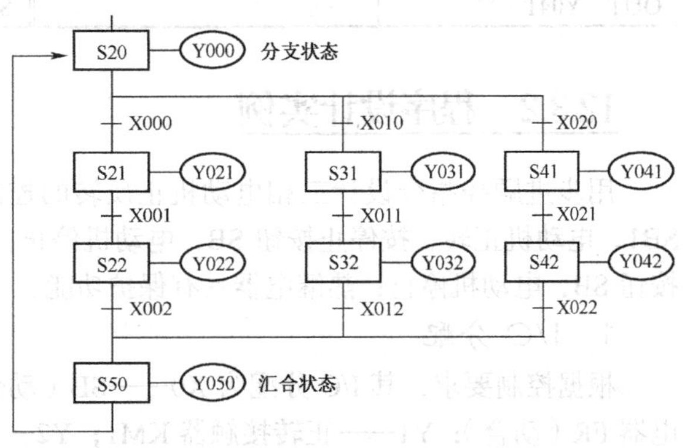

图 12-22　具有 3 条支路的选择性流程程序

① 由分支转移条件 X0、X10、X20 决定从 3 个流程中选择执行哪个流程。

② 分支转移条件 X0、X10、X20 不能同时接通，哪个先接通，就执行哪条分支。

③ 当 S20 已动作时，一旦 X0 接通，程序就向 S21 转移，S20 就复位。因此，在 S20 再次动作前，即使 X10 或 X20 接通，S31 或 S41 也不会动作。

④ 汇合状态 S50 可由 S22、S32、S42 中任意一个驱动。

2. 选择性分支的编程

选择性分支的编程与一般状态的编程一样，先进行驱动处理，然后进行转移处理，所有的转移处理按顺序执行，简称先驱动后转移。因此，首先对 S20 进行驱动处理（OUT Y0），然后按 S21、S31、S41 的顺序进行转移处理。选择性分支程序的指令如表 12-4 所示。

表 12-4　选择性分支程序的指令表

指令	说明	指令	说明
STL　S20		LD　X010	第 2 分支的转移条件
OUT　Y000	驱动处理	SET　S31	转移到第 2 分支
LD　X000	第 1 分支的转移条件	LD　X020	第 3 分支的转移条件
SET　S21	转移到第 1 分支	SET　S41	转移到第 3 分支

3. 选择性汇合的编程

选择性汇合的编程是先进行汇合前状态的驱动处理，然后按顺序向汇合状态进行转移处理。因此，首先应分别对第 1 分支（S21 和 S22）、第 2 分支（S31 和 S32）、第 3 分支（S41 和 S42）进行驱动处理，然后按 S22、S32、S42 的顺序向 S50 转移。选择性汇合程序的指令如表 12-5 所示。

表 12-5　选择性汇合程序的指令表

<table>
<tr><th>指令</th><th>说明</th><th>指令</th><th>说明</th></tr>
<tr><td>STL　S21</td><td rowspan="6">第 1 分支驱动处理</td><td>LD　X021</td><td rowspan="4">第 3 分支驱动处理</td></tr>
<tr><td>OUT　Y021</td><td>SET　S42</td></tr>
<tr><td>LD　X001</td><td>STL　S42</td></tr>
<tr><td>SET　S22</td><td>OUT　Y042</td></tr>
<tr><td>STL　S22</td><td>STL　S22</td><td rowspan="3">由第 1 分支转移到汇合点</td></tr>
<tr><td>OUT　Y022</td><td>LD　X002</td></tr>
<tr><td>STL　S31</td><td rowspan="4">第 2 分支驱动处理</td><td>SET　S50</td></tr>
<tr><td>OUT　Y031</td><td>STL　S32</td><td rowspan="3">由第 2 分支转移到汇合点</td></tr>
<tr><td>LD　X011</td><td>LD　X012</td></tr>
<tr><td>SET　S32</td><td>SET　S50</td></tr>
</table>

续表

指令	说明	指令	说明
STL　S32	第2分支驱动处理	STL　S42	由第3分支转移到汇合点
OUT　Y032		LD　X022	
STL　S41	第3分支驱动处理	SET　S50	
OUT　Y041		STL　S50　OUT　Y050	

12.3.2　程序设计实例

用步进顺控指令设计三相电动机正反转的控制程序。其控制要求如下：按正转启动按钮SB1，电动机正转，按停止按钮SB，电动机停止；按反转启动按钮SB2，电动机反转，按停止按钮SB，电动机停止；热继电器具有保护功能。

1．I/O分配

根据控制要求，其I/O分配为X0——SB（动合）；X1——SB1；X2——SB2；X3——热继电器FR（动合）；Y1——正转接触器KM1；Y2——反转接触器KM2。

2．程序设计

根据控制要求，三相电动机的正反转控制是一个具有两个分支的选择性流程，分支转移的条件是正转启动按钮X1和反转启动按钮X2，汇合的条件是热继电器X3或停止按钮X0，而初始状态S0可由初始脉冲M8002来驱动。其状态转移图如图12-23（a）所示。根据图12-23（a）所示的状态转移图，其指令表如图12-23（b）所示。

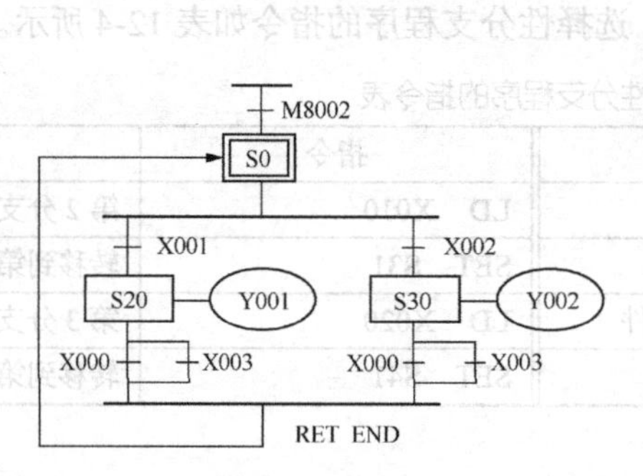

（a）状态转移图

LD　M8002	STL　S20
SET　S0	LD　X000
STL　S0	OR　X003
LD　X001	OUT　S0
SET　S20	STL　S30
LD　X002	LD　X000
SET　S30	OR　X003
STL　S20	OUT　S0
OUT　Y001	RET
STL　S30	END
OUT　Y002	

（b）指令表

图12-23　三相电动机正反转控制的状态转移图和指令表

12.3.3　部件分拣控制仿真实训

设计一个大小不同的部件分拣控制系统，并使用仿真软件的E-2培训窗口完成模拟调试。系统具体控制要求如下：按启动按钮PB1（X20）时，机械手Y0供给指令开始搬运部件至Y1输送带，3s后Y1输送带1启动正转；当部件经过传感器X1（检测大部件）、X2（检测中部件）、X3（检测小部件）检测后，延时1s，启动Y2输送带2正转；当检测为大部件时，Y5分拣器向前动作使大部件流向里面的输送带，当传感器X5检测到有部件时，延时2s，停止Y2输送带，同时开始下一个部件的搬运；当检测为中或小部件时，Y5分拣器不动作使中或小部件流向外面的输送带，当传感器X4检测到有部件时，延时2s，停止Y2输送带，同时开始下一个部件的搬运；当部件运行到Y2输送带2时及时（通过时间来控制）停止Y1输送带的运行；运行中按停止按钮PB2时，系统处理完在线部件后停止；运行中按急停按钮PB3时，系统无条件立即停止。

1. I/O 分配

PLC 的输入信号有启动按钮 PB1（X20）、停止按钮 PB2（X21）、急停按钮 PB3（X22）、机械手原点（X0）、检测大部件（X1）、检测中部件（X2）、检测小部件（X3）、中或小部件到达（X4）、大部件到达（X5）。PLC 的输出信号有机械手搬运（Y0）、输送带 1（Y1）、输送带 2（Y2）、分拣器（Y5）。

2. 程序设计

根据控制要求，这是一个选择性分支与汇合程序，因此可以先画出其工作流程图，再画状态转移图，然后根据状态转移图写出其指令表程序。

3. 仿真实训

① 打开 PLC 仿真软件，进入 E-2 仿真培训窗口。

② 在程序编辑区域输入状态梯形图，核对无误后单击“PLC 写入”按钮，将编辑好的程序写入模拟的 PLC 中。

③ 由于仿真软件已经完成了模拟 PLC 的输入和输出接线，且 PLC 已处于“运行中”状态，按启动按钮 PB1（即 X20），则自动运行。

④ 若在自动运行过程中，按停止按钮 PB2（即 X21），则可以看到输送带处理完在线部件后才停止运行。

⑤ 若在自动运行过程中，按急停按钮 PB3（即 X22），则可以看到输送带立即停止运行。

复习与思考

1. 写出图 12-24 所示状态转移图所对应的指令表。

2. 液体混合装置如图 12-25 所示，上限位、下限位和中限位液位传感器被液体淹没时为 ON，阀 A、阀 B 和阀 C 为电磁阀，线圈得电时打开，线圈失电时关闭。开始时容器是空的，各阀门均关闭，各传感器均为 OFF。按启动按钮后，打开阀 A，液体 A 流入容器，中限位开关变为 ON 时，关闭阀 A，打开阀 B，液体 B 流入容器。当液面到达上限位开关时，关闭阀 B，电动机 M 开始运行，搅动液体，60s 后停止搅动，打开阀 C，放出混合液，当液面降至下限位开关之后再过 5s，容器放空，关闭阀 C，打开阀 A，又开始下一周期的工作。按停止按钮，在当前工作周期的工作结束后，系统才停止工作（停在初始状态）。设计 PLC 的外部接线图和控制系统的程序（包括状态转移图、顺控梯形图）。

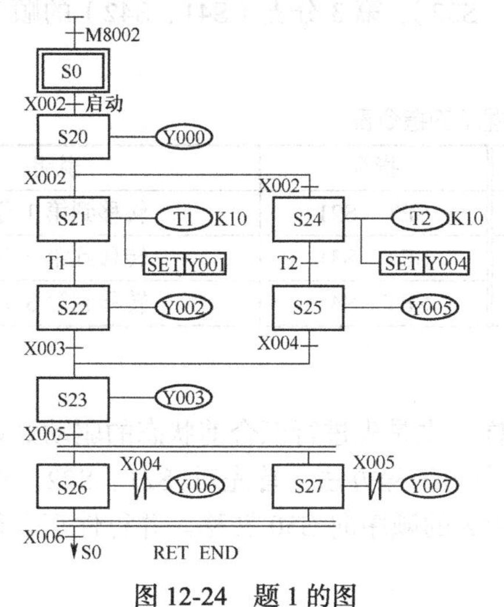

图 12-24　题 1 的图

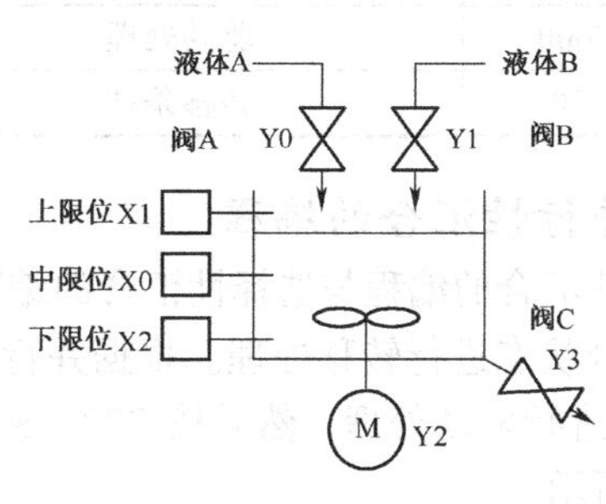

图 12-25　题 2 的图

3. 分别利用PLC仿真软件的F-3、F-4、F-5、F-6、F-7培训窗口，按照Ch1的控制要求，完成SFC程序的设计和仿真调试。

任务12.4 并行性流程的程序设计

任务导入

前文介绍了单流程和选择性流程的顺序控制的程序设计，下面学习并行性流程的程序设计。

12.4.1 并行性流程及其编程

1. 并行性流程程序的特点

由两个及以上的分支流程组成的，且必须同时执行各分支流程的程序，称为并行性流程程序。图12-26所示是具有3条支路的并行性流程程序，其特点如下。

① 若S20已动作，则只要分支转移条件X0成立，3个流程（S21、S22，S31、S32，S41、S42）同时并列执行，没有先后之分。

② 当各流程的动作全部结束时（先执行完的流程要等待全部流程动作完成），一旦X2为ON，则汇合状态S50动作，S22、S32、S42全部复位。若其中一个流程没执行完，则S50就不可能动作。

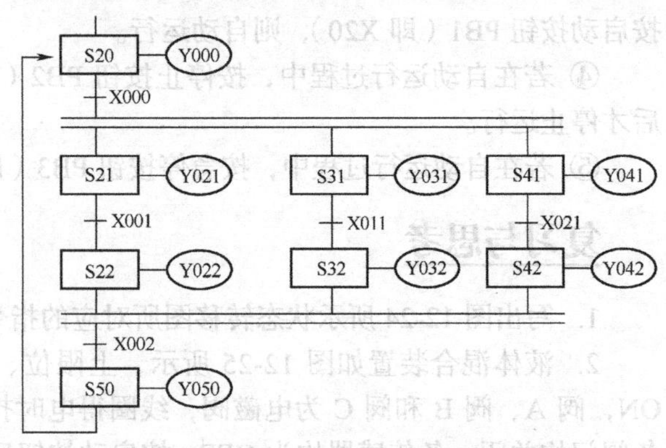

图12-26 具有3条支路的并行性流程程序

另外，并行性流程程序在同一时间可能有两个及两个以上的状态处于“激活”状态。

2. 并行性分支的编程

并行性分支的编程与选择性分支的编程一样，先进行驱动处理，然后进行转移处理，所有的转移处理按顺序执行。根据并行性分支的编程方法，首先对S20进行驱动处理（OUT Y0），然后按第1分支（S21、S22）、第2分支（S31、S32）、第3分支（S41、S42）的顺序进行转移处理。并行性分支程序的指令如表12-6所示。

表12-6 并行性分支程序的指令表

指令	说明	指令	说明
STL S20		SET S21	转移到第1分支
OUT Y000	驱动处理	SET S31	转移到第2分支
LD X000	转移条件	SET S41	转移到第3分支

3. 并行性汇合的编程

并行性汇合的编程与选择性汇合的编程一样，也是先进行汇合前状态的驱动处理，然后按顺序向汇合状态进行转移处理。根据并行性汇合的编程方法，首先对S21、S22、S31、S32、S41、S42进行驱动处理，然后按S22、S32、S42的顺序向S50转移。并行性汇合程序的指令如表12-7所示。

表 12-7　　并行性汇合程序的指令表

指令	说明	指令	说明
STL　S21	第 1 分支驱动处理	STL　S41	第 3 分支驱动处理
OUT　Y021		OUT　Y041	
LD　X001		LD　X021	
SET　S22		SET　S42	
STL　S22		STL　S42	
OUT　Y022		OUT　Y042	
STL　S31	第 2 分支驱动处理	STL　S22	由第 1 分支汇合
OUT　Y031		STL　S32	由第 2 分支汇合
LD　X011		STL　S42	由第 3 分支汇合
SET　S32		LD　X002	汇合条件
STL　S32		SET　S50	汇合状态
OUT　Y032		STL　S50　　OUT　Y050	

4. 编程注意事项

① 并行性流程的汇合最多能实现 8 个流程的汇合。

② 在并行性分支、汇合流程中，不允许有图 12-27（a）所示的转移条件，必须将其转化为图 12-27（b）所示后再进行编程。

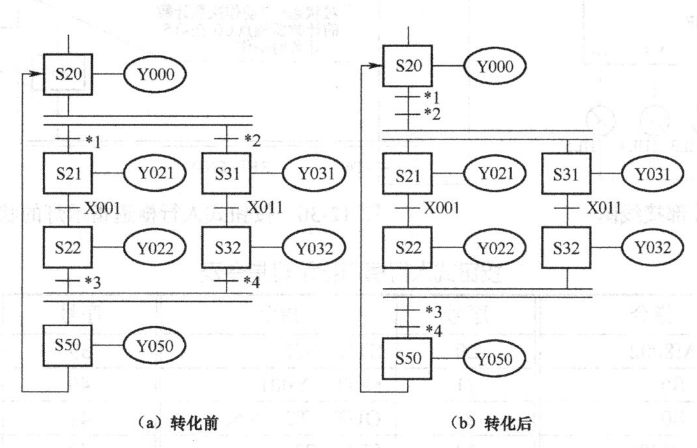

（a）转化前　　（b）转化后

图 12-27　并行性分支、汇合流程的转化

12.4.2　程序设计实例

用步进顺控指令设计一个按钮式人行横道指示灯的控制程序。其控制要求如下：按 X0 或 X1 按钮，人行横道和车道指示灯按图 12-28 所示点亮（高电平表示点亮，低电平表示不亮）。

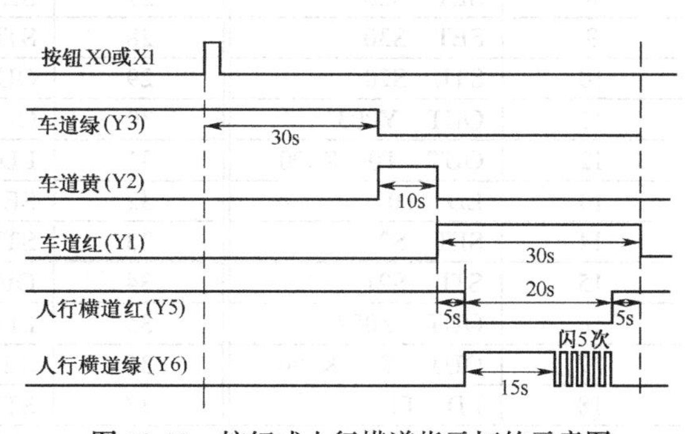

图 12-28　按钮式人行横道指示灯的示意图

1. I/O 分配

根据控制要求，其 I/O 分配如下。X0——左启动 SB1；X1——右启动 SB2；Y1——车道红灯；Y2——车道黄灯；Y3——车道绿灯；Y5——人行横道红灯；Y6——人行横道绿灯。

PLC 外部接线图如图 12-29 所示。

2. 程序设计

根据控制要求，当未按 X0 或 X1 按钮时，人行横道红灯和车道绿灯亮；当按 X0 或 X1 按钮时，人行横道指示灯和车道指示灯同时开始运行，因此，此流程是具有两个分支的并行性流程，其状态转移图如图 12-30 所示。根据并行性分支的编程方法，其指令表如表 12-8 所示。

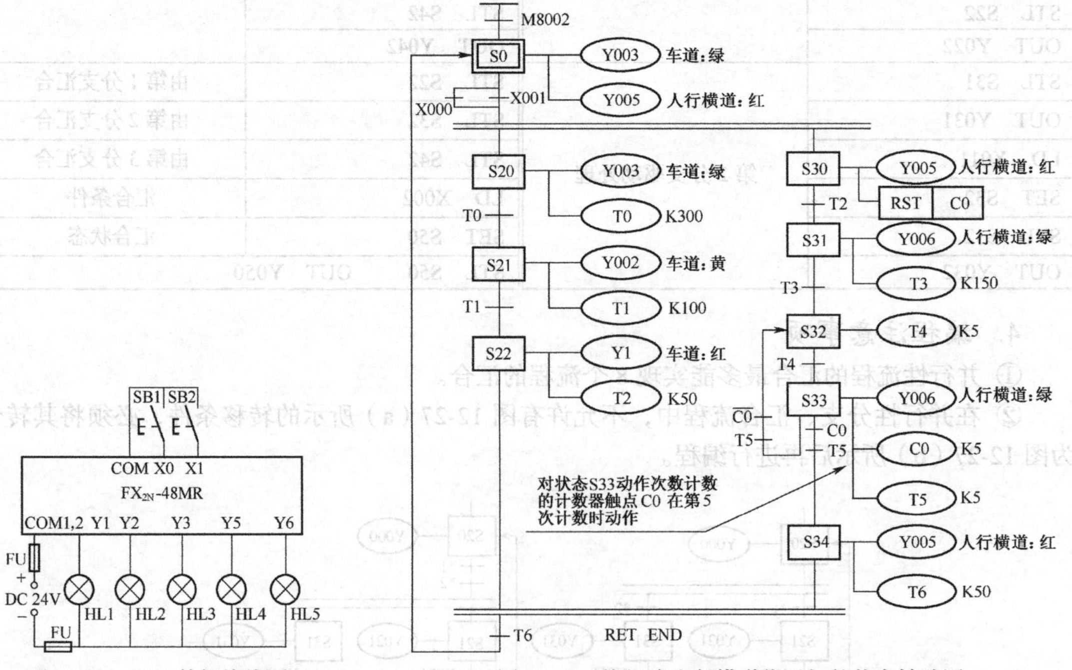

图 12-29 PLC 外部接线图

图 12-30 按钮式人行横道指示灯的状态转移图

表 12-8 按钮式人行横道指示灯指令表

序号	指令	序号	指令	序号	指令
1	LD M8002	20	STL S22	39	OUT C0 K5
2	SET S0	21	OUT Y001	40	OUT T5 K5
3	STL S0	22	OUT T2 K50	41	LD T5
4	OUT Y003	23	STL S30	42	ANI C0
5	OUT Y005	24	OUT Y005	43	OUT S32
6	LD X000	25	RST C0	44	LD C0
7	OR X001	26	LD T2	45	AND T5
8	SET S20	27	SET S31	46	SET S34
9	SET S30	28	STL S31	47	STL S34
10	STL S20	29	OUT Y006	48	OUT Y005
11	OUT Y003	30	OUT T3 K150	49	OUT T6 K50
12	OUT T0 K300	31	LD T3	50	STL S22
13	LD T0	32	SET S32	51	STL S34
14	SET S21	33	STL S32	52	LD T6
15	STL S21	34	OUT T4 K5	53	OUT S0
16	OUT Y002	35	LD T4	54	RET
17	OUT T1 K100	36	SET S33	55	END
18	LD T1	37	STL S33		
19	SET S22	38	OUT Y006		

3. 程序说明

① PLC 从 STOP 变成 RUN 时，初始状态 S0 动作，车道信号为绿灯，人行横道信号为红灯。

② 按人行横道按钮 X0 或 X1，则状态转移到 S20 和 S30，车道为绿灯，人行横道为红灯。

③ 30s 后车道为黄灯，人行横道仍为红灯。

④ 再过 10s 后车道变为红灯，人行横道仍为红灯，同时定时器 T2 启动，5s 后 T2 触点接通，人行横道变为绿灯。

⑤ 15s 后人行横道绿灯开始闪烁（S32 人行横道绿灯灭，S33 人行横道绿灯亮）。

⑥ 闪烁中 S32、S33 反复循环动作，计数器 C0 设定值为 5，当循环达到 5 次时，C0 动合触点就闭合，动作状态向 S34 转移，人行横道变为红灯，期间车道仍为红灯，5s 后返回初始状态，完成一个周期的动作。

⑦ 在状态转移过程中，即使按人行横道按钮 X0、X1 也无效。

12.4.3 自动交通灯控制实训

1. 实训目的

① 熟悉顺控指令的编程方法。

② 掌握并行性流程程序的程序设计。

③ 掌握交通灯的程序设计及其外部接线。

2. 实训器材

① 交通灯模拟显示模块 1 块（带指示灯、接线端口及按钮等）。

② PLC 应用技术综合实训装置 1 台。

③ 手持式编程器或计算机 1 台。

3. 实训要求

设计一个用 PLC 控制的十字路口交通灯的控制系统，其控制要求如下。

① 自动运行。自动运行时，按启动按钮，信号灯系统按图 12-31 所示要求开始工作（绿灯闪烁的周期为 1s），按停止按钮，所有信号灯都熄灭。

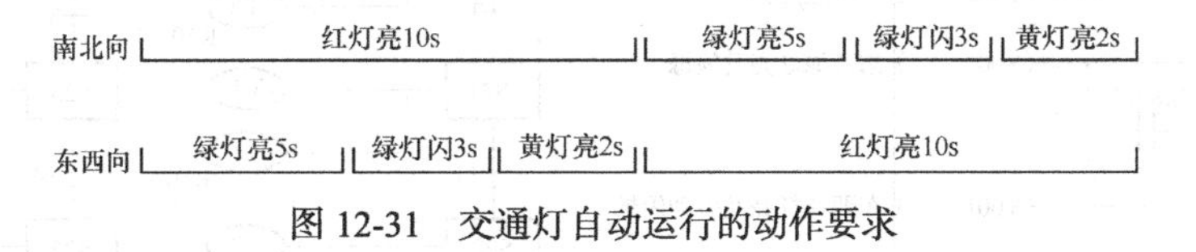

图 12-31　交通灯自动运行的动作要求

② 手动运行。手动运行时，两方向的黄灯同时闪动，周期是 1s。

4. 软件程序

（1）I/O 分配。

X0——自动位启动按钮 SB1；X1——手动/自动选择开关 SA；X2——停止按钮 SB2；Y0——东西向绿灯；Y1——东西向黄灯；Y2——东西向红灯；Y4——南北向绿灯；Y5——南北向黄灯；Y6——南北向红灯。

（2）程序设计方案。

① 控制时序。根据十字路口交通灯的控制要求，其自动运行的时序图如图 12-32 所示。

② 基本逻辑指令编程。根据上述的控制时序图，用 8 个定时器分别作为各信号转换的时间；用特殊功能继电器 M8013 产生的脉冲（周期为 1s）来控制闪烁信号，其梯形图如图 12-33 所示。

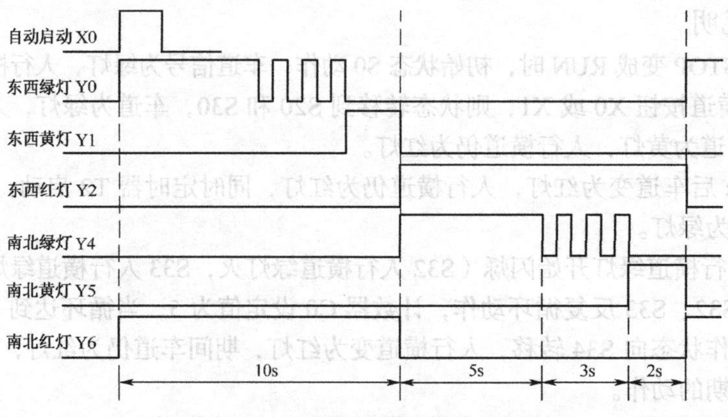

图 12-32　交通灯自动运行的时序图

③ 步进顺控指令编程。东西方向和南北方向的信号灯的动作过程可以看成是两个独立的顺序控制过程，可以采用并行性分支与汇合的编程方法，其状态转移图如图 12-34 所示。

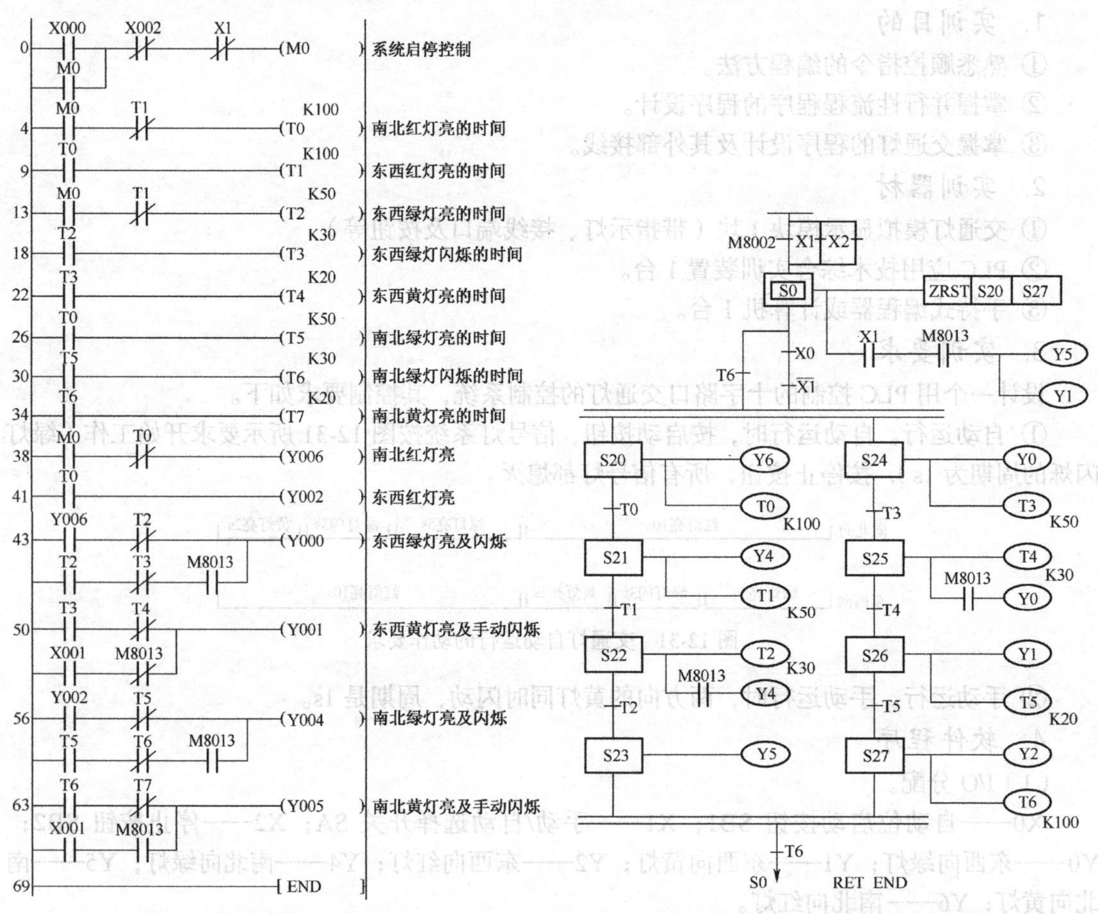

图 12-33　交通灯的梯形图　　　　图 12-34　交通灯的状态转移图

5. 系统接线

根据系统控制要求，其系统接线图如图 12-35 所示（PLC 的输出负载都用指示灯代替）。

6. 系统调试

① 输入程序。按图 12-33 所示梯形图或图 12-34 所示状态转移图正确输入程序（以状态梯

形图的形式显示）。

② 静态调试。按图 12-35 所示的系统接线图正确连接好输入设备，进行 PLC 的模拟静态调试。观察 PLC 的输出指示灯是否按要求指示，如未按要求指示，则检查并修改程序，直至指示正确。

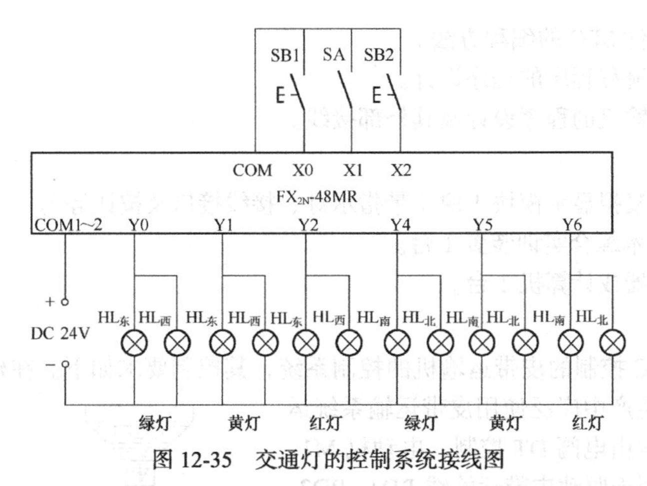

图 12-35　交通灯的控制系统接线图

③ 动态调试。按图 12-35 所示的系统接线图正确连接好输出设备，进行系统的动态调试，观察交通灯能否按控制要求动作，如未按要求动作，则检查线路或修改程序，直至交通灯按控制要求动作。

复习与思考

1. 通过与实际的交通灯比较，设计一个在功能上更完善的控制程序，如带左转弯车道的交通灯控制系统。

2. 请设计一个带红灯等待时间显示的自动交通灯控制系统，并在实训室完成模拟调试。

3. 设计一个用 PLC 控制的双头钻床的控制系统，其控制要求如下。

① 双头钻床用来加工圆盘状零件上均匀分布的 6 个孔，如图 12-36 所示。操作人员将工件放好后，按启动按钮，工件被夹紧，夹紧时压力继电器为 ON，此时两个钻头同时开始向下进给。大钻头钻到设定的深度（SQ1）时，钻头上升，升到设定的起始位置（SQ2）时，停止上升；小钻头钻到设定的深度（SQ3）时，钻头上升，升到设定的起始位置（SQ4）时，停止上升。两个钻头都到位后，工件旋转 120°，旋转到位时 SQ5 为 ON，然后又开始钻第 2 对孔。3 对孔都钻完后，工件松开，松开到位时，限位开关 SQ6 为 ON，系统返回初始位置。

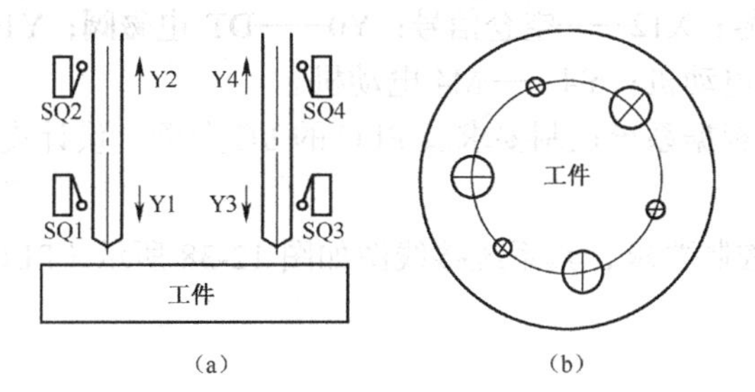

图 12-36　双头钻床的工作示意图

② 具有手动和自动运行功能。

③ 具有急停功能。

任务12.5 皮带运输机控制实训

1. 实训目的

① 熟悉编程软件SFC的编程方法。

② 掌握选择性流程程序的程序设计。

③ 掌握皮带运输机的程序设计及其外部接线。

2. 实训器材

① 皮带运输机模拟显示模块1块（带指示灯、接线接口及按钮等）。

② PLC应用技术综合实训装置1台。

③ 手持式编程器或计算机1台。

3. 实训要求

设计一个用PLC控制的皮带运输机的控制系统，其控制要求如下。在建材、化工、机械、冶金、矿山等工业生产中广泛使用皮带运输系统运送原料或物品，供料由电阀DT控制，电动机M1、M2、M3、M4分别用于驱动皮带运输线PD1、PD2、PD3、PD4。储料仓设有空仓和满仓信号，其动作示意简图如图12-37所示，其具体要求如下。

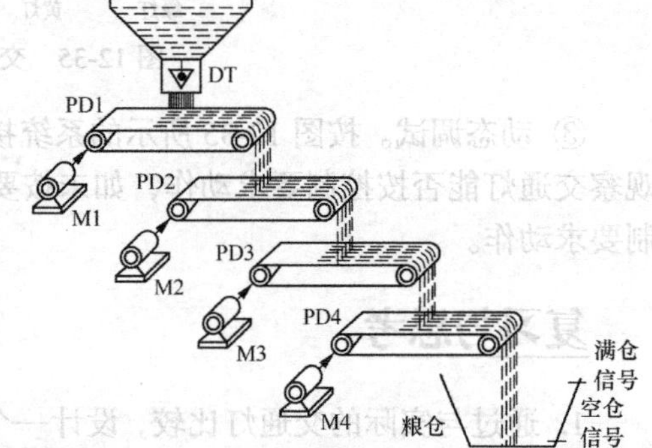

图12-37 皮带运输机控制的动作示意简图

① 正常启动。空仓或按启动按钮时的启动顺序为M1、DT、M2、M3、M4，间隔时间为5s。

② 正常停止。为使皮带上不留物料，要求顺物料流动方向按一定时间间隔顺序停止，即正常停止顺序为DT、M1、M2、M3、M4，间隔时间为5s。

③ 故障后的启动。为避免造成皮带上物料堆积，要求按物料流动相反方向以一定时间间隔顺序启动，即故障后的启动顺序为M4、M3、M2、M1、DT，间隔时间为10s。

④ 紧急停止。当出现意外时，按紧急停止按钮，则立即停止所有电动机和电磁阀。

⑤ 具有点动功能。

4. 软件程序

① I/O点分配。X0——自动/手动转换；X1——自动位启动；X2——正常停止；X3——紧急停止；X4——点动DT电磁阀；X5——点动M1；X6——点动M2；X7——点动M3；X10——点动M4；X11——满仓信号；X12——空仓信号；Y0——DT电磁阀；Y1——M1电动机；Y2——M2电动机；Y3——M3电动机；Y4——M4电动机。

② 程序设计方案。根据系统控制要求及PLC的I/O分配，设计皮带运输机的系统程序。

5. 系统接线

根据皮带运输机的控制要求，其系统接线图如图12-38所示（PLC的输出负载都用指示灯代替）。

6. 系统调试

① 输入程序。按前面介绍的程序输入方法，用手持式编程器（或计算机）正确输入程序。

② 静态调试。按图12-38所示的系统接线图正确连接好输入设备，进行PLC的模拟静态调试，并通过手持式编程器（或计算机）监视，观察其是否与控制要求一致，否则检查并修改、

调试程序，直至指示正确。

③ 动态调试。按图 12-38 所示的系统接线图正确连接好输出设备，进行系统的动态调试，先调试手动程序，后调试自动程序，观察指示灯能否按控制要求动作，并通过手持式编程器（或计算机）监视，观察其是否与控制要求一致，如不一致则检查线路或修改程序，直至指示灯能按控制要求动作。

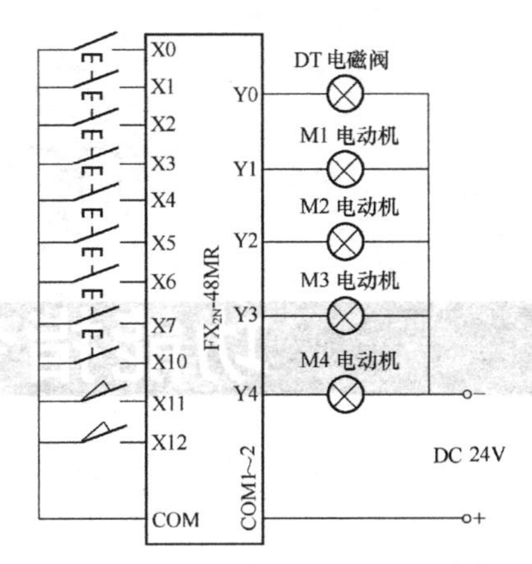

图 12-38　皮带运输机控制的系统接线图

7. 三方评价

在班上展示上述工作的完成情况，并参照表 9-4 完成三方评价。

项目13 功能指令及其应用

学习目标

1. 知识目标

① 掌握功能指令的基本格式、表示方式。

② 掌握功能指令的数据长度、操作数类型。

③ 能描述常用功能指令的功能和含义。

2. 能力目标

① 能正确运用连续执行型和脉冲执行型指令。

② 能正确运用功能指令设计控制程序。

3. 素质目标

① 培养学生速读、速记的学习习惯。

② 培养学生团队组织、管理能力。

③ 培养学生严谨细致、一丝不苟的学习精神。

项目引入

项目 10 和项目 12 介绍了基本逻辑指令和步进顺控指令，这些指令主要用于逻辑处理。作为工业控制用的计算机，仅有基本逻辑指令和步进顺控指令是不够的，现代工业控制在许多场合需要进行数据处理，因此，本项目将讲解功能指令（Functional Instruction），也称应用指令。功能指令主要用于数据的运算、转换及其他控制功能，使 PLC 成为真正意义上的工业计算机。许多功能指令有很强大的功能，往往一条指令就可以实现几十条基本逻辑指令才可以实现的功能，还有很多功能指令能实现基本逻辑指令难以实现的功能，如 RS 指令、FROM 指令等。实际上，功能指令是许多功能不同的子程序，下面讲解功能指令及其应用。

任务 13.1 FNC00～FNC19 功能指令及其应用

任务导入

FX 和汇川系列 PLC 的功能指令可分为程序流程、传送与比较、算术与逻辑运算、循环与移位、数据处理、高速处理、方便指令、外围设备 I/O、外围设备 SER、浮点运算、定位、时

钟运算、外围设备 SER、触点比较等，如表 13-1 所示。目前，FX_{2N}系列 PLC 的功能指令已经达到 128 种，由于应用领域的扩展、制造技术的提高，功能指令的数量将不断增加，功能也将不断增强。下面讲解功能指令的基本规则、程序流程指令、传送与比较指令。

表 13-1　　功能指令分类表

编号	类别	编号	类别
FNC00～FNC09	[程序流程]	FNC110～FNC119	[浮点运算 1]
FNC10～FNC19	[传送与比较]	FNC120～FNC129	[浮点运算 2]
FNC20～FNC29	[算术与逻辑运算]	FNC130～FNC139	[浮点运算 3]
FNC30～FNC39	[循环与移位]	FNC140～FNC149	[数据处理 2]
FNC40～FNC49	[数据处理]	FNC150～FNC159	[定位]
FNC50～FNC59	[高速处理]	FNC160～FNC169	[时钟运算]
FNC60～FNC69	[方便指令]	FNC170～FNC179	[格雷码变换]
FNC70～FNC79	[外围设备 I/O]	FNC220～FNC249	[触点比较]
FNC80～FNC89	[外围设备 SER]	—	—

13.1.1　功能指令的基本规则

1. 功能指令的表示形式

功能指令都遵循一定的规则，其通常的表示形式也是一致的。一般功能指令都按功能编号（FNC00～FNC□□□）编排，功能指令都有一个指令助记符。有的功能指令只需指令助记符，但更多的功能指令在指定助记符的同时还需要指定操作元件，操作元件由 1～4 个操作数组成，其表现的形式如图 13-1 所示。

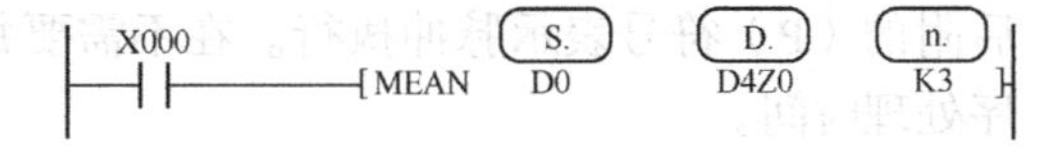

图 13-1　功能指令的表现形式

这是一条求平均值的功能指令，D0 为源操作数的首元件，K3 为源操作数的个数（3 个），D4Z0 为目标地址，存放运算的结果。

其中[S.]、[D.]、[n.]所表示的意义如下。

① [S]叫作源操作数，其内容不随指令执行而变化，若具有变址功能，用加“.”的[S.]表示，源操作数为多个时，用[S1.]、[S2.]等表示。

② [D]叫作目标操作数，其内容随指令执行而改变，若具有变址功能，用加“.”的[D.]表示，目标操作数为多个时，用[D1.]、[D2.]等表示。

③ [n]叫作其他操作数，既不用作源操作数，又不用作目标操作数，常用来表示常数或者作为源操作数或目标操作数的补充说明，可用十进制的 K、十六进制的 H 和数据寄存器 D 来表示。在需要表示多个这类操作数时，可用[n1]、[n2]等表示，若具有变址功能，则用加“.”的[n.]表示。此外，其他操作数还可用[m]或[m.]来表示。

功能指令的功能号和指令助记符占 1 个程序步，每个操作数占 2 个或 4 个程序步（16 位操作时占 2 个程序步，32 位操作时占 4 个程序步）。

这里要注意的是某些功能指令在整个程序中只能出现一次，即使使用跳转指令使其分处于两段不可能同时执行的程序中也不允许，但可利用变址寄存器多次改变其操作数。

2. 数据长度和指令类型

（1）数据长度。

功能指令可处理 16 位数据和 32 位数据，如图 13-2 所示。

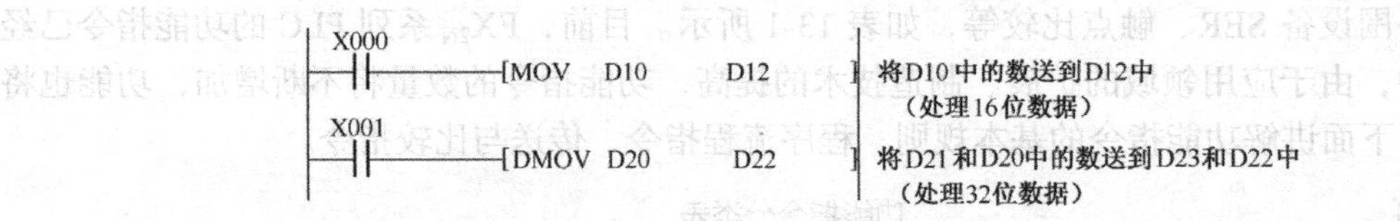

图 13-2　功能指令的数据长度

功能指令中用符号（D）表示处理 32 位数据，如（D）MOV、FNC（D）12 指令。处理 32 位数据时，用元件号相邻的两个元件组成元件对。元件对的首地址用奇数、偶数编号均可，但建议元件对的首地址统一用偶数编号，以免在编程时弄错。

要说明的是，32 位计数器 C200～C255 的当前值寄存器不能用作 16 位数据的操作数，只能用作 32 位数据的操作数。

（2）指令类型。

功能指令有连续执行型和脉冲执行型两种形式。

① 连续执行型指令如图 13-3 所示。

上述程序是连续执行型的例子，当 X1 为 ON 时，上述指令在每个扫描周期都被重复执行一次。

② 脉冲执行型指令如图 13-4 所示。

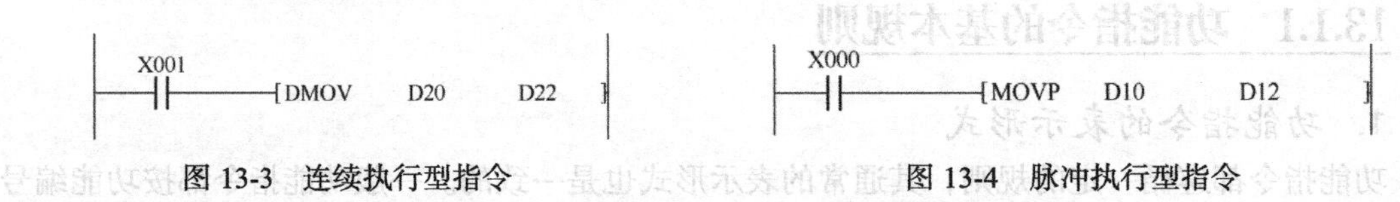

图 13-3　连续执行型指令　　图 13-4　脉冲执行型指令

上述程序是脉冲执行型的例子，该脉冲执行指令仅在 X0 由 OFF 变为 ON 时有效，助记符后附的（P）符号表示脉冲执行。在不需要每个扫描周期都执行时，用脉冲执行方式可缩短程序处理时间。

对于上述两条指令，当 X1 和 X0 为 OFF 状态时，上述两条指令都不执行，目标元件的内容保持不变，除非另行指定或有其他指令使目标元件的内容发生改变。

（P）和（D）可同时使用，如（D）MOV（P）表示 32 位数据的脉冲执行方式。另外，某些指令，如 XCH、INC、DEC、ALT 等，用连续执行方式时要特别留心。

3．操作数

操作数按功能可以分为源操作数、目标操作数和其他操作数；按组成形式可以分为位元件、字元件和常数。

① 位元件和字元件。只处理 ON/OFF 状态的元件称为位元件，如 X、Y、M 和 S。处理数据的元件称为字元件，如 T、C、D 等。

② 位元件组合。位元件组合就是由 4 个位元件作为一个基本单元进行组合，表现形式为 KnM□、KnS□、KnY□。其中的 n 表示组数，16 位操作时 n 为 4，32 位操作时 n 为 8；其中的 M□、S□、Y□表示位元件组合的首元件。例如，K2M0 表示由 M7～M0 组成的 8 位数据；K4M10 表示由 M25 到 M10 组成的 16 位数据，M10 是最低位，M25 是最高位。被组合的位元件的首元件号可以是任意的，但习惯上采用以 0 结尾的元件，如 X0、X10、M0、M10 等。

当一个 16 位的数据传送到一个少于 16 位的目标元件（如 K2M0）时，只传送相应的低位数据，较高位的数据不传送（32 位数据传送也一样）。在做 16 位操作时，参与操作的源操作数由 K4 指定，若仅由 K1～K3 指定，则目标操作数中不足部分的高位均作 0 处理，这意味着只能处理正数（符号位为 0，在做 32 位数操作时也一样）。

因此，字元件 D、T、C 向位元件组合成的字元件传送数据时，若位元件组合成的字元件小

于 16 位（32 位指令的小于 32 位），则只传送相应的低位数据，其他高位数据被忽略。位元件组合成的字元件向字元件 D、T、C 传送数据时，若位元件组合不足 16 位（32 位指令的不足 32 位），则高位不足部分补 0。因此，源数据为负数时，数据传送后负数将变为正数。对于图 13-5（a）所示程序，其数据传送过程如图 13-5（b）所示。

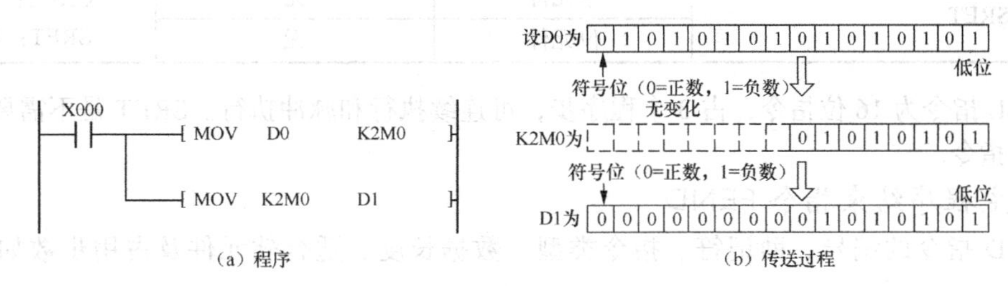

图 13-5　数据传送的过程

13.1.2　程序流程指令

程序流程指令是与程序流程控制相关的指令，程序流程指令如表 13-2 所示。

表 13-2　程序流程指令

FNC NO.	指令记号	指令名称	FNC NO.	指令记号	指令名称
00	CJ	条件跳转	05	DI	禁止中断
01	CALL	子程序调用	06	FEND	主程序结束
02	SRET	子程序返回	07	WDT	警戒时钟
03	IRET	中断返回	08	FOR	循环范围开始
04	EI	允许中断	09	NEXT	循环范围结束

这里仅介绍常用的跳转指令 CJ、子程序调用指令 CALL、子程序返回指令 SRET、主程序结束指令 FEND。

1. 跳转指令 CJ

CJ 指令的编号、助记符、指令类型、数据长度、适合软元件及占用步数如表 13-3 所示。

表 13-3　CJ 指令

FNC00　CJ（P）（16）	适合软元件		占用步数
	字元件	无	3 步
	位元件	无	

CJ 指令的跳转指针编号为 P0～P127。它用于跳过顺序程序中的某一部分，这样可以减少扫描时间，并使双线圈或多线圈成为可能。跳转发生时，要注意如下情况。

① 如果 Y、M、S 被 OUT、SET、RST 指令驱动，则跳转期间即使 Y、M、S 的驱动条件改变了，它们仍保持跳转发生前的状态，因为跳转期间根本不执行这些程序。

② 如果通用定时器或计数器被驱动后发生跳转，则暂停计时或计数，并保留当前值，跳转指令不执行时，定时器或计数器继续工作。

③ 对于 T192～T199（专用于子程序）、积算定时器 T246～T255 和高速计数器 C235～C255，如被驱动后再发生跳转，即使该段程序被跳过，计时和计数仍然继续，其延时触点也能动作。

2. 子程序调用指令 CALL 和子程序返回指令 SRET

CALL 指令和 SRET 指令的编号、助记符、指令类型、数据长度、适合软元件及占用步数

如表13-4所示。

表13-4　CALL指令和SRET指令

	适合软元件		占用步数
FNC01　CALL（P）（16） FNC02　SRET	字元件	无	CALL：3步 SRET：1步
	位元件	无	

CALL指令为16位指令，占3个程序步，可连续执行和脉冲执行。SRET是不需要触点驱动的单独指令。

3. 主程序结束指令FEND

FEND指令的编号、助记符、指令类型、数据长度、适合软元件及占用步数如表13-5所示。

表13-5　FEND指令

	适合软元件		占用步数
FNC06　FEND	字元件	无	1步
	位元件	无	

FEND指令为单独指令，是不需要触点驱动的指令。

FEND指令表示主程序结束，执行此指令时与END指令的作用相同，即执行输入处理、输出处理、警戒时钟刷新、向第0步程序返回，FEND指令执行的过程如图13-6所示。

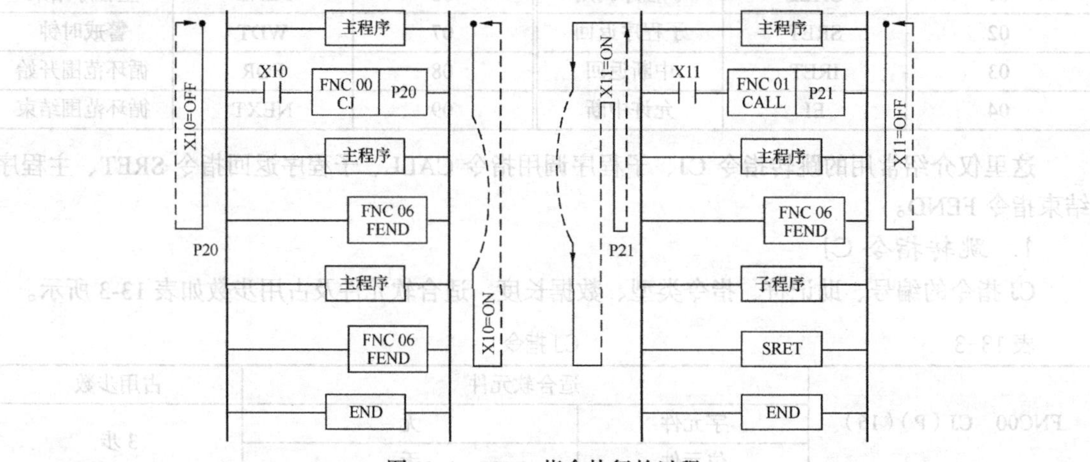

图13-6　FEND指令执行的过程

如果X0变为ON后，则执行调用指令，程序转到P10处，当执行到SRET指令后，返回到调用指令的下一条指令，如图13-7所示。

在图12-18所示的程序中，CJ P0指令的前面为手动和自动程序的公共部分，CJ P0和FEND指令之间为手动控制程序部分，FEND和END指令之间为自动控制程序部分，这样的程序设计可以使手动控制程序和自动控制程序中出现双线圈输出而不会引起逻辑错误。其原因是CJ P0指令使手动控制程序和自动控制程序不在同一个扫描周期里执行。

如果X1由OFF变为ON，CALLP　P11则只执行一次，在执行P11的子程序时，如果CALL P12指令有效，则执行P12子程序，由SRET指令返回P11子程序，再由SRET指令返回主程序，如图13-8所示。

调用子程序和中断子程序必须在FEND指令之后，且必须有SRET（子程序返回）或IRET

（中断返回）指令。FEND 指令可以重复使用，但必须注意，在最后一个 FEND 指令和 END 指令之间必须写入子程序（供 CALL 指令调用）或中断子程序。

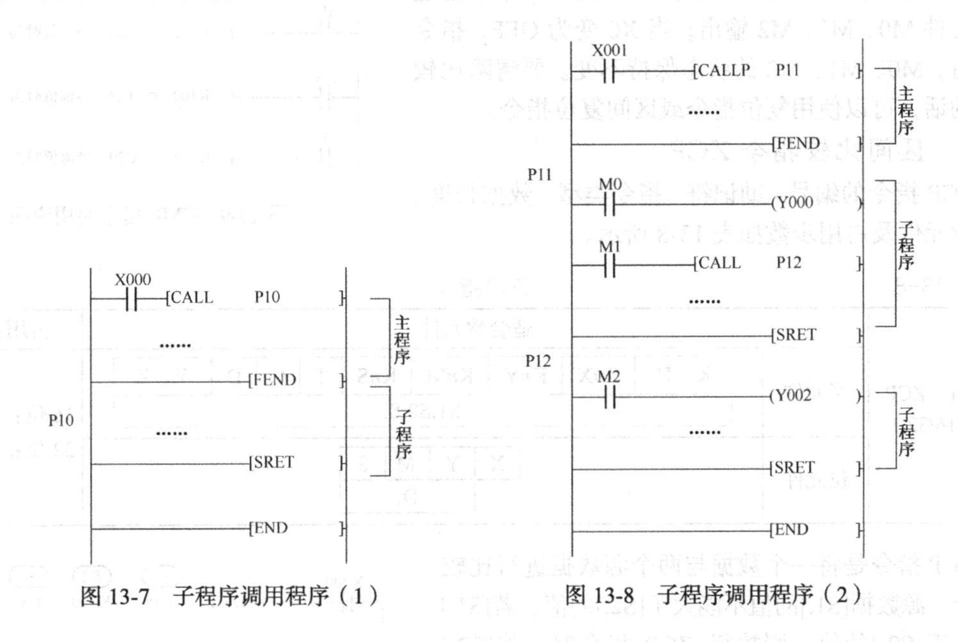

图 13-7 子程序调用程序（1） 图 13-8 子程序调用程序（2）

13.1.3 传送与比较指令

传送与比较指令如表 13-6 所示。

表 13-6 传送与比较指令

FNC NO.	指令记号	指令名称	FNC NO.	指令记号	指令名称
10	CMP	比较指令	15	BMOV	块传送
11	ZCP	区间比较	16	FMOV	多点传送
12	MOV	传送	17	XCH	数据交换
13	SMOV	移位传送	18	BCD	BCD 转换
14	CML	取反传送	19	BIN	BIN 转换

这里仅介绍比较指令 CMP、区间比较指令 ZCP、传送指令 MOV 这 3 条常用指令。

1. 比较指令 CMP

CMP 指令的编号、助记符、指令类型、数据长度、适合软元件及占用步数如表 13-7 所示。

表 13-7 CMP 指令

	适合软元件		占用步数
FNC10 CMP（P）（16/32）	字元件	K、H | KnX | KnY | KnM | KnS | T | C | D | V、Z S1.S2.	16 位：7 步 32 位：13 步
	位元件	X | Y | M | S D.	

CMP 指令是将两个操作数大小进行比较，然后将比较的结果通过指定的位元件（占用连续的 3 个点）进行输出的指令。CMP 指令的使用说明如图 13-9 所示。

CMP 指令的目标[D.]假如指定为 M0，则 M0、M1、M2 将被占用。当 X0 变为 ON，比较的结果通过目标元件 M0、M1、M2 输出；当 X0 变为 OFF，指令不执行，M0、M1、M2 的状态保持不变。要清除比较结果的话，可以使用复位指令或区间复位指令。

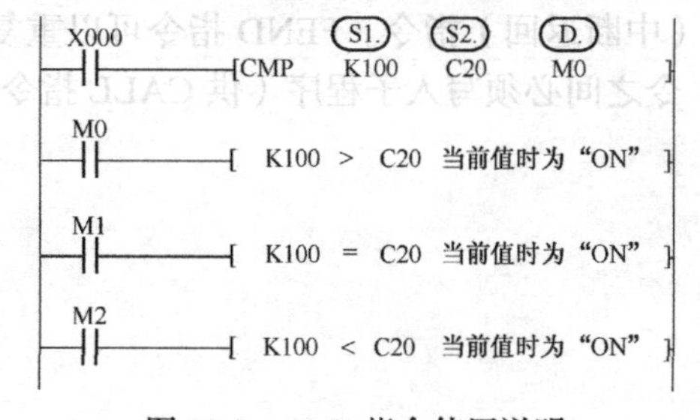

图 13-9 CMP 指令使用说明

2. 区间比较指令 ZCP

ZCP 指令的编号、助记符、指令类型、数据长度、适合软元件及占用步数如表 13-8 所示。

表 13-8 ZCP 指令

		适合软元件	占用步数
FNC11 ZCP（P）（16/32）	字元件	K、H, KnX, KnY, KnM, KnS, T, C, D, V、Z S1.S2.S.	16 位：9 步 32 位：17 步
	位元件	X, Y, M, S D.	

ZCP 指令是将一个数据与两个源数据进行比较的指令。源数据[S1.]的值不能大于[S2.]的值，若[S1.]的值大于[S2.]的值，则执行 ZCP 指令时，将[S2.]的值看作等于[S1.]的值。ZCP 指令的使用说明如图 13-10 所示。

当 C30＜K100 时，M3 为 ON；当 K100≤C30≤K120 时，M4 为 ON；当 C30＞K120 时，M5 为 ON。当 X0=OFF 时，不执行 ZCP 指令，但 M3、M4、M5 的状态保持不变。

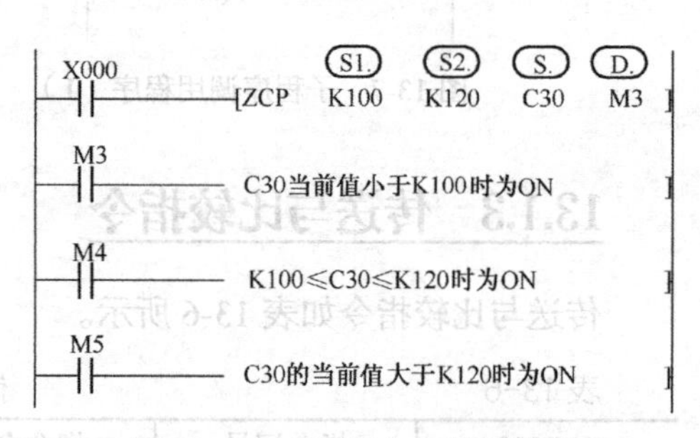

图 13-10 ZCP 指令的使用说明

3. 传送指令 MOV

MOV 指令的编号、助记符、指令类型、数据长度、适合软元件及占用步数如表 13-9 所示。

表 13-9 MOV 指令

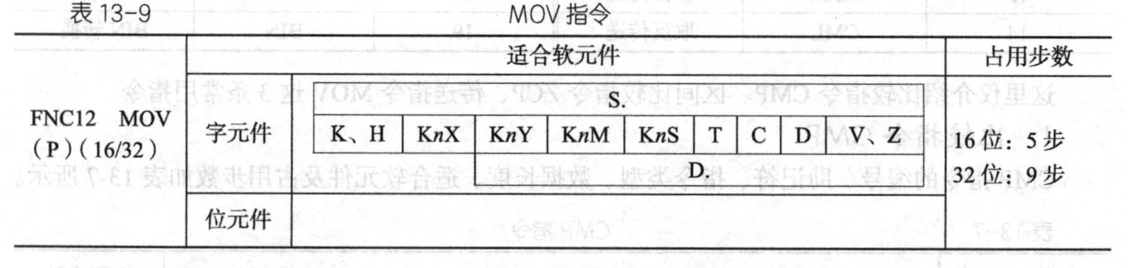

		适合软元件	占用步数
FNC12 MOV（P）（16/32）	字元件	S. K、H, KnX, KnY, KnM, KnS, T, C, D, V、Z D.	16 位：5 步 32 位：9 步
	位元件		

MOV 指令的使用说明如图 13-11 所示。上述程序的功能是当 X0 变为 ON 时，将常数 100 送入 D10；当 X0 变为 OFF 时，该指令不执行，D10 内的数据不变。

常数可以传送到数据寄存器，寄存器与寄存器之间也可以相互传送，此外定时器或计数器的当前值也可以被传送到寄存器，如图 13-12 所示。

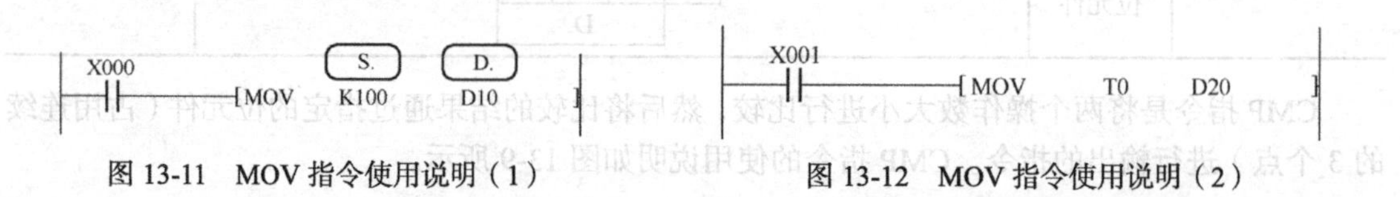

图 13-11 MOV 指令使用说明（1） 图 13-12 MOV 指令使用说明（2）

上述程序的功能是当 X1 变为 ON 时，将 T0 的当前值传送到 D20 中。

MOV 指令除了进行 16 位数据传送外，还可以进行 32 位数据传送，但必须在 MOV 指令前加 D，如图 13-13 所示。

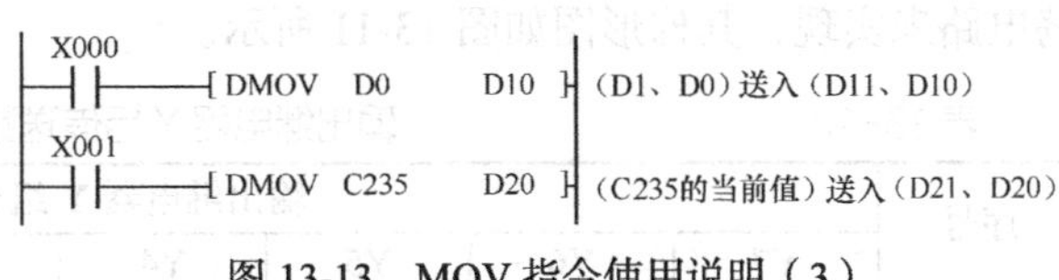

图 13-13 MOV 指令使用说明（3）

13.1.4 MOV 指令应用

MOV 传送指令的应用如图 13-14 所示，当 X24 变为 ON 时，执行 MOV 指令，将源数据 H0FFFF 传送到目标元件 K4Y000，此时 Y0～Y17 有输出，因此，该指令可以用来检测 Y0～Y17 的硬输出点是否闭合。当 X25 变为 ON 时，执行 MOV 指令，将源数据 K1X020（即 X20～X23）传送到目标元件 K1Y020（即 Y20～Y23）中，改变 X20～X23 的状态，Y20～Y23 的状态也会随之而改变，该指令可以用来检测 X20～X23 的输入信号是否闭合。图中 T1 的常闭触点和它的线圈组成一个振荡电路，T1 的当前值在 0～200 之间周期性变化；M8013 是 1s 的时钟脉冲，用来给 C200 提供计数脉冲；当 X25 变为 OFF 时，MOV 指令不执行，但是 K1Y020 中的数据将保持不变。当按 X24 时，步 24 将 T1 的当前值不断地传送到 D1 中，如果进入程序的监视状态可以看到 D1 中的值会随着 T1 的变化而变化，但 D2 的值由于 MOV 指令后面有 P（为脉冲执行方式）将不随 T1 的变化而变化，只在 X24 被按的瞬间，将 T1 的当前值传送到 D2 中，即使以后 X24 继续闭合，D2 中的值也不再变化。DMOV 指令是将计数器 C200 的当前值不断地传送到 D4（低 16 位）和 D5（高 16 位）组成的 32 位数据寄存器中，断开 X24，D4 和 D5 数据寄存器的值不变，当按下 X0 时，C200 的值清零（即复位）。该程序的执行情况可以进入仿真软件的 D-3 培训窗口进行模拟调试。

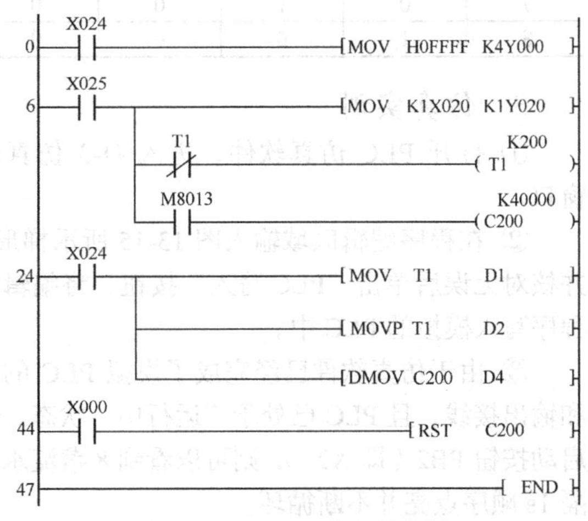

图 13-14 MOV 指令的应用

13.1.5 流水灯控制仿真实训（1）

试设计一个 8 盏流水灯循环顺序点亮的控制系统。其具体要求如下：系统上电后所有灯均不亮，按启动按钮时，第一盏灯点亮，1s 后熄灭并点亮第二盏灯，以此类推，并实现循环点亮；系统运行中，若按停止按钮则可随时停止系统运行。

1. I/O 分配

PLC 的输入信号有停止按钮 PB1（X20）、启动按钮 PB2（X21）。PLC 的输出信号有 8 盏流水灯（Y0～Y7）。

2. 程序设计

根据控制要求，8 盏流水灯的控制程序可以使用基本逻辑指令，也可以使用步进顺控指令来设计，这里我们使用功能指令 MOV 指令来设计。根据控制要求可列出输出继电器 Y 与传送数据的对照表，如表 13-10 所示，用“1”表示灯亮，用“0”表示灯熄灭。由于输出端是 8 盏灯，所以用 K2Y0 表示 Y0～Y7 的 8 盏灯。所传送的 8 位数据可以用十进制数来表示，也可以用十六进制数来表示，这里用十六进制数表示较为方便。8 盏灯的循环，则可以使用定时器振

荡电路来实现，其梯形图如图 13-11 所示。

表 13-10　　输出继电器 Y 与传送数据的对照表

序号	输出继电器 Y 组合的 K2Y0								传送数据
	Y7	Y6	Y5	Y4	Y3	Y2	Y1	Y0	
1	0	0	0	0	0	0	0	1	H1
2	0	0	0	0	0	0	1	0	H2
3	0	0	0	0	0	1	0	0	H4
4	0	0	0	0	1	0	0	0	H8
5	0	0	0	1	0	0	0	0	H10
6	0	0	1	0	0	0	0	0	H20
7	0	1	0	0	0	0	0	0	H40
8	1	0	0	0	0	0	0	0	H80

3．仿真实训

① 打开 PLC 仿真软件，进入 D-3 仿真培训窗口。

② 在程序编辑区域输入图 13-15 所示梯形图，并核对无误后单击“PLC 写入”按钮，将编辑好的程序写入模拟的 PLC 中。

③ 由于仿真软件已经完成了模拟 PLC 的输入和输出接线，且 PLC 已处于“运行中”状态，若按启动按钮 PB2（即 X21），则可以看到 8 盏流水灯每隔 1s 顺序点亮并不断循环。

④ 若在自动运行过程中，按停止按钮 PB1（即 X20），则可以看到流水灯熄灭。

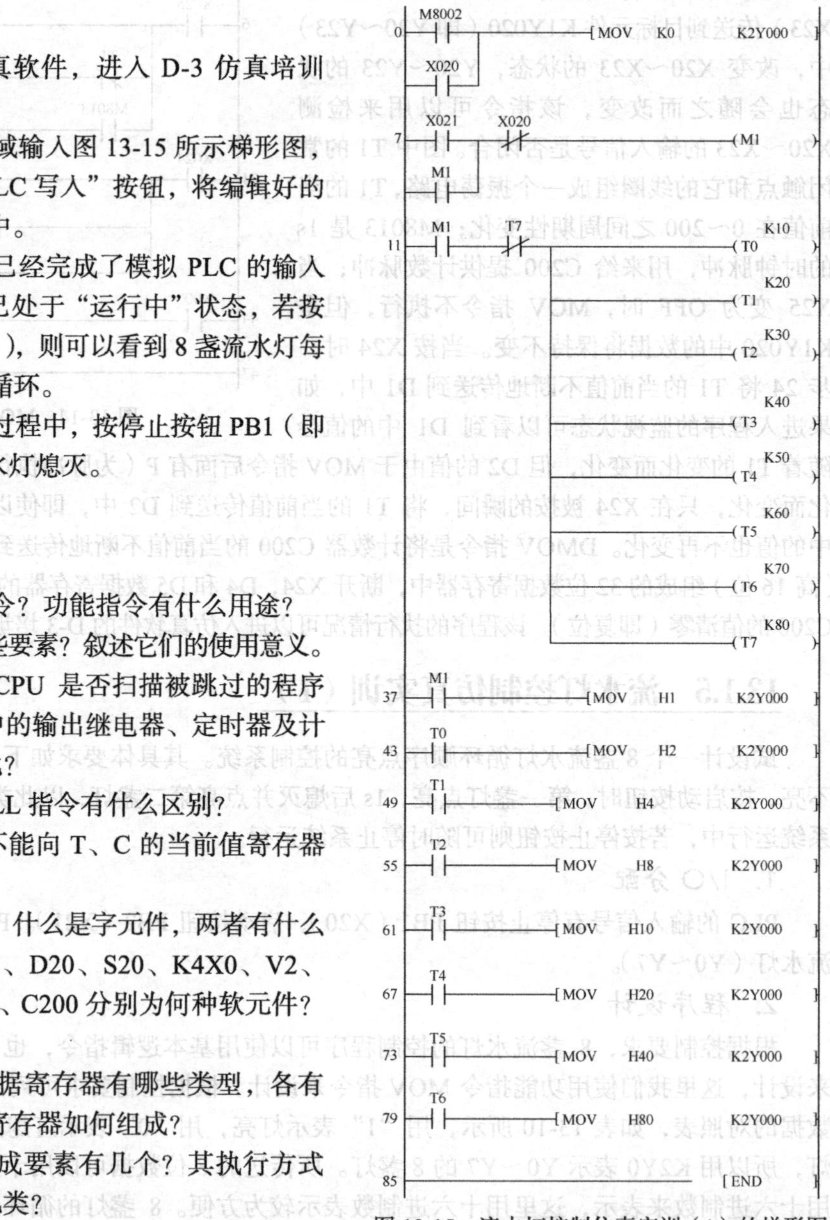

图 13-15　流水灯控制仿真实训（1）的梯形图

复习与思考

1. 什么是功能指令？功能指令有什么用途？

2. 功能指令有哪些要素？叙述它们的使用意义。

3. 跳转发生后，CPU 是否扫描被跳过的程序段？被跳过的程序段中的输出继电器、定时器及计数器的状态将如何变化？

4. CJ 指令和 CALL 指令有什么区别？

5. MOV 指令能不能向 T、C 的当前值寄存器传送数据？

6. 什么是位元件，什么是字元件，两者有什么区别？K16、H16、X1、D20、S20、K4X0、V2、X10、K2Y0、M19、T0、C200 分别为何种软元件？由几位组成？

7. 试简要说明数据寄存器有哪些类型，各有什么特点。32 位数据寄存器如何组成？

8. 功能指令的组成要素有几个？其执行方式有几种？其操作数有几类？

9. 执行指令语句“MOV K5 K1Y0”后，Y0～Y3 的位状态是什么？
10. 执行指令语句“DMOV H5AA55 D0”后，D0、D1 中存储的数据各是多少？
11. 试用 MOV 指令实现 6.3 节的电动机自动 Y/△降压启动程序。
12. 试用 MOV 指令实现 12.1.4 小节的彩灯循环点亮控制程序。

任务 13.2　FNC20～FNC49 功能指令及其应用

任务导入

8 盏流水灯循环顺序点亮的控制系统是采用给输出继电器组合的 K2Y0 传送不同的数据实现的，是通过数据的处理来设计程序的，是一种不同于基本逻辑指令和步进顺控指令的编程思路，那么是否还有其他的数据处理方法也能实现同样的功能呢？

13.2.1　算术与逻辑运算指令

算术与逻辑运算指令包括算术运算和逻辑运算，共有 10 条指令，如表 13-11 所示。

表 13-11　算术与逻辑运算指令

FNC NO.	指令记号	指令名称	FNC NO.	指令记号	指令名称
20	ADD	BIN 加法	25	DEC	BIN 减 1
21	SUB	BIN 减法	26	WAND	逻辑字与
22	MUL	BIN 乘法	27	WOR	逻辑字或
23	DIV	BIN 除法	28	WXOR	逻辑字异或
24	INC	BIN 加 1	29	NEG	求补码

这里介绍 BIN 加法运算指令 ADD、BIN 减法运算指令 SUB、BIN 乘法运算指令 MUL、BIN 除法运算指令 DIV、BIN 加 1 运算指令 INC、BIN 减 1 运算指令 DEC、逻辑字与 WAND、逻辑字或 WOR、逻辑字异或 WXOR 9 条指令。

1. BIN 加法运算指令 ADD

ADD 指令的编号、助记符、指令类型、数据长度、适合软元件及占用步数如表 13-12 所示。

表 13-12　ADD 指令

	适合软元件		占用步数
FNC20　ADD (P)(16/32)	字元件	S1. S2.：K、H　KnX　KnY　KnM　KnS　T　C　D　V、Z；D.：KnY　KnM　KnS　T　C　D　V、Z	16 位：7 步 32 位：13 步
	位元件		

ADD 指令的使用说明如图 13-16 所示。

当 X0 变为 ON 时，ADD 指令将 D10 与 D12 的二进制数相加，并将其结果传送到指定目标 D14 中。数据的最高位为符号位（0 为正，1 为负），符号位也以代数形式进行加法运算。

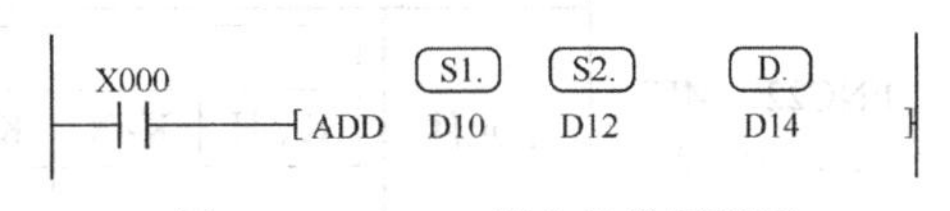

图 13-16　ADD 指令的使用说明

当运算结果为 0 时，0 标志（M8020）动作；当运算结果超过 32767（16 位运算）或 2147483647

（32位运算）时，进位标志M8022动作；当运算结果小于−32768（16位运算）或−2147483648（32位运算）时，借位标志M8021动作。

进行32位运算时，字元件的低16位被指定，紧接着该元件编号后的软元件将作为高16位，在指定软元件时，注意软元件不要重复使用。

源和目标元件可以指定为同一元件，在这种情况下必须注意，如果使用连续执行的指令（ADD、DADD），则每个扫描周期运算结果都会变化，可以根据需要使用脉冲执行的形式加以解决，如图13-17所示。

X001 —[ADDP D0 K1 D0]

图13-17 ADDP指令的使用示例

运用变址寄存器的求和运算程序中变址寄存器在传送、比较指令中用来修改操作对象的元件号，其操作方式与普通数据寄存器一样。对于32位指令，V、Z自动组对使用，V作高16位，Z为低16位，其用法如图13-18所示。

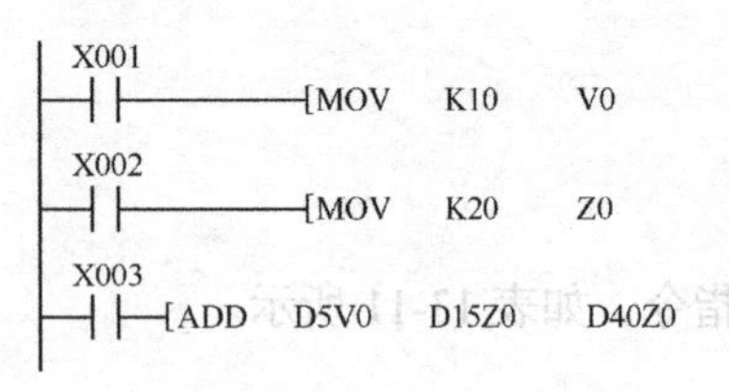

图13-18 变址寄存器的应用

在图13-18所示程序中，K10传送到V0，K20传送到Z0，所以V0、Z0的内容分别为10、20，当执行加法指令时[即（D5V0）+（D15Z0）→（D40Z0）]，即执行（D15）+（D35）→（D60），若改变Z0、V0的值，则可完成不同数据寄存器的求和运算，因此，使用变址寄存器可以简化编程。该程序的执行情况可以进入仿真软件的D-3培训窗口进行模拟调试。

2. BIN减法运算指令SUB

SUB指令的编号、助记符、指令类型、数据长度、适合软元件及占用步数如表13-13所示。

表13-13 SUB指令

指令	适合软元件										占用步数
FNC21 SUB（P）（16/32）	字元件	S1. S2.：K、H	KnX	KnY	KnM	KnS	T	C	D	V、Z	16位：7步 32位：13步
				D.：KnY	KnM	KnS	T	C	D	V、Z	
	位元件										

SUB指令的使用说明如图13-19所示。

X001 —[SUB D10（S1.） D12（S2.） D14（D.）]

图13-19 SUB指令的使用说明

当X1变为ON时，SUB指令将D10与D12的二进制数相减，并将其结果传送到指定目标D14中。

标志位的动作情况、32位运算时的软元件的指定方法、连续与脉冲执行的区别等都与ADD指令的解释相同。

3. BIN乘法运算指令MUL

MUL指令的编号、助记符、指令类型、数据长度、适合软元件及占用步数如表13-14所示。

表13-14 MUL指令

指令	适合软元件										占用步数
FNC22 MUL（P）（16/32）	字元件	S1.S2.：K、H	KnX	KnY	KnM	KnS	T	C	D	V、Z	16位：7步 32位：13步
				D.：KnY	KnM	KnS	T	C	D	限16位可用	
	位元件										

① MUL指令16位运算的使用说明如图13-20所示。

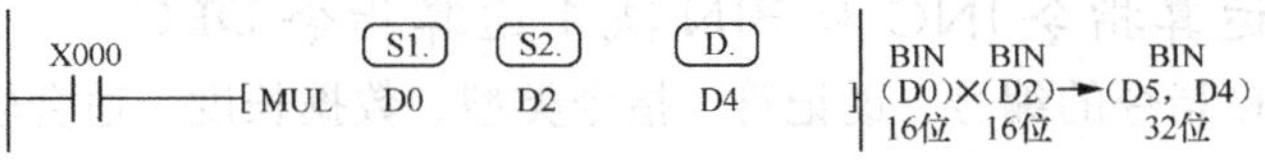

X000 ─┤├─[MUL (S1.) D0 (S2.) D2 (D.) D4]　BIN (D0)×BIN (D2)→BIN (D5, D4)　16位 16位 32位

图 13-20　MUL 指令 16 位运算的使用说明

参与运算的两个源指定的内容的乘积，以 32 位数据的形式存入指定的目标，其中低 16 位存放在指定的目标元件中，高 16 位存放在指定目标元件的下一个元件中，结果的最高位为符号位。

② MUL 指令 32 位运算的使用说明如图 13-21 所示。

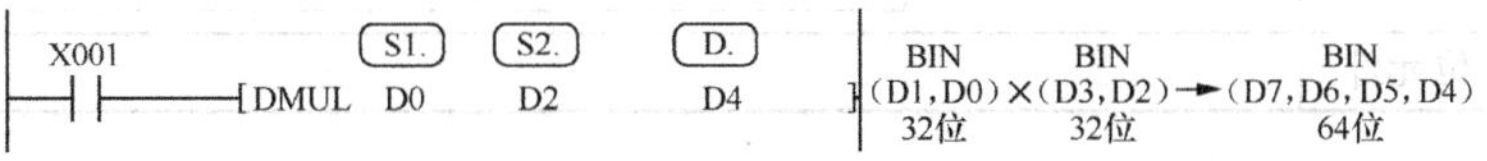

X001 ─┤├─[DMUL (S1.) D0 (S2.) D2 (D.) D4]　BIN (D1,D0)×BIN (D3,D2)→BIN (D7,D6,D5,D4)　32位 32位 64位

图 13-21　MUL 指令 32 位运算的使用说明

两个源指定的软元件内容的乘积，以 64 位数据的形式存入指定的目标元件（低位）和紧接其后的 3 个元件中，结果的最高位为符号位。但必须注意，目标元件为位元件组合时，只能得到低 32 位的结果，不能得到高 32 位的结果，解决的办法是先把运算目标指定为字元件，再将字元件的内容通过传送指令送到位元件组合中。

4. BIN 除法运算指令 DIV

DIV 指令的编号、助记符、指令类型、数据长度、适合软元件及占用步数如表 13-15 所示。

表 13-15　DIV 指令

	适合软元件										占用步数
FNC23 DIV (P)(16/32)	字元件	S1.S2.：K、H	KnX	KnY	KnM	KnS	T	C	D	V、Z	16位：7步 32位：13步
				D.：KnY	KnM	KnS	T	C	D	V、Z（限16位可用）	
	位元件										

① DIV 指令 16 位运算的使用说明如图 13-22 所示。

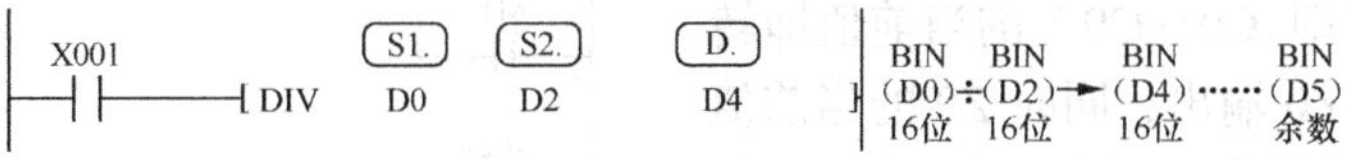

X001 ─┤├─[DIV (S1.) D0 (S2.) D2 (D.) D4]　BIN (D0)÷BIN (D2)→BIN (D4)……BIN (D5)　16位 16位 16位 余数

图 13-22　DIV 指令 16 位运算的使用说明

[S1.]指定元件的内容为被除数，[S2.]指定元件的内容为除数，[D.]所指定元件为运算结果的商，[D.]的后一元件存入余数。

② DIV 指令 32 位运算的使用说明如图 13-23 所示。

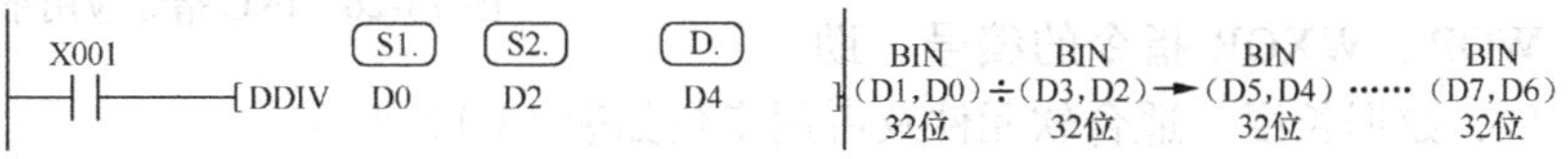

X001 ─┤├─[DDIV (S1.) D0 (S2.) D2 (D.) D4]　BIN (D1,D0)÷BIN (D3,D2)→BIN (D5,D4)……BIN (D7,D6)　32位 32位 32位 32位

图 13-23　DIV 指令 32 位运算的使用说明

被除数是[S1.]指定的元件和其相邻的下一元件组成的元件对的内容，除数是[S2.]指定的元件和其相邻的下一元件组成的元件对的内容，其商存入[D.]指定元件开始的连续两个元件中，运算结果最高位为符号位，余数存入[D.]指定元件开始的连续第 3、4 个元件中。

DIV 指令的[S2.]不能为 0，否则运算会出错。目标[D.]指定为位元件组合时，对于 32 位运算，将无法得到余数。

5. BIN加1运算指令INC和BIN减1运算指令DEC

INC指令和DEC指令的编号、助记符、指令类型、数据长度、适合软元件及占用步数如表13-16所示。

表13-16　INC指令和DEC指令

<table>
<tr><td rowspan="2">FNC24 INC
FNC25 DEC
（P）（16/32）</td><td colspan="11">适合软元件</td><td rowspan="2">占用步数</td></tr>
<tr><td>字元件</td><td>K、H</td><td>KnX</td><td>KnY</td><td>KnM</td><td>KnS</td><td>T</td><td>C</td><td>D</td><td>V、Z</td><td></td></tr>
<tr><td></td><td></td><td colspan="3"></td><td colspan="7">D.</td><td>16位：3步
32位：5步</td></tr>
<tr><td></td><td>位元件</td><td colspan="10"></td><td></td></tr>
</table>

① INC指令的使用说明如图13-24所示。

X0每ON一次，[D.]所指定元件的内容就加1，如果是连续执行的指令，则每个扫描周期都将执行加1运算，所以使用时应当注意。

16位运算时，如果目标元件的内容为+32767，则执行加1指令后将变为−32768，但标志不动作；32位运算时，+2147483647执行加1指令则变为−2147483648，标志也不动作。

② DEC指令的使用说明如图13-25所示。

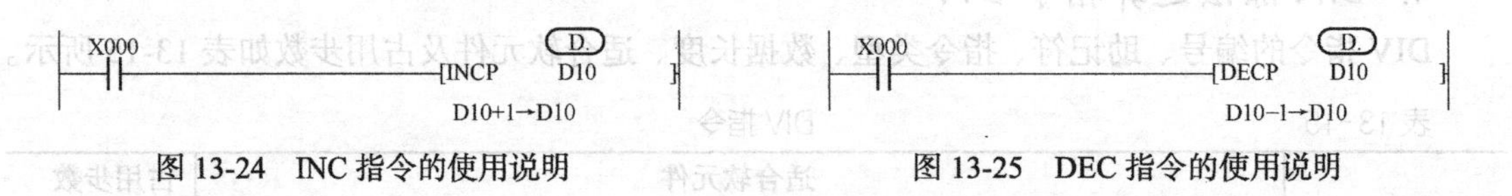

图13-24　INC指令的使用说明　　图13-25　DEC指令的使用说明

X0每ON一次，[D.]所指定元件的内容就减1，如果是连续执行的指令，则每个扫描周期都将执行减1运算。

16位运算时，如果−32768执行减1指令则变为+32767，但标志位不动作；32位运算时，−2147483648执行减1指令则变为+2147483647，标志位也不动作。

INC指令应用举例如图13-26所示。

当X20或M1为ON时，Z0清零；X21每ON一次，C0Z0（即C0～C9）的当前值即转化为BCD码向K4Y0输出，同时Z0的当前值加1；当Z0的当前值为10时，M1动作，Z0又清零，这样可将C0～C9的当前值以BCD码循环输出。

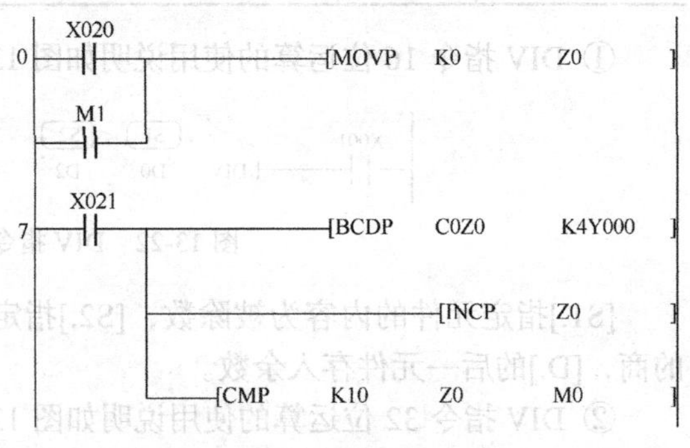

图13-26　INC指令应用举例

6. 逻辑字与指令WAND、逻辑字或指令WOR、逻辑字异或指令WXOR

WAND、WOR、WXOR指令的编号、助记符、指令类型、数据长度、适合软元件及占用步数如表13-17所示。

表13-17　WAND指令、WOR指令和WXOR指令

<table>
<tr><td rowspan="2">FNC26 WAND
FNC27 WOR
FNC28 WXOR
（P）（16/32）</td><td colspan="11">适合软元件</td><td rowspan="2">占用步数</td></tr>
<tr><td></td><td colspan="10">S1.S2.</td><td></td></tr>
<tr><td></td><td>字元件</td><td>K、H</td><td>KnX</td><td>KnY</td><td>KnM</td><td>KnS</td><td>T</td><td>C</td><td>D</td><td>V、Z</td><td></td><td>16位：7步
32位：13步</td></tr>
<tr><td></td><td></td><td colspan="2"></td><td colspan="7">D.</td><td></td><td></td></tr>
<tr><td></td><td>位元件</td><td colspan="10"></td><td></td></tr>
</table>

① WAND 指令的使用说明如图 13-27 所示。

X0 变为 ON 时 WAND 指令对[S1.]和[S2.]两个源操作数所对应的 BIT 位进行与运算，并将结果送到[D.]。运算法则是 1∧1=1，1∧0=0，0∧1=0，0∧0=0。

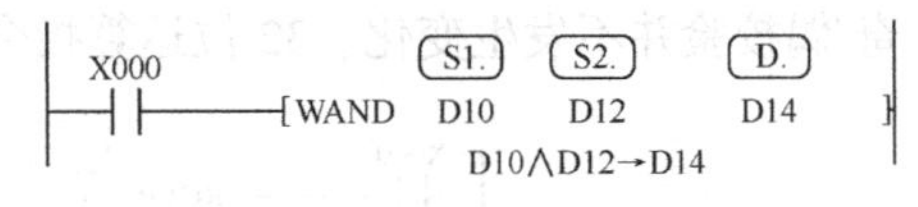

图 13-27　WAND 指令的使用说明

② WOR 指令的使用说明如图 13-28 所示。

X0 变为 ON 时，WOR 指令对[S1.]和[S2.]两个源操作数所对应的 BIT 位进行或运算，并将结果送到[D.]。运算法则是 1∨1=1，1∨0=1，0∨1=1，0∨0=0。

③ WXOR 指令的使用说明如图 13-29 所示。

图 13-28　WOR 指令的使用说明　　图 13-29　WXOR 指令的使用说明

X0 变为 ON 时，WXOR 指令对[S1.]和[S2.]两个源操作数所对应的 BIT 位进行异或运算，并将其结果送到[D.]。运算法则是1⊕1=0，1⊕0=1，0⊕1=1，0⊕0=0。

13.2.2　循环与移位指令

循环与移位指令是使字数据、位组合的字数据向指定方向循环、移位的指令，具体指令如表 13-18 所示。

表 13-18　循环与移位指令

FNC NO.	指令记号	指令名称	FNC NO.	指令记号	指令名称
30	ROR	右循环移位	35	SFTL	位左移
31	ROL	左循环移位	36	WSFR	字右移
32	RCR	带进位右循环移位	37	WSFL	字左移
33	RCL	带进位左循环移位	38	SFWR	移位写入
34	SFTR	位右移	39	SFRD	移位读出

这里仅介绍右循环移位指令 ROR、左循环移位指令 ROL、带进位右循环移位指令 RCR、带进位左循环移位指令 RCL 指令。

1. 右循环移位指令 ROR 和左循环移位指令 ROL

ROR 和 ROL 指令的编号、助记符、指令类型、数据长度、适合软元件及占用步数如表 13-19 所示。

表 13-19　ROR 指令和 ROL 指令

<table>
<tr><td rowspan="4">FNC30　ROR
FNC31　ROL
(P)(16/32)</td><td colspan="10">适合软元件</td><td rowspan="4">16 位：7 步
32 位：13 步</td></tr>
<tr><td rowspan="2">字元件</td><td>K、H</td><td>KnX</td><td>KnY</td><td>KnM</td><td>KnS</td><td>T</td><td>C</td><td>D</td><td>V、Z</td></tr>
<tr><td>n</td><td></td><td colspan="7">D.</td></tr>
<tr><td>位元件</td><td colspan="9"></td></tr>
</table>

ROR 和 ROL 指令是使 16 位数据的各位向右或左循环移位的指令，其指令的执行过程如图 13-30 所示。

在图 13-30 中，每当 X0 由 OFF 变为 ON（脉冲）时，D0 的各位向左或右循环移动 4 位，最后移出位的状态存入进位标志位 M8022。执行完该指令后，D0 的各位发生相应的移位，但

奇/偶校验并不发生变化。32 位运算指令的操作与此类似。

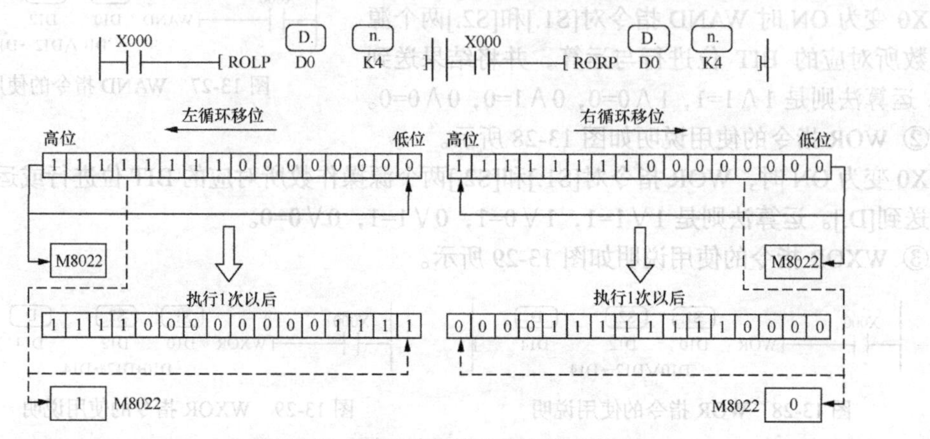

图 13-30　循环移位指令的执行过程

对于连续执行的指令，在每个扫描周期都会进行循环移位动作，所以一定要注意。对于位元件组合的情况，位元件前的 K 值为 4（16 位）或 8（32 位）才有效，如 K4M0，K8M0。

2. 带进位的右循环移位指令 RCR 和带进位的左循环移位指令 RCL

RCR 和 RCL 指令的编号、助记符、指令类型、数据长度、适合软元件及占用步数如表 13-20 所示。

表 13-20　　RCR 指令和 RCL 指令

	适合软元件										占用步数
FNC32 RCR FNC33 RCL （P）（16/32）	字元件	K、H	K*n*X	K*n*Y	K*n*M	K*n*S	T	C	D	V、Z	16 位：7 步 32 位：13 步
		n	D.								
	位元件										

RCL 和 RCR 指令是使 16 位数据连同进位位一起向左或右循环移位的指令，其指令的执行过程如图 13-31 所示。

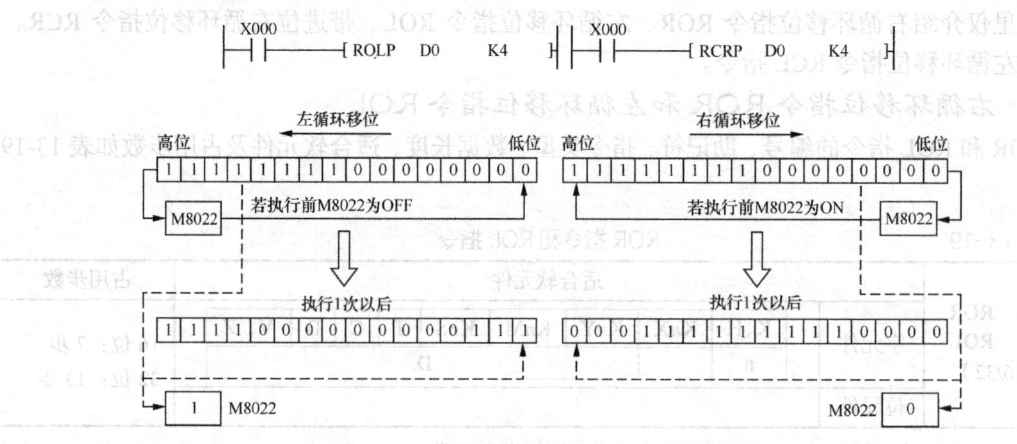

图 13-31　带进位位循环移位指令的执行过程

在图 13-31 中，每当 X0 由 OFF 变为 ON（脉冲）时，D0 的各位连同进位位向左或右循环移动 4 位。执行完该指令后，D0 的各位和进位位发生相应的移位，奇/偶校验也会发生变化。32 位运算指令的操作与此类似。

对于连续执行的指令，在每个扫描周期都会进行循环移位动作，所以一定要注意。

13.2.3 数据处理指令

数据处理指令是可以进行复杂的数据处理和实现特殊用途的指令，具体指令如表 13-21 所示。

表 13-21 数据处理指令

FNC NO.	指令记号	指令名称	FNC NO.	指令记号	指令名称
40	ZRST	区间复位	45	MEAN	求平均值
41	DECO	解（译）码	46	ANS	报警器置位
42	ENCO	编码	47	ANR	报警器复位
43	SUM	ON 位数计算	48	SOR	BIN 数据开方运算
44	BON	ON 位判断	49	FLT	BIN 整数变换二进制浮点数

这里仅介绍区间复位指令 ZRST、解（译）码指令 DECO、编码指令 ENCO、ON 位数计算指令 SUM 和 ON 位判断指令 BON。

1. 区间复位指令 ZRST

ZRST 指令的编号、助记符、指令类型、数据长度、适合软元件及占用步数如表 13-22 所示。

表 13-22 ZRST 指令

	适合软元件		占用步数
FNC40 ZRST（P）(16)	字元件	K、H，KnX，KnY，KnM，KnS，T，C，D，V、Z D1.D2.：T，C，D	5 步
	位元件	X，Y，M，S D1.D2.：Y，M，S	

ZRST 指令的使用说明如图 13-32 所示。

在 ZRST 指令中，[D1.]和[D2.]应该是同一类元件，而且[D1.]的编号要比[D2.]的小，如果[D1.]的编号比[D2.]的大，则只有[D1.]指定的元件复位。

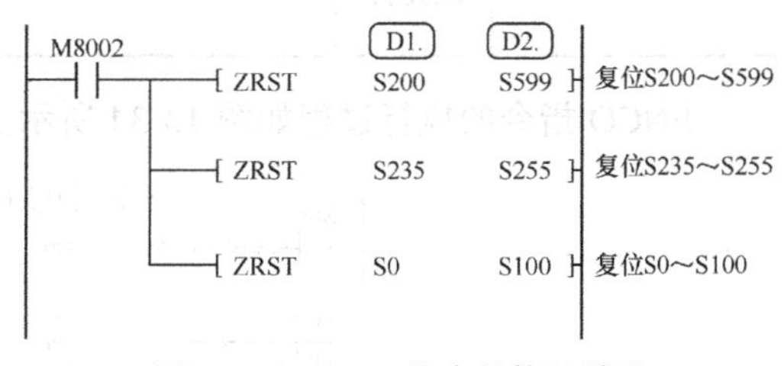

图 13-32 ZRST 指令的使用说明

2. 解（译）码指令 DECO

DECO 指令的编号、助记符、指令类型、数据长度、适合软元件及占用步数如表 13-23 所示。

表 13-23 DECO 指令

	适合软元件		占用步数
FNC41 DECO（P）(16)	字元件	S.：T，C，D，V、Z K、H，KnX，KnY，KnM，KnS，T，C，D，V、Z D.：T，C，D	7 步
	位元件	S.：X，Y，M，S X，Y，M，S D.：Y，M，S	

DECO 指令的执行过程如图 13-33 所示。

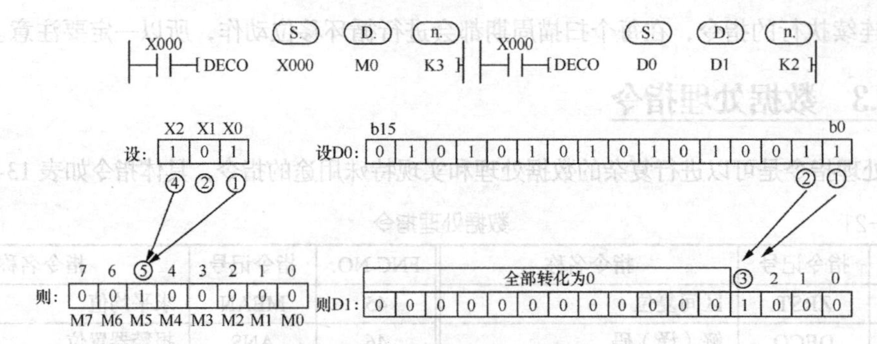

图 13-33 DECO 指令的执行过程

在图 13-33 中，[n.]为指定源操作数[S.]中译码的位数（即对源操作数[S.]的 n 个位进行译码），目标操作数[D.]的位数则最多为 2^n 个。因此，如果目标元件[D.]为位元件，则 n 的值应小于等于 8；如果目标元件为字元件，则 n 的值应小于等于 4；如果[S.]中的数为 0，则执行的结果在目标中为 1。

在使用目标元件为位元件时，该指令会占用大量的位元件（$n = 8$ 时则占用 $2^8 = 256$ 点），所以在使用时注意不要重复使用这些元件。

3. 编码指令 ENCO

ENCO 指令的编号、助记符、指令类型、数据长度、适合软元件及占用步数如表 13-24 所示。

表 13-24 ENCO 指令

指令	类型	适合软元件									占用步数
FNC42 ENCO（P）（16）	字元件	K、H	KnX	KnY	KnM	KnS	T	C	D	V、Z	7 步
		n					D．S．				
	位元件				S．						
					X	Y	M	S			

ENCO 指令的执行过程如图 13-34 所示。

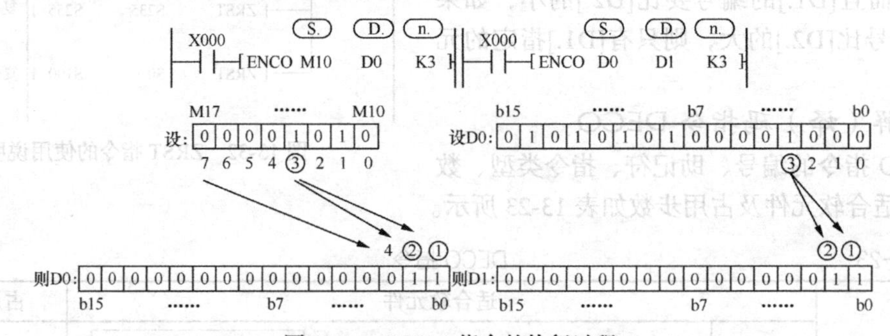

图 13-34 ENCO 指令的执行过程

在图 13-34 中，[n.]为指定目标[D.]中编码后的位数，也就是对源操作数[S.]中的 2^n 个位进行编码，如果[S.]为位元件，则 n 小于等于 8；如果[S.]为字元件，则 n 小于等于 4；如果[S.]有多个位为 1，则只有高位有效，忽略低位；如果[S.]全为 0，则运算出错。

4. ON 位数计算指令 SUM

SUM 指令的编号、助记符、指令类型、数据长度、适合软元件及占用步数如表 13-25 所示。

表 13-25　　SUM 指令

<table>
<tr><td rowspan="3">FNC43 SUM
（P）（16/32）</td><td colspan="10">适合软元件</td><td rowspan="1">占用步数</td></tr>
<tr><td rowspan="2">字元件</td><td colspan="9">S.</td><td rowspan="2">16 位：5 步
32 位：9 步</td></tr>
<tr><td>K、H</td><td>KnX</td><td>KnY</td><td>KnM</td><td>KnS</td><td>T</td><td>C</td><td>D</td><td>V、Z</td></tr>
<tr><td></td><td></td><td></td><td></td><td colspan="7">D.（KnY、KnM、KnS、T、C、D、V、Z）</td><td></td></tr>
</table>

SUM 指令是对源数据单元中 1 的个数进行统计的指令，指令使用说明如图 13-35 所示。

图 13-35　SUM 指令使用说明

当 X0 变为 ON 时，将 D0 中 1 的个数存入 D2，若 D0 中没有为 1 的位，则零标志 M8020 动作，其执行过程如下。

设 D0 为	0	1	0	1	0	1	0	1	0	1	0	1	0	1	1	1
则 D2 为	0	0	0	0	0	0	0	0	0	0	0	0	1	0	0	1

对于 32 位操作，将[S.]指定元件的 32 位数据中 1 的个数存入[D.]所指定的元件中，[D.]的后一元件的各位均为 0。

5. ON 位判断指令 BON

BON 指令的编号、助记符、指令类型、数据长度、适合软元件及占用步数如表 13-26 所示。

表 13-26　　BON 指令

<table>
<tr><td rowspan="4">FNC44 BON
（P）（16/32）</td><td colspan="10">适合软元件</td><td>占用步数</td></tr>
<tr><td rowspan="2">字元件</td><td colspan="9">S.</td><td rowspan="3">7 步</td></tr>
<tr><td>K、H</td><td>KnX</td><td>KnY</td><td>KnM</td><td>KnS</td><td>T</td><td>C</td><td>D</td><td>V、Z</td></tr>
<tr><td></td><td colspan="9">n（K、H）</td></tr>
<tr><td></td><td>位元件</td><td colspan="9">D.：X　Y　M　S</td><td></td></tr>
</table>

BON 指令是对源数据单元中为 1 的位进行判断的指令，指令使用说明如图 13-36 所示。

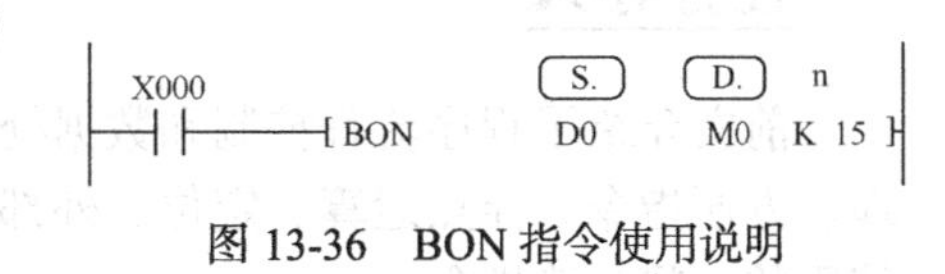

图 13-36　BON 指令使用说明

当 X0 变为 ON 时，若 D0 中的第 *n* 位为 1（ON），M0 动作，X0 变为 OFF 时 M0 不变化。

13.2.4　流水灯控制仿真实训（2）

根据“13.1.5 流水灯控制仿真实训（1）”及表 13-10 所示内容可知，8 盏流水灯的循环点亮是依靠给 K2Y0 分别传送 H1、H2、H4、H8、H10、H20、H40、H80，而这些数值刚好是乘 2 的关系，因此可以使用乘法指令 MULP 来实现。每隔 1s 顺序点亮采用定时器 T0 的振荡电路实现，循环控制采用比较指令 CMP 实现，故其梯形图如图 13-37 所示。此外，这些数值也刚好是将数值“1”向左循环移动一位，因此可以使用左循环移位指令 ROLP，每隔 1s 顺序点亮采用定时器 T0 的振荡电路实现，循环控制采用 ON 位判断指令 BON 实现，故其梯形图如图 13-38 所示。请参照“13.1.5 流水灯控制仿真实训（1）”的要求完成仿真实训。

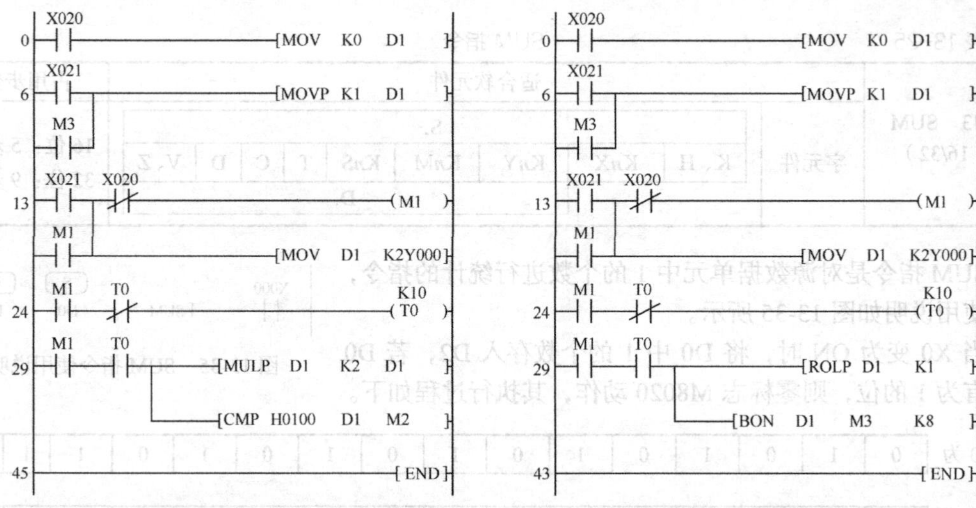

图13-37 流水灯控制仿真实训（2）梯形图（1）　图13-38 流水灯控制仿真实训（2）梯形图（2）

复习与思考

1. 执行ADD D0 K1 D0指令与执行INC D0指令有何不同？
2. ROR与RCR指令有何不同？
3. DECO与ENCO指令有何不同？
4. 哪些指令与进位标志M8022有关？
5. 使用PLC的程序设计一个四则运算器，完成 $Y=20X/35-8$ 的计算。
6. 设D0=H2020，D1=H4321，D2=H4444，D3=H1234，若执行DIVP D0 K3 D2指令，则D0～D6分别为多少？若执行DDIVP D0 K3 D2指令，则D0～D6分别为多少？

任务13.3 FNC50～FNC249功能指令及其应用

任务导入

前文介绍了程序流程控制和数据处理指令，其实PLC还有很多其他的功能指令，如高速处理、方便指令、浮点运算、定位、外部设备I/O指令、触点比较等。下面讲解在综合实训时要使用的一些功能指令。

13.3.1 高速处理指令

高速处理指令能充分利用PLC的高速处理能力进行中断处理，达到利用最新的I/O信息进行控制的目的，高速处理指令如表13-27所示。

表13-27　高速处理指令

FNC NO.	指令记号	指令名称	FNC NO.	指令记号	指令名称
50	REF	输入输出刷新	53	HSCS	比较置位（高速计数器）
51	REFF	滤波调整	54	HSCR	比较复位（高速计数器）
52	MTR	矩阵输入	55	HSZ	区间比较（高速计数器）

续表

FNC NO.	指令记号	指令名称	FNC NO.	指令记号	指令名称
56	SPD	速度检测	58	PWM	脉宽调制
57	PLSY	脉冲输出	59	PLSR	可调速脉冲输出

在高速处理指令中，仅介绍比较置位/复位指令（高速计数器）HSCS/HSCR、速度检测指令 SPD、脉冲输出指令 PLSY 和可调速脉冲输出指令 PLSR。

1. 比较置位/复位指令（高速计数器）HSCS/HSCR

HSCS/HSCR 指令的编号、助记符、指令类型、数据长度、适合软元件及占用步数如表 13-28 所示。

表 13-28　HSCS/HSCR 指令

	适合软元件		占用步数
FNC53 HSCS（P）（32） FNC54 HSCR（P）（32）	字元件	S1.：K、H、KnX、KnY、KnM、KnS、T、C、D、V、Z S2.：C	13 步
	位元件	D.：Y、M、S（X 不适用）	

HSCS 和 HSCR 指令是对高速计数器当前值进行比较，并通过中断方式进行处理的指令，指令使用说明如图 13-39 所示。

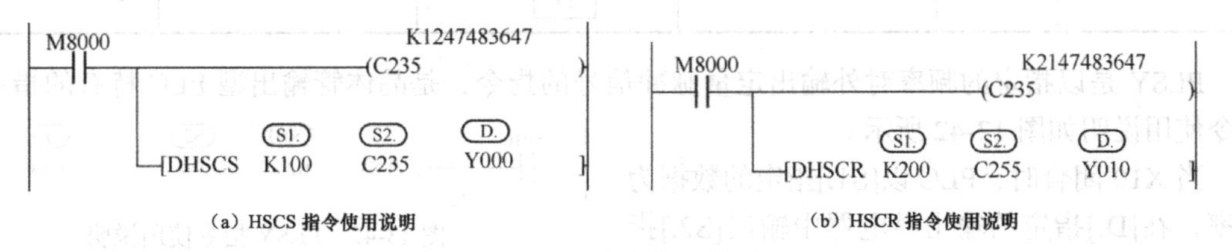

(a) HSCS 指令使用说明　(b) HSCR 指令使用说明

图 13-39　指令使用说明

上述程序是以中断方式对相应高速计数输入端进行计数处理。左边程序是当计数器的当前值由 99 到 100（加计数）或由 101 到 100（减计数）时，Y0 输出立即执行，不受系统扫描周期的影响。右边程序是当计数器的当前值由 199 到 200 或由 201 到 200 时，Y10 立即复位，不受系统扫描周期的影响。如果使用如图 13-40 所示的程序，则向外输出要受扫描周期的影响。如果等到扫描完后再进行输出刷新，计数值就可能已经偏离了设定值。

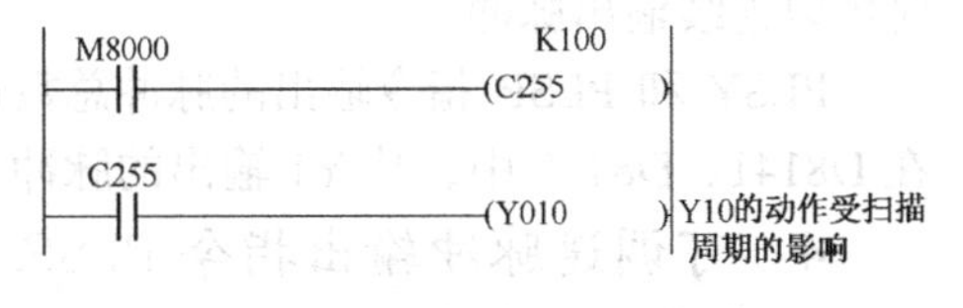

图 13-40　向外输出受到扫描周期影响

2. 速度检测指令 SPD

SPD 指令的编号、助记符、指令类型、数据长度、适合软元件及占用步数如表 13-29 所示。

表 13-29　SPD 指令

	适合软元件		占用步数
FNC56 SPD（16）	字元件	S2：K、H、KnX、KnY、KnM、KnS、T、C、D、V、Z D：T、C、D、V、Z	7 步
	位元件	S1：X（Y、M、S 不适用）；S1：X0～X5	

SPD 指令是采用中断输入方式对指定时间内的输入脉冲进行计数的指令，指令使用说明如图 13-41 所示。

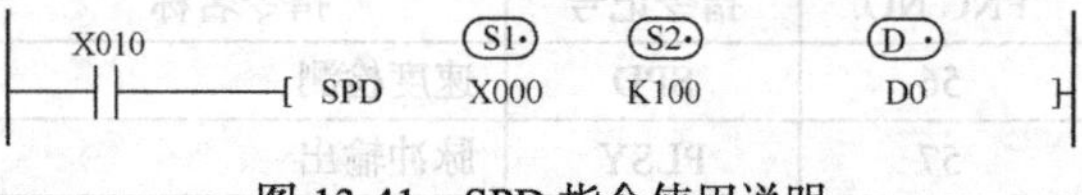

图 13-41　SPD 指令使用说明

当 X10 闭合时，在[S2.]指定的时间内（ms）对[S1.]指定的输入继电器（X0～X5）的输入脉冲进行计数，[S2.]指定的时间内输入的脉冲数存入[D.]指定的寄存器内，计数的当前值存入[D.]+1 所指定的寄存器内，剩余时间存入[D.]+2 所指定的寄存器内，所以其转速公式如下。

$$N=\frac{60\ Dg}{nt}\times10^3(\mathrm{r/min})$$

其中，N 为转速，单位为 r/min；n 为脉冲个数/转；t 为[S2.]指定的时间（ms）；D 为在[S2.]指定的时间内的脉冲个数。

3. 脉冲输出指令 PLSY

PLSY 指令的编号、助记符、指令类型、数据长度、适合软元件及占用步数如表 13-30 所示。

表 13-30　PLSY 指令

	适合软元件		占用步数
FNC57　PLSY（16/32）	字元件	S1.S2：K、H，KnX，KnY，KnM，KnS，T，C，D，V、Z	16 位：7 步 32 位：13 步
	位元件	X，Y，M，S；D：Y D：Y0 或 Y1	

PLSY 是以指定的频率对外输出定量脉冲信号的指令，是晶体管输出型 PLC 特有的指令，指令使用说明如图 13-42 所示。

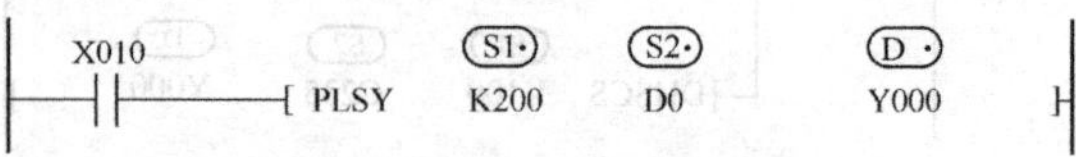

图 13-42　PLSY 指令使用说明

当 X10 闭合时，PLC 以[S1.]指定的数据为频率，在[D.]指定的输出继电器中输出[S2.]指定的脉冲个数。脉冲的占空比为 50%，输出采用中断方式，不受扫描周期的影响，设定脉冲发送完毕后，执行结束标志 M8029 动作，若中途不执行该指令，则 M8029 复位，且停止脉冲输出。当[S2.]指定的脉冲个数为零时，执行该指令时可以连续输出脉冲。

PLSY 和 PLSR 指令输出的脉冲总数保存在特殊数据寄存器中，从 Y0 输出的脉冲总数保存在 D8141、D8140 中，从 Y1 输出的脉冲总数保存在 D8143、D8142 中。

4. 可调速脉冲输出指令 PLSR

PLSR 指令的编号、助记符、指令类型、数据长度、适合软元件及占用步数如表 13-31 所示。

表 13-31　PLSR 指令

	适合软元件		占用步数
FNC59　PLSR（16/32）	字元件	S1.S2.S3：K、H，KnX，KnY，KnM，KnS，T，C，D，V、Z	16 位：9 步 32 位：17 步
	位元件	X，Y，M，S；D：Y D：Y0 或 Y1	

PLSR 指令是带加减速的脉冲输出指令，是晶体管输出型 PLC 特有的指令，指令使用说明如图 13-43 所示。

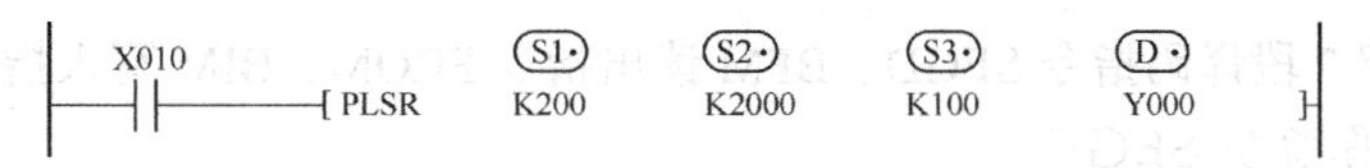

图 13-43　PLSR 指令使用说明

当 X10 闭合时，PLC 以[S1.]指定的数据为频率，在[D.]指定的输出继电器中输出[S2.]指定的脉冲个数，频率的加减速时间由[S3.]指定，其执行情况与 PLSY 指令相似。

13.3.2　方便指令

方便指令是利用最简单的指令完成较为复杂的控制的指令，具体指令如表 13-32 所示。

表 13-32　方便指令

FNC NO.	指令记号	指令名称	FNC NO.	指令记号	指令名称
60	IST	置初始状态	65	STMR	特殊定时器
61	SER	数据查找	66	ALT	交替输出
62	ABSD	凸轮控制（绝对方式）	67	RAMP	斜坡信号
63	INCD	凸轮控制（增量方式）	68	ROTC	旋转工作台控制
64	TIMR	示教定时器	69	SORT	数据排序

在方便指令中仅介绍交替输出指令 ALT，其编号、助记符、指令类型、数据长度、适合软元件及占用步数如表 13-33 所示。

表 13-33　ALT 指令

<table>
<tr><td rowspan="3">FNC66　ALT
（P）（16）</td><td colspan="2">适合软元件</td><td>占用步数</td></tr>
<tr><td>字元件</td><td></td><td rowspan="2">3 步</td></tr>
<tr><td>位元件</td><td>X Y M S
D.（Y M S）</td></tr>
</table>

ALT 指令是实现交替输出的指令，该指令只有目标元件，指令使用说明如图 13-44 所示。

每当 X0 从 OFF 变为 ON 时，M0 的状态就改变一次，如果用 M0 再去驱动另一个 ALT 指令，则可以得到多级分频输出。

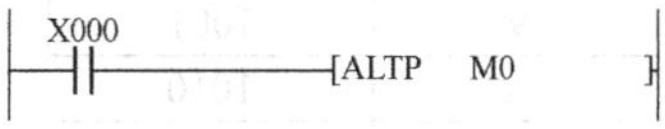

若为连续执行的指令，则 M0 的状态在每个扫描周期改变一次，输出的实际上是跟扫描周期同步的高频脉冲，频率为扫描周期的 1/2。因此，在使用连续执行的指令时应特别注意。

X000　ALTP　M0

图 13-44　ALT 指令使用说明

13.3.3　外部设备 I/O 指令

外部设备 I/O 指令是 PLC 的 I/O 与外部设备进行数据交换的指令，这些指令可以通过简单处理，进行较复杂的控制，因此具有方便指令的特点，外部设备 I/O 指令如表 13-34 所示。

表 13-34　外部设备 I/O 指令

FNC NO.	指令记号	指令名称	FNC NO.	指令记号	指令名称
70	TKY	10 键输入	75	ARWS	方向开关
71	HKY	16 键输入	76	ASC	ASC 码转换
72	DSW	数字开关	77	PR	ASC 码打印
73	SEGD	7 段译码	78	FROM	BFM 读出
74	SEGL	带锁存的 7 段码显示	79	TO	BIM 写入

本小节仅介绍7段译码指令SEGD、BFM读出指令FROM、BIM写入指令TO。

1. 7段译码指令SEGD

SEGD指令的编号、助记符、指令类型、数据长度、适合软元件及占用步数如表13-35所示。

表13-35　　SEGD指令

<table>
<tr><td rowspan="3">FNC73 SEGD
（P）（16）</td><td colspan="11">适合软元件</td><td rowspan="3">占用步数
5步</td></tr>
<tr><td>字元件</td><td colspan="10">S.：K、H　KnX　KnY　KnM　KnS　T　C　D　V、Z
D.：KnY　KnM　KnS　T　C　D　V、Z</td></tr>
<tr><td>位元件</td><td colspan="10"></td></tr>
</table>

SEGD指令的使用说明如图13-45所示。

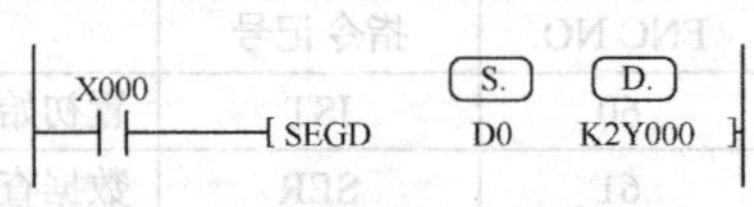

图13-45　SEGD指令使用说明

当X0变为ON时，将[S.]低4位指定的0～F（16进制）的数据译成7段码，显示的数据存入[D.]的低8位，[D.]的高8位不变；当X0变为OFF后，[D.]输出不变。7段译码如表13-36所示。

表13-36　　7段码译码表

源		7段组合数字	目标输出							
十六进制数	位组合格式		B7	B6	B5	B4	B3	B2	B1	B0
0	0000		0	0	1	1	1	1	1	1
1	0001		0	0	0	0	0	1	1	0
2	0010		0	1	0	1	1	0	1	1
3	0011		0	1	0	0	1	1	1	1
4	0100		0	1	1	0	0	1	1	0
5	0101		0	1	1	0	1	1	0	1
6	0110		0	1	1	1	1	1	0	1
7	0111		0	0	1	0	0	1	1	1
8	1000		0	1	1	1	1	1	1	1
9	1001		0	1	1	0	1	1	1	1
A	1010		0	1	1	1	0	1	1	1
B	1011		0	1	1	1	1	1	0	0
C	1100		0	0	1	1	1	0	0	1
D	1101		0	1	0	1	1	1	1	0
E	1110		0	1	1	1	1	0	0	1
F	1111		0	1	1	1	0	0	0	1

2. BFM读出指令FROM

FROM指令的编号、助记符、指令类型、数据长度、适合软元件及占用步数如表13-37所示。

表13-37　　FROM指令

<table>
<tr><td rowspan="3">FNC78　FROM
（P）（16/32）</td><td colspan="2">适合软元件</td><td rowspan="3">占用步数
16位：9步
32位：17步</td></tr>
<tr><td>字元件</td><td>K、H（m1 m2 n）　KnX　KnY　KnM　KnS　T　C　D　V、Z
D.：KnY　KnM　KnS　T　C　D　V、Z</td></tr>
<tr><td>位元件</td><td></td></tr>
</table>

FROM指令是将特殊模块中缓冲寄存器（BFM）的内容读到PLC的指令，其使用说明如图13-46所示。

当 X2 变为 ON 时，将#1 模块的#29 缓冲寄存器（BFM）的内容读出传送到 PLC 的 K4M0 中。上述程序中的 m1 表示模块号，m2 表示模块的缓冲寄存器（BFM）号，n 表示传送数据的个数。

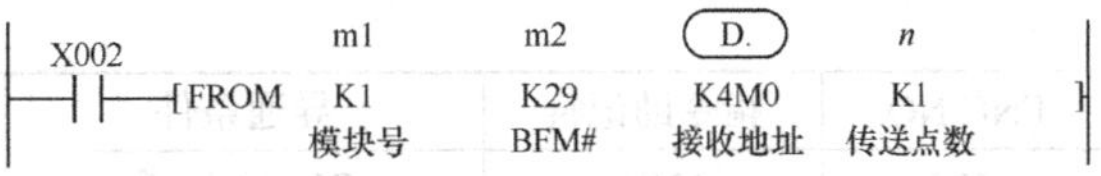

图 13-46　FROM 指令使用说明

3. BFM 写入指令 TO

TO 指令的编号、助记符、指令类型、数据长度、适合软元件及占用步数如表 13-38 所示。

表 13-38　　TO 指令

	适合软元件											占用步数
FNC79　TO（P）（16/32）	字元件	S.										16 位：9 步 32 位：17 步
		K、H	KnX	KnY	KnM	KnS	T	C	D	V、Z		
		m1 m2 n										
	位元件											

TO 指令是将 PLC 的数据写入特殊模块的缓冲寄存器（BFM）的指令，其使用说明如图 13-47 所示。

当 X0 变为 ON 时，将 PLC 数据寄存器 D1、D0 的内容写到#1 模块的#13、#12 缓冲寄存器中。上述程序中的 m1 表示模块号，m2 表示特殊模块的缓冲寄存器的（BFM）号，n 表示传送数据的个数。

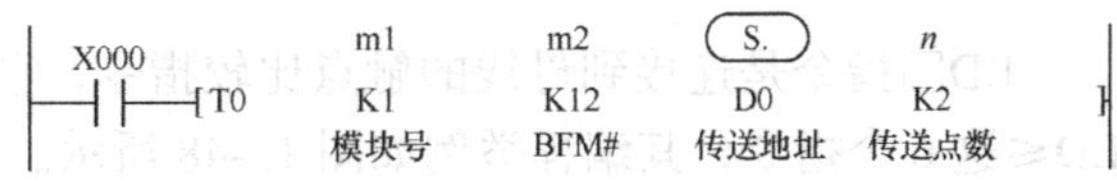

图 13-47　TO 指令使用说明

对 FROM、TO 指令中的 m1、m2、n 的说明如下。

① m1 模块号。它是连接在 PLC 上的特殊功能模块的编号（即模块号），模块号是从最靠近基本单元的那个开始，按从#0 到#7 的顺序编号，其范围为 0～7，用模块号可以指定 FROM、TO 指令进行读写的特殊功能模块。

② m2 缓冲寄存器号。在特殊功能模块内设有 16 位 RAM，这些 RAM 就叫作缓冲寄存器（即 BFM），缓冲寄存器号为#0～#32767，其内容根据连接的模块来决定。对于 32 位操作，指定的 BFM 为低 16 位，其下一个编号的 BFM 为高 16 位。

③ n 传送数据个数。用 n 指定传送数据的个数，16 位操作时 $n=2$ 和 32 位操作时 $n=1$ 的含义相同。在特殊辅助继电器 M8164（FROM/TO 指令传送数据个数可变模式）变为 ON 时，特殊数据寄存器 D8164（FROM/TO 指令传送数据个数指定寄存器）的内容作为传送数据个数 n 进行处理。

13.3.4　触点比较指令

触点比较指令是由 LD、AND、OR 与关系运算符组合而成，通过对两个数值的关系运算来实现触点闭合和断开的指令，总共有 18 个，如表 13-39 所示。

表 13-39　　触点比较指令

FNC NO.	指令助记符	导通条件	FNC NO.	指令助记符	导通条件
224	LD=	S1=S2 导通	229	LD≤	S1≤S2 导通
225	LD>	S1>S2 导通	230	LD≥	S1≥S2 导通
226	LD<	S1<S2 导通	232	AND=	S1=S2 导通
228	LD<>	S1≠S2 导通	233	AND>	S1>S2 导通

续表

FNC NO.	指令助记符	导通条件	FNC NO.	指令助记符	导通条件
234	AND<	S1<S2 导通	241	OR>	S1>S2 导通
236	AND<>	S1≠S2 导通	242	OR<	S1<S2 导通
237	AND≤	S1≤S2 导通	244	OR<>	S1≠S2 导通
238	AND≥	S1≥S2 导通	245	OR≤	S1≤S2 导通
240	OR=	S1=S2 导通	246	OR≥	S1≥S2 导通

1. 触点比较指令 LD□

LD□指令的编号、指令类型、数据长度、适合软元件及占用步数如表13-40所示。

表13-40　LD□指令

	适合软元件										占用步数
FNC224 ～ 230 LD□（P）(16/32)	字元件	S1.S2.									16位：5步 32位：9步
		K、H	K*n*X	K*n*Y	K*n*M	K*n*S	T	C	D	V、Z	
	位元件										

LD□指令是连接到母线的触点比较指令，它又可以分为LD=、LD>、LD<、LD<>、LD≥、LD≤这6个指令，其编程举例如图13-48所示。

图13-48　触点比较程序（1）

LD□指令的最高位为符号位（16位操作时为b15，32位操作时为b31），最高位为1则作为负数处理。C200及以后的计数器的触点比较，都必须使用32位指令，若指定为16位指令，则程序会出错。其他LD□指令的用法与此相同。

2. 触点比较指令 AND□

AND□指令的编号、指令类型、数据长度、适合软元件及占用步数如表13-41所示。

表13-41　AND□指令

	适合软元件										占用步数
FNC232～238 AND□（P）(16/32)	字元件	S1.S2.									16位：5步 32位：9步
		K、H	K*n*X	K*n*Y	K*n*M	K*n*S	T	C	D	V、Z	
	位元件										

AND□指令是比较触点做串联连接的指令，它又可以分为AND=、AND>、AND<、AND<>、AND≥、AND≤这6个指令，其编程举例如图13-49所示。

3. 触点比较指令 OR□

OR□指令的编号、指令类型、数据长度、适合软元件及占用步数如表13-42所示。

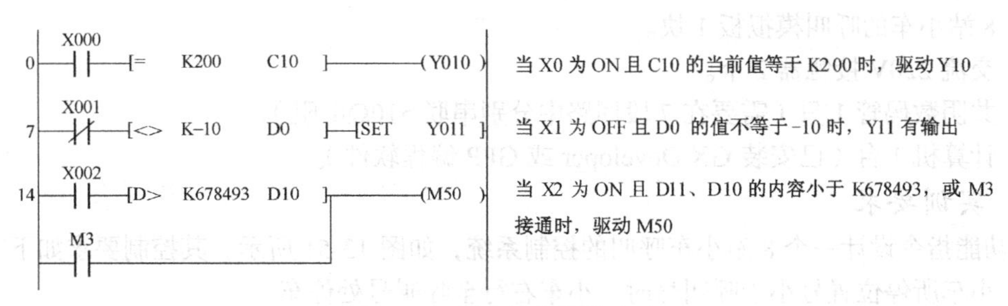

图 13-49　触点比较程序（2）

表 13-42　　　　　　　　　　OR□指令

	适合软元件										占用步数
FNC240～FNC246 OR□（P）(16/32)	字元件	S1.S2.									16 位：5 步 32 位：9 步
		K、H	K*n*X	K*n*Y	K*n*M	K*n*S	T	C	D	V、Z	
	位元件										

OR□指令是比较触点做并联连接的指令，它又可以分为 OR=、OR>、OR<、OR<>、OR≥、OR≤这 6 个指令，其编程举例如图 13-50 所示。

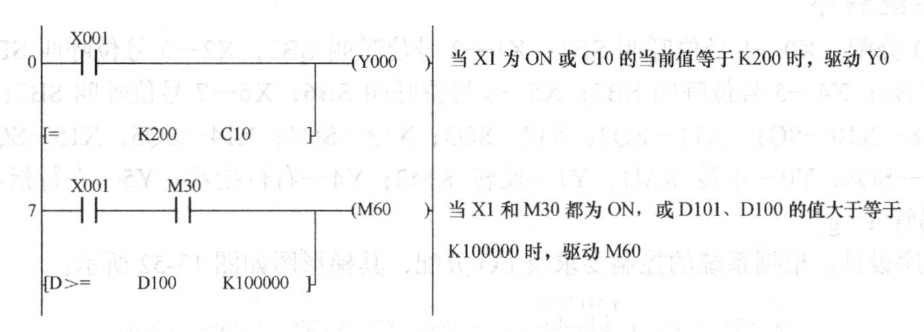

图 13-50　触点比较程序（3）

复习与思考

1. 编码指令 ENCO 被驱动后，当源数据中只有 b0 位为 1 时，则目标数据应为什么？
2. PLSY 指令只适合哪类型的 PLC？
3. 设计一个适时报警闹钟，要求精确到秒（注意 PLC 运行时应不受停电的影响）。
4. 设计一个密码（6 位）开机的程序（X0～X11 表示 0～9 的输入），密码对按开机键即开机，密码不对有 3 次重复输入的机会，如 3 次均不正确则立即报警。

任务 13.4　8 站小车呼叫控制实训

1. 实训目的

① 掌握较复杂程序的设计。

② 掌握可扩展性程序编写的思路和方法。

2. 实训器材

① PLC 应用技术综合实训装置 1 台。

② 8站小车的呼叫模拟板1块。

③ 交流220V接触器2个。

④ 共阴数码管1只（需要在7段回路中分别串联510Ω电阻）。

⑤ 计算机1台（已安装GX Developer或GPP编程软件）。

3. 实训要求

用功能指令设计一个8站小车呼叫的控制系统，如图13-51所示，其控制要求如下。

① 小车所停位置号小于呼叫号时，小车右行至呼叫号处停车。

② 小车所停位置号大于呼叫号时，小车左行至呼叫号处停车。

③ 小车所停位置号等于呼叫号时，小车原地不动。

④ 小车运行时呼叫无效。

⑤ 具有左行、右行定向指示。

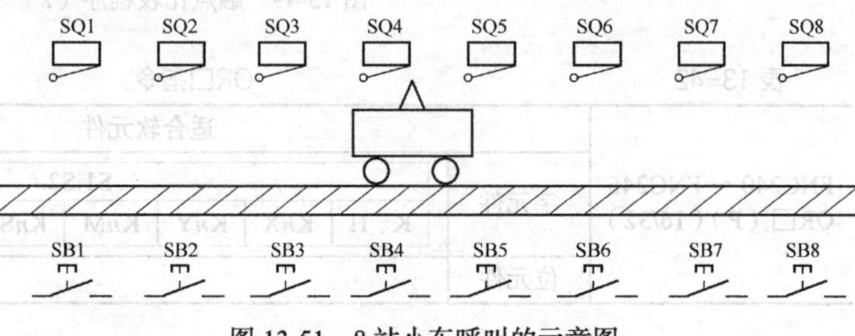

图13-51 8站小车呼叫的示意图

⑥ 具有小车行走位置的7段数码管显示。

4. 系统程序

① I/O分配。X0—1号位呼叫SB1；X1—2号位呼叫SB2；X2—3号位呼叫SB3；X3—4号位呼叫SB4；X4—5号位呼叫SB5；X5—6号位呼叫SB6；X6—7号位呼叫SB7；X7—8号位呼叫SB8；X10—SQ1；X11—SQ2；X12—SQ3；X13—SQ4；X14—SQ5；X15—SQ6；X16—SQ7；X17—SQ8；Y0—正转KM1；Y1—反转KM2；Y4—右行指示；Y5—左行指示；Y10～Y16—数码管a～g。

② 程序设计。根据系统的控制要求及I/O分配，其梯形图如图13-52所示。

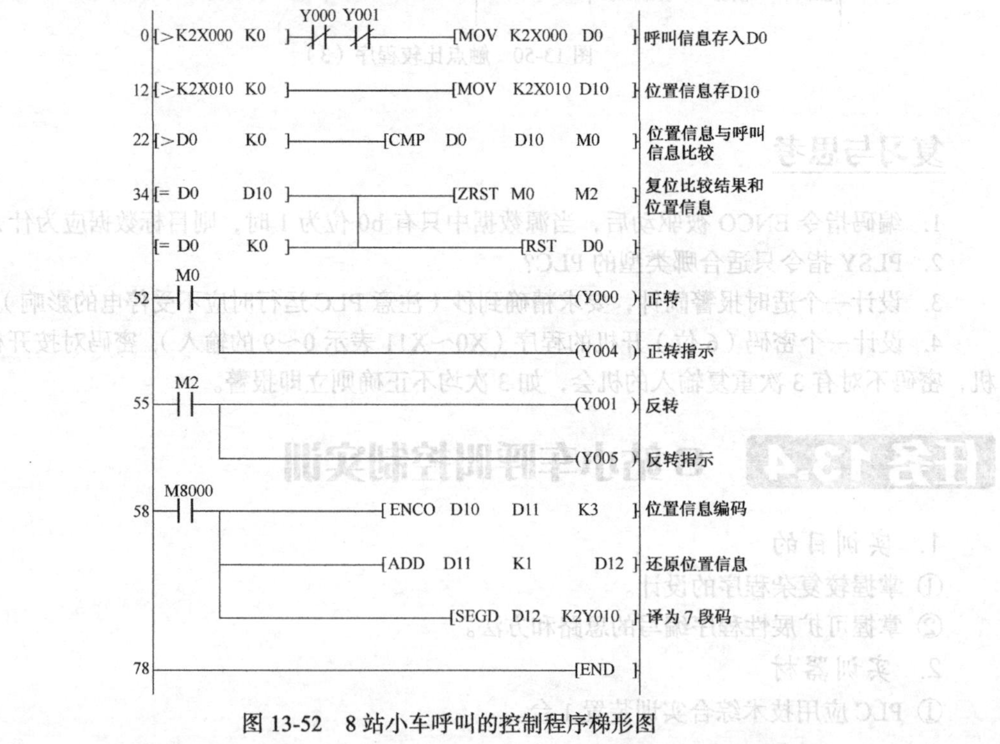

图13-52 8站小车呼叫的控制程序梯形图

5. 系统接线

根据系统的控制要求、I/O 分配及控制程序，系统接线如图 13-53 所示。

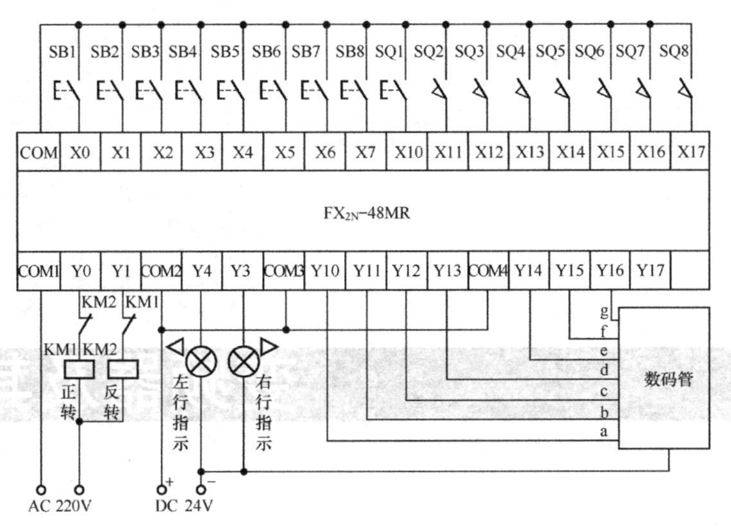

图 13-53　8 站小车呼叫的控制系统接线图

6. 系统调试

① 程序输入。输入图 13-48 所示梯形图。

② 静态调试。正确连接好输入线路，观察输出指示灯动作情况是否正确，如不正确则检查程序，直到正确为止。

③ 动态调试。正确连接好输出线路，观察接触器动作情况、方向指示情况、数码管的显示情况，如不正确，则检查输出线路连接及 I/O 端口。

7. 三方评价

在班上展示上述工作的完成情况，并参照表 9-4 完成三方评价。

项目14 变频器及其应用

学习目标

1. 知识目标

① 了解通用变频器的结构、性能。

② 了解变频器的工作原理。

③ 掌握变频器的相关参数及其含义。

④ 掌握变频器的基本操作方法。

2. 能力目标

① 能运用操作单元设定变频器的相关参数。

② 能根据实际需要控制变频器PU运行和EXT运行。

③ 能根据实际需要控制变频器组合运行和多段速运行。

④ 能自觉执行安全操作规程，杜绝一切不安全事故的发生。

3. 素质目标

① 培养学生搜索和阅读电气机械设备技术资料的能力。

② 培养学生对新技术、新材料、新工艺的追求和应用意识。

③ 培养学生严格遵守"7S"管理规定的习惯。

④ 培养学生良好的职业道德，具备较高的安全意识和质量意识。

项目引入

近年来，随着大功率电力晶体管和计算机控制技术的发展，通用变频器被广泛用于三相交流异步电动机的无级调速和节能改造，极大地提高了设备的自动化程度，充分满足了生产工艺的调速要求，如变频电梯、变频空调、变频恒压供水、变频机床等。因此掌握通用变频器的应用非常重要。

任务14.1 变频器基础知识

任务导入

变频器被广泛应用于三相交流异步电动机的调速、节能以及生产工艺的改善等方面。那么，

变频器是如何实现电动机调速的呢？其工作原理是什么？如何进行操作？这些是本任务要解决的核心问题。

14.1.1　基本结构

变频器的种类繁多，按变流环节可分为交—直—交和交—交变频器，按直流电路的储能环节可分为电流型和电压型变频器，按输出电压调制方式可分为脉幅调制型（PAM）、脉宽调制型（PWM）和正弦脉宽调制型（SPWM）变频器，按控制方式可分为 U/f 控制、转差频率控制和矢量控制变频器。因此，变频器的结构也各不相同，下面以三菱变频器为例进行介绍。

1. 外部结构

本书所涉及的变频器包括三菱 FR-A540 和 FR-A740 两种基本类型。这两种基本类型在外观、结构、性能上大同小异。图 14-1（a）所示为 FR-A540 变频器，它包括操作面板、前盖板和主机。变频器正面有按键和显示窗的部件是 DU04 操作面板，也叫操作单元或参数单元或 PU 单元；变频器的左上角有两个指示灯，上面的是电源指示灯（Power），下面的是报警指示灯；电源进线和出线孔在变频器的下部，图中看不见。图 14-1（b）所示为 FR-A740 变频器。下面主要以 FR-A540 变频器为例进行介绍。

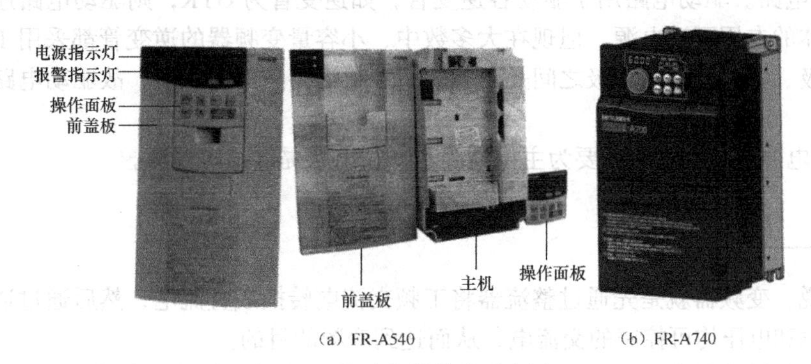

图 14-1　变频器外观示意图

2. 内部结构

变频器内部结构框图如图 14-2 所示，主要包括整流器、逆变器、中间储能环节、采样电路（电压采样、电流采样）、驱动电路、主控电路和控制电源。

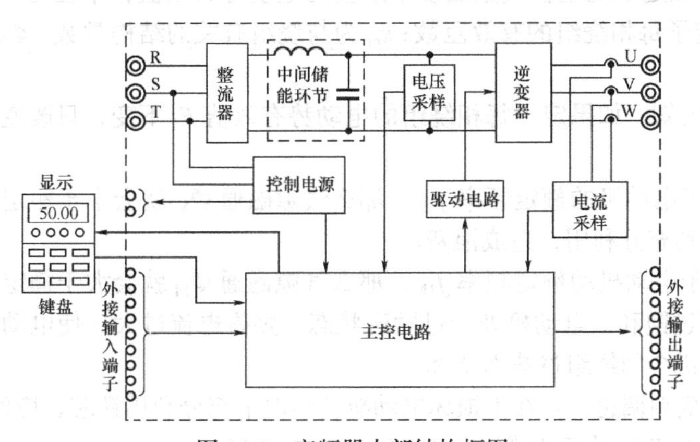

图 14-2　变频器内部结构框图

① 整流器。一般的三相变频器的整流器由全波整流桥组成，它的作用是把三相（也可以是单相）交流电整流成直流电，给逆变电路和控制电路提供所需要的直流电源。整流器可分为不可控整流器和可控整流器。不可控整流器使用的器件为电力二极管（PD），可控整流器使用的器件通常为普通晶闸管（SCR）。

② 逆变器。逆变器是变频器的主要部分之一，其主要作用是在控制电路的控制下将整流输出的直流电转换为频率和电压都可调的交流电，变频器中应用最多的是三相桥式逆变电路。

③ 中间储能环节。中间储能环节的作用是对整流器输出的直流电进行平滑，以保证逆变器和控制电源能够得到高质量的直流电源。当整流器是电压源时，中间储能环节的主要器件是大容量的电解电容；而当整流器是电流源时，中间储能环节则主要由大容量的电感组成。由于逆变器的负载为异步电动机，属于感性负载，因此，在中间储能环节和电动机之间总会有无功功率的交换，这种无功能量要靠中间储能环节的储能元件（电容器或电抗器）来缓冲。

④ 主控电路。主控电路是变频器的核心控制部分，主控电路的优劣决定了调速系统性能的优劣。主控电路通常由运算电路、检测电路、控制信号的输入输出电路和驱动电路等构成，其主要任务是完成对逆变器的开关控制、对整流器的电压控制以及完成各种保护功能等。

⑤ 采样电路。采样电路包括电流采样和电压采样，其作用是提供控制和保护用的数据。

⑥ 驱动电路。驱动电路用于驱动各逆变管，如逆变管为 GTR，则驱动电路还包括以隔离变压器为主体的专用驱动电源。但现在大多数中、小容量变频器的逆变管都采用 IGBT 管，逆变管的控制极、集电极和发射极之间是隔离的，不再需要隔离变压器，故驱动电路常常和主控电路在一起。

⑦ 控制电源。控制电源主要为主控电路和外控电路提供稳压电源。

14.1.2 工作原理

简单地说，变频器就是先通过整流器将工频交流电转换成直流电，然后通过逆变器将直流电逆变成频率和电压均可控制的交流电，从而达到变频的目的。

由电动机的转速公式 $n=(1-s)\,60f_1/p$ 可知，改变异步电动机的供电频率 f_1，可以改变其同步转速 n，实现电动机的调速运行。

但是，根据电动机理论可知，三相异步电动机每相定子绕组的电动势有效值计算公式如下。

$$E_1=4.44k_{r1}f_1N_1\,\Phi_M \tag{14-1}$$

其中，E_1 为每相定子绕组在气隙磁场中感应的电动势有效值，单位为 V；f_1 为定子频率，单位为 Hz；N_1 为定子每相绕组的有效匝数；k_{r1} 为与绕组有关的结构常数；Φ_M 为每极气隙磁通，单位为 Wb。

由式（14-1）可知，如果定子每相绕组的电动势有效值 E_1 不变，只改变定子的频率，会出现如下两种情况。

① 如果 f_1 大于电动机的额定频率 f_{1N}，那么气隙磁通 Φ_M 就会小于额定气隙磁通，结果是电动机的铁芯得不到充分利用，造成浪费。

② 如果 f_1 小于电动机的额定频率 f_{1N}，那么气隙磁通 Φ_M 就会大于额定气隙磁通，结果是电动机的铁芯出现过饱和，电动机处于过励磁状态。励磁电流过大，使电动机功率因数、效率下降，严重时电动机会因绕组过热而烧坏。

因此，要实现变频调速，且在不损坏电动机的情况下充分利用铁芯，应使每极气隙磁通 Φ_M 保持额定值不变，即 E_1/f_1 的值为常数。

1. 基频以下的恒磁通变频调速

由式（14-1）可知，要保持磁通 Φ_M 不变，当频率 f_1 从额定值 f_{1N} 向下调时，必须降低 E_1 才能使 E_1/f_1 的值为常数，即采用电动势与频率之比为常数的控制方式。但绕组中的感应电动势 E_1 不易直接控制，当电动势的值较高时，定子的漏阻抗压降相对比较小，如忽略不计，可以认为电动机的输入电压 $U_1 = E_1$，这样就可以达到通过控制 U_1 来控制 E_1 的目的；当频率较低时，U_1 和 E_1 都变小，定子漏阻抗压降（主要是定子电阻压降）不能再忽略，这种情况下，可人为适当提高定子电压以补偿定子漏阻抗压降的影响，使气隙磁通基本保持不变。这种基频以下的恒磁通变频调速属于恒转矩调速方式。

2. 基频以上的弱磁通变频调速

在基频以上调速时，频率可以从电动机额定频率 f_{1N} 向上增加，但电压 U_1 受额定电压 U_{1N} 的限制不能再升高，只能保持 $U_1=U_{1N}$ 不变。由式（14-1）可知，这样必然会使气隙磁通随着 f_1 的上升而减小，相当于直流电动机的弱磁通调速情况，属于近似的恒功率调速方式。

由上面可知，异步电动机变频调速的基本控制方式如图 14-3 所示。因此，异步电动机变频调速时必须按照一定的规律同时改变其定子电压和频率，即必须通过变频装置获得电压、频率均可调节的供电电源，实现所谓的改变电压改变频率（Variable Voltage Variable Frequency，VVVF）调速控制。那么如何实现变频又变压呢？这就是逆变器所要完成的任务。

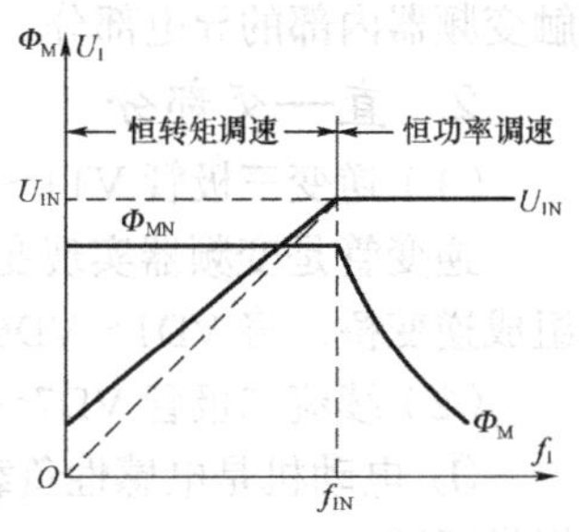

图 14-3　异步电动机变频调速基本控制方式

14.1.3　脉宽调制型变频器

脉宽调制型（PWM）变频器的主电路如图 14-4 所示。由图可知，PWM 逆变器的主电路就是基本逆变电路，区别在于 PWM 控制技术。

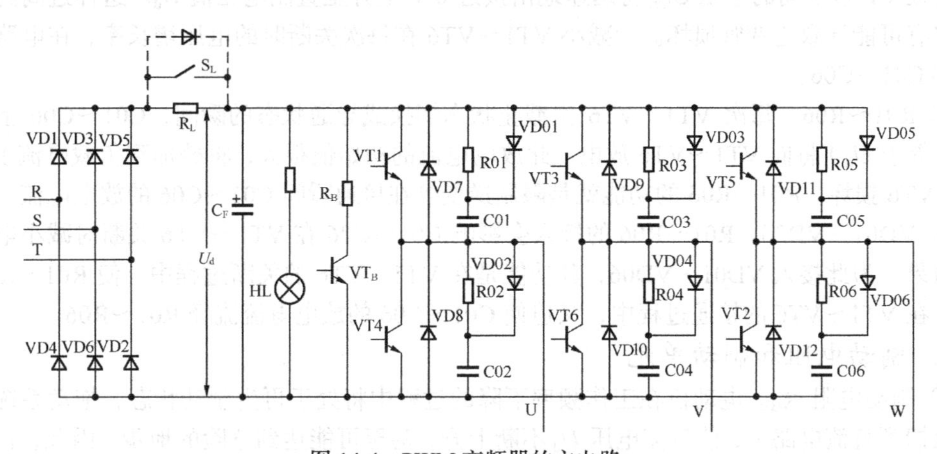

图 14-4　PWM 变频器的主电路

1. 交—直部分

① 整流二极管 VD1～VD6。由 VD1～VD6 组成三相整流桥，将三相交流电转换成直流电。若电源的线电压为 U_L，则三相全波整流后平均直流电压为 $U_d=1.35U_L$。若三相交流电源的线电压为 380 V，则全波整流后的平均电压为 $U_d=1.35\times380$ V=513 V。

② 滤波电容器 C_F。滤波电容器 C_F 的功能是消除整流后的电压纹波，当负载变化时，使直

流电压保持平稳。

③ 电阻 R_L 与开关 S_L。变频器合上电源的瞬间，滤波电容器 C_F 的充电电流很大，过大的冲击电流将可能损坏三相整流桥的二极管。为了保护整流桥，电路中串入限流电阻 R_L，在变频器刚接通电源时，将电容器 C_F 的充电电流限制在允许范围以内。

开关 S_L 的功能是当 C_F 充电到一定程度时，S_L 接通，将 R_L 短路。在许多新系列的变频器里，S_L 已由晶闸管代替，如图 14-4 虚线部分所示。

④ 电源指示 HL。HL 有两个功能：一是表示电源是否接通；二是在变频器切断电源后，反映滤波电容器 C_F 上的电荷是否已经释放完毕。

由于 C_F 的容量较大，又没有快速的放电回路，其放电时间往往长达数分钟，如果未放完，C_F 上的电压太高，将对人身安全构成威胁。故在维修变频器时，必须等 HL 完全熄灭后才能接触变频器内部的导电部分。

2. 直—交部分

（1）逆变三极管 VT1～VT6。

逆变管是变频器实现变频的具体执行元件，是变频器的核心部分。图 14-4 所示 VT1～VT6 组成逆变桥，将 VD1～VD6 整流所得的直流电再转换为频率可调的交流电。

（2）续流二极管 VD7～VD12。续流二极管的主要功能体现在如下几个方面。

① 电动机是电感性负载，其电流具有无功分量，VD7～VD12 为无功电流返回直流电源时提供通道。

② 当频率下降、电动机处于再生制动状态时，再生电流将通过 VD7～VD12 返回直流电路。

③ 在 VT1～VT6 进行逆变的基本工作过程中，同一桥臂的两个逆变管不停地交替导通和截止，在这交替导通和截止的过程中，需要 VD7～VD12 提供通路。

（3）缓冲电路。

① C01～C06。每次逆变管 VT1～VT6 由导通状态切换成截止状态的瞬间，集电极（C 极）和发射极（E 极）间的电压 U_{CE} 将迅速地由接近 0 V 上升至直流电压值 U_d。这样过高的电压增长率将有可能导致逆变管损坏。为减小 VT1～VT6 在每次关断时的电压增长率，在电路中接入电容器 C01～C06。

② R01～R06。每次 VT1～VT6 由截止状态切换成导通状态的瞬间，C01～C06 上所充的电压（等于 U_d）将向 VT1～VT6 放电。此放电电流的初始值很大，将叠加到负载电流上，导致 VT1～VT6 损坏。R01～R06 的功能就是限制逆变管在接通瞬间 C01～C06 的放电电流。

③ VD01～VD06。R01～R06 的接入会影响 C01～C06 在 VT1～VT6 关断时减小电压增长率的效果。为此接入 VD01～VD06，其功能是在 VT1～VT6 的关断过程中，使 R01～R06 不起作用；在 VT1～VT6 的接通过程中，又迫使 C01～C06 的放电电流流经 R01～R06。

3. 制动电阻和制动单元

① 制动电阻 R_B。电动机在工作频率下降的过程中将处于再生制动状态，拖动系统的动能将要反馈到直流电路中，使直流电压 U_d 不断上升，甚至可能达到危险的地步。因此，在电路中接入制动电阻 R_B，用来消耗这部分能量，使 U_d 保持在允许范围内。

② 制动单元 VT_B。制动单元 VT_B 由大功率晶体管 GTR 及其驱动电路构成。其功能是为放电电流 I_B 流经 R_B 提供通路。

14.1.4 基本参数

变频器用于单纯可变速运行时，按出厂设定的参数运行即可；若考虑负荷和运行方式，则

必须设定必要的参数。这里仅介绍三菱 FR-A540 变频器的一些常用参数，其他参数请参考附录或有关设备使用手册。

1. 输出频率范围（Pr.1、Pr.2、Pr.18）

Pr.1 为上限频率，用 Pr.1 设定输出频率的上限，即使有大于此设定值的频率指令输入，输出频率也被钳位在上限频率。Pr.2 为下限频率，用 Pr.2 设定输出频率的下限。Pr.18 为高速上限频率，在 120 Hz 以上运行时，用 Pr.18 设定输出频率的上限。

2. 加减速时间（Pr.7、Pr.8、Pr.20）

Pr.7 为加速时间，即用 Pr.7 设定从 0 Hz 加速到 Pr.20 设定的频率的时间。Pr.8 为减速时间，即用 Pr.8 设定从 Pr.20 设定的频率减速到 0 Hz 的时间。Pr.20 为加减速基准频率。

3. 电子过电流保护（Pr.9）

Pr.9 用来设定电子过电流保护的电流值，以防止电动机过热，故一般设定为电动机的额定电流值。

4. 启动频率（Pr.13）

Pr.13 为变频器的启动频率，即当启动信号变为 ON 时的变频器开始运行的频率。如果设定的变频器运行频率小于 Pr.13 的设定值时，则变频器将不能启动。

注意

当 Pr.2 的设定值大于 Pr.13 的设定值时，即使设定的运行频率（大于 Pr.13 的设定值）小于 Pr.2 的设定值，只要启动信号变为 ON，电动机就都以 Pr.2 的设定值运行；当 Pr.2 的设定值小于 Pr.13 的设定值时，若设定的运行频率小于 Pr.13 的设定值，即使启动信号变为 ON，电动机也不运行，若设定的运行频率大于 Pr.13 的设定值，只要启动信号变为 ON，电动机就开始运行。

5. 适用负荷选择（Pr.14）

Pr.14 用于选择与负载特性最适宜的输出特性（V/F 特性）。当 Pr.14=0 时，适用定转矩负载（如运输机械、台车等）；当 Pr.14=1 时，适用变转矩负载（如风机、水泵等）；当 Pr.14=2 时，适用提升类负载（反转时转矩提升为 0）；当 Pr.14=3 时，适用提升类负载（正转时转矩提升为 0）。

6. 点动运行（Pr.15、Pr.16）

Pr.15 为点动运行频率，即在 PU 和外部模式时的点动运行频率，并且应把 Pr.15 的设定值设定在 Pr.13 的设定值之上。Pr.16 为点动加减速时间的设定参数。

7. 参数写入禁止选择（Pr.77）

Pr.77 用于参数写入与禁止的选择。当 Pr.77=0 时，仅在 PU 操作模式下，变频器处于停止时才能写入参数；当 Pr.77=1 时，除 Pr.75、Pr.77、Pr.79 外不可写入参数；当 Pr.77=2 时，即使变频器处于运行也能写入参数。

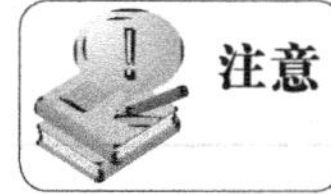
注意

有些变频器的部分参数在任何时候都可以设定。

8. 操作模式选择（Pr.79）

Pr.79 用于选择变频器的操作模式。当 Pr.79=0 时，电源投入时为外部操作模式（EXT 操作模式，即变频器的频率和启、停均由外部信号控制端子来控制），但可用操作面板切换为 PU 操作模式（PU 操作模式，即变频器的频率和启、停均由操作面板控制）。当 Pr.79=1 时，为 PU 操

作模式；当 Pr.79=2 时，为外部操作模式；当 Pr.79=3 时，为 PU 和外部组合操作模式（即变频器的频率由操作面板控制，而启、停由外部信号控制端子来控制）；当 Pr.79=4 时，为 PU 和外部组合操作模式（即变频器的频率由外部信号控制端子来控制，而启、停由操作面板控制）；当 Pr.79=5 时，为程序控制模式。

14.1.5 主接线

FR-A540 型变频器的主接线一般有 6 个端子，其中输入端子 R、S、T 接三相电源，输出端子 U、V、W 接三相电动机。切记不能接反，否则将损毁变频器。其主接线图如图 14-5 所示。有的变频器能以单相 220 V 作为电源，此时，单相电源应接到变频器的 R、N 输入端，端子 U、V、W 仍输出三相对称的交流电，接三相电动机。

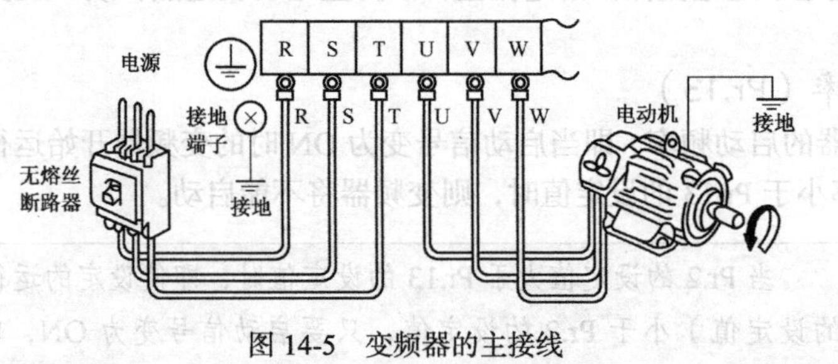

图 14-5　变频器的主接线

14.1.6 操作面板

变频器的 PU 操作就是在 PU 操作模式下，通过 PU 单元对变频器进行的参数设定、频率写入、运行控制等一系列操作。

FR-A500 系列变频器一般配有 FR-DU04 操作面板或 FR-PU04 参数单元（简称为 DU04 单元）。图 14-6（a）所示为 FR-A540 型变频器的操作面板，其按键及显示符的功能如表 14-1、表 14-2 所示。图 14-6（b）所示为 FR-A740 型变频器的操作面板（FR-DU07，简称为 DU07 单元），其按键及显示符的功能与 FR-A540 的相似，其旋钮的功能类似于 FR-A540 的增减键。

表 14-1　FR-A540 型变频器操作面板各按键的功能

按键	说明
MODE	用于选择操作模式或设定模式
SET	用于确定频率和参数的设定
▲/▼	用于连续增加或降低运行频率，按这两个键可改变频率； 在设定模式中按此键，可连续设定参数
FWD	用于给出正转指令
REV	用于给出反转指令
STOP/RESET	用于停止运行； 用于保护功能动作输出停止时复位变频器（发生主要故障时）

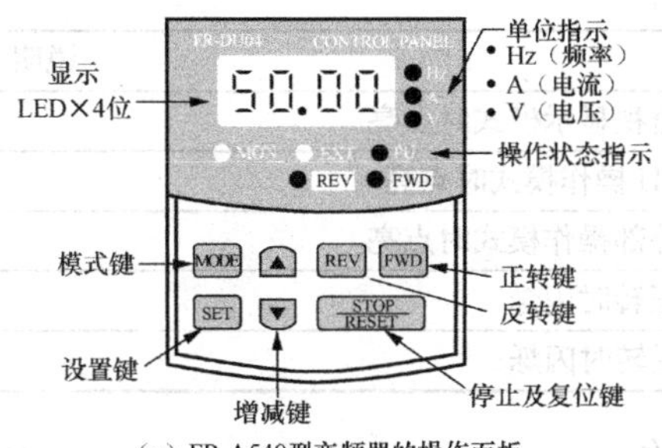

（a）FR-A540型变频器的操作面板

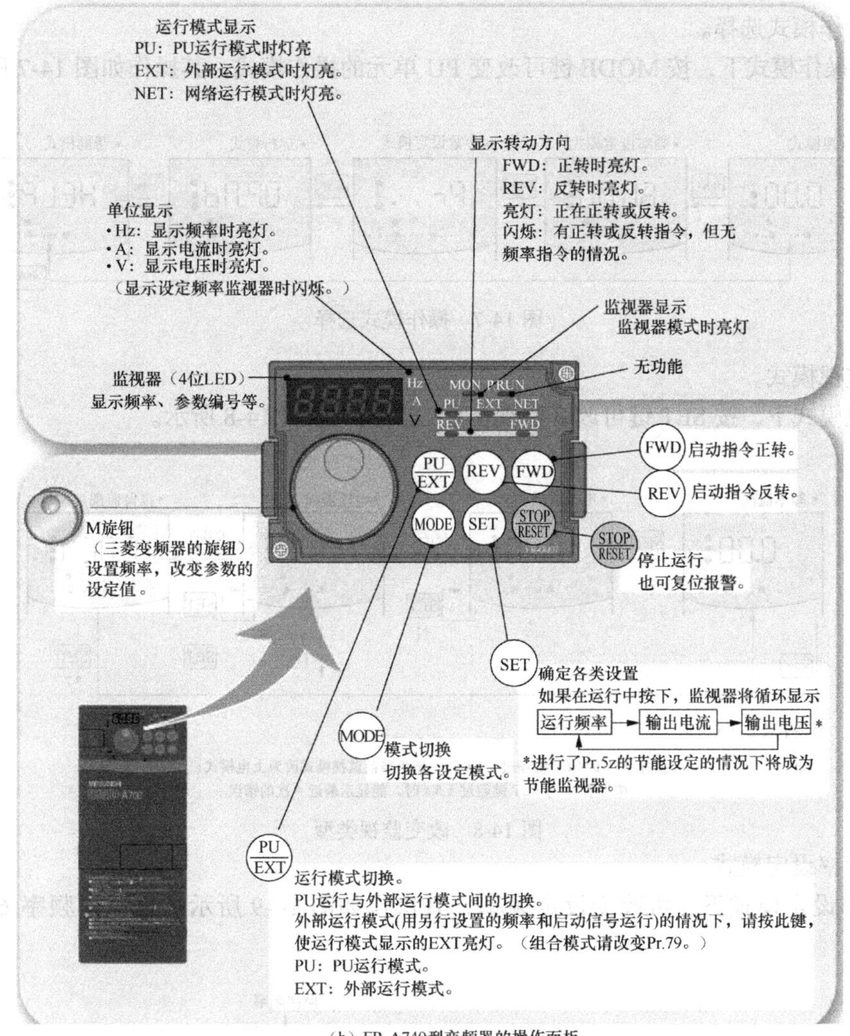

（b）FR-A740型变频器的操作面板

图 14-6　操作面板外形图

表 14-2　　FR-A540 型变频器操作面板各显示符的功能

显示	说明
Hz	显示频率时点亮
A	显示电流时点亮
V	显示电压时点亮

续表

显示	说明
MON	监视显示模式时点亮
PU	PU 操作模式时点亮
EXT	外部操作模式时点亮
FWD	正转时闪烁
REV	反转时闪烁

1. DU04 单元的操作

（1）操作模式选择。

在 PU 操作模式下，按 MODE 键可改变 PU 单元的操作模式，其操作如图 14-7 所示。

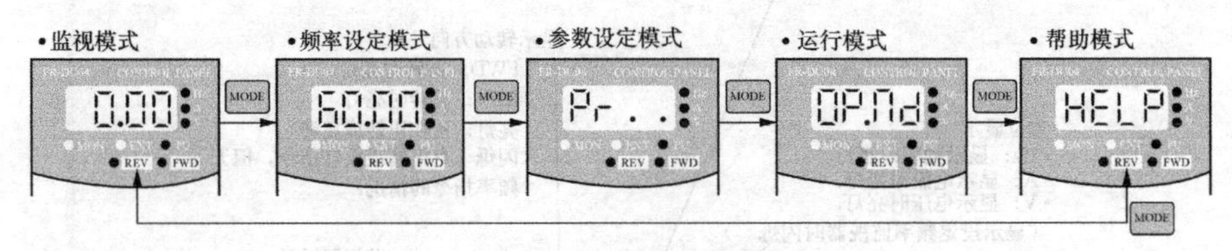

图 14-7 操作模式选择

（2）监视模式。

在监视模式下，按 SET 键可改变监视类型，其操作如图 14-8 所示。

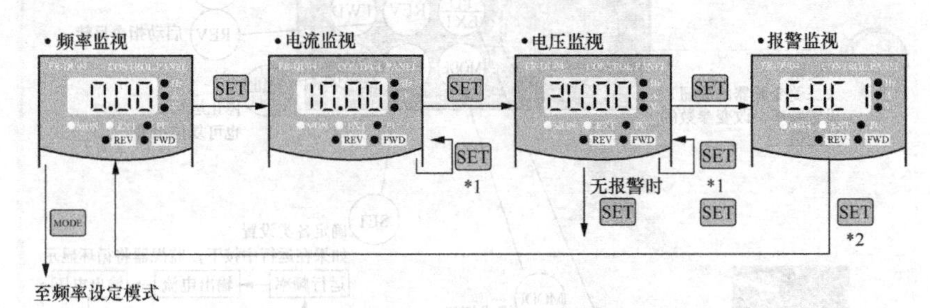

图 14-8 改变监视类型

（3）频率设定模式。

在频率设定模式下，可改变设定频率，其操作如图 14-9 所示（将目前频率 60 Hz 改为 50 Hz）。

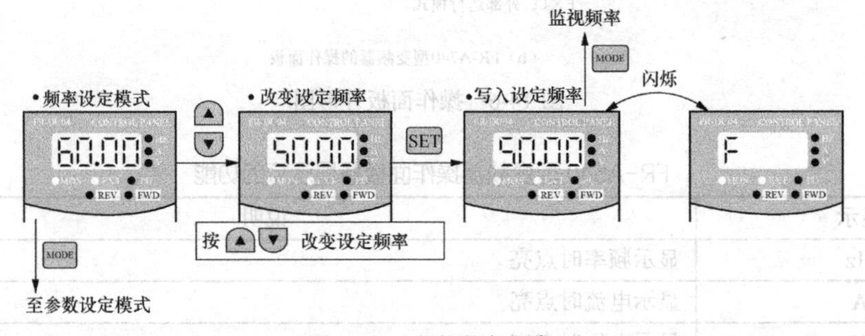

图 14-9 改变设定频率

（4）参数设定模式。

在参数设定模式下，改变参数号及参数设定值时，可以按▲或▼键来设定，其操作如图 14-10 所示（将目前 Pr.79=2 改为 Pr.79=1）。

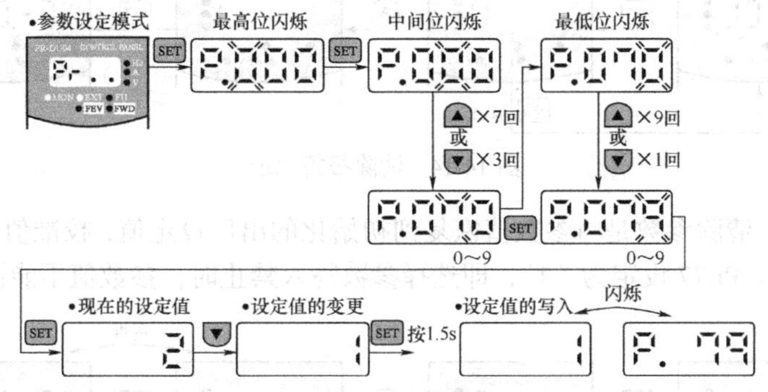

图 14-10　参数设定

（5）运行模式。

在运行模式下，按▲或▼键可以改变运行模式，其操作如图 14-11 所示。

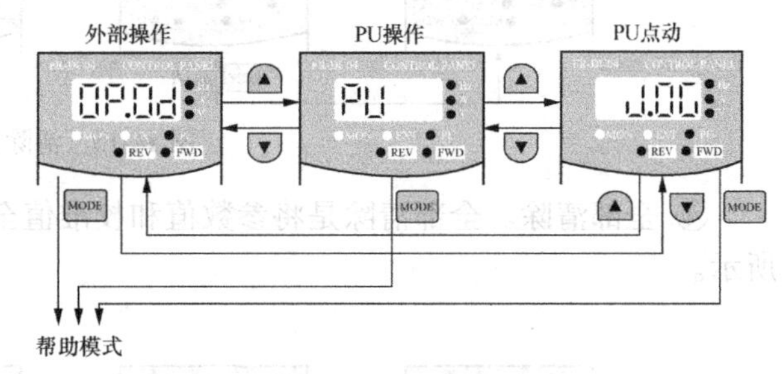

图 14-11　改变运行模式

（6）帮助模式。

在帮助模式下，按▲或▼键可以依次显示报警记录、清除报警记录、清除参数、全部清除、用户清除及读软件版本号，其操作如图 14-12 所示。

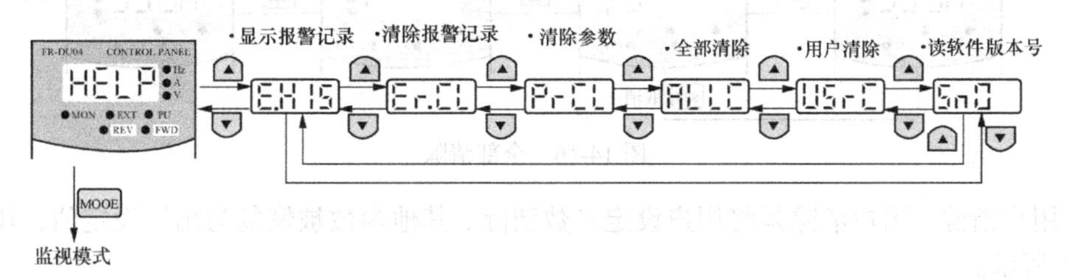

图 14-12　帮助模式

① 报警记录显示。按▲或▼键能显示最近的 4 次报警记录，其操作如图 14-13 所示。带有“.”的表示最近的报警，当没有报警存在时，显示 E._ _0。

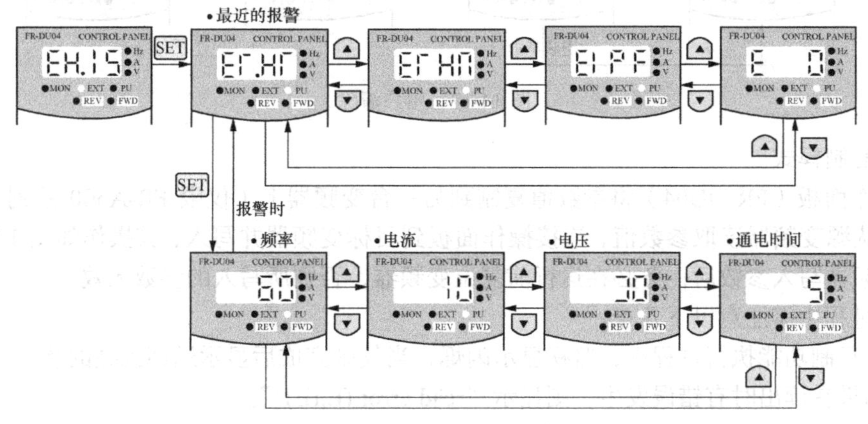

图 14-13　显示报警记录

② 清除报警记录。清除报警记录的操作如图 14-14 所示。

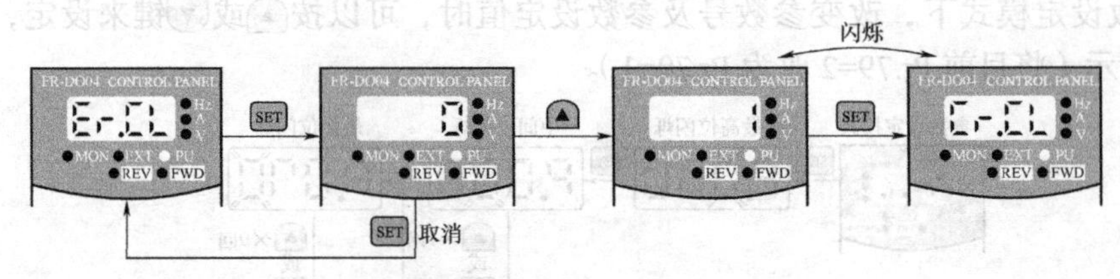

图 14-14　清除报警记录

③ 清除参数。清除参数是将参数值恢复到初始化的出厂设定值，校准值不被初始化，其操作如图 14-15 所示。Pr.77 设定为“1”，即选择参数写入禁止时，参数值不能被清除。

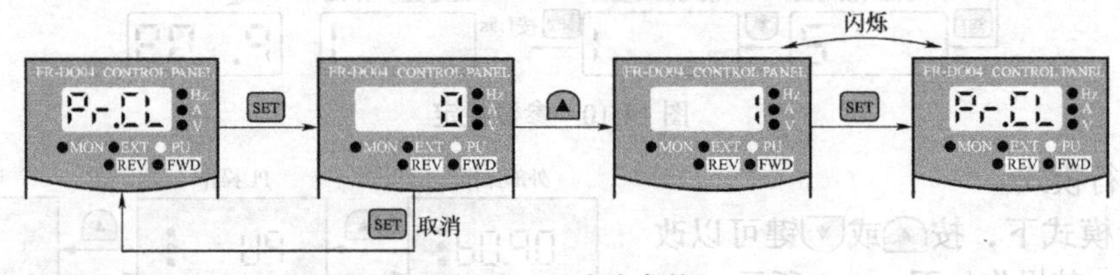

图 14-15　清除参数

④ 全部清除。全部清除是将参数值和校准值全部恢复到出厂设定值，其操作如图 14-16 所示。

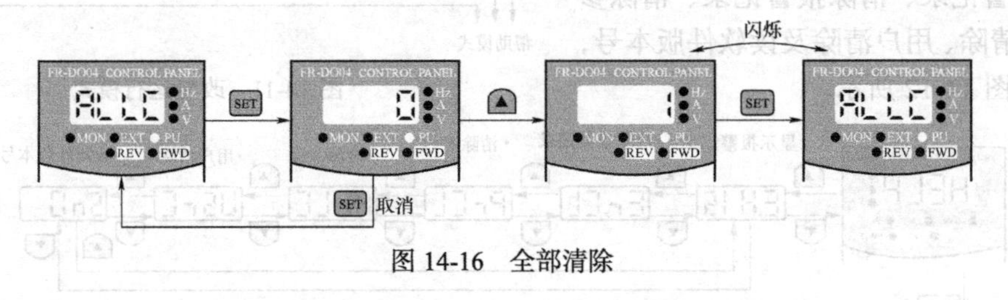

图 14-16　全部清除

⑤ 用户清除。用户清除是将用户设定参数清除，其他参数被恢复为出厂设定值，其操作如图 14-17 所示。

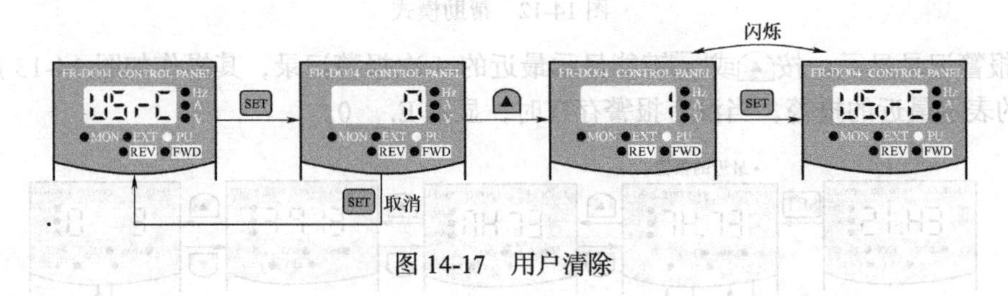

图 14-17　用户清除

（7）复制模式。

用操作面板（FR-DU04）将参数值复制到另一台变频器上（仅限 FR-A500 系列）。操作过程如下：从源变频器读取参数值，连接操作面板到目标变频器并写入，其操作如图 14-18 所示。向目标变频器写入参数后，务必在运行前复位变频器，否则所写入的参数无效。

操作过程中需注意以下几点。

① 在复制功能执行过程中，监视显示闪烁，当复制完成后显示返回到亮的状态。

② 如果在读出时有错误发生，则显示“read error (E.rE1)”。

③ 如果在写入时有错误发生，则显示“write error (E.rE2)”。

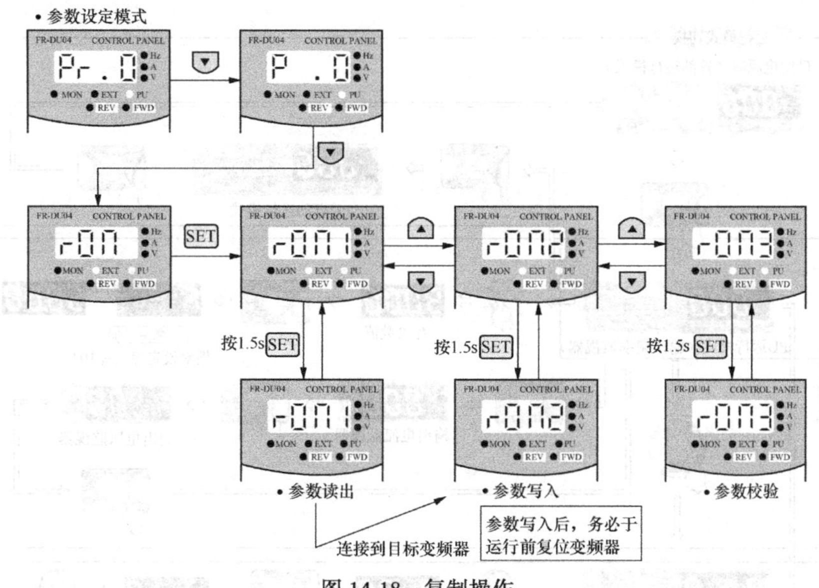

图 14-18 复制操作

④ 如果在参数校验时有差异产生，相应参数号和“verify error (E.rE3)”交替显示；如果是频率设定或点动频率设定出现差异，则“verify error (E.rE3)”闪烁。按 SET 键，忽略此显示并继续进行校验。

⑤ 若目标变频器不是 FR-A500 系列，则显示“model error (E.rE4)”。

2. DU07 单元的操作

FR-DU07 操作面板的操作与上述 PU 单元的操作类似，其操作过程如图 14-19 所示，下面以变更上限频率 Pr.1 为例进行说明，其过程如表 14-3 所示。

表 14-3 变更上限频率 Pr.1 的操作

操作顺序	操作内容	显示内容
1	电源接通时画面变为显示监视器	0.00 MON EXT
2	按(PU/EXT)键，切换到 PU 运行模式	(PU/EXT) ⇨ 0.00 PU　PU显示灯亮
3	按(MODE)键，切换到参数设定模式	(MODE) ⇨ P. 0（显示以前读取的参数编号）
4	旋转(旋钮)旋钮，拧到 P. 1 (Pr. 1)	⇨ P. 1
5	按(SET)键，读取目前设定的值。显示“12.00”（初始值）	(SET) ⇨ 120.0
6	旋转(旋钮)旋钮，设定值变更为“60.00”	⇨ 60.00
7	按(SET)键，进行设定	(SET) ⇨ 60.00 P. 1 闪烁……参数设定完毕!
8	按 M 旋钮（ ）	将显示当前所设定的设定频率
说明	• 旋转(旋钮)旋钮，能够读取其他的参数 • 按(SET)键，再次显示设定值 • 按两次(SET)键，显示下一个参数 • 按两次(MODE)键，返回频率监视器	显示 Er 1 ～ Er 4 出错定义如下。 显示 Er 1 是禁止写入错误 显示 Er 2 是运行中写入错误 显示 Er 3 是校正错误 显示 Er 4 是模式指定错误

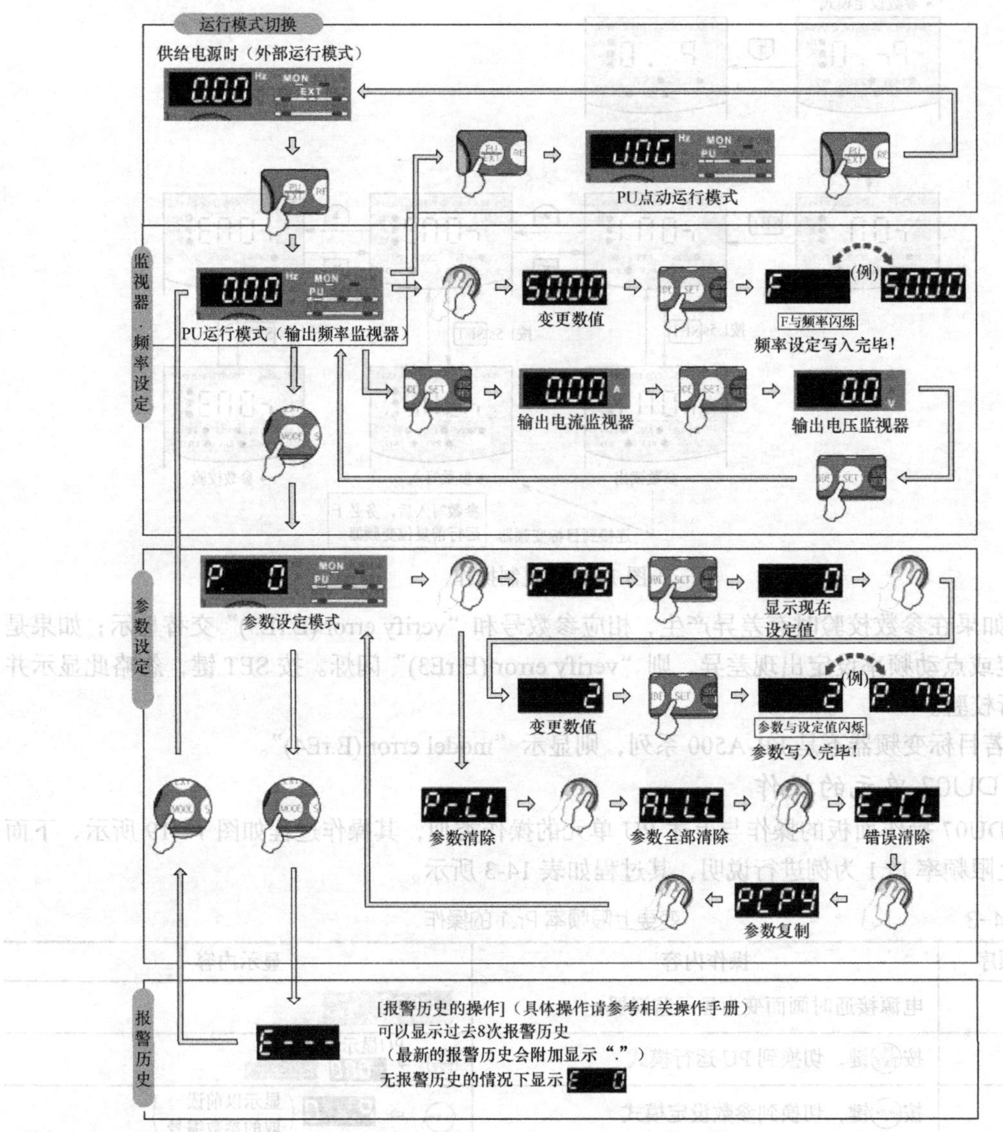

图 14-19　FR-DU07 操作面板的操作

14.1.7　变频器的 PU 运行

变频器的 PU 运行就是通过 PU 操作单元控制变频器的启停和运行频率。首先在参数设定模式下，设定相关参数值；在频率设定模式下，设定运行频率；然后通过变频器实现电动机的正反转运行；改变相关设定值，在监视模式下观察运行情况，监视各输出量的变化。其操作步骤如下。

① 按图 14-5 所示连接好变频器。

② 按 MODE 键，在参数设定模式下，设定 Pr.79=1，这时，PU 指示灯亮。

③ 按 MODE 键，在帮助模式下，执行全部清除，再设定 Pr.79=1。

④ 按 MODE 键，在频率设定模式下，设定 F=40 Hz。

⑤ 按 MODE 键，选择监视模式。

⑥ 按 FWD 或 REV 键，电动机正转或反转，监视各输出量，按 STOP 键，电动机停止运行。

⑦ 按 MODE 键，在参数设定模式下，设定变频器的有关参数，具体设置如下：Pr.1=50 Hz，Pr.2=0 Hz，Pr.3=50 Hz，Pr.7=3 s，Pr.8=4 s，Pr.9=1 A。

⑧ 分别设定变频器的运行频率为 35 Hz、45 Hz、50 Hz，运行变频器，观察电动机的运行情况。

⑨ 单独改变上述一个参数，观察电动机的运行情况有何不同。

⑩ 按 MODE 键，回到运行模式，再按▲键，切换到点动模式，此时显示“JOG”，运行变频器，观察电动机的点动运行情况。

⑪ 按 MODE 键，在参数设定模式下，设定 Pr.15=10 Hz，Pr.16=3 s，按 FWD 或 REV 键，观察电动机的运行情况。

⑫ 按 MODE 键，在参数设定模式下，分别设定 Pr.77=0、1、2，在变频器运行和停止状态下改变其参数，观察是否成功。

复习与思考

1. 三相异步电动机调速的基本方法有哪些？
2. 变频调速的特点有哪些？
3. 通用变频器的内部结构主要包含哪几部分？
4. 通用变频器中常用的电力电子器件有哪些？
5. 简述通用变频器的工作原理。
6. FR-A540 型变频器的常用参数有哪些？
7. 通用变频器常用的分类方式有哪几种？

任务 14.2　变频器的 EXT 运行

任务导入

变频器的 PU 运行可以设定变频器的运行相关参数，能监视变频器输出量的变化，能控制变频器的启动和停止，也能设定变频器的运行频率。但是对于自动控制系统来说，这些功能还远远不够，本任务就来讲解来自变频器外部控制信号的运行，即 EXT 运行。变频器的 EXT 运行（即外部操作）是利用变频器外部端子上的输入信号来控制变频器的启停和运行频率的。

14.2.1　外部端子

各种系列的变频器都有其标准接线端子，它们的这些接线端子与其自身功能的实现密切相关，但都大同小异。三菱公司 FR-A540 型变频器的外部端子如图 14-20 所示，该变频器的外部端子主要有两部分：一部分是主电路端子；另一部分是控制电路端子。

1. 主电路端子

变频器的主电路端子如图 14-21 所示，其具体功能如下。

① 主接线端子。变频器电源输入端子 R、S、T 连接工频电源，变频器电源输出端子 U、

V、W 连接三相电动机。注意输入和输出端子不能接反。

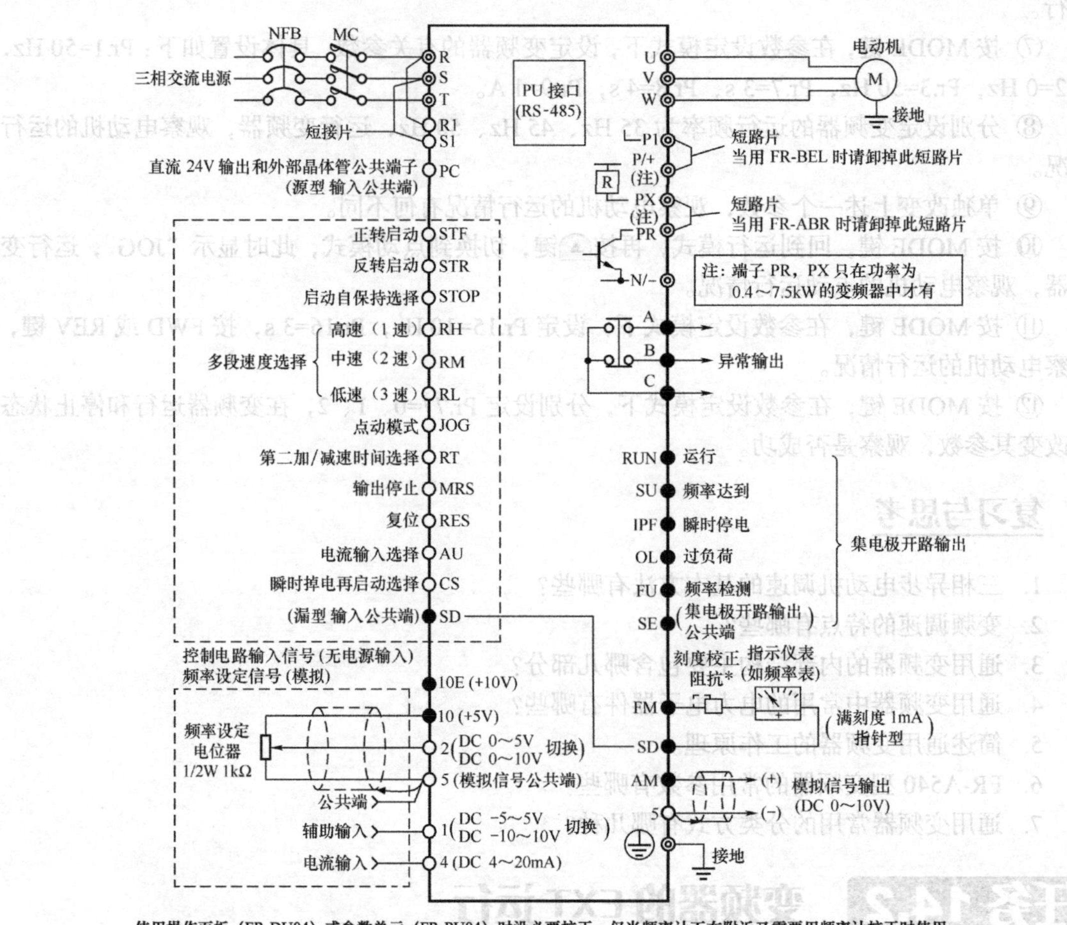

图 14-20　三菱公司 FR-A540 型变频器的外部端子图

② 控制电路电源输入端子。控制电路电源输入端子 R1、S1 分别与电源输入端子 R、S 连接，在保持异常显示和异常输出或使用提高功率因数转换器选件时，必须拆下 R 至 R1 和 S 至 S1 的短路片，然后将 R1、S1 连接到其他电源上或连接到图 14-20 所示 MC 的电源进线处。

③ 制动用端子。PR、PX 为连接内部制动回路的端子，用短路片将 PR 至 PX 短路时（出厂时已连接）内部制动回路便生效。P、PR 为连接制动电阻器的端子，连接时要拆开 PR 至 PX 的短路片，在 P 至 PR 连接制动电阻器选件（FR-ABR）。P、N 为连接制动单元的端子，连接选件 FR-BU 型制动单元或电源再生单元（FR-RC）或提高功率因数转换器（FR-HC）。

④ 改善功率因数用端子。P、P1 为连接改善功率因数 DC 电抗器的端子，连接时要拆开 P 至 P1 的短路片，然后连接改善功率因数用电抗器选件（FR-BEL）。

2. 控制电路端子

控制电路端子又分为输入端子和输出端子，其端子分布如图 14-22 所示，有关端子功能的说明如表 14-4 所示。

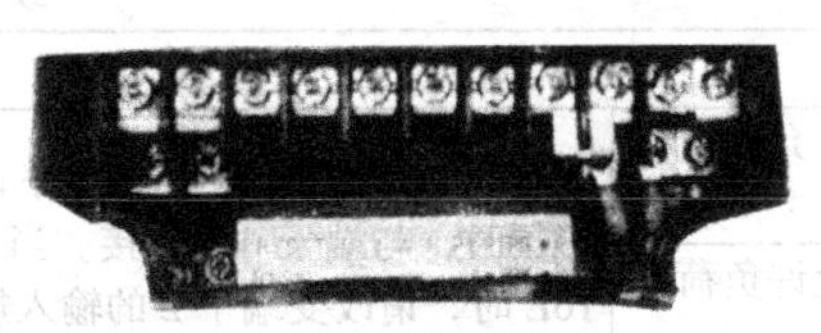

（a）外观图

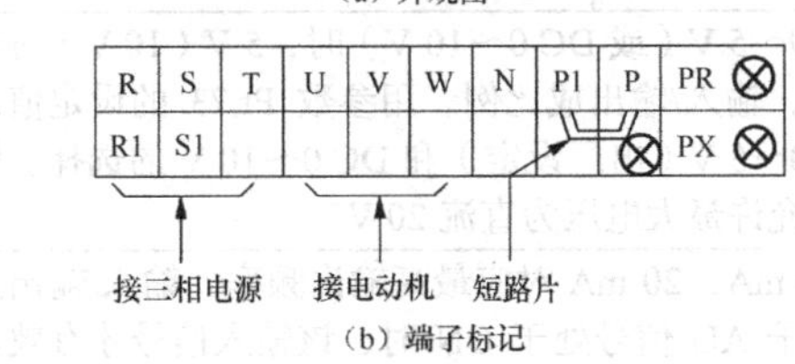

（b）端子标记

图 14-21 变频器的主电路端子示意图

（a）外观图

A B C PC AM 10E 10 2 5 4 1
RL RM RH RT AU STOP MRS RES SD FM
SE RUN SU IPF OL FU SD STF STR JOG CS

（b）端子标记

图 14-22 控制电路端子示意图

表 14-4 控制电路端子说明

<table>
<tr><th colspan="2">类型</th><th>端子标记</th><th>端子名称</th><th colspan="2">说明</th></tr>
<tr><td rowspan="12">输入信号</td><td rowspan="12">启动及功能设定</td><td>STF</td><td>正转启动</td><td>STF 信号处于 ON 为正转，处于 OFF 为停止。在程序运行模式时，为程序运行开始信号（ON 开始，OFF 停止）</td><td rowspan="2">当 STF 和 STR 信号同时处于 ON 时，相当于给出停止指令</td></tr>
<tr><td>STR</td><td>反转启动</td><td>STR 信号处于 ON 为反转，处于 OFF 为停止</td></tr>
<tr><td>STOP</td><td>启动自保持选择</td><td colspan="2">使 STOP 信号处于 ON，可以选择启动信号自保持</td></tr>
<tr><td>RH、RM、RL</td><td>多段速度选择</td><td>用 RH、RM 和 RL 信号的组合可以选择多段速度</td><td rowspan="3">输入端子功能选择（Pr.180～Pr.186）用于改变端子功能</td></tr>
<tr><td>JOG</td><td>点动模式选择</td><td>JOG 信号为 ON 时点动运行（出厂设定），用启动信号（STF 和 STR）可以点动运行</td></tr>
<tr><td>RT</td><td>第二加/减速时间选择</td><td>RT 信号处于 ON 时选择第 2 加/减速时间。设定了[第 2 转矩提升][第 2 V/F（基底频率）]时，也可以在 RT 信号处于 ON 时选择这些功能</td></tr>
<tr><td>MRS</td><td>输出停止</td><td colspan="2">MRS 信号为 ON（持续 20 ms 以上）时，变频器输出停止。用电磁制动停止电动机时，用于断开变频器的输出</td></tr>
<tr><td>RES</td><td>复位</td><td colspan="2">使端子 RES 信号处于 ON（持续 0.1 s 以上），然后断开，可用于解除保护回路动作的保持状态</td></tr>
<tr><td>AU</td><td>电流输入选择</td><td>只在端子 AU 信号处于 ON 时，变频器才可用 DC 4～20 mA 作为频率设定信号</td><td rowspan="2">输入端子功能选择（Pr.180～Pr.186）用于改变端子功能</td></tr>
<tr><td>CS</td><td>瞬时掉电再启动选择</td><td>CS 信号预先处于 ON，瞬时停电再恢复时变频器便可自动启动。但用这种运行方式时必须设定有关参数，因为出厂时设定为不能再启动</td></tr>
<tr><td>SD</td><td>公共输入端（漏型）</td><td colspan="2">输入端子和 FM 端子的公共端。DC 24 V，0.1 A（PC 端子）的输出公共端</td></tr>
<tr><td>PC</td><td>DC 24 V 输出和外部晶体管公共端子（输入公共端源型）</td><td colspan="2">当连接晶体管输出（集电极开路输出），例如可编程控制器时，将晶体管输出用的外部电源公共端接到这个端子时，可以防止因漏电引起的误动作。该端子可用于 DC 24 V，0.1 A 输出。当选择源型时，该端子作为接点输入的公共端</td></tr>
</table>

续表

类型		端子标记	端子名称	说明	
模拟信号	频率设定	10E	频率设定用电源	DC 10 V，允许负荷电流 10 mA	按出厂设定状态连接频率设定电位器时，与端子 10 连接。当连接到 10E 时，请改变端子 2 的输入规格
		10		DC 5 V，允许负荷电流 10 mA	
		2	频率设定（电压）	输入 DC 0～5 V（或 DC 0～10 V）时，5 V（10 V）对应最高输出频率，输入/输出成比例。用参数 Pr.73 的设定值来进行输入 DC 0～5 V（出厂设定）和 DC 0～10 V 的选择。输入阻抗 10 kΩ 允许最大电压为直流 20 V	
		4	频率设定（电流）	DC 4～20 mA，20 mA 对应最高输出频率，输入/输出成比例。只在端子 AU 信号处于 ON 时，该输入信号才有效。输入阻抗为 250Ω时，允许最大电流为 30 mA	
		1	辅助频率设定	输入−5～5 V DC 或−10～10 V DC 时，端子 2 或 4 的频率设定信号与这个信号相加。用 Pr.73 的参数值进行输入 DC−5～5 V 或−10～10 V（出厂设定）的选择。输入阻抗 10kΩ，允许电压 ± 20 V DC	
		5	频率设定公共端	频率信号设定端（2，1 或 4）和模拟输出端 AM 的公共端子，请不要接地	
输出信号	接点	A，B，C	异常输出	指示变频器因保护功能动作而输出停止的转换接点，AC 200 V 0.3 A，DC 30 V 0.3 A。异常时：B—C 间不导通（A—C 间导通），正常时：B—C 间导通（A—C 间不导通）	
	集电极开路	RUN	变频器正在运行	变频器输出频率为启动频率（出厂时为 0.5 Hz，可变更）以上时为低电平，正在停止或正在直流制动时为高电平①。允许负荷为 DC 24 V 0.1 A	输出端子的功能选择通过（Pr.190～Pr.195）改变端子功能
		SU	频率达到	输出频率达到设定频率的 ± 10%（出厂设定，可变更）时为低电平，正在加/减速或停止时为高电平②。允许负荷为 DC 24 V 0.1 A	
		OL	过负荷报警	当失速保护功能动作时为低电平，失速保护解除时为高电平①。允许负荷为 DC 24 V 0.1 A	
		IPF	瞬时停电	瞬时停电，电压不足保护动作时为低电平①。允许负荷为 DC 24 V 0.1 A	
		FU	频率检测	输出频率为任意设定的检测频率以上时为低电平，以下时为高电平①。允许负荷为 DC 24 V 0.1 A	
		SE	集电极开路输出公共端	端子 RUN、SU、OL、IPF、FU 的公共端子	
	脉冲	FM	指示仪表用	可以从 16 种监视项目中选一种作为输出②，例如输出频率、输出信号与监视项目的大小成比例	出厂设定的输出项目：频率允许负荷电流 1 mA，60 Hz 时 1440 脉冲/秒
	模拟	AM	模拟信号输出		出厂设定的输出项目：频率输出信号 0 到 DC 10 V 时，允许负荷电流 1 mA
通信	RS-485	PU	PU 接口	通过操作面板的接口，进行 RS-485 通信 遵守标准：EIA RS-485 标准 通信方式：多任务通信 通信速率：最大 19200 bit/s 最长距离：500 m	

① 低电平表示集电极开路输出用的晶体管处于 ON（导通状态），高电平为 OFF（不导通状态）；② 变频器复位中不被输出；③ PU 是通信口，在图中未表示出来。

3. 注意事项

① 主电路电源（端子 R、S、T）处于 ON 时，不要使控制电源（端子 R1、S1）处于 OFF，否则会损坏变频器。

② 变频器输入、输出主电路中包含了谐波成分，可能干扰变频器附近的通信设备，因此，为了使干扰降至最小，可以安装无线电噪声滤波器 FR-BIF（仅用于输入侧）或线路噪声滤波器（如 FR-BSF01）。

③ 在变频器的输出侧，不要安装电力电容器、浪涌抑制器和无线电噪声滤波器，若安装将导致变频器故障或电力电容器、浪涌抑制器的损坏。

④ 必须在主电路电源断开 10 min 以上，并用万用表检查无电压后，才允许在主电路进行工作。

⑤ 端子 SD、5 和 SE 为输入、输出信号的公共端，它们之间相互隔离，不要将这些公共端子相互连接或接地。

⑥ 控制电路的接线应使用屏蔽线或双绞线，并且必须与主电路、强电回路分开布线。

14.2.2 EXT 运行

变频器既可以通过 PU 单元控制运行，也可以通过外部端子输入信号控制运行；既可以通过 PU 单元进行点动和连续运行，也可以通过其外部端子输入信号进行点动和连续运行。其具体操作如下。

1. 连续运行

图 14-23 所示是变频器外部信号控制连续运行的接线图。当变频器需要用外部信号控制连续运行时，将 Pr.79 的值设定为 2，此时，EXT 灯亮，变频器的启动、停止以及运行频率都通过外部端子由外部信号来控制。

① 开关操作运行。按图 14-23（a）所示接线，当合上 K1、转动电位器 RP 时，电动机可正向加减速运行；当断开 K1 时，电动机停止运行。当合上 K2、转动电位器 RP 时，电动机可反向加减速运行；当断开 K2 时，电动机停止运行。当 K1、K2 同时合上时，电动机停止运行。

② 按钮自保持连续运行。按图 14-23（b）所示接线，当按 SB1、转动电位器 RP 时，电动机可正向加减速连续运行；当按 SB 时，电动机停止运行。当按 SB2、转动电位器 RP 时，电动机可反向加减速连续运行；当按 SB 时，电动机停止运行。先按 SB1（或 SB2），电动机可正向（或反向）运行；之后再按 SB2（或 SB1），电动机停止运行。

2. 点动运行

当变频器需要用外部信号控制点动运行时，按图 14-24 所示接线，并将 Pr.79 的值设定为 2，此时，变频器处于外部点动状态。点动频率由 Pr.15 决定，加、减速时间由 Pr.16 决定。在此前提下，若按开关 SB1，电动机正向点动；若按开关 SB2，电动机反向点动。

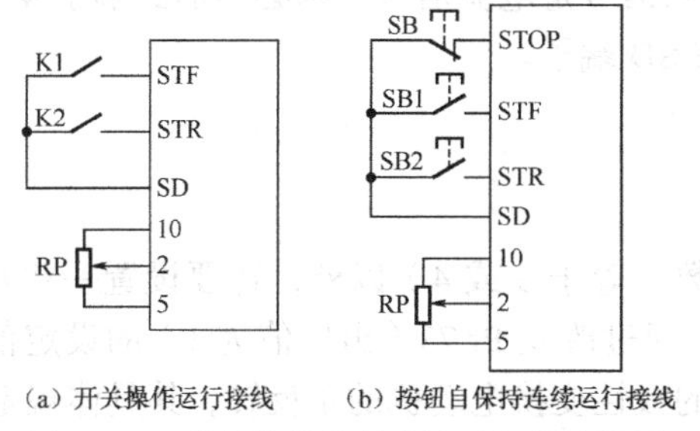

（a）开关操作运行接线　（b）按钮自保持连续运行接线

图 14-23　外部信号控制连续运行的接线图

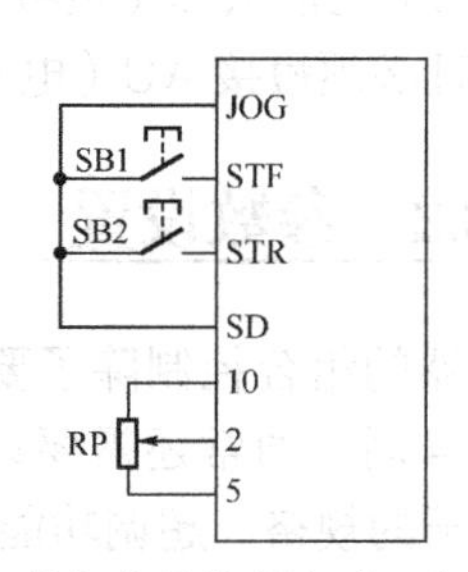

图 14-24　外部信号控制点动运行的接线图

3. 注意事项

如果选择了外部运行，当按FWD或REV键，变频器将不会启动。当变频器正在外部运行时，如果按STOP/RESET键，变频器将停止输出，并出现错误报警而不能再次启动，必须进行复位（停电复位或RES端子输入复位）。

复习与思考

1. 变频器的EXT运行需要设置哪些参数？使用哪些外部端子？

2. 电动机的正反转可以通过继电器接触器控制，也可以用PLC控制。本任务是通过变频器来控制，请分析这3种方式各有何优缺点。

3. 在变频器的外部端子中，用作输入信号的有哪些端子？用作输出信号的有哪些端子？

任务14.3 变频器的组合控制

任务导入

变频器既可以PU运行，也可以通过外部控制端子上的输入信号来运行，那么能否通过PU单元和外部控制端子来共同控制变频器呢？本任务就来讲解变频器的组合控制。

14.3.1 组合方式

变频器的组合控制就是通过PU单元和外部控制端子上的输入信号来共同控制变频器的启停和运行频率。变频器的组合控制通常有两种方式：一种是用PU单元来控制变频器的运行频率，用外部信号来控制变频器的启停；另一种是用PU单元来控制变频器的启停，用外部信号来控制变频器的运行频率。

（1）如需用外部信号启动电动机，而频率用PU单元来调节，就必须将“操作模式选择（Pr.79）”设定为3（即Pr.79=3），此时，变频器的启/停就由STF（正转）或STR（反转）端子与SD端子的合/断来控制，变频器的运行频率就通过PU单元直接设定或通过PU单元由相关参数设定。

（2）相反，如需用PU单元控制变频器的启停，用外部信号调节变频器的频率，则必须将“操作模式选择（Pr.79）”设定为4（即Pr.79=4），此时，变频器的启/停就由PU单元的FWD（正转）、REV（反转）和STOP（停止）这3个键来控制，变频器的运行频率就通过外部端子2、5（电压信号）或4、5（电流信号）的输入信号来控制。如果外部输入信号是电压信号，则必须加到端子2（正极）、5（负极）；如果外部输入信号是电流信号，则必须加到端子4（输入）、5（输出），且必须短接AU（电流输入选择）与SD端子。

14.3.2 参数设置

变频器的组合控制除了要设定Pr.79参数（等于3或4）以外，还要设置一些常用参数。当Pr.79 = 4时，通常还需要设置参数Pr.73，通过改变Pr.73（出厂值为1）的设定值，选择模拟输入端子的规格、超调功能和靠输入信号的极性变换电动机的正反转，其具体规定如表14-5所示。

表 14-5　　参数 Pr.73 的设置

Pr.73 设定值	端子 AU 信号	端子 2 输入电压	端子 1 输入电压	端子 4 输入（4～20 mA）	超调功能	极性可逆
0	OFF	*0～10 V	−10～10 V	无效	×	没有
1		*0～5 V	−10～10 V			
2		*0～10 V	−5～5 V			
3		*0～5 V	−5～5 V			
4		0～10 V	*−10～10 V		○	
5		0～5 V	*−5～5 V			
10		*0～10 V	−10～10 V		×	有效
11		*0～5 V	−10～10 V			
12		*0～10 V	−5～5 V			
13		*0～5 V	−5～5 V			
14		0～10 V	*−10～10 V		○	
15		0～5 V	*−5～5 V			
0	ON	无效	−10～10 V	*有	×	没有
1			−10～10 V			
2			−5～5 V			
3			−5～5 V			
4		0～10 V	无效		○	
5		0～5 V				
10		无效	−10～10 V		×	有效
11			−10～10 V			
12			−5～5 V			
13			−5～5 V			
14		0～10 V	无效		○	
15		0～5 V				

注：

① *表示主速设定，×表示无超调功能，○表示有超调功能。

② 端子 1 的设定值（频率设定辅助输入）叠加到主速设定信号端子 2 或 4 上。

③ 选择超调时，端子 1 或 4 作为主速设定，那么，端子 2 为超调信号（50%～150%在 0～5 V 或 0～10 V）。如果端子 1 或 4 的主速度没有输入，则端子 2 的补正也无效。

④ “没有”表示不接收负极性频率指令信号。

⑤ 用频率设定电压（或电流）增益，Pr.903 (Pr.905) 调节最高频率指令信号对应最高输出频率。这时，没有必要输入（电压或电流）指令，并且，加/减速时间与加/减速基准频率成比例，不受 Pr.73 设定变化的影响。

⑥ 当 Pr.22 设定为“9999”时，端子 1 的值用作失速防止动作水平的设定。

14.3.3　组合控制

首先用 PU 单元来控制变频器的运行频率，用外部信号来控制变频器的启停；然后用 PU 单元来控制变频器的启停，用外部信号来控制变频器的运行频率。在监视模式下，观察运行情况，监视各输出量的变化，其操作步骤如下。

① 按图 14-25 所示连接好变频器主电路。

② 设定 Pr.79=1，在频率设定模式下设定变频器的运行频率（50 Hz），然后设定好其他相关参数。

③ 用 PU 单元来控制变频器的运行频率，用外部信号来控制变频器的启停。设定 Pr.79=3，并按图 14-24 所示连接好电路。

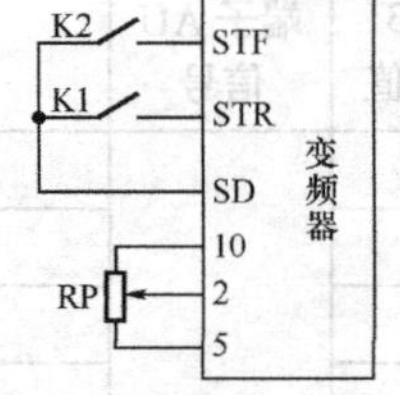

图 14-25　变频器组合运行接线图

④ 50 Hz 连续正转。合上 K2，电动机正向运行，调节 RP，电动机转速不改变；若按 STOP 键，电动机停止运行并报警；若断开 K2，电动机停止运行。

⑤ 50 Hz 连续反转。合上 K1，电动机反向运行，调节 RP，电动机转速不改变；若按 STOP 键，电动机停止运行并报警；若断开 K1，电动机停止运行。

⑥ 在频率设定模式下设定变频器的运行频率（40 Hz），然后重复④⑤两步，观察电动机的运行情况。

⑦ 用外部信号来控制变频器的运行频率，用 PU 单元来控制变频器的启停。在参数设定模式下设定 Pr.73=1（设端子 2、5 间的输入电压为 0～5 V 时，变频器的输出频率为 0～50 Hz），然后设定 Pr.79=4。

⑧ 连续正转。合上 K1 或 K2，电动机不运行；按 FWD 键，电动机连续正转运行，调节 RP，电动机转速改变；按 STOP 键，电动机停止运行。

⑨ 连续反转。合上 K1 或 K2，电动机不运行；按 REV 键，电动机连续反转运行，调节 RP，电动机转速改变；按 STOP 键，电动机停止运行。

14.3.4　多段调速控制

多段调速的运行频率由 PU 单元的参数来设置，启动和停止由外部输入端子来控制。其中，Pr.4、Pr.5、Pr.6 为 3 段速度设定的参数号，至于变频器实际运行哪个参数设定的频率，由其外部控制端子 RH、RM 和 RL 的闭合情况来决定；Pr.24～Pr.27 为 4～7 段速度设定的参数号，实际运行哪个参数设定的频率由端子 RH、RM 和 RL 的组合（ON）来决定，如图 14-26 所示；通过 Pr.180～Pr.186 中的任一个参数安排对应输入端子用于 REX 输入信号，可实现 8～15 段速度设定，其对应的参数是 Pr.232～Pr.239，端子状态与参数之间的对应关系如表 14-6 所示。

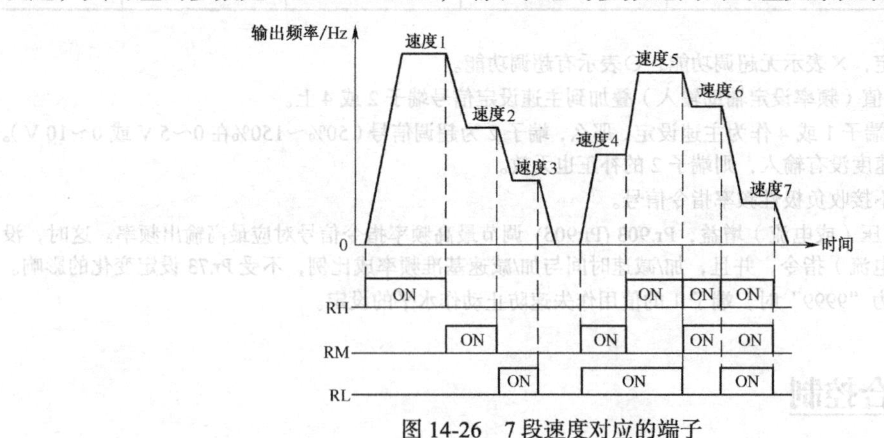

图 14-26　7 段速度对应的端子

表 14-6　端子的状态与参数之间的对应关系表

参数号	Pr.232	Pr.233	Pr.234	Pr.235	Pr.236	Pr.237	Pr.238	Pr.239
对应端子 ON	REX	REX、RL	REX、RM	REX、RM、RL	REX、RH	REX、RH、RL	REX、RH、RM	REX、RH、RM、RL

设定变频器多段速度时，需要注意以下几点。

① 每个参数均能在 0～400 Hz 范围内被设定，且在运行期间参数值可以改变。

② 在 PU 运行或外部运行时都可以设定多段速度的参数，但只有在外部操作模式或 Pr.79=3 或 4 时，才能运行多段速度。

③ 多段速度比主速度优先，但各参数之间的设定没有优先级。

④ 当用参数 Pr.180～Pr.186 改变端子功能时，变频器多段速度运行将发生改变。

复习与思考

1. 变频器的组合控制需要设置哪些参数？使用哪些外部端子？

2. 在变频器的外部控制端子中，能提供几种电压输入方式？参数如何设置？

3. 将图 14-25 所示的端子 10 改为端子 10E，请参照“14.3.3 组合控制”的操作步骤完成变频器的组合控制。

4. 若用电流信号来控制变频器的运行频率，需要设定哪些参数？请画出接线图。

5. 请设计一个实训项目来验证端子 1 的功能。

任务 14.4　电动机三速运行的综合控制实训

1. 实训目的

① 了解 PLC 和变频器综合控制的一般方法。

② 了解变频器外部端子的作用。

③ 熟悉变频器多段调速的参数设置和外部端子的接线。

④ 能运用变频器的外部端子和参数实现变频器的多段速度控制。

2. 实训器材

① 可编程控制器实训装置 1 台。

② 变频器模块 1 个。

③ PLC 主机模块 1 个（含 FX_{2N} 系列 PLC，下同）。

④ 计算机 1 台（已安装 GPP 软件，下同）。

⑤ 开关、按钮板模块 1 个。

⑥ 电动机 1 台

⑦ 电工常用工具 1 套。

⑧ 导线若干。

3. 实训任务

用 PLC、变频器设计一个电动机三速运行的控制系统。其控制要求如下。

按启动按钮，电动机以 30 Hz 运行，5 s 后转为 45 Hz 运行，再过 5 s 转为 20 Hz 运行，按停止按钮，电动机停止运行。

4. 软件设计

（1）设计思路。

电动机的三速运行采用变频器的多段速度来控制；变频器的多段运行信号通过 PLC 的输出端子来提供，即通过 PLC 控制变频器的 RL、RM、RH 以及 STF 端子与 SD 端子的通和断。

（2）变频器的参数设定。

根据控制要求，除了要设定变频器的基本参数以外，还必须设定操作模式选择和多段速度

等参数，具体参数如下。

① 上限频率 Pr.1=50 Hz。

② 下限频率 Pr.2=0 Hz。

③ 加减速基准频率 Pr.20=50 Hz。

④ 加速时间 Pr.7=2s。

⑤ 减速时间 Pr.8=2s。

⑥ 电子过电流保护 Pr.9=电动机的额定电流。

⑦ 操作模式选择（组合）Pr.79=3。

⑧ 多段速度设定（1 速）Pr.4=20 Hz。

⑨ 多段速度设定（2 速）Pr.5=45 Hz。

⑩ 多段速度设定（3 速）Pr.6=30 Hz。

（3）PLC 的 I/O 分配。

根据系统的控制要求、设计思路和变频器的设定参数，PLC 的 I/O 分配为 X0——停止（复位）按钮，X1——启动按钮，Y0——运行信号（STF），Y1——3 速（RL），Y2——2 速（RM），Y3——1 速（RH）。

（4）控制程序。

根据系统的控制要求，该控制是一个典型的顺序控制，因此，首选用状态转移图来设计系统的程序，其状态转移图如图 14-27 所示。

5. 系统接线

根据控制要求及 I/O 分配，其系统接线如图 14-28 所示。

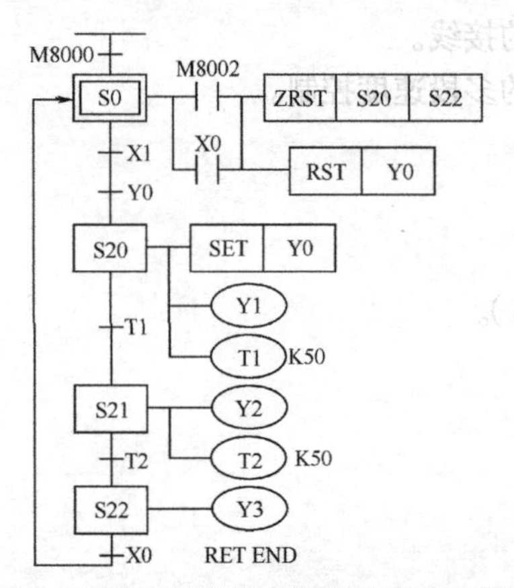

图 14-27 电动机三速运行的控制程序状态转移图

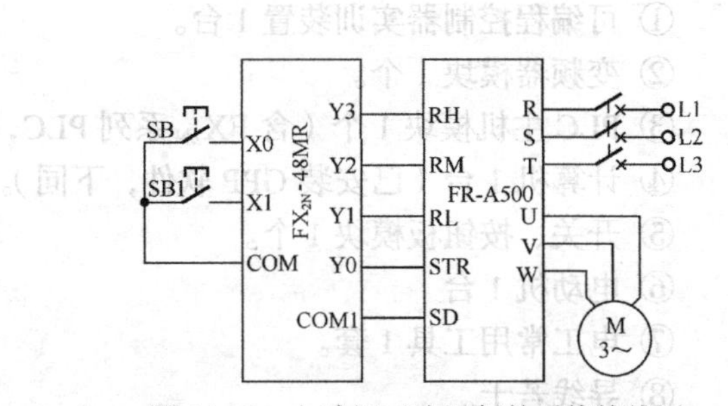

图 14-28 电动机三速运行的系统接线图

6. 系统调试

① 设定参数。按上述变频器的设定参数值设定变频器的参数。

② 输入程序。按图 14-27 所示正确输入状态转移图。

③ PLC 模拟调试。按图 14-28 所示的系统接线图正确连接好输入设备，进行 PLC 的模拟调试，观察 PLC 的输出指示灯是否按要求指示（按启动按钮 X1，PLC 输出指示灯 Y0、Y1 亮，5s 后 Y1 灭，Y0、Y2 亮，再过 5s 后 Y2 灭，Y0、Y3 亮，任何时候按停止按钮 X0，Y0～Y3 都熄灭），若未按要求指示，则检查并修改程序，直至指示正确。

④ 空载调试。按图 14-28 所示的系统接线图，将 PLC 与变频器连接好（不接电动机），进行 PLC、变频器的空载调试，通过变频器的操作面板观察变频器的输出频率是否符合要求（即

按启动按钮 X1，变频器输出 30Hz，5s 后输出 45Hz，再过 5s 后输出 20Hz，任何时候按停止按钮 X0，变频器减速至停止），若不符合要求，检查并调整系统接线、变频器参数、PLC 程序，直至变频器按要求运行。

⑤ 系统调试。按图 14-28 所示的系统接线图正确连接好全部设备，进行系统调试，观察电动机能否按控制要求运行（即按启动按钮 X1，电动机以 30Hz 运行，5s 后转为 45Hz 运行，再过 5s 后转为 20Hz 运行，任何时候按停止按钮 X0，电动机在 2s 内减速至停止），若未按控制要求运行，检查并调整系统接线、变频器参数、PLC 程序，直至电动机按控制要求运行。

7. 三方评价

在班上展示上述工作的完成情况，并参照表 9-4 完成三方评价。

项目15 PLC、变频器、触摸屏综合应用

学习目标

1. 知识目标

① 了解模拟量模块的相关技术指标。

② 了解触摸屏的基本知识。

③ 掌握模拟量模块缓冲寄存器的分配。

④ 掌握 PLC、变频器、触摸屏综合控制的基本方法。

2. 能力目标

① 能运用模拟量模块进行模拟量处理。

② 能根据实际需要设计触摸屏的画面。

③ 能利用 PLC、模拟量模块、变频器、触摸屏进行综合控制。

④ 能自觉执行相关专业规范和安全操作规程。

3. 素质目标

① 培养学生搜索和阅读电气机械设备技术资料的能力。

② 培养学生对新技术、新材料、新工艺的追求和应用的意识。

③ 培养学生严格遵守“7S”管理规定的习惯。

④ 培养学生新技术应用和创新思维的意识。

项目引入

PLC 的应用领域越来越广，控制对象也越来越多样化。为了处理一些特殊的控制要求，PLC 需要扩展一些特殊功能模块来完成特定的控制功能。PLC 的特殊功能模块大致可分为模拟量处理模块、数据通信模块、高速计数/定位控制模块、人机界面等。

任务 15.1 模拟量模块及其应用

任务导入

早期的 PLC 是从继电器控制系统发展而来的，主要完成逻辑控制。随着 PLC 的发展，它不仅具有逻辑控制功能，如果增加模拟量输入（A/D）、模拟量输出（D/A）模块等硬件，它还

能对模拟量进行控制，如温度、湿度、压力、流量等。FX 系列 PLC 常用的模拟量控制设备有模拟量扩展板（FX_{1N}-2AD-BD、FX_{1N}-1DA-BD）、普通模拟量输入模块（FX_{2N}-2AD、FX_{2N}-4AD、FX_{2NC}-4AD、FX_{2N}-8AD）、模拟量输出模块、模拟量输入和输出混合模块、温度传感器用输入模块、温度调节模块（FX_{2N}-2LC）等。限于篇幅，这里只介绍适应 FX_{2N} 的模拟量处理模块（FX_{2N}-4AD-PT、FX_{2N}-2DA）。

15.1.1　FX_{2N}-4AD-PT 温度输入模块

A/D 输入模块的功能是把标准的电压信号 0～5V、−10～+10V 或电流信号 4～20mA、−20～+20mA 转换成相应的数字量，通过 FROM 指令读入 PLC 的寄存器，然后进行相应的处理。温度 A/D 输入模块的功能是把现场的模拟温度信号转换成相应的数字信号传送给 CPU。FX_{2N} 有两种温度 A/D 输入模块，一种是热电偶传感器输入型，另一种是铂温度传感器输入型，两种模块的基本原理相同。常见的温度 A/D 输入模块有 FX_{2N}-4AD-PT、FX_{2N}-4AD-TC、FX_{2N}-8AD 等。

1. 概述

FX_{2N}-4AD-PT 模拟特殊模块将来自 4 个铂温度传感器（PT100、3 线、100Ω）的输入信号放大，并将数据转换成 12 位的可读数据，存储在主处理单元（MPU）中，摄氏度和华氏度数据都可读取。它与 PLC 之间通过缓冲存储器交换数据，数据的读出和写入通过 FROM/TO 指令来进行，其技术指标如表 15-1 所示。

表 15-1　FX_{2N}-4AD-PT 的技术指标

项目	摄氏度/℃	华氏度/℉
模拟量输入信号	PT100、3 线、4 通道铂温度传感器	
传感器电流	当电阻为 100Ω时，其电流为 1MA	
额定温度范围	−100～+600	−148～+1112
数字输出	−1000～+6000	−1480～+11120
	12 位（11 个数据位+1 个符号位）	
最小分辨率	0.2～0.3	0.36～0.54
整体精度	满量程的 ± 1%	
转换速度	15ms	
电源	主单元提供 DC 5V 30mA，外部提供 DC 24V 50mA	
占用 I/O 点数	占用 8 个点，可分配为输入或输出	
适用 PLC	FX_{1N}、FX_{2N}、FX_{2NC}、H_{2U}	

2. 接线

（1）接线图。

FX_{2N}-4AD-PT 的接线图如图 15-1 所示。

（2）注意事项。

① FX_{2N}-4AD-PT 应使用 PT100 传感器的电缆或双绞屏蔽电缆作为模拟输入电缆，并且需要与电源线或其他可能产生电气干扰的电线隔开。

② 可以采用压降补偿的方式来提高传感器的精度。如果存在电气干扰，则将电缆屏蔽层与外壳地线端子（FG）连接到 FX_{2N}-4AD-PT 的接地端和主单元的接地端。如果可行的话，可在主单元使用 3 级接地。

③ FX_{2N}-4AD-PT 可以使用 PLC 的外部或内部的 24V 电源。

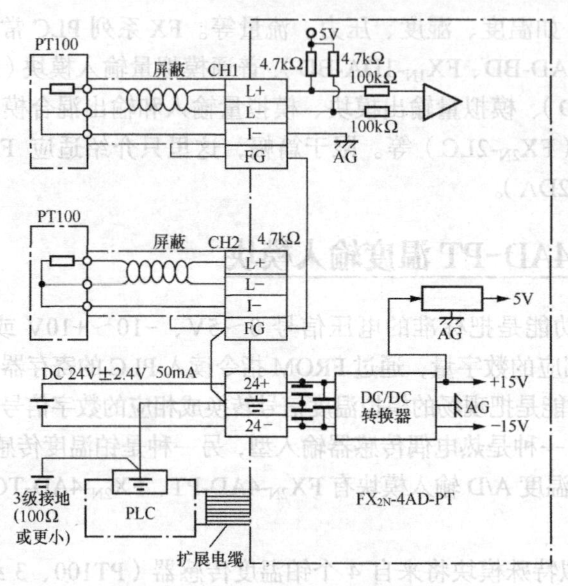

图 15-1 FX2N-4AD-PT 的接线图

3. 缓冲存储器（BFM）的分配

FX2N-4AD-PT 的 BFM 分配如表 15-2 所示。

表 15-2 BFM 分配表

<table>
<tr><th>BFM</th><th>内容</th><th>说明</th></tr>
<tr><td>*#1～#4</td><td>CH1～CH4 的平均温度值的采样次数（1～4096），默认值=8</td><td rowspan="11">① 平均温度的采样次数被分配给 BFM#1～#4。只有 1～4096 的范围是有效的，溢出的值将被忽略，默认值为 8。
② 最近转换的一些可读值被平均后，给出一个平均后的可读值。平均数据保存在 BFM 的#5～#8 和#13～#16 中。
③ BFM#9～#12 和#17～#20 保存输入数据的当前值。这个数值以 0.1℃或 0.1℉为单位，不过可用的分辨率为 0.2℃～0.3℃或者 0.36℉～0.54℉。
④ 带*的 BFM 可用 TO 指令写入数据，其他的只能用 FROM 指令读出数据</td></tr>
<tr><td>#5～#8</td><td>CH1～CH4 在 0.1℃单位下的平均温度</td></tr>
<tr><td>#9～#12</td><td>CH1～CH4 在 0.1℃单位下的当前温度</td></tr>
<tr><td>#13～#16</td><td>CH1～CH4 在 0.1℉单位下的平均温度</td></tr>
<tr><td>#17～#20</td><td>CH1～CH4 在 0.1℉单位下的当前温度</td></tr>
<tr><td>#21～#27</td><td>保留</td></tr>
<tr><td>*#28</td><td>数字范围错误锁存</td></tr>
<tr><td>#29</td><td>错误状态</td></tr>
<tr><td>#30</td><td>识别号 K2040</td></tr>
<tr><td>#31</td><td>保留</td></tr>
</table>

① 缓冲存储器 BFM#28。BFM#28 是数字范围错误锁存，它锁存每个通道的错误状态，其位信息如表 15-3 所示，据此可用于检查铂温度传感器是否断开。

表 15-3 FX2N-4AD-PT BFM#28 位信息

<table>
<tr><th>b15 到 b8</th><th>b7</th><th>b6</th><th>b5</th><th>b4</th><th>b3</th><th>b2</th><th>b1</th><th>b0</th></tr>
<tr><td rowspan="2">未 用</td><td>高</td><td>低</td><td>高</td><td>低</td><td>高</td><td>低</td><td>高</td><td>低</td></tr>
<tr><td colspan="2">CH4</td><td colspan="2">CH3</td><td colspan="2">CH2</td><td colspan="2">CH1</td></tr>
</table>

“低”表示当测量温度下降，并且低于最低可测量温度极限时，对应位为 ON；“高”表示当测量温度升高，并且高于最高可测量温度极限或者铂温度传感器断开时，对应位为 ON。

如果出现错误，则在错误出现之前的温度数据被锁存。如果测量值返回到有效范围内，则温度数据返回正常运行，但错误状态仍然被锁存在 BFM#28 中。当错误消除后，可用 TO 指令

向 BFM#28 写入 K0 或者关闭电源，以清除错误锁存。

② 缓冲存储器 BFM#29。BFM#29 中各位的状态是 FX_{2N}-4AD-PT 运行正常与否的信息，具体规定如表 15-4 所示。

表 15-4　　FX_{2N}-4AD-PT BFM#29 位信息

BFM#29 各位的功能	ON（1）	OFF（0）
b0：错误	如果 b1～b3 中任何一个为 ON，出错通道的 A/D 转换停止	无错误
b1：保留	保留	保留
b2：电源故障	DC 24V 电源故障	电源正常
b3：硬件错误	A/D 转换器或其他硬件故障	硬件正常
b4～b9：保留	保留	保留
b10：数字范围错误	数字输出/模拟输入值超出指定范围	数字输出值正常
b11：平均值的采样次数错误	采样次数超出范围，参考 BFM#1～#4	正常（1～4096）
b12～b15：保留	保留	保留

③ 缓冲存储器 BFM#30。FX_{2N}-4AD-PT 的识别码为 K2040，它存放在缓冲存储器 BFM#30 中。在传输/接收数据之前，可以使用 FROM 指令读出特殊功能模块的识别码（或 ID），以确认正在对此特殊功能模块进行操作。

4. 实例程序

在图 15-2 所示的程序中，FX_{2N}-4AD-PT 模块占用特殊模块 0 的位置（即紧靠 PLC），平均采样次数是 4，输入通道 CH1～CH4 以℃表示的平均温度值分别保存在数据寄存器 D10～D13 中。

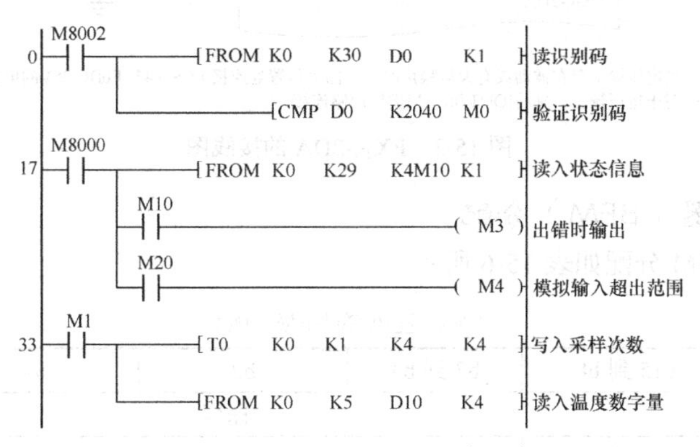

图 15-2　FX_{2N}-4AD-PT 基本程序

15.1.2　FX_{2N}-2DA 输出模块

D/A 输出模块的功能是把 PLC 的数字量转换为相应的电压或电流模拟量，以便控制现场设备。FX_{2N} 常用的 D/A 输出模块有 FX_{2N}-2DA、FX_{2N}-4DA、FX_{2NC}-4DA 这 3 种，下面仅介绍 FX_{2N}-2DA 模块。

1. 概述

FX_{2N}-2DA 模拟输出模块用于将 12 位的数字量转换成两路模拟信号输出（电压输出和电流输出）。根据接线方式的不同，模拟输出可在电压输出和电流输出中进行选择，也可以一个通道为电压输出，另一个通道为电流输出。PLC 可使用 FROM 或 TO 指令与它进行数据传输，其技

术指标如表 15-5 所示。

表 15-5　　　　　　　　　　　　FX_{2N}-2DA 的技术指标

项目	输出电压	输出电流
模拟量输出范围	DC 0～10V，DC 0～5V	4mA～20mA
数字量范围	12 位	
分辨率	2.5mV（10V/4000） 1.25mV（5V/4000）	4μA（16mA/4000）
总体精度	满量程 ± 1%	
转换速度	4ms/通道	
电源规格	主单元提供 5V 30mA 和 24V 85mA	
占用 I/O 点数	占用 8 个 I/O 点，可分配为输入或输出	
适用的 PLC	FX_{1N}、FX_{2N}、FX_{2NC}	

2. 接线图

FX_{2N}-2DA 的接线图如图 15-3 所示。

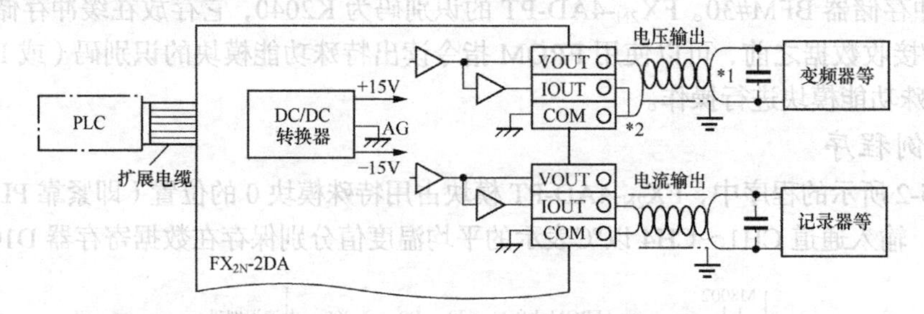

图 15-3　FX_{2N}-2DA 的接线图

3. 缓冲存储器（BFM）分配

FX_{2N}-2DA 的 BFM 分配如表 15-6 所示。

表 15-6　　　　　　　　　　　　FX_{2N}-2DA 的 BFM 分配

BFM 编号	b15 到 b8	b7 到 b3	b2	b1	b0
#0 到#15	保留				
#16	保留	输出数据的当前值（8 位数据）			
#17	保留		D/A 低 8 位数据保持	通道 1 的 D/A 转换开始	通道 2 的 D/A 转换开始
#18 或更大	保留				

① BFM#16：存放由 BFM#17（数字值）指定通道的 D/A 转换数据。D/A 数据以二进制形式出现，并以低 8 位和高 4 位两部分顺序进行存放和转换。

② BFM#17 b0：通过将 1 变成 0，通道 2 的 D/A 转换开始。

③ BFM#17 b1：通过将 1 变成 0，通道 1 的 D/A 转换开始。

④ BFM#17 b2：通过将 1 变成 0，D/A 转换的低 8 位数据保持。

4. 偏移和增益的调整

FX_{2N}-2DA 的偏移和增益的调整程序如图 15-4 所示。

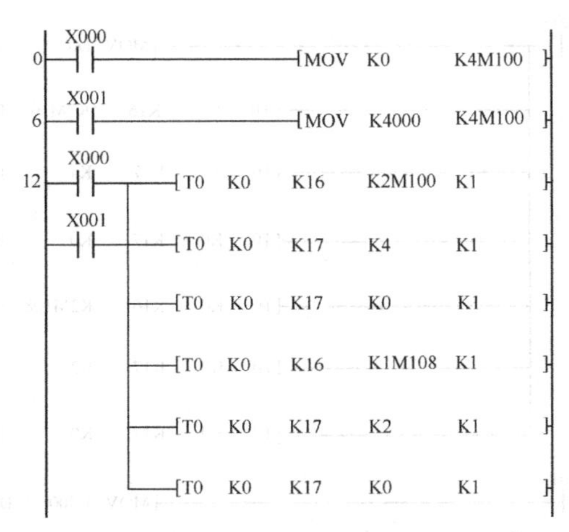

图 15-4　FX_{2N}-2DA 的偏移和增益调整程序

上述程序的功能是完成 D/A 转换，并从 CH1 通道输出电压或电流。当调整偏移时，将 X0 置 ON；当调整增益时，将 X1 置 ON，偏移和增益的调整方法如下。

① 当调整偏移/增益时，应按照偏移调整和增益调整的顺序进行。

② 通过 OFFSET 和 GAIN 旋钮对通道 1 进行偏移调整和增益调整。

③ 反复交替调整偏移值和增益值，直到获得稳定的数值。

15.1.3　FX_{2N}-2DA 应用实训

1. 实训目的

① 熟悉 D/A 特殊功能模块的连接、操作和调整。

② 掌握 D/A 特殊功能模块程序设计的基本方法。

③ 进一步掌握 PLC 功能指令的应用。

2. 实训器材

① FX_{2N}-2DA 模块 1 个。

② 电压表或万用表 1 个。

③ 开关按钮板模块 1 块。

④ 计算机或手持式编程器 1 台。

⑤ PLC 应用技术综合实训装置 1 台。

3. 实训要求

FX_{2N}-2DA 的应用控制要求如下。

① 按 X1～X5 可分别输出 1V、2V、3V、4V、5V 的模拟电压。

② 按 X10、X11 可以实现输出补偿，补偿的范围为−1V～1V。

4. 系统程序

① I/O 分配。X1——SB1，X2——SB2，X3——SB3，X4——SB4，X5——SB5，X10——SB6 补偿加，X11——SB7 补偿减。

② 系统程序。根据系统控制要求及 I/O 分配，其系统程序梯形图如图 15-5 所示。

5. 系统接线

根据系统控制要求、I/O 分配及系统程序，其系统接线图如图 15-6 所示。

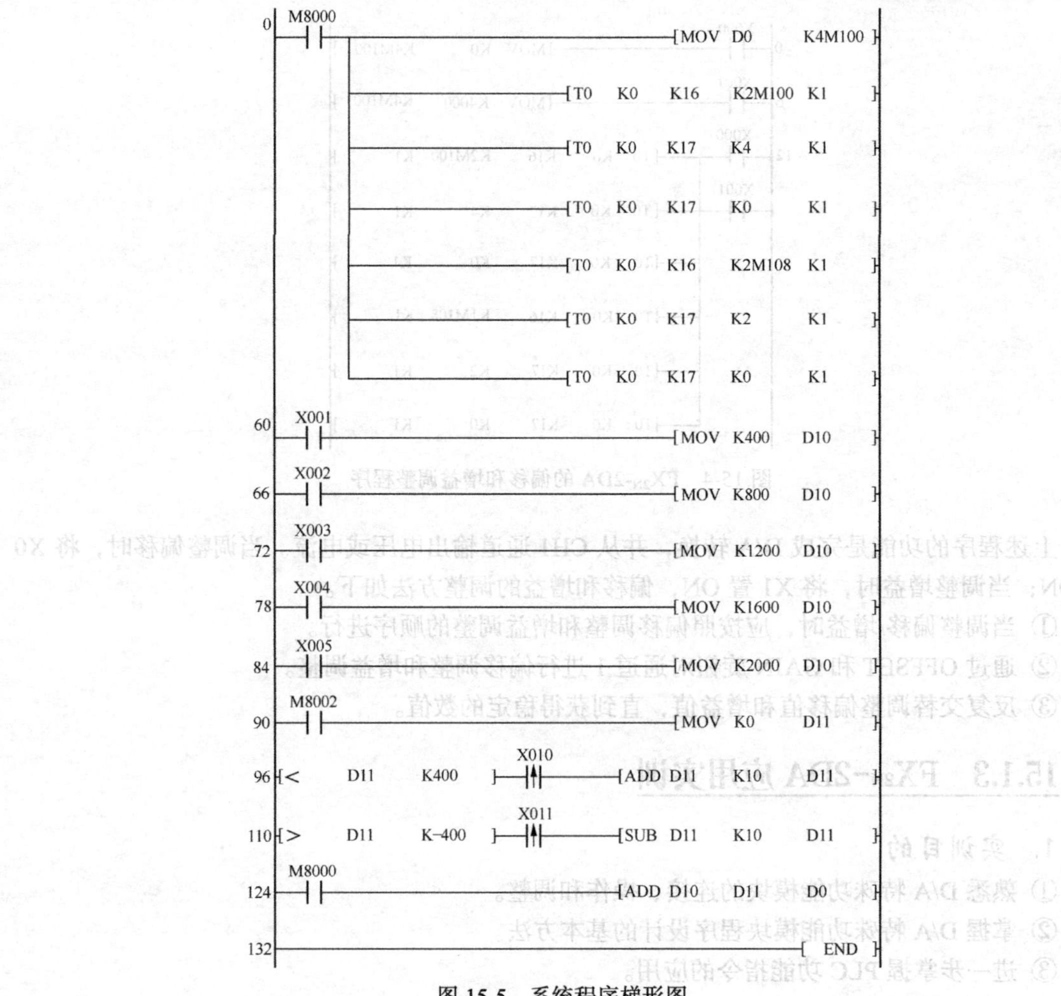

图 15-5　系统程序梯形图

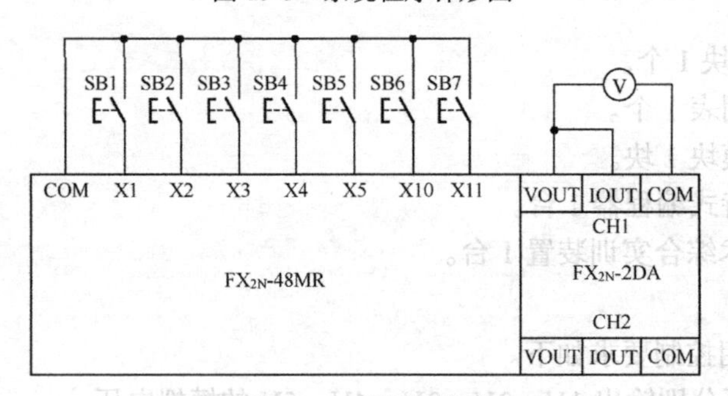

图 15-6　系统接线图

6. 系统调试

① 调整好 FX_{2N}-2DA 偏移和增益（见图 15-4），使数字量为 0～2000 时，输出模拟电压为 0V～5V。

② 根据图 15-5 所示梯形图编写好程序并写入 PLC 中。

③ 根据图 15-6 所示接线图接好 PLC 的 I/O 电路和 FX_{2N}-2DA 的模拟输出电路。

④ 运行程序，用电压表测量 CH1 通道电压，输出为 0V。

⑤ 分别接通 X1～X5，输出电压分别为 1V～5V。如不正确，则监视 D0 的值，如与表 15-7

所示不符，则检查程序和输入电路是否正确；如 D0 值为 0 或不变，则首先检查模块编号是否正确，然后检查与 PLC 的连接及模拟输出电路是否正确。

表 15-7　输入 X 与 D0 及输出电压的对应关系

输入	X1	X2	X3	X4	X5
D0 数字量	400	800	1200	1600	2000
模拟量（V）	1	2	3	4	5

⑥ 按 SB6、SB7，每按一次 D0 的值加 10 或减 10，使输出模拟量发生微小变化。如调整无效，则首先观察 D11 的值是否变化，再检查 D0 的变化情况，进行适当修改，直到数字量变化正确。

7. 总结与思考

① 写出偏移（OFFSET）和增益（GAIN）的调整过程。

② 给程序加适当的注释。

③ 如果将偏移设为 0V，增益为 5V，程序应该怎么修改？

④ 程序中使用了 K4M100、K2M100、K2M108，为什么不用寄存器 D？

复习与思考

1. 特殊功能模块有哪些类别，它们各有什么用途？

2. 什么叫偏移和增益，调整偏移和增益在 A/D 模块和 D/A 模块中分别有什么意义？

3. 什么是 BFM？BFM 在特殊功能模块中具有什么作用？如何读写？

4. A/D 模块电压输入和 D/A 模块电流输出接线有什么要求？

5. 设计一个气温监控系统，用特殊功能模块 FX_{2N}-4AD-PT 采集温度、PLC 进行控制、数码管显示当前气温（保留 1 位小数，共 3 位）。当温度在 10℃～35℃时绿灯亮，当温度在 35℃～40℃时黄灯亮，当温度高于 40℃时红灯亮。

任务 15.2　触摸屏及其应用

任务导入

人机界面或称人机交互（Human-Machine Interaction，HMI）是系统与用户之间进行信息交互的媒介。近年来，随着信息技术与计算机技术的迅速发展，人机界面在工业控制中已得到了广泛的应用。工业控制领域通常所说的人机界面包括触摸屏和组态软件。触摸屏又叫图形操作终端（Graph Operation Terminal，GOT），是目前工业控制领域应用较多的一种人机交互设备。

15.2.1　触摸屏基础知识

1. 触摸屏工作原理

为工业控制现场操作方便，人们用触摸屏来代替鼠标、键盘和控制屏上的开关、按钮。触摸屏由触摸检测部件和触摸屏控制器组成。触摸检测部件安装在显示屏幕前面，用于检测并接受用户触摸信息；触摸屏控制器的主要作用是将检测部件上接收的触摸信息转换成触点坐标，并发送给 CPU，同时还能接收 CPU 发来的命令并加以执行。所以，触摸屏工作时必须首先用手指或其他物体触摸安装在显示器前端的触摸检测部件，然后系统再根据触摸的图标或菜单来定位并选择信息输入。

2. 触摸屏的分类

按照触摸屏的工作原理和传输信息的介质，把触摸屏分为电阻式、电容感应式、红外线式以及表面声波式 4 类。电阻式触摸屏是利用压力感应来进行控制的，电容感应式触摸屏是利用人体的电流感应进行工作的，红外式触摸屏是利用 X、Y 方向上密布的红外线矩阵来检测并控制的，表面声波式触摸屏是利用声波能量传递进行控制的。本书主要介绍三菱触摸屏的使用方法。

3. 三菱通用触摸屏

三菱常用的人机界面有通用触摸屏 900（A900 和 F900）、1000（GT11 和 GT15）系列、显示模块（FX_{1N}-5DM、FX-10DM-E）和小型显示器（FX-10DU-E），种类达数十种，其中 GT11 和 F900 系列触摸屏目前应用非常广泛，典型产品有 GT1155-Q-C 和 F940GOT-SWD 等。GT1155-Q-C 具有 256 色 TFT 彩色液晶显示，F940GOT-SWD 具有 8 色 STN 彩色液晶显示，界面尺寸为 5.7 寸（对角），分辨率为 320px × 240px，GT1155-Q-C 用户储存器容量为 3MB，F940GOT-SWD 为 512KB，可生成 500 个用户界面，能与三菱的 FX 系列、Q 系列 PLC 进行连接，也可与定位模块 FX_{2N}-10GM、FX_{2N}-20GM 及三菱变频器进行连接，同时还可与其他厂商的 PLC 进行连接，如 OMRON、SIEMENS、AB 等。

4. 系统连接

GT1155-Q-C 和 F940GOT-SWD 有两个接口：与计算机连接的 RS 232 接口用于传送用户界面，与 PLC 等设备连接的 RS-422 接口用于与 PLC 等进行通信。GT1155-Q-C 不仅具有 F940GOT-SWD 的 RS-232、RS-422 接口，还增加了一个 USB 串口，与计算机连接更加方便，可实现界面的高速传送。它们都需要外部提供 DC 24V 410mA 电源，有关它的使用将在实训中做详细介绍。

15.2.2 触摸屏控制电动机的正反转实训

1. 实训目的

① 了解触摸屏相关知识，掌握触摸屏与 PLC 控制系统的连接方法。

② 会通过触摸屏调试软件（GT Designer2 Version 2.19V）制作触摸屏界面。

③ 掌握 PLC 和触摸屏相关联的程序设计。

④ 能用触摸屏与 PLC 组成简易控制系统，解决简单的实际工程问题。

2. 实训器材

① GT1155-Q-C 或 F940 GOT-SWD 触摸屏 1 台。

② 电动机 1 台。

③ 交流接触器模块 1 个。

④ 触摸屏用 DC 24V 电源，也可用 PLC 输出 DC 24V。

⑤ PLC 应用技术综合实训装置 1 台。

⑥ 计算机 1 台（已安装 GT Designer2 和 GX Developer 软件）。

3. 实训指导

GT1155-Q-C 和 F940GOT-SWD 触摸屏的界面分为系统界面和用户界面。用户界面是用户根据具体的控制要求设计制作的，具有显示功能、监视功能、数据变更功能和开关控制功能等。系统界面是触摸屏制造商设计的，具有监视功能、数据采集功能、报警功能等。

（1）系统界面。

按屏幕左上方（默认位置）的菜单界面呼出键（该键的位置用户可任意设置），即可显示系

统界面主菜单，系统主菜单如图 15-7 所示。

[主菜单]	终止
界面状态	
HPP状态	
采样状态	
报警状态	
检测状态	
其他状态	

图 15-7　系统主菜单

① 界面状态菜单用来显示用户界面制作软件（如 GT Designer2）制作的界面状态，在此可以实现系统界面和用户界面切换。

② HPP 状态菜单可以对连接 GOT 的 PLC 进行程序的读写、编辑、软元件的监视及软元件的设定值和当前值的变更等，其操作类似与 FX-20P 手持式编程器。

③ 采样状态菜单通过设定采样的条件，将收集到的数据以图表或清单的形式进行显示。

④ 触摸屏可以指定 PLC 位元件（可以是 X、Y、M、S、T、C，但最多 256 个）为报警元素，通过这些位元件的 ON/OFF 状态来显示界面状态或报警状态。

⑤ 检测状态菜单可以进行用户界面一览显示，可以对数据文件的数据进行编辑，也可以进行触摸键的测试和界面的切换等操作。

⑥ 其他状态菜单具有设定时间开关、数据传送、打印输出、关键字、动作环境设置等功能，在动作环境设定中可以设定系统语言、连接 PLC 的类型、通信设置等。

三菱触摸屏调试软件有 FX-DU/WIN-C 和 GT Designer 这两类，FX-DU/WIN-C 是早期的版本，不支持全系列触摸屏。GT Designer 目前已有 3 个版本，其中 GT Designer2 Version 2.19V（SW2D5C-GTD2-CL）支持全系列的触摸屏，下面介绍 GT Designer2 调试软件。

（2）GT Designer2 的安装。

本软件可以在 Windows 98 操作系统（CPU 在奔腾 200MHz 及内存 64MB 以上）和 Windows XP 操作系统（CPU 需在奔腾 300MHz 及内存 128MB 以上）中运行，硬盘空间要求在 300MB 以上。安装过程如下：首先插入安装光盘，找到安装文件，进入“EnvMEL”文件夹，双击该文件夹中“SETUP.EXE”文件，按照向导指示安装系统运行环境；安装完系统运行环境后，再返回到安装文件，执行文件夹中的“GTD2-C.EXE”文件，弹出图 15-8 所示界面，单击界面中的“GT Designer2 安装”选项即进入安装程序，安装过程按照向导指示执行即可，产品序列号在“ID.TXT”文件中。

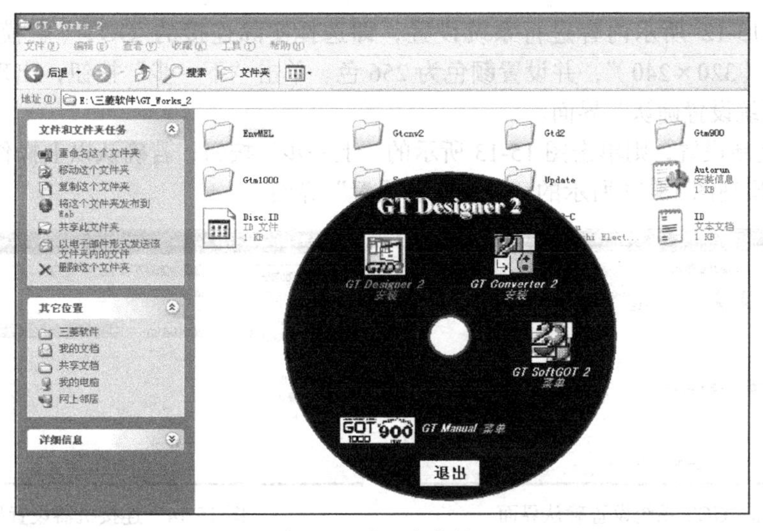

图 15-8　进入安装界面

（3）新建工程。

新建工程的操作有如下几步。

① 安装好软件后，执行“开始”→“所有程序”→“MELSOFT 应用程序”→“GT Designer2”命令即启动调试软件，其过程如图 15-9 所示。

② 启动调试软件后，打开图 15-10 所示的“工程选择”对话框。

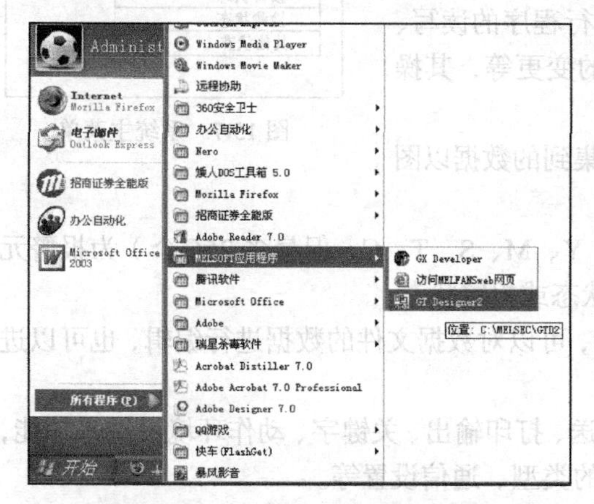

图 15-9 启动程序调试软件界面

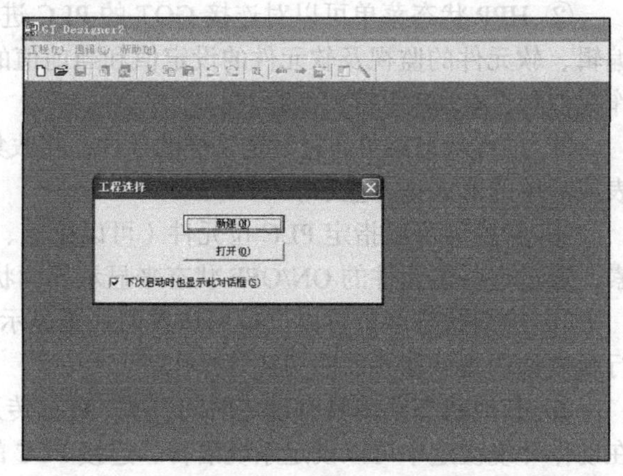

图 15-10 “工程选择”对话框

③ 单击图 15-10 所示的“新建”按钮，出现图 15-11 所示的“新建工程向导”对话框。

④ 直接单击“下一步”按钮，出现图 15-12 所示的“GOT 的系统设置”界面。

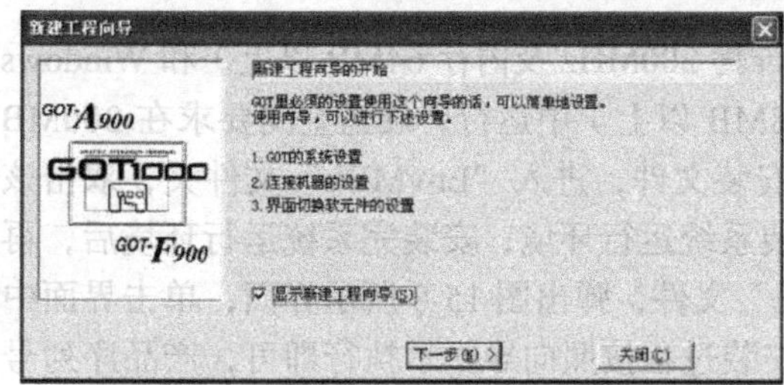

图 15-11 “新建工程向导”对话框

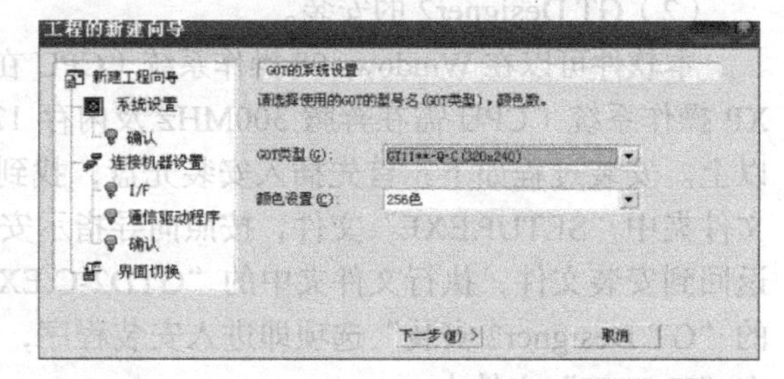

图 15-12 GOT 系统设置界面

⑤ 按图 15-12 所示内容进行系统设置，即选择实际连接的 GOT（触摸屏）类型，如“GT11**-Q -C（320×240）”，并设置颜色为 256 色。单击“下一步”按钮，出现图 15-13 所示的“GOT 的系统设置确认”界面。

⑥ 若需重新设置，则单击图 15-13 所示的“上一步”按钮；若确认以上操作，则单击“下一步”按钮，出现图 15-14 所示的“连接机器设置”界面。

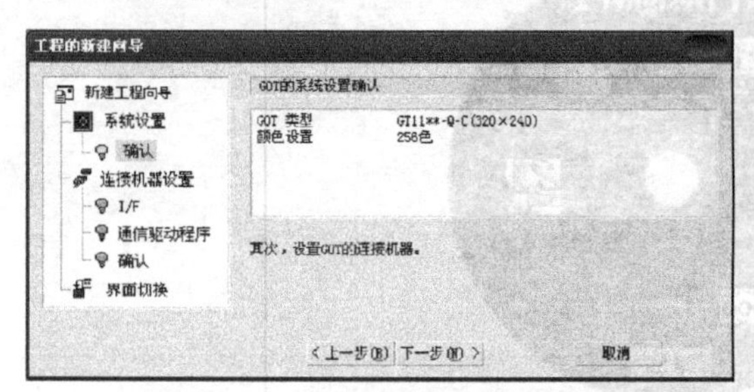

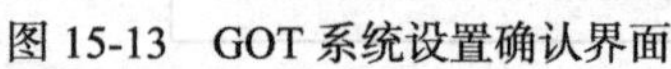

图 15-13 GOT 系统设置确认界面

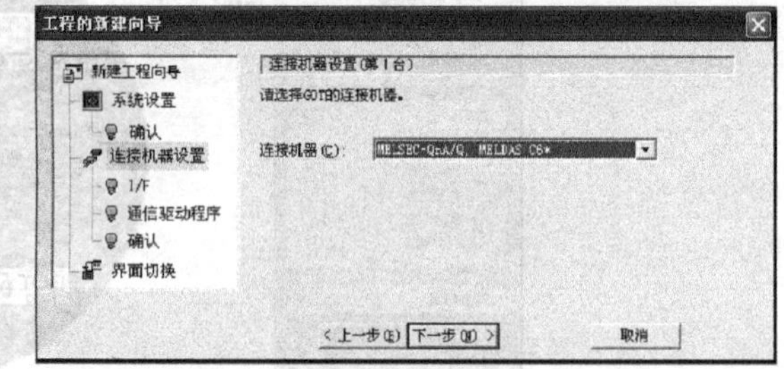

图 15-14 连接机器设置界面

⑦ 按图 15-14 所示内容设置连接的机器，即选择触摸屏工作时连接的控制设备系列，如选择“MELSEC-QnA/Q,MELDAS C6*”。单击“下一步”按钮即出现图 15-15 所示的“连接机器设置”界面。

⑧ 按图 15-15 所示内容设置 I/F，即设置触摸屏与外部被控设备所使用的端口，如选择“标准 I/F（标准 RS-422）”端口，单击“下一步”按钮，出现图 15-16 所示的“通信驱动程序”选择界面。

图 15-15　连接机器端口设置界面

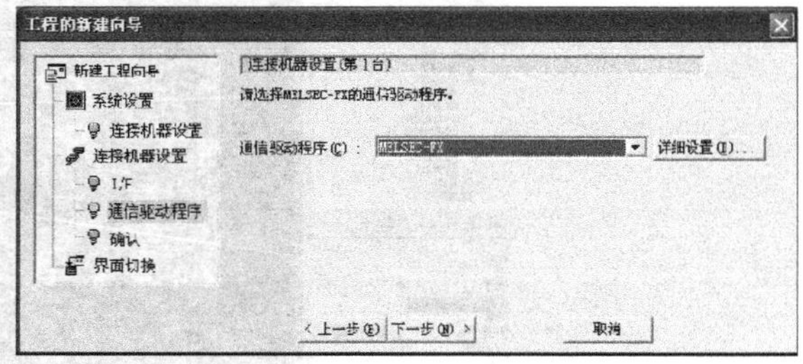

图 15-16　通信驱动程序选择界面

⑨ 按图 15-16 所示选择所连接设备的通信驱动程序，系统会自动安装驱动，单击“下一步”按钮，出现图 15-17 所示的确认操作界面。

⑩ 若需重新设置，则单击图 15-17 所示的“上一步”按钮；若确认以上操作，则直接单击“下一步”按钮，出现图 15-18 所示的“界面切换软元件的设置”界面。

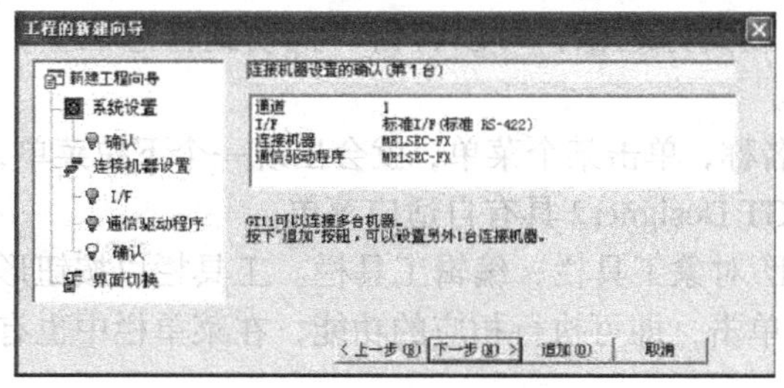

图 15-17　确认操作界面

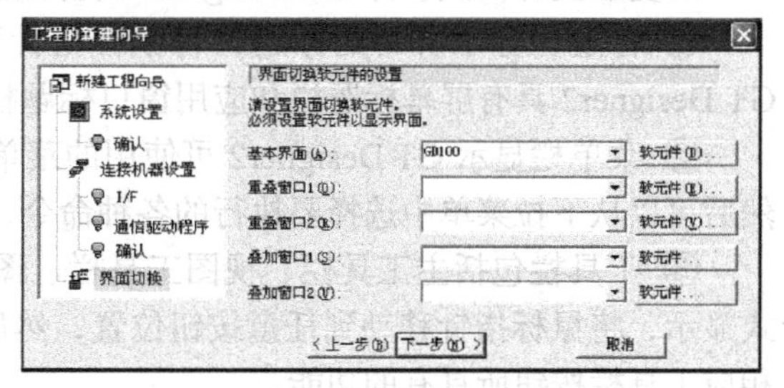

图 15-18　界面切换软元件设置界面

⑪ 按图 15-18 所示内容设置界面切换时使用的软元件，单击“下一步”按钮，出现图 15-19 所示的向导结束界面。

⑫ 若需重新设置，则单击图 15-19 所示的“上一步”按钮；若确认以上操作，则单击“结束”按钮，进入图 15-20 所示的“画面的属性”对话框。

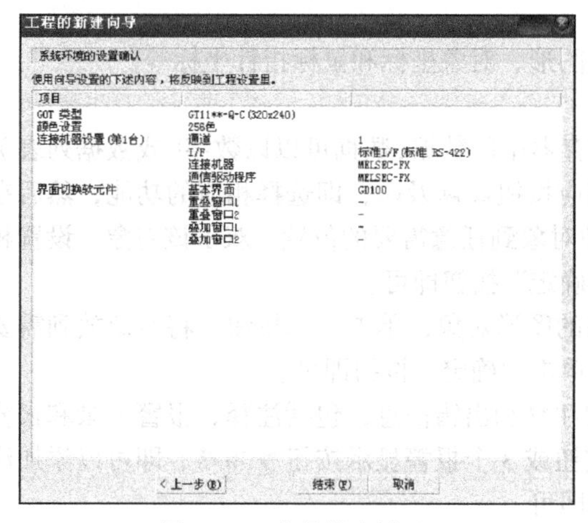

图 15-19　向导结束界面

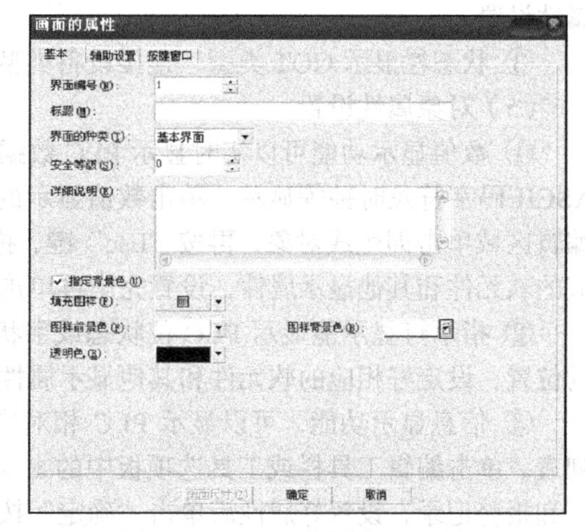

图 15-20　“画面的属性”对话框

⑬ 在图 15-20 所示的对话框中，勾选“指定背景色”复选框，然后选择合适的“填充图样”“图样前景色”“图样背景色”“透明色”，单击“确定”按钮即可进入图 15-21 所示的软件开发环境界面。

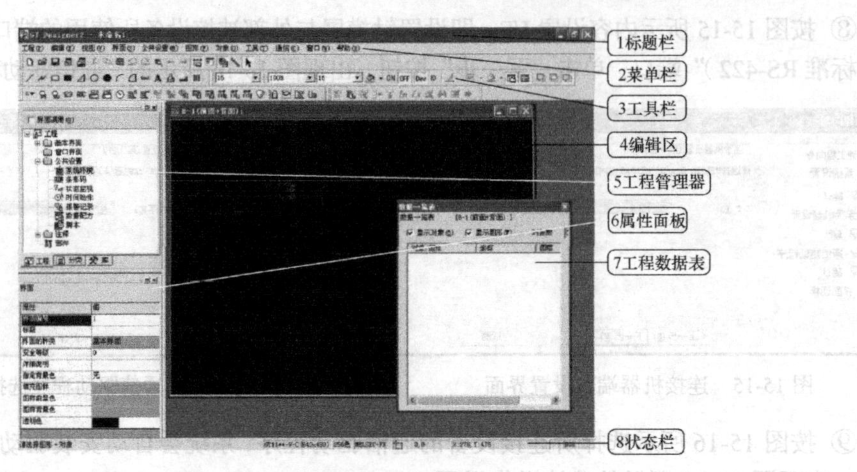

图 15-21　软件开发环境界面

（4）软件界面。

三菱触摸屏调试软件 GT Designer2 的界面主要有以下几个部分。

① 标题栏显示屏幕的标题，将鼠标指针移动到标题栏，可以将窗口拖动到任意位置，GT Designer2 具有屏幕标题栏和应用窗口标题栏。

② 菜单栏显示 GT Designer2 可使用的菜单名称，单击某个菜单，就会出现一个下拉菜单，然后可以从下拉菜单中选择要执行的各种命令，GT Designer2 具有自适应菜单。

③ 工具栏包括主工具栏、视图工具栏、图形/对象工具栏、编辑工具栏。工具栏以按钮形式显示，将鼠标指针移动到任意按钮位置，然后单击，即可执行相应的功能，在菜单栏中也有相应工具栏按钮所具有的功能。

④ 编辑区是制作图形界面的区域。

⑤ 工程管理器显示界面信息，进行编辑界面切换，实现各种设置功能。

⑥ 属性面板显示工程中图形、对象的属性，如图形、对象的位置坐标、使用的软元件、状态、填充色等。

⑦ 工程数据表显示界面中已有的图形、对象，也可以在数据表中选择图形、对象，并进行属性设置。

⑧ 状态栏显示 GOT 类型、连接设备类型，图形、对象坐标和鼠标指针坐标等。

（5）对象属性设置。

① 数值显示功能可以实时显示 PLC 数据寄存器中的数据，数据可以以数字（或数据列表）、ASCII 码字符及时钟等显示。单击数值显示的相应按钮 123 ASC 及⊙，即选择相应的功能，然后在编辑区域单击即生成对象，再按“Esc”键，拖动对象到任意需要的位置，双击该对象，设置相应的软元件和其他显示属性，设置完毕再单击“确定”按钮即可。

② 指示灯显示能显示 PLC 位状态或字状态的图形对象，单击按钮，将对象放到需要的位置，设定好相应的软元件和其他显示属性，单击“确定”按钮即可。

③ 信息显示功能，可以显示 PLC 相对应的注释和出错信息，包括注释、报警记录和报警列表。单击编辑工具栏或工具选项板中的按钮或 3 个报警显示按钮，即可以添加注释和报警记录，设置好属性后单击“确定”按钮即可。

④ 动画显示功能显示与软元件相对应的零件/屏幕，显示的颜色可以通过其属性来设置，同时也可以根据软元件的 ON/OFF 状态来显示不同颜色，以示区别。

⑤ 图表显示功能，可以显示采集到 PLC 软元件的值，并将其以图表的形式显示。单击图

形对象工具栏的 按钮，然后将鼠标指针移至编辑区，单击即生成图表对象，设置好软元件及其他属性后单击“确定”按钮即可。

⑥ 触摸键在被触摸时，能够改变位元件的开关状态、字元件的值，还可以实现界面跳转。添加触摸键时需单击编辑对象工具栏中的 按钮，弹出图 15-22 所示下拉选项，分别是位开关、数据写入开关、扩展功能开关、界面切换开关、键代码开关、多用动作开关，将其放置到希望的位置，设置好软元件参数、属性后单击“确定”按钮即可。

图 15-22　下拉选项

⑦ 数值输入功能，可以将任意数字和 ASCII 码字符输入软元件中。对应的按钮是 ，操作方法和属性设置与上述其他功能的相似。

⑧ 其他功能包括硬拷贝功能、系统信息功能、条形码功能、时间动作功能，此外还具有屏幕调用功能、安全设置功能等。

4. 实训要求

设计一个用触摸屏控制电动机正反转的控制系统，控制要求如下。

① 若按触摸屏上的正转按钮，电动机则正转运行；若按反转按钮，电动机则反转运行。

② 正转运行或反转运行或停止时均有相应文字显示。

③ 具有电动机的运行时间设置及已运行时间显示功能。

④ 运行时间到或按停止按钮，电动机即停止运行。

5. 软元件分配及系统接线图

① 触摸屏软元件分配。M100——正转按钮，M101——反转按钮，M102——停止按钮，M103——停止中显示，D100——运行时间设定，D101——定时器 T0 的设定值，D102——已运行时间显示，Y0——正转指示，Y1——反转指示。

② PLC 软元件分配。Y0——正转接触器，Y1——反转接触器，M103——停止，D101——定时器 T0 的设定值。

③ 系统接线图。计算机、PLC、触摸屏系统接线图如图 15-23 所示。

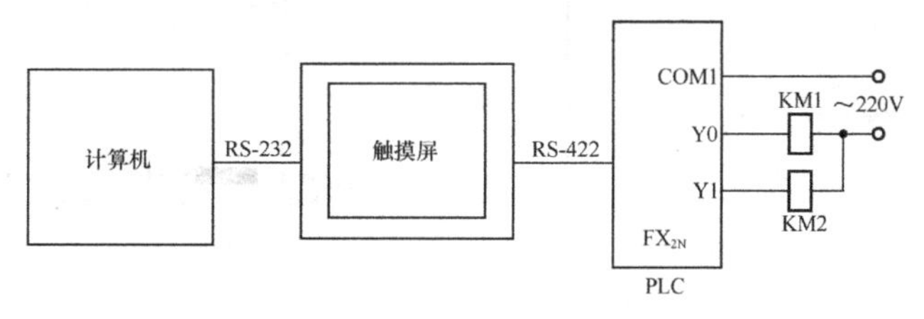

图 15-23　系统接线图

6. 触摸屏界面设计与制作

根据系统的控制要求及触摸屏的软元件分配，触摸屏的界面如图 15-24 所示。

（a）元件为 ON 状态时　　（b）元件为 OFF 状态时

图 15-24　触摸屏界面

① 文本对象。在图 15-24 所示界面中，“电动机正反转控制实训”“运行时间设置（s）”“已运行时间显示（s）”为文本对象，需要用文本对象来制作。选中图形、对象工具栏中的按钮，单击编辑区，即弹出图 15-25 所示的“文本”对话框，然后按图进行设置。首先在文本框中输入要显示的文字（电动机正反转控制实训），然后在下面文字属性中设置“文本类型”“文本颜色”“字体”和“尺寸”（用右侧的箭头进行选择）等，设置完毕，单击“确定”按钮，然后将文本拖到编辑区合适的位置即可。图 15-24 所示“运行时间设置（s）”和“已运行时间显示（s）”的操作方法与此相似。

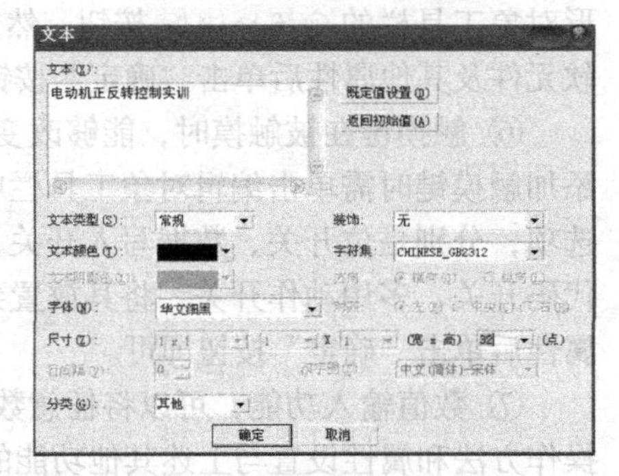

图 15-25　文本对象的设置

② 注释显示。在图 15-24 所示界面的第 4 行可用“注释显示”“指示灯”功能来制作，其操作方法与上述方法大同小异，下面介绍“注释显示”的操作方法。首先单击对象工具栏中的按钮，弹出图 15-26 所示对话框，然后在“基本”选项卡的“软元件”选项中输入“Y0000”，再在属性中设置“图形”（可单击“其他”按钮，在可视窗口中选择适合的形状）、“边框色”（即边框的颜色，单击右边的下拉箭头可以设定边框的颜色）、“字体”和“文本尺寸”等；然后切换到“显示注释”选项卡，如图 15-27 所示，在属性中选中“ON（N）”和“直接注释”选项，在文本框中输入文字“正转运行中”，再设置“文本色”和“文本类型”等；然后用类似的方法在属性中选中“OFF（F）”选项进行类似的设置，全部设置完毕后单击“确定”按钮即可。最后将文本拖到编辑区合适的位置。图 15-24 所示“反转运行中”和“停止中”的设置方法与此相似。

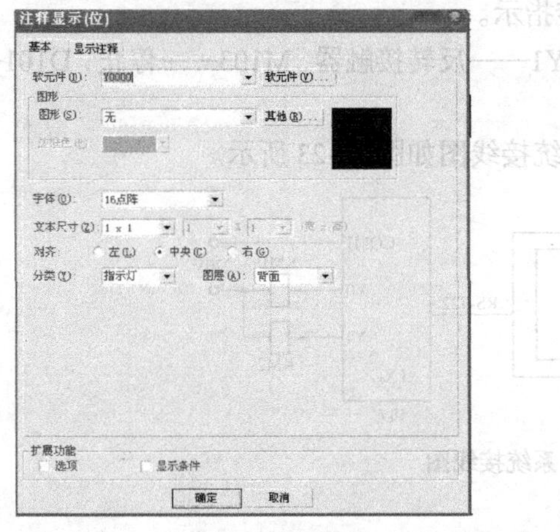

图 15-26　注释显示的设置（1）

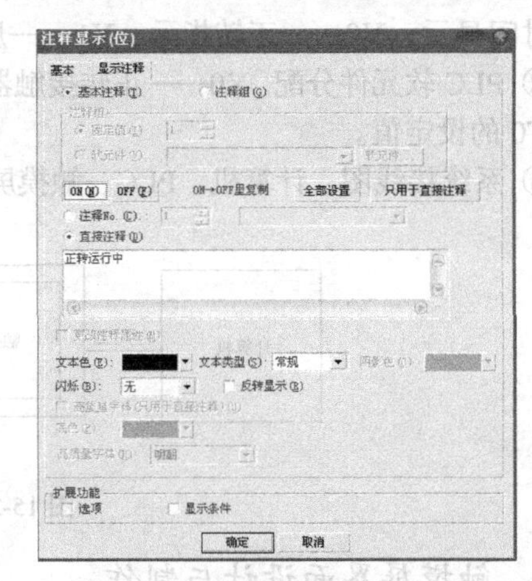

图 15-27　注释显示的设置（2）

③ 触摸键。在图 15-24 所示界面的第 5 行可用“触摸键”功能来制作，先单击图形/对象工具栏中的按钮，选择位开关，然后单击编辑窗口，将触摸键拖到相应位置，并双击该触摸键，弹出图 15-28 所示对话框。在“基本”选项卡的“动作设置”选项组中输入软元件“M100”（为触发元件），并设置动作方式为“点动”。在“显示方式”选项组中选择“ON”选项，然后分别在“图形”“边框色”“开关色”（即触摸键在“ON”时的颜色）和“背景色”（即触摸键的背景颜色）等选项中进行选择和设置；用类似的方法选择“OFF”选项进行选择和设置。

单击图 15-28 所示的“文本/指示灯”选项卡，如图 15-29 所示。在“文本”选项组中选中“ON”选项，在“文本色”“文本类型”“字体”“文本尺寸”中设置或选择相关内容，然后在文

本框中输入“正转启动”，再用类似的方法选中“OFF”选项进行设置或选择。“反转启动”和“停止”的设置方法与上述操作类似。

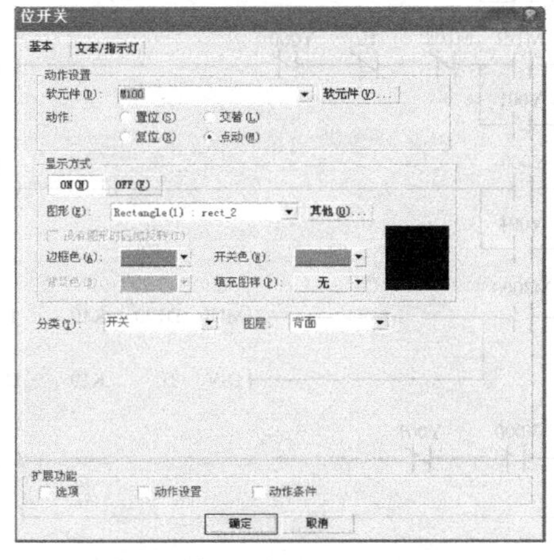

图 15-28　触摸键的设置（1）

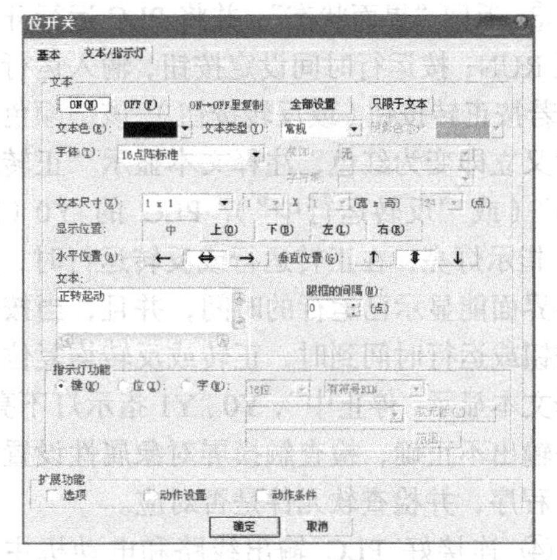

图 15-29　触摸键的设置（2）

④ 数值输入和数值显示。运行时间设置需要用数值输入对象来实现，单击对象工具栏中的按钮，其设置如图 15-30 所示。在“软元件”选项组中输入软元件“D100”，在“显示方式”选项组中设置“数据类型”“数值色”“显示位数”“字体”“数值尺寸”等，在“图形”选项组中设置“图形”“边框色”“底色”等，其他为默认设置。已运行时间显示需要用数值显示对象来实现，其设置如图 15-31 所示，设置方法与数值输入对象类似。

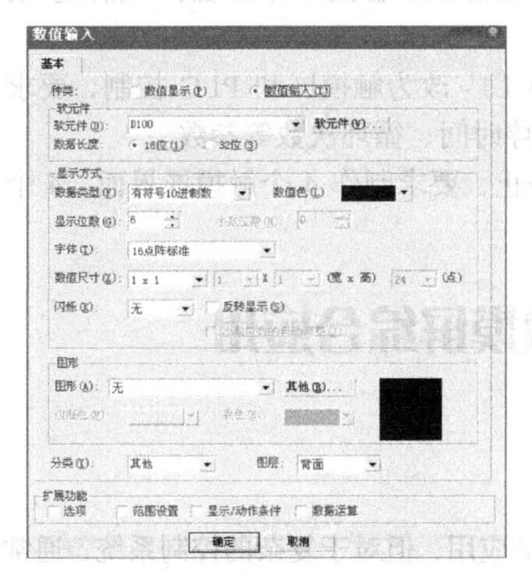

图 15-30　数值输入对象的设置

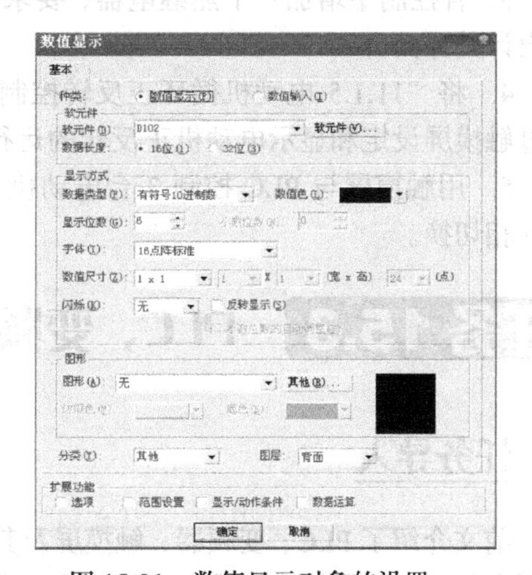

图 15-31　数值显示对象的设置

⑤ PLC 程序设计。根据实训要求、触摸屏与 PLC 的输入输出分配以及触摸屏的界面，PLC 的控制程序如图 15-32 所示。

7．程序调试

① 按图 15-23 所示连接好通信电缆，即触摸屏 RS-232 接口与计算机 RS-232 接口连接，触摸屏 RS-422 接口与 PLC 编程接口连接，然后开启电源，写入触摸屏界面和 PLC 程序。如果无法写入，检查通信电缆的连接、触摸屏界面制作软件和 PLC 编程软件的通信设置。

② 程序和界面写入后，观察触摸屏显示是否与计算机制作界面一致，如显示“界面显示无效”，则可能是触摸屏中“PLC 类型”项不正确，须设置为 FX 类型，再进入“HPP 状态”，此

时可以读出 PLC 程序，说明 PLC 与触摸屏通信正常。

③ 返回“界面状态”，并将 PLC 运行开关打至 RUN；按运行时间设定按钮，输入运行时间；若按正转按钮（或反转按钮），该键颜色改变后又立即变为红色，注释文本显示“正转运行中”（或“反转运行中”），PLC 的 Y0（或 Y1）指示灯亮；在正转运行或反转运行时，触摸屏界面能显示已运行的时间，并且，当按停止按钮或运行时间到时，正转或反转均复位，注释文本显示“停止中”，Y0、Y1 指示灯不亮。如果输出不正确，检查触摸屏对象属性设置和 PLC 程序，并检查软元件是否对应。

④ 连接好 PLC 输出线路和电动机主电路，再运行程序。

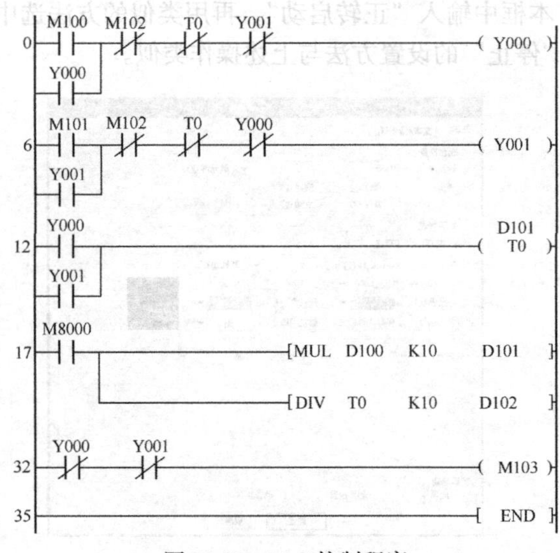

图 15-32 PLC 控制程序

复习与思考

1. 说明反转按钮和停止按钮的属性设置方法。

2. 简述用“指示灯显示”功能制作图 15-24 所示界面的第 4 行的操作方法。

3. 若控制中增加一个热继电器，要求在热继电器动作后，触摸屏界面显示“热保护动作”，请设计其界面。

4. 将“11.1.5 电动机循环正反转控制仿真实训（1）”改为触摸屏和 PLC 控制，要求可以通过触摸屏设定和显示电动机正反转的运行时间和暂停时间、循环次数等参数。

5. 用触摸屏与 PLC 控制 3 台电动机的启动和停止，要求制作 4 个触摸屏界面，4 个界面能互相切换。

任务 15.3 PLC、变频器、触摸屏综合应用

任务导入

前文介绍了 PLC、变频器、触摸屏及其单一器件的应用，但对于复杂的控制系统，通常要运用两个及以上的器件进行综合控制才能实现用户功能，因此，下面要讲解 PLC、变频器、触摸屏及特殊功能模块在中央空调循环水节能系统的综合应用，以提高大家解决工程实际问题的能力。

15.3.1 中央空调节能分析

1. 系统概述

中央空调系统主要由冷冻机组、冷却塔、房间风机盘管及循环水系统（包括冷却水和冷冻水系统）、新风机等组成。在冷冻水循环系统中，冷冻水在冷冻机组中进行热交换，在冷冻水泵的作用下，将温度降低了的冷冻水（称出水）加压后送入末端设备，使房间的温度下降，然后流回冷冻机组（称回水），如此反复循环，这是一个闭式系统。在冷却水循环系统中，冷却水吸

收冷冻机组释放的热量，在冷却水泵的作用下，将温度升高了的冷却水（称出水）压入冷却塔，在冷却塔中与大气进行热交换，然后温度降低了的冷却水（称进水）又流进冷冻机组，如此不断循环，这通常是一个开式系统。中央空调循环水系统的工作示意图如图 15-33 所示。

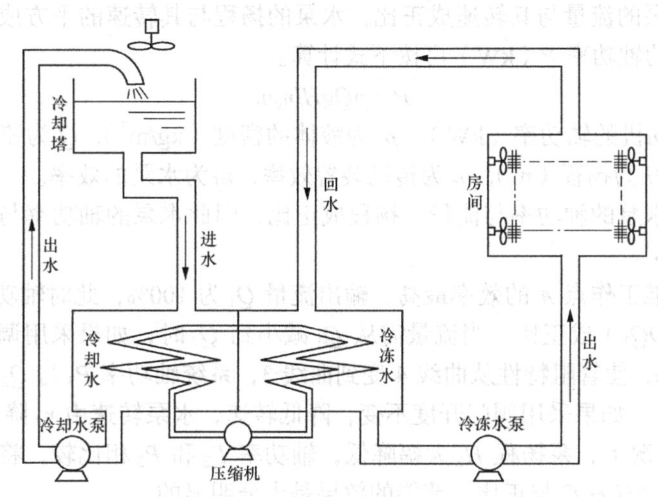

图 15-33 中央空调循环水系统的工作示意图

2. 中央空调系统存在的问题

一般来说，中央空调系统的最大负载能力是按照天气最热、负荷最大的条件来设计的，存在着很大宽裕量，但实际上系统极少在这些极限条件下工作。根据有关资料统计，空调设备 97%的时间运行在 70%负荷以下，并时刻波动，所以，实际负荷总不能达到设计的满负荷，特别是冷气需求量低的情况下，主机负荷量低，为了保证有较好的运行状态和较高的运行效率，主机能在一定范围内根据负载的变化加载和卸载，但与之相配套的冷却水泵和冷冻水泵却仍在高负荷状态下运行（泵功率是按峰值冷负荷对应水流量的 1.2 倍选配），这样存在很大的能量损耗，同时还会带来以下问题。

① 水流量过大使循环水系统的温差降低，恶化了主机的工作条件，引起主机热交换效率下降，造成额外的电能损失。

② 由于水泵流量过大，通常都是通过调整管道上的阀门开度来调节冷却水和冷冻水流量的，因此阀门上存在着很大的能量损失。

③ 水泵通常采用 Y/△启动，电动机的启动电流较大，会对供电系统带来一定冲击。

④ 传统的水泵启、停控制不能实现软启、软停，在水泵启动和停止时，会出现水锤现象，对管网造成较大冲击，增加管网阀门的泡冒滴漏现象。

由于中央空调冷却水、冷冻水系统运行效率低、能耗较大，存在许多弊端，并且需要长期运行，因此进行节能技术改造是完全必要的。

3. 调速节能原理

采用交流变频技术控制水泵的运行，是目前中央空调系统节能改造的有效途径之一。图 15-34 所示为阀门调节和变频调速控制两种状态的扬程-流量（H-Q）关系曲线。

图中曲线 1 为水泵在转速 n_1 下的扬程-流量特性；曲线 2 为水泵在转速 n_2 下的扬程-流量特性；曲线 3 为阀门关小时

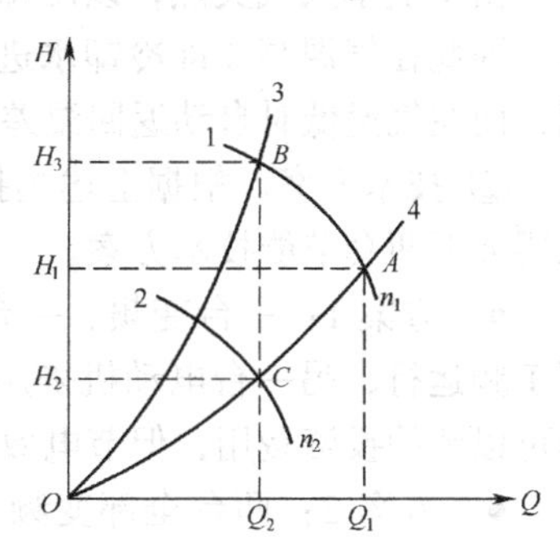

图 15-34 扬程-流量（H-Q）关系曲线

的管阻特性；曲线 4 为阀门正常时的管阻特性。

水泵是一种平方转矩负载，其流量 Q 与转速 n，扬程 H 与转速 n 的关系如下。

$$Q_1/Q_2=n_1/n_2 \qquad H_1/H_2=n_1^2/n_2^2$$

上式表明，水泵的流量与其转速成正比，水泵的扬程与其转速的平方成正比。当电动机驱动水泵时，电动机的轴功率 P（kW）可按下式计算。

$$P=\rho QgH/n_c n_f$$

其中，P 为电动机的轴功率（kW），ρ 为液体的密度（kg/m^3），Q 为流量（m^3/s），g 为重力加速度（m/s^2），H 为扬程（m），n_c 为传动装置效率，n_f 为水泵的效率。

由上式可知，水泵的轴功率与流量、扬程成正比，因此水泵的轴功率与其转速的立方成正比，即 $P_1/P_2=n_1^3/n_2^3$。

假设水泵在标准工作点 A 的效率最高，输出流量 Q_1 为 100%，此时轴功率 P_1 与 Q_1、H_1 的乘积（即面积 AH_1OQ_1）成正比。当流量需从 Q_1 减小到 Q_2 时，如果采用调节阀门的方法（相当于增加管网阻力），使管阻特性从曲线 4 变到曲线 3，系统轴功率 P_3 与 Q_2、H_3 的乘积（即面积 BH_3OQ_2）成正比。如果采用阀门开度不变，降低转速，水泵转速由 n_1 降到 n_2 的方法，在满足同样流量 Q_2 的情况下，泵扬程 H_2 大幅降低，轴功率 P_2 和 P_3 相比较，将显著减小，节省的功率损耗 ΔP 与面积 BH_3H_2C 与正比，节能的效果是十分明显的。

由以上分析可知，当所需流量减少，水泵转速降低时，其电动机的所需功率按转速的 3 次方下降，因此用变频调速的方法来减少水泵流量，其节能效果是十分显著的。如水泵转速下降到额定转速的 60%，即频率 f=30Hz 时，其电动机轴功率下降了 78.4%，即节电率为 78.4%。

4. 节能技术方案

① 控制原理。在冷冻水循环系统中，PLC 通过温度传感器及温度模块将冷冻水的出水温度和回水温度读入内存，根据回水和出水的温差值来控制变频器的转速，从而调节冷冻水的流量，控制热交换的速度。温差大，说明室内温度高，应提高冷冻水泵的转速，加快冷冻水的循环速度以增加流量，加快热交换的速度；反之温差小，则说明室内温度低，可降低冷冻水泵的转速，减缓冷冻水的循环速度以降低流量，减缓热交换的速度，以节约电能。

在冷却水循环系统中，PLC 通过温度传感器及温度模块将冷却水的出水温度和进水温度读入内存，根据出水和进水的温差值来控制变频器的转速，调节冷却水的流量，控制热交换的速度。因此，对冷却水来说，以出水和进水的温差作为控制依据，实现出水和进水的恒温差控制是比较合理的。温差大，说明冷冻机组产生的热量高，应提高冷却泵的转速，加快冷却水的循环速度；温差小，说明冷冻机组产生的热量低，应降低冷却泵的转速，减缓冷却水的循环速度，以节约电能。

由于夏季天气炎热，以冷却水出水与进水的温差控制，在一定程度上还不能满足实际的需求。因此在气温高（即冷却水进水温度高）的时候，应采用冷却水出水的温度进行自动调速控制，而在气温低时自动返回温差控制调速（最佳节能模式）。

② 技术方案。根据上述的控制原理，采用 PLC、变频技术改造中央空调循环水系统，可采用如下两套节能技术方案。

- 方案 1：一台变频、一台工频（称半变频）。即正常运行的两台电动机，一台电动机采用工频运行，另一台电动机采用变频运行，并且可以轮流转换工作，如图 15-35 所示。其特点是可以节约投资费用，但节电效果不如方案 2 的全变频运行好。
- 方案 2：两台全部变频（称全变频）。即正常运行的两台电动机均采用变频运行，如图 15-36 所示。其特点是投资费用略高，但节电效果十分显著。

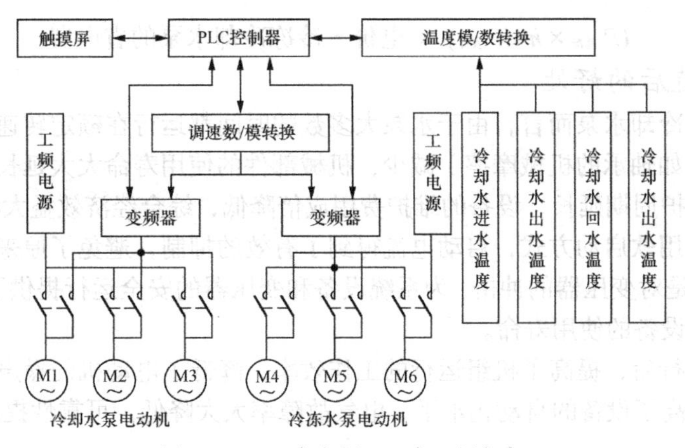

图 15-35 一台变频、一台工频方案

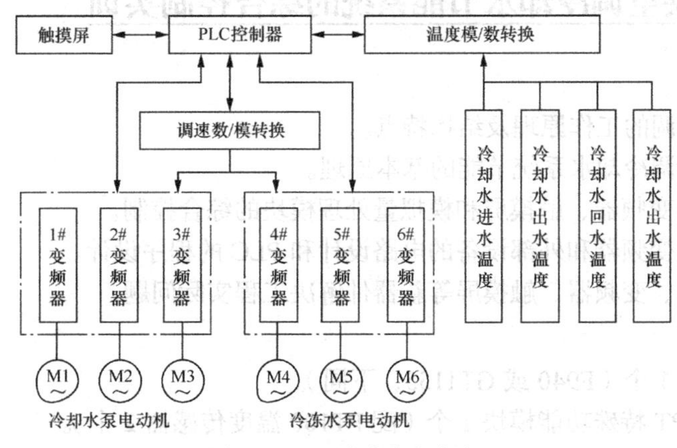

图 15-36 两台全变频方案

③ 节能效果比较（冷冻水泵与冷却水泵一样设水泵电动机功率为 37kw）。

- 方案 1：半变频器方案，设一台水泵工频运行，处于全速工作，提供的流量为 Q，另一台水泵变频运行，只需提供 $0.5Q$ 的流量，即半速 f=25Hz 工作（多台水泵并联运行时，每台水泵的下限不能过低，通常为 30Hz，最低为 25Hz，所以，在半变频方式中，这已经是最低的功率消耗了），合计提供 $1.5Q$ 的流量，其消耗的总功率如下。

$$P_{\Sigma 1} = 37 + 37 \times 0.5^3 = 41.6\ (\text{kW})$$

- 方案 2：全变频方案，两台水泵都由变频器拖动运行，每台各提供 75%的流量，合计提供 $1.5Q$ 的流量，即 f=37.5Hz，其总功率消耗如下。

$$P_{\Sigma 2\text{A}} = 2 \times 37 \times 0.75^3 = 31.2\ (\text{kW})$$

与方案 1 对比，节约 25%的电能。

由此可见，采用全变频的方案节能效果十分理想，值得推广应用。

5. 节能计算办法

因水泵电动机在工频 50Hz 运行时的功率基本上是不变的，因此，冷却和冷冻水泵电动机运行时的功率可在变频系统投入运行前现场实测，此功率即为核算节能时用电的基准功率值 $P_{基准}$（即 $P_{冷基}+P_{冻基}$）。

系统中可设置运行时间计时器，可准确记录水泵的运行小时数 h，同时，系统中装有功电度表，记录实际耗电量（kW·h）。将基准功率 $P_{基准}$乘以运行小时数 h，减去实际耗电量 $W_{实际}$（即有功电度表记录数×电流互感器变比），再乘以电价即为节省的电费。

$$(P_{基准} \times h - W_{实际}) \times 电价 = 冷冻冷却水泵的省电费$$

6. 技术改造后的好处

对冷冻水泵和冷却水泵而言，由于水泵大多数的时间都运行在额定转速以下，使得水泵的机械部件的磨损（如轴承的机械摩擦）减少，机械部件的使用寿命大大延长，从而也使得中央空调机组设备的维护周期延长，设备的维护费用成倍降低，综合经济效益大幅提高。

由于变频器采用软启动方式，启动电流得到了有效的抑制，避免了原来降压启动带来的对设备的冲击，特别是对变压器的冲击，为系统设备和变压器的安全运行提供了有利的技术保障，同时也延长了系统设备的使用寿命。

采用变频器运行后，提高了机组运行的工作效率，降低了电动机的噪声和温升，也降低了电动机的震动，提高了设备的自动化水平，电气故障率大大降低，可靠性提高。

15.3.2 中央空调冷却水节能系统的综合控制实训

1. 实训目的

① 了解中央空调的工作原理及结构特点。

② 了解中央空调冷却水系统节能的基本原理。

③ 掌握 PLC、变频器、触摸屏和模拟量处理模块的综合控制。

④ 掌握 PLC、变频器和外部设备的电路设计和 PLC 的程序设计。

⑤ 能运用 PLC、变频器、触摸屏等新器件解决工程实际问题。

2. 实训器材

① 触摸屏模块 1 个（F940 或 GT1155，下同）。

② FX_{2N}-4AD-PT 特殊功能模块 1 个（配 PT100 温度传感器 2 个）。

③ FX_{2N}-2DA 特殊功能模块 1 个。

④ 交流接触器模块 1 个。

⑤ 指示灯模块 1 个。

⑥ 其余与任务 14.4 相同。

3. 实训要求

设计一个中央空调循环水系统的电气控制系统，并在实训室完成模拟调试，其控制要求如下。

① 循环水系统配有冷却水泵两台（M1 和 M2），冷冻水泵两台（M3 和 M4），均为一用一备，冷却水泵和冷冻水泵的控制过程相似，实训时只需设计冷却水泵的电气控制系统。

② 正常情况下，系统运行在变频节能状态，其上限运行频率为 50Hz，下限运行频率为 30Hz，当节能系统出现故障时，可以进行手动工频运行。

③ 在变频节能状态下可以自动调节频率，也可以手动调节频率，每次的调节量为 0.5Hz。

④ 自动调节频率时，采用温差控制，两台水泵可以进行手动轮换。

⑤ 上述的所有操作都通过触摸屏来进行。

4. 软件设计

（1）设计思路。

根据上述控制要求，可画出冷却水泵的主电路原理图，如图 15-37 所示。KM1、KM2 分别为 M1、M2 的变频接触器，KM3、KM4 为工频接触器，变频接触器通过 PLC 进行控制，工频接触器通过继电器电路进行控制（实训时，该部分不要求操作），并且它们相互之间有电气互锁。

控制部分通过两个铂温度传感器（PT100、3 线、100Ω）采集冷却水的出水和进水温度，然后通过与之连接的 FX_{2N}-4AD-PT 特殊功能模块，将采集的模拟量转换成数字量传送给 PLC，再通过 PLC 进行运算，将运算的结果通过 FX_{2N}-2DA 将数字量转换成模拟量（DC 0～10V）来控制变频器的转速。出水和进水的温差大，则水泵的转速就高；温差小，则水泵的转速就低，从而使温差保持在一定的范围内（4.5℃～5℃），达到节能的目的。

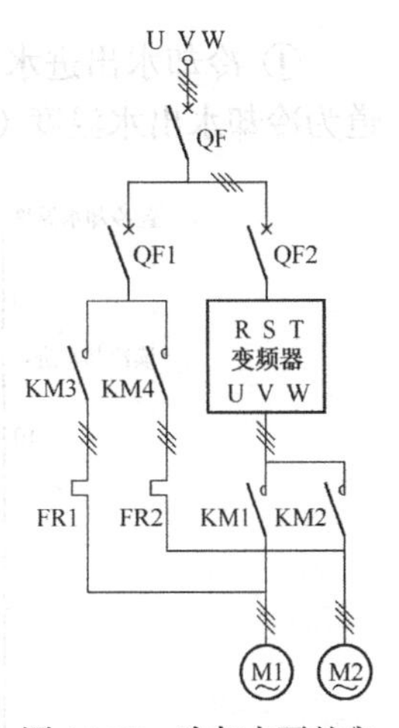

图 15-37　冷却水泵的主电路原理图

（2）变频器的设定参数。

根据控制要求，变频器的具体设定参数如下。

① 上限频率 Pr.1=50Hz。

② 下限频率 Pr.2=30Hz。

③ 基底频率 Pr.3=50Hz。

④ 加速时间 Pr.7=3s。

⑤ 减速时间 Pr.8=3s。

⑥ 电子过电流保护 Pr.9=电动机的额定电流。

⑦ 启动频率 Pr.13=10Hz。

⑧ DU 面板的第 3 监视功能为变频器的输出功率 Pr.54=14。

⑨ 智能模式选择为节能模式 Pr.60=4。

⑩ 选择端子 2 与 5 为 0～10V 的电压信号 Pr.73=0。

⑪ 允许所有参数的读/写 Pr.160=0。

⑫ 操作模式选择（外部运行）Pr.79=2。

（3）PLC、触摸屏的软元件分配。

根据系统的控制要求、设计思路和变频器的设定参数，PLC、触摸屏的软元件分配如下。

①X0——变频器报警输出信号，②M0——冷却水泵启动按钮，③M1——冷却水泵停止按钮，④M2——冷却水泵手动加速，⑤M3——冷却水泵手动减速，⑥M5——变频器报警复位，⑦M6——冷却水泵 M1 运行，⑧M7——冷却水泵 M2 运行，⑨M10——冷却水泵手/自动调速切换，⑩Y0——变频运行信号（STF），⑪Y1——变频器报警复位，⑫Y4——变频器报警指示，⑬Y6——冷却水泵自动调速指示，⑭Y10——冷却水泵 M1 变频运行，⑮Y11——冷却水泵 M2 变频运行。

另外，程序中还用到了一些元件，如数据寄存器 D20 为冷却水进水温度，D21 为冷却水出水温度，D25 为冷却水出进水温差，D1010 为 D/A 转换前的数字量，D1001 为变频器运行频率显示。

（4）触摸屏界面制作。

按图 15-38 所示制作触摸屏的界面。

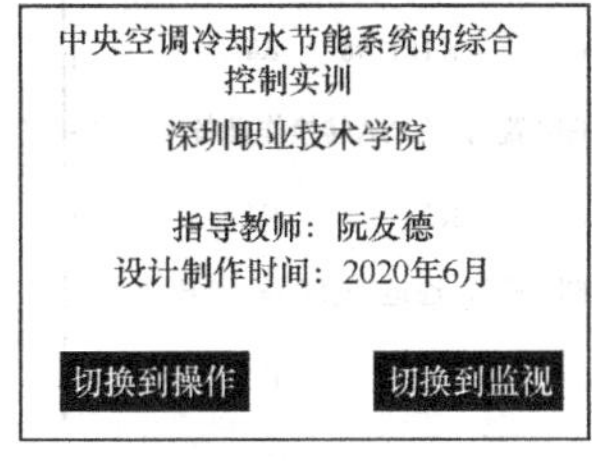

（a）触摸屏首页界面

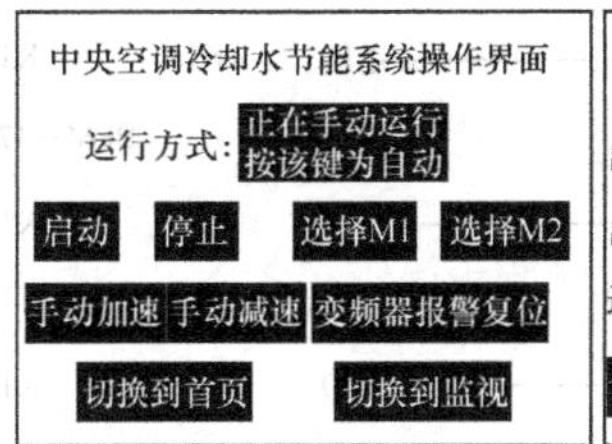

（b）触摸屏操作界面

中央空调冷却水节能系统监视界面
出水温度 01.3 ℃　进水温度 01.3 ℃
出进温差 01.3 ℃ D/A数字量 0123
运行时间 012345678 s 变频器报警 无报警
切换到首页　运行频率 012.45 Hz　切换到操作

（c）触摸屏监视界面

图 15-38　制作触摸屏的界面

（5）控制程序。

根据系统的控制要求，该控制程序主要由以下几部分组成。

① 冷却水出进水温度检测及温差计算程序。CH1 通道为冷却水进水温度（D20），CH2 通道为冷却水出水温度（D21），D25 为冷却水出进水温差，其程序如图 15-39 所示。

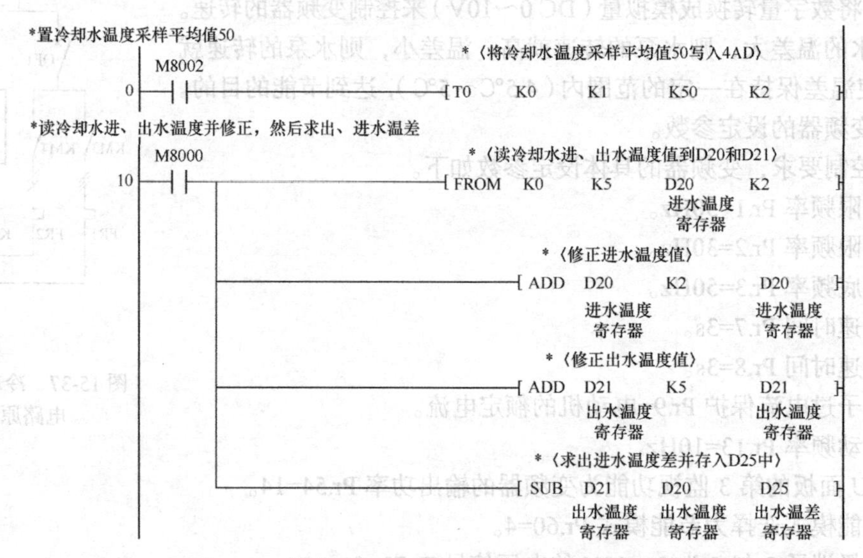

图 15-39　冷却水进出水温度检测及温差计算程序

② D/A 转换程序。进行 D/A 转换的数字量存放在数据寄存器 D1010 中，它通过 FX_{2N}-2DA 模块将数字量变成模拟量，由 CH1 通道输出给变频器，从而控制变频器的转速达到调节水泵转速的目的，其程序如图 15-40 所示。

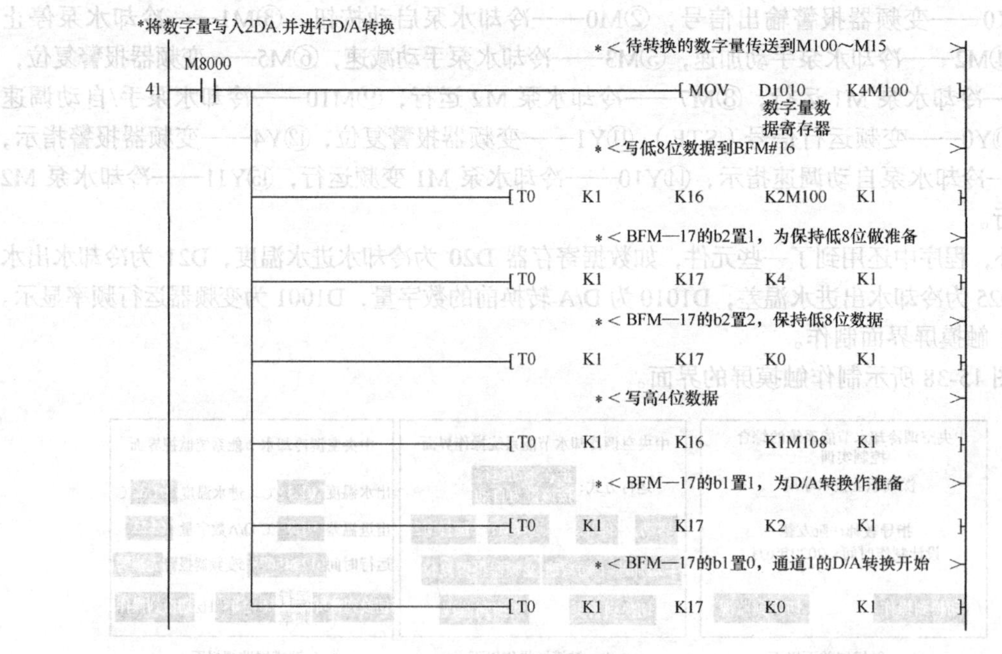

图 15-40　D/A 转换程序

③ 手动调速程序。M2 为冷却水泵手动转速上升（上升沿有效），每按一次频率上升 0.5Hz，M3 为冷却水泵手动转速下降（下降沿有效），每按一次频率下降 0.5Hz，冷却水泵的手动/自动频率调整的上限都为 50Hz，下限都为 30Hz，其程序如图 15-41 所示。

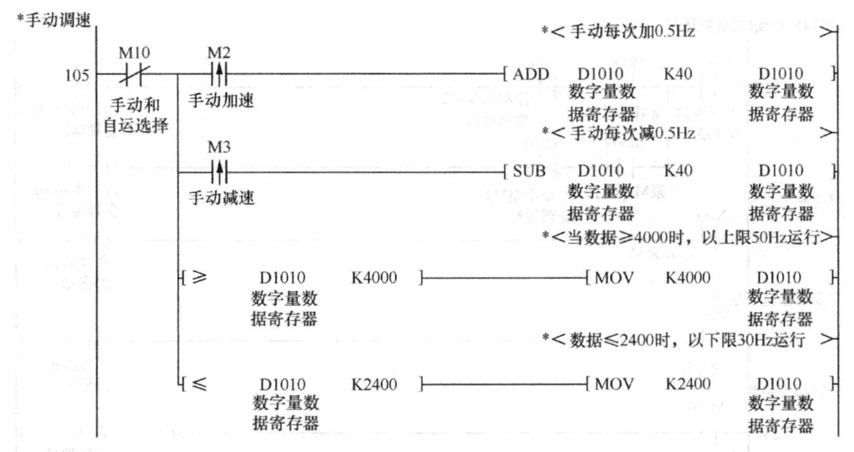

图 15-41 手动调速程序

④ 自动调速程序。因冷却水温度变化缓慢，温差采集周期 4s 比较符合实际需要。当温差大于 5℃时，变频器运行频率开始上升，每次调整 0.5Hz，直到温差小于 5℃或者频率升到 50Hz 时才停止上升；当温差小于 4.5℃时，变频器运行频率开始下降，每次调整 0.5Hz，直到温差大于 4.5℃或者频率下降到 30Hz 时才停止下降。这样，保证了冷却水出进水的恒温差（4.5℃～5℃）运行，从而达到了最大限度的节能，其程序如图 15-42 所示。

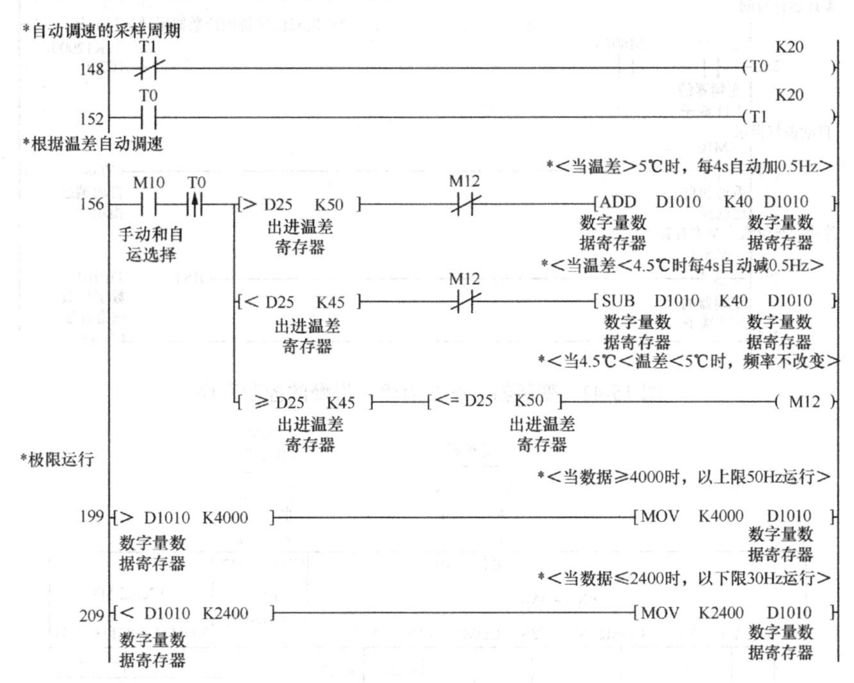

图 15-42 自动调速程序

此外，变频器的启、停、报警、复位、冷却水泵的轮换及变频器频率的设定、频率和时间的显示等均采用基本逻辑指令来控制，其控制程序如图 15-43 所示。将图 15-38～图 15-43 所示的程序组合起来，即为系统的控制程序。

5. 系统接线

根据控制要求、设计思路及 PLC 的 I/O 分配，可画出冷却水泵的控制电路接线图，如图 15-44 所示。

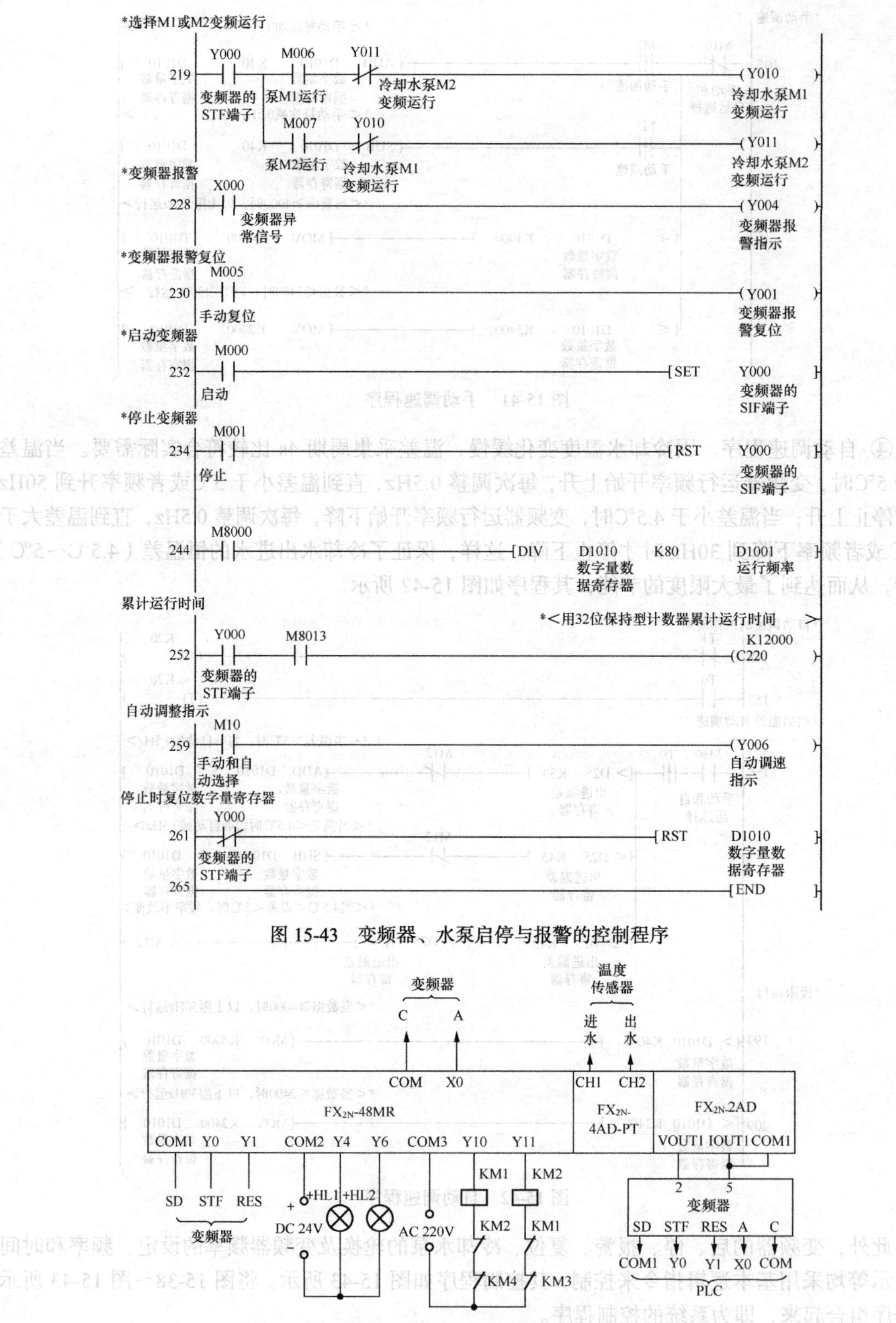

图 15-43　变频器、水泵启停与报警的控制程序

图 15-44　冷却水泵的控制电路接线图

6. 系统调试

① 设定参数，按上述变频器的设定参数值设置变频器的参数。

② 输入程序，将设计的程序正确输入 PLC 中。

③ 触摸屏与 PLC 的通信调试，将制作好的触摸屏界面传送给触摸屏，并将触摸屏与 PLC 连接好，通过操作触摸屏上的触摸键，观察触摸屏指示和 PLC 输出指示灯的变化是否按要求进行。如未按要求进行，则检查并修改触摸屏界面或 PLC 程序，直至指示正确。

④ 手动调速的调试，根据图 15-44 所示的控制电路接线图，将 PLC、变频器、FX_{2N}-4AD-PT、FX_{2N}-2DA 连接。调节 FX_{2N}-2DA 的零点和增益，使 D1010 为 2400 时，变频器的输出频率为 30Hz；使 D1010 为 4000 时，变频器的输出频率为 50Hz；D1010 每增减 40 时，变频器的输出频率增减 0.5Hz，然后通过触摸屏手动操作，观察变频器的输出频率。

⑤ 自动调速的调试，在手动调速成功的基础上，将两个温度传感器放入温度不同的水中，通过变频器的操作面板观察变频器的输出是否符合要求。如不符合要求，则修正进水、出水的温度值，使出进水温差与变频器输出的频率相符。

⑥ 空载调试，根据图 15-44 所示的控制电路接线图连接好各种设备（不接电动机），进行 PLC、变频器、特殊功能模块的空载调试。分别在手动调速和自动调速的情况下，通过变频器的操作面板观察变频器的输出是否符合要求。如不符合则检查并修正系统接线、变频器参数、PLC 程序，直至变频器按要求运行。

⑦ 系统调试，按图 15-37 和图 15-44 所示正确连接好全部设备，进行系统调试，观察电动机能否按控制要求运行。如未按要求运行，则检查并修正系统接线、变频器参数、PLC 程序，直至电动机按控制要求运行。

复习与思考

1. 画出整个系统的接线图，写出必要的设计说明。

2. 若触摸屏画面上的运行时间显示不是以秒为单位显示，而是要显示时、分和秒，则该部分的触摸屏画面如何制作？PLC 程序如何设计？

3. 若将控制要求改为两台水泵全变频，即高峰时两台水泵全变频运行，当两台水泵达到 48Hz 时即切换为工频运行；当负载下降到变频器的下限 30Hz 时，即退出一台，另一台变频运行；当负载增加到变频器的上限 50Hz 运行时，即切换为两台水泵全变频，请设计 PLC 的控制程序。

任务 15.4　中央空调冷冻水节能系统的综合控制实训

请设计一个中央空调冷冻水的温差控制系统，其控制要求如下。

① 以 50Hz 的频率启动冷冻水泵，30s 后动转入温差自动控制，变频器加速时间为 15s，减速时间为 7s。

② 能手动和自动切换，手动时要求用 PLC 的输入信号调节变频器的运行频率，并且在 30～50Hz 内任意调节，每次调节量为 0.5Hz。

③ 能用触摸屏画面进行以上的控制和操作。

④ 冷冻水泵进水与回水温度差、变频器输出频率及 D/A 转换的数字量对应关系如表 15-8 所示。

表 15-8　温差、输出频率及数字量对应关系

冷冻水泵进水与回水温度差/℃	变频器输出频率/Hz	D/A 转换数字量
0～1	30	2400
1～1.5	32.5	2600
1.5～2	35	2800

续表

冷冻水泵进水与回水温度差/℃	变频器输出频率/Hz	D/A 转换数字量
2～2.5	37.5	3000
2.5～3	40	3200
3～3.5	42.5	3400
3.5～4	45	3600
4～4.5	47.5	3800
>4.5	50	4000

请参照“15.3.2　中央空调冷却水节能系统的综合控制实训”的要求，列出实训器材（包括器材名称、规格型号和作用，并检查好坏或测量数据，参考表 1-7 所示内容进行记录）、系统接线图、PLC 程序/触摸屏画面的设计、调试步骤和运行情况，在老师的督促下完成电路调试，并在班上展示上述工作的完成情况，最后参照表 9-4 完成三方评价。

附录A

常用图形符号和文字符号

名称	图形符号（GB/T 4728.1—2018）	文字符号（GB/T 20939—2007）	名称	图形符号（GB/T 4728.1—2018）	文字符号（GB/T 20939—2007）
交流发电机	G ~	GA	接地一般符号		E
交流电动机	M ~	MA	保护接地		PE
三相笼型异步电动机	M 3~	MC	接机壳或接地板	或	E
三相绕线型异步电动机	M 3~	MW	单极控制开关		SA
直流发电机	G	GD	三极控制开关		SA
直流电动机	M	MD	隔离开关		QS
直流伺服电动机	SM	SM	三极隔离开关		QS
交流伺服电动机	SM ~	SM	负荷开关		QS
直流测速发电机	TG	TG	三极负荷开关		QS
交流测速发电机	TG ~	TG	断路器		QF
步进电动机	TG	M	三极断路器		QF
双绕组变压器	或	T	电压互感器	或	TV

续表

名称	图形符号（GB/T 4728.1—2018）	文字符号（GB/T 20939—2007）	名称	图形符号（GB/T 4728.1—2018）	文字符号（GB/T 20939—2007）
位置开关常开触点		SQ	欠压继电器线圈		KV
位置开关常闭触点		SQ	通电延时（缓吸）线圈		KT
作双向机械操作的位置开关		SQ	断电延时（缓放）线圈		KT
常开按钮		SB	延时闭合常开触点（请更换图形符号）	或	KT
常闭按钮		SB	延时断开常开触点	或	KT
复合按钮		SB	延时闭合常闭触点（请更换图形符号）	或	KT
交流接触器线圈		KM	延时断开常闭触点	或	KT
接触器常开触点		KM	热继电器热元件		FR
接触器常闭触点		KM	热继电器常闭触点		FR
中间继电器线圈		KA	熔断器		FU
中间继电器常开触点		KA	电磁铁	或	YA
中间继电器常闭触点		KA	电磁制动器		YB
过流继电器线圈		KA	电磁离合器		YC
电流表	A	PA	照明灯		EL
			信号灯		HL
电压表	V	PV	二极管		V
电度表	kwh	PJ	NPN晶体管		V
晶闸管		V	PNP晶体管		V
可拆卸端子		X	端子		X
电流互感器	或	TA	控制电路用电源整流器		VC

续表

名称	图形符号（GB/T 4728.1—2018）	文字符号（GB/T 20939—2007）	名称	图形符号（GB/T 4728.1—2018）	文字符号（GB/T 20939—2007）
电阻器		R	电抗器	或	L
电位器		RP			
压敏电阻	U	RV			
电容器一般符号	或	C	极性电容器	+ 或 +	C
电铃		B	蜂鸣器		B

附录B FX和汇川PLC的软元件

项目		FX_{1S}	FX_{1N}	H_{2U}、FX_{2N}	FX_{3U}
I/O设置		与用户选择有关，最多30点	与用户选择有关，最多128点	与用户选择有关，最多256点	与用户选择有关，最多384点
辅助继电器	通用辅助继电器	384点，M0～M383		500点，M0～M499	
	锁存辅助继电器	128点，M384～M511	1152点，M384～M1535	2572点，M500～M3071	7180点，M500～M7679
	特殊辅助继电器	256点，M8000～M8255			512点，M8000～M8511
状态继电器	初始化状态继电器	10点，S0～S9			
	通用状态继电器	—		490点，S10～S499	
	锁存状态继电器	128点，S0～S127	1000点，S0～S999	400点，S500～S899	3596点，S500～S4095
	信号报警器	—		100点，S900～S999	
定时器	100ms定时器	63点，T0～T62	200点，T0～T199		
	10ms定时器	31点，T32～T62（M8202=1）	46点，T200～T245		
	1ms定时器	1点，T63	—		256点，T256～T511
	1ms积算定时器	—	4点，T246～T249		
	100ms积算定时器	—	6点，T250～T255		
计数器	16位通用加计数器	16点C0～C15		100点C0～C99	
	16位锁存加计数器	16点C16～C31	184点C16～C199	100点C100～C199	
	32位通用加减计数器	—	20点C200～C219		
	32位锁存加减计数器	—	15点C220～C234		
高速计数器	一相无启动复位输入	4点，C235～C238（C235锁存）		6点，C235～C240	
	一相带启动复位输入	3点，C241（锁存），C242，C244（锁存）		5点，C241～C245	

续表

项目		FX_{1S}	FX_{1N}	H_{2U}、FX_{2N}	FX_{3U}
高速计数器	一相双向高速计数器	3 点 C246，C247，C249（全部锁存）		5 点，C246～C250	
	二相 A/B 相高速计数器	3 点，C251，C252，C254（全部锁存）		5 点，C251～C255	
数据寄存器	通用数据寄存器	128 点，D0～D127		200 点，D0～D199	
	锁存数据寄存器	28 点，D128～D255	7872 点，D128～D7999	7800 点，D200～D7999	
	文件寄存器	1500 点，D1000～D2499	7000 点 D1000～D7999，以 500 个为单位设置		
	外部调节寄存器	2 点，D8030，D8031，范围 0～255		—	
	16 位特殊寄存器	256 点，D8000～D8255			512 点，D8000～D8511
	变址寄存器	16 位 16 点，V0～V7，Z0～Z7			
指针	跳步和子程序调用	64 点，P0～P63	128 点，P0～P127		4096 点，P0～P4095
	中断用（上升沿触发□=1，下降沿触发□=0）	4 点输入中断，I00□～I30□	6 点输入中断，I00□～I50□	6 点输入中断（I00□～I50□），3 点定时中断（I6☆☆～I8☆☆），☆☆为 ms，6 点计数中断（I010～I060），H_{2U} 还具有脉冲输出完成和多用户中断	
MC 和 MCR 的嵌套层数		8 点，N0～N7			
常数	十进制 K	16 位：−32 768～+32 767，32 位：−214 748 648～+2 147 483 647			
	十六进制 H	16 位：0～FFFF，32 位：0～FFFFFFFF			
	浮点数(32 位)	—		$\pm 1.175 \times 10^{-38}$～$\pm 3.403 \times 10^{38}$	0，$\pm 1.0 \times 2^{-126}$～$\pm 1.0 \times 2^{128}$

参考文献

[1] 阮友德. 电气控制与 PLC 实训教程 [M]. 2 版. 北京：人民邮电出版社，2012.

[2] 阮友德. 电气控制与 PLC [M] .3 版. 北京：人民邮电出版社，2020.

[3] 阮友德. PLC、变频器、触摸屏综合应用实训 [M]. 北京：中国电力出版社，2009.

[4] 钟肇燊，范建东. 可编程控制器原理及应用 [M]. 广州：华南理工大学出版社，2015.

[5] 金凌芳. 电气控制线路安装与维修 [M]. 北京：机械工业出版社，2018.

[6] 史国生. 电气控制与可编程控制器技术 [M]. 北京：化学工业出版社，2019.

[7] 张万忠. 可编程控制器应用技术 [M]. 3 版. 北京：化学工业出版社，2012.

[8] 李俊秀，赵黎明. 可编程控制器应用技术实训指导 [M]. 北京：化学工业出版社，2005.